21世纪普通高校计算机公共课程规划教材

计算机应用基础
（第3版）

牟绍波　谢合军　主编
曹小英　朱广财　副主编

清华大学出版社
北京

内容简介

本书是面向高等学校本、专科学生以及广大计算机初学者编写的一本计算机文化基础教材。

全书分为10章，内容包括计算机基础知识、计算机的数据表示与工作原理、操作系统、Word文字处理软件、Excel电子表格软件、PowerPoint演示文稿制作软件、计算机网络应用基础、网络的最新发展、计算机维护和安全基础、微型计算机最新发展。每章都有精选习题以帮助读者加深对教材内容的理解。

本书内容覆盖国家教育部考试中心颁布的计算机等级考试"一级考试大纲"的基本要求，也覆盖了各省教育厅计算机等级考试中心制定的"一级考试大纲"的基本要求，内容翔实、概念准确、材料丰富、深入浅出、通俗易懂。本书既可作为高等学校各专业计算机基础教材，也可作为计算机一级考试培训或社会各类计算机基础知识培训教材，以及计算机初学者和各类人员自学用书。

图书在版编目(CIP)数据

计算机应用基础/牟绍波，谢合军主编. --3版. --北京：清华大学出版社，2013（2016.1重印）
21世纪普通高校计算机公共课程规划教材
ISBN 978-7-302-33617-4

Ⅰ. ①计…　Ⅱ. ①牟…　②谢…　Ⅲ. ①电子计算机－高等学校－教材　Ⅳ. ①TP3

中国版本图书馆CIP数据核字(2013)第203879号

责任编辑：付弘宇　李　晔
封面设计：常雪影
责任校对：白　蕾
责任印制：宋　林

出版发行：清华大学出版社
　　网　　址：http://www.tup.com.cn，http://www.wqbook.com
　　地　　址：北京清华大学学研大厦A座　　**邮　　编**：100084
　　社 总 机：010-62770175　　**邮　　购**：010-62786544
　　投稿与读者服务：010-62776969，c-service@tup.tsinghua.edu.cn
　　质 量 反 馈：010-62772015，zhiliang@tup.tsinghua.edu.cn
　　课 件 下 载：http://www.tup.com.cn,010-62795954
印 刷 者：三河市君旺印务有限公司
装 订 者：三河市新茂装订有限公司
经　　销：全国新华书店
开　　本：185mm×260mm　　**印　　张**：18.25　　**字　　数**：446千字
版　　次：2007年9月第1版　2013年9月第3版　　**印　　次**：2016年1月第4次印刷
印　　数：6501～8000
定　　价：35.00元

产品编号：049577-01

出版说明

随着我国改革开放的进一步深化，高等教育也得到了快速发展，各地高校紧密结合地方经济建设发展需要，科学运用市场调节机制，加大了使用信息科学等现代科学技术提升、改造传统学科专业的投入力度，通过教育改革合理调整和配置了教育资源，优化了传统学科专业，积极为地方经济建设输送人才，为我国经济社会的快速、健康和可持续发展以及高等教育自身的改革发展做出了巨大贡献。但是，高等教育质量还需要进一步提高以适应经济社会发展的需要，不少高校的专业设置和结构不尽合理，教师队伍整体素质亟待提高，人才培养模式、教学内容和方法需要进一步转变，学生的实践能力和创新精神亟待加强。

教育部一直十分重视高等教育质量工作。2007 年 1 月，教育部下发了《关于实施高等学校本科教学质量与教学改革工程的意见》，计划实施"高等学校本科教学质量与教学改革工程(简称'质量工程')"，通过专业结构调整、课程教材建设、实践教学改革、教学团队建设等多项内容，进一步深化高等学校教学改革，提高人才培养的能力和水平，更好地满足经济社会发展对高素质人才的需要。在贯彻和落实教育部"质量工程"的过程中，各地高校发挥师资力量强、办学经验丰富、教学资源充裕等优势，对其特色专业及特色课程(群)加以规划、整理和总结，更新教学内容、改革课程体系，建设了一大批内容新、体系新、方法新、手段新的特色课程。在此基础上，经教育部相关教学指导委员会专家的指导和建议，清华大学出版社在多个领域精选各高校的特色课程，分别规划出版系列教材，以配合"质量工程"的实施，满足各高校教学质量和教学改革的需要。

本系列教材立足于计算机公共课程领域，以公共基础课为主、专业基础课为辅，横向满足高校多层次教学的需要。在规划过程中体现了如下一些基本原则和特点。

(1) 面向多层次、多学科专业，强调计算机在各专业中的应用。教材内容坚持基本理论适度，反映各层次对基本理论和原理的需求，同时加强实践和应用环节。

(2) 反映教学需要，促进教学发展。教材要适应多样化的教学需要，正确把握教学内容和课程体系的改革方向，在选择教材内容和编写体系时注意体现素质教育、创新能力与实践能力的培养，为学生知识、能力、素质协调发展创造条件。

(3) 实施精品战略，突出重点，保证质量。规划教材把重点放在公共基础课和专业基础课的教材建设上；特别注意选择并安排一部分原来基础比较好的优秀教材或讲义修订再版，逐步形成精品教材；提倡并鼓励编写体现教学质量和教学改革成果的教材。

(4) 主张一纲多本，合理配套。基础课和专业基础课教材配套，同一门课程有针对不同层次、面向不同专业的多本具有各自内容特点的教材。处理好教材统一性与多样化，基本教材与辅助教材、教学参考书，文字教材与软件教材的关系，实现教材系列资源配套。

(5) 依靠专家，择优选用。在制定教材规划时要依靠各课程专家在调查研究本课程教材建设现状的基础上提出规划选题。在落实主编人选时,要引入竞争机制,通过申报、评审确定主题。书稿完成后要认真实行审稿程序,确保出书质量。

繁荣教材出版事业,提高教材质量的关键是教师。建立一支高水平教材编写梯队才能保证教材的编写质量和建设力度,希望有志于教材建设的教师能够加入到我们的编写队伍中来。

21世纪普通高校计算机公共课程规划教材编委会

联系人:梁颖 liangying@tup.tsinghua.edu.cn

前 言

随着计算机和网络技术的飞速发展，计算机已经越来越广泛地应用到社会生活的各个领域，掌握计算机知识和培养操作计算机的能力，越来越成为现代社会每个人必不可少的基本技能。

经过多年的努力，计算机知识的普及和计算机的应用已经取得了令人瞩目的成绩。特别是进入21世纪之后，随着网络技术和计算机技术的结合和共同发展，计算机技术的应用领域更加广泛。在现代社会中，不掌握计算机的基础知识，不掌握计算机的基本操作，必然会变成为新时代的文盲。

目前，教育部和各省教育厅都非常重视计算机基础知识的教学，也都制定了相关等级考试的规定。在众多的计算机基础教材中如何选择一种既能适应等级考试，又能培养学生一定的计算机基础技能，还能紧跟世界上计算机技术的发展而提供比较新的计算机基础知识，确实是一件难事。为此我们尝试编写了本教材。

本教材从3个方面出发进行编写：首先让学生通过本教材学习能较顺利地通过计算机等级一级考试；其次通过本教材学习学生能掌握计算机的基础知识和基本操作技能；最后通过本教材学习学生能了解到计算机基础知识的最新发展，从而紧跟上时代的脚步。

本教材编写中，力求做到内容翔实，概念准确，材料丰富可靠，紧贴等级考试"一级考试大纲"，格式新颖，语言通俗易懂。

由于第8章和第10章给出了计算机网络和基础方面的最新知识，因此作为可选的内容由讲课教师根据学时的多少而选择讲解。本书在编写中注意到知识的全面性，但又给教师预留了充分发挥的余地，从而让教师能更好地利用教材组织教学。

本书由牟绍波和谢合军主编。第1章和第2章由曹小英编写，第3章、第9章和第10章由谢合军和刘义常编写，第4章和第5章由牟绍波编写，第6章由牟绍波和朱广财编写，第7章由潘浪和谢合军编写，第8章由张笑和谢合军编写，王赵舜也参与了部分编写工作。本书由牟绍波与谢合军统稿，刘义常审稿。

计算机基础的知识深邃而广博，发展速度日新月异，限于编者水平，书中难免有不妥之处，恳请广大读者批评指正，编者会不胜感激！

编 者

2013年6月

目 录

第1章 计算机基础知识

自1946年诞生第一台计算机以来，计算机技术得到了迅猛发展。尤其是微型计算机的出现以及互联网的发展，使得计算机及其应用渗透到了社会的各个领域，有力地推动了社会信息化的发展，并形成了计算机文化(computer literacy)。掌握和使用计算机已成为现代社会必不可少的知识与技能。

学习计算机文化，首先要了解计算机的基础知识。本章将介绍计算机的基础知识，包括计算机的发展、分类及应用以及微机系统硬件结构及其硬件组成，包括主机、存储器、输入输出设备等，以及多媒体计算机、微机的性能和使用方法等。

1.1 计算机概述

计算机的全称是电子数字计算机，是一种能够快速、高效地对各种信息进行存储和处理的电子设备。它按照事先编写的程序对输入的原始信息进行加工、处理、存储或传输，以获得预期的输出信息，并利用这些信息来提高社会生产率，改善人民的生活质量。计算机最早用于数值计算，随着计算机技术和应用的发展，如今计算机已成为进行信息处理必不可少的一种工具。

1.1.1 计算机发展简史

在历史发展的长河中，人类发明了各种省时、省力的工具以辅助自身处理各种事务。如发明算盘用于计算，发明纸张用于传递信息，发明打字机用于帮助书写等。随着时代的进步，需要处理的信息越来越复杂多样，再针对具体事务而发明相应的工具多有不便，在这种情况下，能够综合处理各种事务的计算机便应运而生。

1. 计算机的诞生

1946年2月，在美国宾夕法尼亚大学研制出了第一台电子数字积分计算机(Electronic Numerical Integrator And Calculator，ENIAC)，中文译为埃尼阿克。它标志着第一代计算机的诞生。

20世纪40年代初，第二次世界大战战事正酣，由于导弹、火箭、原子弹等现代科学技术的发展，出现了大量极其复杂的数学问题，原有的计算工具已无法满足要求；而当时电子学和自动控制技术的迅速发展，也为研制新的计算工具提供了物质技术条件。于是1943年，在美国陆军作战部的资助下，由物理学家莫奇利(John W. Mauchly)博士和埃克特(J. Presper Eckert)博士领导的研究小组开始设计制造电子计算机。该机于1946年2月正式通过验收并投入运行，一直服役到1955年，这是世界上首台真正能自动运行的电子计算机。它使用了18 800只电子管，1500多只继电器，7000多只电阻，耗电150kW，占地面积

150m^2,重量超过30t,每秒能完成5000次加法运算。ENIAC的主要缺点是存储容量太小,只能存储20个字长为10位的十进制数,基本上不能存储程序,每次解题都要依靠人工改接连线来编程序。尽管存在许多缺点,但是它为计算机的发展奠定了技术基础。

计算机的诞生标志着人类在长期生产劳动中制造和使用的各种计算工具(如算盘、计算尺、手摇计算机、机械计算机及电动齿轮计算机等)的能力,随着世界文明的进步飞跃发展到了一个崭新的阶段,同时也标志着人类电子计算机时代的到来,具有划时代意义。

2. 计算机的发展阶段

六十多年来,计算机随着电子元器件的发展而迅速发展,计算机的性能得到了极大的提高,其体积大大缩小,功能越来越强,应用越来越普及。计算机的发展阶段通常按照计算机中所采用的电子器件来划分,可分为4个阶段。

1) 第1代计算机(1946—1958年)

第1代计算机是电子管计算机,采用电子管作为计算机的逻辑元件,内存储器为水银延迟线,外存储器为磁鼓、纸带、卡片等。内存容量为几千个字,运算速度为每秒几千到几万次基本运算。它采用二进制表示的机器语言或汇编语言编写程序,主要用于军事和科研部门进行数值运算。

第1代计算机的典型代表是1946年美籍匈牙利数学家冯·诺依曼(Von Neumann)博士与他的同事们在普林斯顿研究所设计的存储程序计算机埃德瓦克(Electronic Discrete Variable Automatic Computer,EDVAC)。它的设计与ENIAC不同,体现了"存储程序原理"和"二进制"的思想,产生了所谓的冯·诺依曼型计算机结构体系,对后来计算机的发展有着深远影响。

2) 第2代计算机(1958—1964年)

第2代计算机是晶体管电路计算机,采用晶体管制作计算机的逻辑元件,内存储器多为磁芯存储器,外存储器为磁盘、磁带等。第2代计算机体积缩小,功耗降低,功能增强,可靠性大大提高,运算速度提高到每秒几十万次基本运算,内存容量扩大到几十万字。同时,软件技术也有了很大发展,出现了FORTRAN、COBOL、ALGOL等高级程序设计语言。计算机的应用从数值计算扩大到数据处理、工业过程控制等领域,并开始进入商业市场。其代表机型有IBM公司的IBM 7090、IBM 7094、IBM 7040、IBM 7044等。

3) 第3代计算机(1964—1975年)

第3代计算机的基本电子元器件由集成电路(integrated circuit)构成。随着固体物理技术的发展,集成电路工艺已可以制作在几平方毫米的单晶硅基片上集成几个到几十个电子元件(逻辑门)的小规模或中规模集成电路。内存储器已开始采用半导体存储器芯片,存储容量和可靠性都有了较大提高,计算机同时向标准化、多样化、通用化、机种系列化发展。高级程序设计语言在这个时期有了很大发展,出现了人机会话式语言BASIC,特别是操作系统的逐渐成熟,成为第3代计算机的显著特点。计算机开始广泛应用在各个领域,最有影响的是IBM 360系列计算机(中型机)IBM 370计算机(大型机)。这个时期的另一特点是小型计算机的应用,如DEC公司的PDP-11系列小型计算机等。

4) 第4代计算机(1975年至今)

第4代计算机采用大规模集成电路(Large Scale Integration,LSI)和超大规模集成电路(Very Large Scale Integration,VLSI)技术,在硅半导体基片上集成几百到几千甚至几万个以上的电子元器件。计算机的运算速度可达每秒几百万次甚至上亿次基本运算。在软件方面，出现了数据库系统、分布式操作系统等，软件配置空前丰富，应用软件的开发已逐步成为一个庞大的现代化产业。

在研制出运算速度达每秒几亿次、几十亿次，甚至百亿次的巨型计算机的同时，微型计算机的产生、发展和迅速普及是这一时期的一个重要特征。微型计算机诞生于20世纪70年代，在80年代得到迅速推广。由于它的出现使计算机的应用已经涉及人类生活和国民经济的各个领域，并且进入了家庭，同时也为计算机网络普及化创造了条件。微型计算机的出现与发展是计算机发展史上的重大事件。表1-1对计算机各个发展阶段的主要特点进行了比较。

表1-1　计算机各个发展阶段主要特点比较

发展阶段 / 性能指标	第1代（1946—1958年）	第2代（1958—1964年）	第3代（1964—1975年）	第4代（1975年至今）
逻辑元件	电子管	晶体管	中、小规模集成电路	大规模、超大规模集成电路
主存储器	磁芯、磁鼓	磁芯、磁鼓	半导体存储器	半导体存储器
辅助存储器	磁鼓、磁带	磁鼓、磁带、磁盘	磁鼓、磁带、磁盘	磁带、磁盘、光盘
处理方式	机器语言 汇编语言	作业连续处理编译语言	实时、分时处理 多道程序	实时、分时处理网络结构
运算速度（次/秒）	几千～几万	几万～几十万	几十万～几百万	几百万～几百亿
主要特点	体积大，耗电大，可靠性差，价格昂贵，维修复杂	体积小，重量轻，耗电小，可靠性高	小型化，耗电少，可靠性高	微型化，耗电极少，可靠性高

从20世纪80年代开始，日本、美国和欧洲部分国家纷纷投入大量的人力和物力研制新一代计算机，如模拟人脑思维的神经网络计算机；运用生物工程技术的生物计算机；用光作为信息载体的光计算机等。新一代计算机与前4代计算机的本质区别是：计算机的主要功能将从信息处理上升为知识处理，使计算机具有人类的某些智能，所以称为人工智能计算机。可以预言，新一代计算机的研制成功和应用，必将对人类社会的发展产生更为深远的影响。

3. 微型计算机的发展

以微处理器（microprocessor）为核心部件的微型计算机属于第4代计算机。微处理器是利用大规模和超大规模集成电路技术，把运算器和控制器制作在一块集成电路芯片上形成的器件，又称中央处理单元或中央处理器（Central Processing Unit，CPU）。

通常以微处理器型号为标志划分微型计算机，如286计算机、386计算机、486计算机、Pentium计算机、Pentium Ⅱ计算机、Pentium Ⅲ计算机、Pentium 4计算机等；也可以按计算机运算部件处理的数据位数来划分，如8位计算机、16位计算机、32位计算机、64位计算机等，位数越多计算机运算速度越快。

微型计算机的发展史实际上就是微处理器的发展史。微处理器的发展一直遵循摩尔定律(Moore law),其性能平均每18个月提高一倍。美国Intel公司的芯片设计和制造工艺一直领导着芯片业界的潮流,Intel公司的芯片发展史从一个侧面反映了微处理器和微型计算机的发展,宏观上可划分为80x86时代和Pentium时代。表1-2列出了Intel公司生产的微处理器芯片发展简史。

表1-2 Intel公司生产的微处理器芯片发展简史

年份	芯片名称	位	简单说明
1971	4004/4040	4	2250个晶体管,用它制成4位微型计算机MCS-4
1972	8008	8	3500个晶体管,45条指令
1973	8080	8	6000个晶体管,时钟频率<2MHz,运算速度比4004快20倍
1978	8086	16	29 000个晶体管,80x86指令集
1979	8088	16	29 000个晶体管,时钟频率4.77MHz
1982	80286	16	13.4万个晶体管,时钟频率20MHz。1984年IBM公司以Intel 80286芯片为CPU推出IBM-PC/AT计算机
1985	80386	32	27.5万个晶体管,时钟频率15.2MHz/33MHz
1989	80486	32	120万个晶体管,时钟频率25MHz/33MHz/50MHz
1993	Pentium	32	310万个晶体管,时钟频率60MHz/75MHz/90MHz/100MHz/120MHz/133MHz
1995	Pentium Pro	32	550万个晶体管,时钟频率150MHz/166MHz/180MHz/200MHz
1997	Pentium Ⅱ	32	750万个晶体管,时钟频率233～450MHz
1999	Pentium Ⅲ	32	950万个晶体管,时钟频率450MHz～1GHz
2000	Pentium 4	32	4200万个晶体管,时钟频率大于1GHz

1971年Intel公司研制成功了第1台微处理器4004,并以此为核心组成了微型计算机MCS-4。1973年该公司又研制成功了8位微处理器8080,随后其他许多公司竞相推出微处理器微型计算机产品。1977年美国Apple公司推出了著名的AppleⅡ计算机,它采用8位的微处理器,是第一种被广泛应用的微型计算机,开创了微型计算机的新时代。1981年IBM公司基于Intel 8088芯片推出的IBM-PC计算机以其优良的性能、低廉的价格以及技术上的优势迅速占领市场,使微型计算机进入到了一个迅速发展的实用时期。在短短的十几年内,微型计算机经历了从8位到16位、32位再到64位的发展过程。

4. 我国计算机的发展概况

我国从1956年开始研制第1代计算机。1958年研制成功第1台电子管小型计算机103计算机。1959年研制成功运行速度为每秒1万次的104计算机,这是我国研制的第1台大型通用电子数字计算机,其主要技术指标均超过了当时日本的计算机,与英国同期已开发的运算速度最快的计算机相比,也毫不逊色。

20世纪60年代初,我国开始研制和生产第2代计算机。1965年研制成功第1台晶体管计算机DJS-5小型机,随后又研制成功并小批量生产121、108等5种晶体管计算机。

我国于1965年开始研究第3代计算机,并于1973年研制成功了集成电路的大型计算机150计算机。150计算机字长48位,运算速度达到每秒100万次,主要用于石油、地质、气象和军事部门。1974年又研制成功了以集成电路为主要器件的DJS系列计算机。

1977年4月我国研制成功第1台微型计算机DJS-050,从此揭开了中国微型计算机的发展历史,我国的计算机发展开始进入第4代计算机时期。如今在微型计算机方面,我国已研制开发了长城系列、紫金系列、联想系列等微机并取得了迅速发展。

在国际科技竞争日益激烈的今天，高性能计算机技术及应用水平已成为展示综合国力的一种标志。1983 年由国防科技大学研制成功的银河-Ⅰ号亿次运算巨型计算机是我国自行研制的第 1 台亿次运算计算机系统，该系统的研制成功填补了国内巨型机的空白，使我国成为世界上为数不多的能研制巨型机的国家之一。1992 年研制成功银河-Ⅱ号十亿次通用、并行巨型计算机。1997 年研制成功银河-Ⅲ号百亿次并行巨型计算机，该机的系统综合技术达到国际先进水平，被国家选作军事装备之用。1995 年 5 月曙光 1000 研制完成，这是我国独立研制的第 1 套大规模并行计算机系统。1998 年，曙光 2000-Ⅰ诞生，它的峰值运算为每秒 200 亿次。1999 年，曙光 2000-Ⅱ超级服务器问世，其峰值速度达到每秒 1117 亿次，内存高达 50GB。1999 年 9 月神威-Ⅰ号并行计算机研制成功并投入运行，其峰值运算速度达到每秒 3840 亿次，它是我国在巨型计算机研制和应用领域取得的重大成果，标志着我国继美国、日本之后，成为世界上第 3 个具备研制高性能计算机能力的国家。

近年来，我国的高性能计算机和微型计算机的发展更为迅速。曙光信息产业有限公司于 2003 年岁末推出了全球运算速度最快的商品化高性能计算机——曙光 4000A，它采用 2192 个主频为 2.4GHz 的 64 位处理器，运算峰值达每秒 10 万亿次，位居世界高性能计算机的第 10 位，进一步缩短了我国高性能计算机与世界顶级水平的差距。2002 年 9 月，我国首款可商业化、拥有自主知识产权的 32 位通用高性能 CPU 龙芯 1 号研制成功，标志我国在现代通用微处理设计方面实现了零的突破。2005 年 4 月，我国首款 64 位通用高性能微处理器龙芯 2 号正式发布，最高频率为 500MHz，功耗仅为 3～5W，已达到 PentiumⅢ的水平。我国的微机生产近几年基本与世界水平同步，诞生了联想、长城、方正、同创、同方、浪潮等一批国产微机品牌，它们正稳步向世界市场发展。

5. 未来计算机的发展趋势

计算机技术是世界上发展最快的科学技术之一，产品不断升级换代。当前计算机正朝着巨型化、微型化、智能化、网络化等方向发展，计算机本身的性能越来越优越，应用范围也越来越广泛，从而使计算机成为工作、学习和生活中必不可少的工具。计算机技术的发展主要有以下 5 个特点。

1) 巨型化

巨型化是指发展高速、大存储量和强功能的巨型计算机。巨型计算机主要应用于天文、气象、地质、核反应、航天飞机和卫星轨道计算等尖端科学技术领域和国防事业领域，它标志一个国家计算机技术的发展水平。目前运算速度为每秒几百亿次到上万亿次的巨型计算机已经投入运行，并正在研制更高速的巨型计算机。

2) 微型化

微型化是指利用微电子技术和超大规模集成电路技术，把计算机的体积进一步缩小，价格进一步降低。自 1971 年微型计算机问世以来，在短短的 40 多年内，微型计算机得到了极为迅速的发展，硬件与软件技术不断升级换代，价格不断下降，并且广泛地应用到社会生活的各个方面。近年来，各种便携式计算机的大量问世和使用，是计算机微型化的一个标志。将来计算机体积会更小，速度更快，功能更强大，形成一个便于携带的个人信息中心；计算机的使用将越来越简单，如同使用普通电器。

3）智能化

智能化使计算机具有模拟人的感觉和思维过程的能力，使计算机成为智能计算机。这也是目前正在研制的新一代计算机要实现的目标。智能化的研究包括图像识别、自然语言的生成和理解、博弈、定理自动证明、自动程序设计、专家系统、学习系统和智能机器人等。目前，已研制出多种具有人的部分智能的机器人。

4）网络化

网络化是计算机发展的又一个重要趋势。从单机走向联网是计算机应用发展的必然结果。所谓计算机网络化，是指用现代通信技术和计算机技术把分布在不同地点的计算机互联起来，组成一个规模大、功能强、可以互相通信的网络结构。网络化的目的是使网络中的软件、硬件和数据等资源能被网络上的用户共享。目前，大到世界范围的通信网，小到实验室内部的局域网已经很普及，因特网(Internet)已经连接包括我国在内的150多个国家和地区。由于计算机网络实现了多种资源的共享和处理，提高了资源的使用效率，因而深受广大用户的欢迎，得到了越来越广泛的应用。

5）多媒体

多媒体计算机是当前计算机领域中最引人注目的高新技术之一。多媒体计算机就是利用计算机技术、通信技术和大众传播技术，来综合处理多种媒体信息的计算机。这些信息包括文本、视频图像、图形、声音、文字等。多媒体技术使多种信息建立了有机联系，并集成为一个具有交互性的系统。多媒体计算机将真正改善人机界面，使计算机朝着人类接收和处理信息的最自然的方式发展。

1.1.2 计算机的分类

计算机发展到今天，已是琳琅满目、种类繁多，并表现出各自不同的特点。可以从不同的角度对计算机进行分类。

按计算机信息的表示形式和对信息的处理方式不同分为数字计算机(digital computer)、模拟计算机(analogue computer)和混合计算机。数字计算机所处理的数据都是以0和1表示的二进制数字，是不连续的离散数字，具有运算速度快、准确、存储量大等优点，因此适宜科学计算、信息处理、过程控制和人工智能等，具有最广泛的用途。模拟计算机所处理的数据是连续的，称为模拟量。模拟量以电信号的幅值来模拟数值或某物理量的大小，如电压、电流、温度等都是模拟量。模拟计算机解题速度快，适于解高阶微分方程，在模拟计算和控制系统中应用较多。混合计算机则是集数字计算机和模拟计算机的优点于一身。

按计算机的用途不同分为通用计算机(general purpose computer)和专用计算机(special purpose computer)。通用计算机广泛适用于一般科学运算、学术研究、工程设计和数据处理等，具有功能多、配置全、用途广、通用性强的特点，市场上销售的计算机多属于通用计算机。专用计算机是为适应某种特殊需要而设计的计算机，通常增强了某些特定功能，忽略一些次要要求，所以专用计算机能高速度、高效率地解决特定问题，具有功能单纯、使用面窄甚至专机专用的特点。模拟计算机通常都是专用计算机，在军事控制系统中被广泛地使用，如飞机的自动驾驶仪和坦克上的兵器控制计算机。本书内容主要介绍通用数字计算机，平常所用的绝大多数计算机都是该类计算机。

计算机按其运算速度快慢、存储数据量的大小、功能的强弱以及软硬件的配套规模等不同又分为巨型机、大中型机、小型机、微型机、工作站与服务器等。

1. 巨型机(giant computer)

巨型机又称超级计算机(super computer),是指运算速度超过每秒1亿次的高性能计算机,它是目前功能最强、速度最快、软硬件配套齐备、价格最贵的计算机,主要用于解决诸如气象、太空、能源、医药等尖端科学研究和战略武器研制中的复杂计算。它们安装在国家高级研究机关中,可供几百个用户同时使用。

运算速度快是巨型机最突出的特点。如美国Cray公司研制的Cray系列机中,Cray-Y-MP运算速度为每秒20亿~40亿次,我国自主生产研制的银河-Ⅲ巨型机为每秒100亿次,IBM公司的GF-11可达每秒115亿次,日本富士通研制了每秒可进行3000亿次科技运算的计算机。最近我国研制的曙光4000A运算速度可达每秒10万亿次。世界上只有少数几个国家能生产这种机器,它的研制开发是一个国家综合国力和国防实力的体现。

2. 大中型计算机(large-scale computer and medium-scale computer)

这种计算机也有很高的运算速度和很大的存储量并允许相当多的用户同时使用。当然,在量级上都不及巨型计算机,结构上也较巨型机简单些,价格相对巨型机较为便宜,因此使用的范围较巨型机普遍,是事务处理、商业处理、信息管理、大型数据库和数据通信的主要支柱。

大中型机通常都像一个家族一样形成系列,如IBM 370系列、DEC公司生产的VAX8000系列、日本富士通公司的M-780系列。同一系列的不同型号的计算机可以执行同一个软件,称为软件兼容。

3. 小型机(minicomputer)

其规模和运算速度比大中型机要差,但仍能支持十几个用户同时使用。小型机具有体积小、价格低、性能价格比高等优点,适合中小企业、事业单位用于工业控制、数据采集、分析计算、企业管理以及科学计算等,也可做巨型机或大中型机的辅助机。典型的小型机是美国DEC公司的PDP系列计算机、IBM公司的AS/400系列计算机,我国的DJS-130计算机等。

4. 微型计算机(microcomputer)

微型计算机简称微机,是当今使用最普及、产量最大的一类计算机,体积小、功耗低、成本少、灵活性大,性能价格比明显地优于其他类型计算机,因而得到了广泛应用。微型计算机可以按结构和性能划分为单片机、单板机、个人计算机等几种类型。

1) 单片机(single chip computer)

把微处理器、一定容量的存储器以及输入输出接口电路等集成在一个芯片上,就构成了单片机。可见单片机仅是一片特殊的、具有计算机功能的集成电路芯片。单片机体积小、功耗低、使用方便,但存储容量较小,一般用做专用机或用来控制高级仪表、家用电器等。

2) 单板机(single board computer)

把微处理器、存储器、输入输出接口电路安装在一块印刷电路板上,就成为单板计算机。一般在这块板上还有简易键盘、液晶和数码管显示器以及外存储器接口等。单板机价格低廉且易于扩展,广泛用于工业控制、微型机教学和实验,或作为计算机控制网络的前端执行机。

3) 个人计算机(Personal Computer,PC)

供单个用户使用的微型机一般称为个人计算机或PC,是目前用得最多的一种微型计算机。PC配置有一个紧凑的机箱、显示器、键盘、打印机以及各种接口,可分为台式微机和便携式微机。

台式微机可以将全部设备放置在书桌上,因此又称为桌面型计算机。当前流行的机型有IBM-PC系列,Apple公司的Macintosh,我国生产的长城、浪潮、联想系列计算机等。

便携式微机包括笔记本计算机、袖珍计算机以及个人数字助理(Personal Digital Assistant,PDA)。便携式微机将主机和主要外部设备集成为一个整体,显示屏为液晶显示,可以直接用电池供电。

5. 工作站

工作站(workstation)是介于PC和小型机之间的高档微型计算机,通常配备有大屏幕显示器和大容量存储器,具有较高的运算速度和较强的网络通信能力,有大型机或小型机的多任务和多用户功能,同时兼有微型计算机操作便利和人机界面友好的特点。工作站的独到之处是具有很强的图形交互能力,因此在工程设计领域得到广泛使用。SUN、HP、SGI等公司都是著名的工作站生产厂家。

6. 服务器

随着计算机网络的普及和发展,一种可供网络用户共享的高性能计算机应运而生,这就是服务器。服务器一般具有大容量的存储设备和丰富的外部接口,运行网络操作系统,要求较高的运行速度,为此很多服务器都配置双CPU。服务器常用于存放各类资源,为网络用户提供丰富的资源共享服务。常见的资源服务器有域名解析(Domain Name System,DNS)服务器、E-mail(电子邮件)服务器、Web(网页)服务器、电子公告板(Bulletin Board System,BBS)服务器等。

1.1.3 计算机的特点与性能指标

1. 计算机的特点

有人说,机械可以使人类的体力得以放大,计算机则可使人类的智慧得以放大。作为人类智力劳动的工具,计算机具有以下主要特点。

1) 运算速度快

计算机的运算速度又称处理速度,用每秒钟可执行百万条指令(MIPS)来衡量。现代一般计算机每秒可运行几百万条指令即几个MIPS,巨型机的运行速度可达数百MIPS,数据处理的速度相当快。计算机如此高的数据运行速度是其他任何运算工具所无法比拟的,使得许多过去需要几年甚至几十年才能完成的科学计算,现在只要几天、几个小时,甚至更短的时间就可以完成。计算机处理数据的高速度使得它在商业、金融、交通、通信等领域能达到实时、快速的服务,这也是计算机广泛使用的主要原因之一。例如,国外一位数学家花了15年时间把圆周率算到了小数点后第707位,而这样的工作,现在用计算机不到一个小时就能完成。计算机运算速度快的特点,不仅能极大地提高工作效率,而且使得许多复杂的科学计算问题得以解决,把人们从繁杂的脑力劳动中解放出来。

2) 精度高

科学技术的发展,特别是一些尖端科学技术的发展,要求具有高度准确的计算结果。数据在计算机内部都是采用二进制数字进行运算,数的精度主要由表示这个数的二进制码的位数或字长来决定。随着计算机字长的增加和配合先进的计算技术,计算精度不断提高,可以满足各类复杂计算对计算精度的要求。如用计算机计算圆周率，目前已可达到小数点后数百万位了。

3）存储容量大

计算机的存储器类似于人类的大脑，可以记忆（存储）大量的数据和信息。存储器不但能够存储大量的数据与信息而且能够快速准确地找到或取出这些信息，使得从浩如烟海的文献资料、数据中查找并且处理信息成为十分容易的事情。如微机目前一般的内存容量在几百兆字节甚至上千兆字节。再加上大容量的软盘、硬盘、光盘等外部存储器，实际存储容量已达到海量。计算机的这种存储信息的能力，使它们成为信息处理的有力工具。

4）具有可靠的逻辑判断力

计算机可以进行算术运算又能进行逻辑运算，具有可靠的逻辑判断能力是计算机的一个重要特点，是计算机能实现信息处理自动化的重要原因。冯·诺依曼结构计算机的基本思想就是先将程序输入并存储在计算机内，在程序执行过程中，计算机会根据上一步的执行结果，运用逻辑判断方法自动确定下一步该做什么，应该执行哪一条指令。能进行逻辑判断，使计算机不仅能对数值数据进行计算，也能对非数值数据进行处理，使计算机能广泛应用于非数值数据处理领域，如信息检索、图像识别以及各种多媒体应用。

5）可靠性高和通用性强

由于采用了大规模和超大规模集成电路，计算机具有非常高的可靠性，其平均无故障时间可达到以年为单位。一般来说，无论数值还是非数值的数据，都可以表示成二进制数的编码；无论是复杂的还是简单的问题，都可以分解成基本的算术运算和逻辑运算，并可用程序描述解决问题的步骤。所以，在不同的应用领域中，只要编制和运行不同的应用软件，计算机就能在此领域中很好地服务，通用性极强。

2. 计算机的性能指标

一台计算机的性能是由多方面的指标决定的，不同的计算机其侧重面有所不同。计算机的主要技术性能指标如下。

1）字长

字长是指计算机的运算部件一次能直接处理的二进制数据的位数，它直接涉及计算机的功能、用途和应用领域，是计算机的一个重要技术性能指标。一般计算机的字长都是字节的1、2、4、8倍，微型计算机的字长为8位、16位、32位和64位。如一台Pentium Ⅲ CPU字长为32位，表示其能处理的最大二进制数为2^{32}。首先，字长决定了计算机的运算精度，字长越长，运算精度就越高，因此高性能计算机字长较长，而性能较差的计算机字长相对短些；其次，字长决定了指令直接寻址的能力；字长还影响计算机的运算速度，字长越长，其运算速度就越快。

2）内存容量

内存储器中能存储信息的总字节数称为内存容量。字节（byte）是指作为一个单位来处理的一串二进制数位，通常以8个二进制位（b）为一个字节（B）。1KB＝1024B，1MB＝1024KB，1GB＝1024MB。目前一般微机内存容量在128～512MB之间。内存的容量越大，存储的数据和程序量就越多，能运行的软件功能越丰富，处理能力就越强，同时也会加快运算或处理信息的速度。

3）主频

主频即CPU的时钟频率(Clock Speed)，是指CPU在单位时间内发出的脉冲数，也就是CPU运算时的工作频率。主频的单位是赫兹(Hz)。目前微机的主频都在800兆赫兹(MHz)以上，Pentium 4的主频在1吉赫兹(1GHz)以上。在很大程度上CPU的主频决定着计算机的运算速度，主频越高，一个时钟周期里完成的指令数也越多，当然CPU的速度就越快，提高CPU的主频也是提高计算机性能的有效手段。

4）存取周期

存储器完成一次读(取)或写(存)信息所需时间称为存储器的存取(访问)时间。连续两次读(或写)所需的最短时间，称为存储器的存取周期。存取周期是反映内存储器性能的一项重要技术指标，直接影响计算机的速度。微机的内存储器目前都由超大规模集成电路技术制成，其存取周期很短，约为几十纳秒(ns)。

5）外设配置

外设配置是指计算机的输入输出设备以及外存储器等。如键盘、鼠标、显示器与显示卡、音箱与声卡、打印机、硬盘和光盘驱动器等。不同用途的计算机要根据其用途进行合理的外设配置。例如，联网的多媒体计算机，由于要具有连接互联网的能力与多媒体操作的能力，因此要配置高速率的调制解调器(modem)和高速的CD-ROM(Compact Disc-Read Only Memory)驱动器、一定功率的音箱、一定位数的声卡、显示卡等，以保证计算机的网络通信和图像显示。

除上面列举的5项主要指标外，计算机还应考虑机器的兼容性(compatibility)、可靠性(reliability)、可维护性(maintainability)、机器允许配置的外部设备的最大数目等。综合评价计算机性能的指标是性能价格比，其中性能是包括硬件、软件的综合性能，价格是指整个系统的价格。

1.1.4 计算机的应用领域

计算机以其卓越的性能和强大的生命力，在科学技术、国民经济、社会生活等各个方面得到了广泛的应用，并且取得了明显的社会效益和经济效益。计算机的应用几乎包括人类生活的一切领域，可以说是包罗万象，不胜枚举。据统计，计算机已应用于8000多个领域，并且还在不断扩大。根据计算机的应用特点可以归纳为以下8大类。

1. 科学计算

在科学研究和工程设计等方面的数学计算问题称为科学计算。计算机是为科学计算的需要发明的，科学计算的特点是计算量大、求解精确度高、结果可靠。利用计算机的高速性、大存储量、连续运算能力，可以进行烦琐而复杂、人工难以完成甚至根本无法完成的各种科学计算问题。例如建筑设计中的计算；各种数学、物理问题的计算；气象、水文预报中的数据计算；宇宙空间探索、人造卫星轨道的计算；对多种计算方案进行比较，选取最佳方案等。

2. 数据处理

数据处理又称信息处理，是目前计算机应用的主要领域。据统计，在计算机的所有应用中，数据处理方面的应用约占全部应用的75%以上。信息处理是指用计算机对各种形式的数据如文字、图像、声音等收集、存储、加工、分析和传输的过程，指非科学计算方面、以管理为主的所有应用。数据处理是现代管理的基础，广泛地应用于情报与图书检索、文字处理、企业管理、决策系统、办公自动化等方面。数据处理的应用已全面深入到当今社会生产和生活的各个领域。

3. 过程控制

过程控制也称为实时控制，是指用计算机作为控制部件对单台设备或整个生产过程进行控制。其基本原理为：将实时采集的数据送入计算机内与控制模型进行比较，然后再由计算机反馈信息去调节及控制整个生产过程，使之按最优化方案进行。用计算机进行控制，可以大大提高自动化水平，减轻劳动强度，增强控制的准确性，提高劳动生产率。因此，在工业生产的各个行业都得到了广泛的应用，在卫星、导弹发射等国防尖端技术领域，更是离不开计算机的实时控制。

4. 计算机辅助设计

计算机辅助设计(Computer Aided Design，CAD)是指用计算机帮助工程技术人员进行设计工作。采用 CAD 可以使设计工作半自动化或自动化，不仅可以大大缩短设计周期，节省人力物力，而且能降低生产成本，达到最佳设计效果，保证产品质量。以飞机设计为例，过去从制定方案到画出全套图纸，要花大量的人力物力，用两年半到三年时间才能完成，采用 CAD 之后，只需三个月就可以完成。当前，CAD 已广泛应用于机械、电子、建筑、航空、服装、化工等行业，成为计算机应用最活跃的领域之一。

CAD 已得到世界各国的普遍重视。一些国家已经把计算机辅助设计和计算机辅助制造(Computer Aided Manufacturing，CAM)、计算机辅助测试(Computer Aided Test，CAT)及计算机辅助工程(Computer Aided Engineering，CAE)等组成一个集成系统，形成计算机集成制造系统(Computer Integrated Manufacturing System，CIMS)技术，实现设计、制造、测试、管理完全自动化。

5. 现代教育

近些年来，随着计算机的发展和应用领域的不断扩大，它对社会的影响已经有了文化层次的含义。所以在各级学校的教学中，已把计算机应用技术本身作为“文化基础”课程安排于教学计划中。此外，计算机作为现代教学手段在教育领域中应用越来越广泛、深入。主要有以下 4 种形式。

1) 计算机辅助教学

计算机辅助教学(Computer Assister Instruction，CAI)是指用计算机来辅助进行教学工作。它利用文字、图形、图像、动画、声音等多种媒体将教学内容开发成 CAI 软件的方式，使教学过程形象化；还可以采用人机对话方式，对不同学生采取不同的内容和进度，改变了教学的统一模式，不仅有利于提高学生的学习兴趣，更适用于学生个性化、自主化的学习。具体产品为各种 CAI 课件、试题测试库等。

2) 计算机模拟

除了计算机辅助教学外，计算机模拟是另外一种重要的教学辅助手段。如在电工电子教学中，让学生利用计算机设计电子线路实验并模拟，查看是否达到预期结果，这样可避免不必要的电子器件的损坏，节省费用。同样，飞行模拟器训练飞行员、汽车驾驶模拟器训练驾驶员都是利用计算机模拟进行教学的例子。

3) 多媒体教室

利用多媒体计算机和相应的配套设备建立多媒体教室，可以演示文字、图形、图像、动画和声音,给教师提供了强有力的现代教学手段,使得课堂教学变得图文并茂、生动直观,同时提高了教学效率,减轻了教师劳动强度,把教师从黑板前的粉尘中解放出来。

4) 网上教学

利用计算机网络将大学校园内开设的课程传输到校园以外的各个地方,使得更多的人能有机会受到高等教育。网上教学在地域辽阔的中国将有诱人的发展前景。

6. 人工智能

人工智能是指用计算机来模仿人的智能,使计算机具有识别语言、文字、图形和进行推理、学习以及适应环境的能力。新一代计算机的开发将成为人工智能研究成果的集中体现,具有某一方面专家的专门知识的专家系统和具有一定"思维"能力的机器人的大量出现,是人工智能研究不断取得进展的标志。如应用在医疗工作中的医学专家系统,能模拟医生分析病情,为病人开出药方,提供病情咨询等。机器制造业中采用的智能机器人,可以完成各种复杂加工、承担有害与危险作业。

7. 家庭管理与娱乐

越来越多的人已经认识到计算机是一个多才多艺的助手。对于家庭,计算机通过各种各样的软件可以从不同方面为家庭生活与事务提供服务,如家庭理财、家庭财务管理、家庭教育、家庭娱乐、家庭信息管理等。对于在职的各类人员,可以通过运行软件或计算机网络在家里办公。

8. 网络与通信

计算机技术与现代通信技术的结合构成了计算机网络。计算机网络的建立,不仅解决了一个单位、一个地区、一个国家中计算机与计算机之间的通信,各种软、硬件资源的共享,也大大促进了国际间的文字、图像、视频和声音等各类数据的传输与处理。目前遍布全球的互联网,已把地球上的大多数国家联系在一起,信息共享、文件传输、电子商务、电子政务等领域迅速发展,使得人类社会信息化程度日益提高,对人类的生产、生活的各个方面都提供了便利。

1.1.5 计算机文化的概念

1. 概念的提出

国际上有关"计算机文化"的提法最早出现在20世纪80年代初。1981年在瑞士洛桑召开的第三次世界计算机教育大会上,前苏联学者伊尔肖夫首次提出"计算机程序设计语言是第二文化",这个不同凡响的观点,如同一声春雷在会上引起巨大反响,几乎得到所有与会专家的支持。从此以后,"计算机文化"的说法就在世界各国广为流传。我国出席这次会议的代表也做出了积极的响应,并向我国政府提出在中小学开展计算机教育的建议。根据这些代表的建议,1982年原国家教委做出决定:在清华大学、北京大学和北京师范大学等5所大学的附中试点开设BASIC语言选修课,这就是我国中小学计算机教育的起源。

到20世纪80年代中期以后,国际上的计算机教育专家逐渐意识到"计算机文化"内涵并不等同于计算机程序设计语言,因此植根在其基础上的"计算机文化"的提法曾一度低落,甚至销声匿迹。近几年随着多媒体技术、校园文化网络和Internet的日益普及,"计算机文化"的说法又重新时髦起来。显然,"计算机文化"在20世纪80年代和90年代的两度流行,尽管提法相同,但其社会背景和内在含义已有了根本性的变化。探讨这种变化的实质,纠正原有认识上的偏颇，深刻理解当前“计算机文化”的真正内涵，对于认清信息技术革命迅猛发展的形势，进一步迎接21世纪的挑战，是不乏启迪意义的。

2. 对文化的理解

在人类几千年的文化发展史中，能被称做“文化”的事物是不多的。语言文字的诞生使人类逐渐形成各种各样具有民族特色的文化，不同的语言文字必然产生不同的文化。反之，若使用共同的语言文字则总可以找到共同的文化渊源，因此“语言文字”被人们公认是一种“文化”，而且是一种最基础的文化。

如上所述，随着计算机文化的诞生和日益普及，从20世纪80年代初开始也逐渐形成一种新的文化——“计算机文化”。现在世界上的许多发达国家把“计算机文化”引入大中小学教育的必修课程，我们国家也正在这样做。就因为计算机是一种文化，是一种从小就需要了解和掌握的文化。那么，什么样的事物才称得上是一种“文化”，或者，要具备哪些属性才能被看做是一种文化现象呢？

所谓文化，通常有两种理解：第一种是一般意义上的理解，认为只要对人的生活方式产生广泛而深刻影响的事物都属于文化，如饮食文化、茶文化、酒文化、电视文化、汽车文化等。第二种是严格意义上的理解，认为应当具有信息传递和知识传授功能，并对人类社会从生产方式、工作方式、学习方式到生活方式都产生广泛而深刻影响的事物才称得上文化。如语言文字的应用、计算机的日益普及和Internet的迅速扩展，即属于这一类。也就是说，严格意义上的文化应具有广泛性、传递型、教育性及深刻性4个方面的基本属性。

所谓广泛性主要体现在既涉及全社会的每一个人、每一个家庭，又涉及全社会的每一个行业、每一个应用领域两方面；传递性是指这种事物应当具有信息传递和交流思想的功能；教育性是指这种事物应能成为存储和获取知识的手段；深刻性是指事物的普及和应用给社会带来的影响极为深刻，不是带来社会某一方面、某个部门或某个领域的改良与变革，而是整个社会从生产方式、工作方式、学习方式到生活方式的深刻变革。

按照上述原则来考察文化现象，就不难明白，为什么无线电广播与电视尽管也被称为广播文化、电视文化，但作为一种“文化”，并没有像计算机那样被全世界各阶层的人所认同，也没有一个国家，把这两种文化作为大中小学必修的基础课程。其原因就在于，它们的广泛性只涉及个人和家庭，而不像计算机那样还涉及全社会的各个行业和各个应用领域；它们的深刻性也主要涉及人们的生活方式和学习方式，而不像计算机那样将带来整个社会从生产方式、工作方式、学习方式到生活方式的全面变革。因此，广播和电视还不算严格意义上的文化。

3. 计算机文化的内涵

衡量“计算机文化”素质高低的依据，通常是计算机方面最基础的知识和最主要的能力。根据目前国内外大多数计算机教育专家的意见，最能体现“计算机文化”的知识结构和能力素质，应当是“信息获取、信息分析与信息加工”有关的基础知识和实际能力。其中信息获取包括信息发现、信息采集与信息优选；信息分析包括信息分类、信息综合、信息查错与信息评价；信息加工则包括信息的排序与检索、信息的组织与表达、信息的存储与变换以及信息的控制与传输等。这种与信息获取、分析加工有关的知识可以简称为“信息学基础知识”，相应的能力可以简称为“信息能力”。这种知识与能力既是“计算机文化”水平高低和素质优劣的具体体现，又是信息社会对新型人才培养所提出的最基本要求。换句话说，达不到这方面的要求,将无法适应信息社会的学习、工作与竞争的需要,就会被信息社会所淘汰。从这个意义上完全可以说就相当于信息社会的“文盲”。这就是计算机文化的真实内涵。

1.2 微型计算机基础

1.2.1 主机

主机是微机最重要的组成部分,如图1-1所示是主机正面和背面的外观结构。从图中可以看到,主机箱上有许多接口与按钮。若打开主机箱可以看到主板、微处理器、内存储器、硬盘、软驱、光驱、显示卡、声卡等。下面分别介绍主机内的主要硬件及其功能。

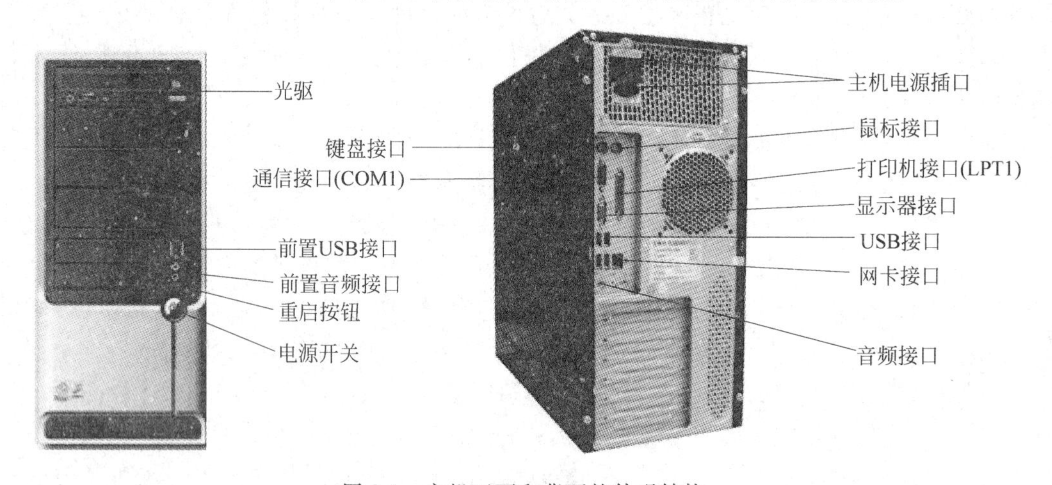

图1-1 主机正面和背面的外观结构

1. 主板

主板(main board)是微机系统中最大的一块多层印刷电路板,又称系统板(system board),如图1-2所示。主板位于主机箱后部,是微机的核心部件,也是微机的主体所在。主板要完成微机系统的管理和协调,支持各种CPU、存储器和各总线接口的正常运行。主板上通常有CPU插槽、存储器插槽、BIOS芯片组、COMS、系统总线、输入输出接口、扩展槽等。

目前,主板市场的品牌主要有Intel、华硕、微星、技嘉、磐英等。虽然市场上的主板种类繁多,结构布局也各不相同,但其主要功能和组成部件都是基本一致的。主板性能的好坏对微机系统的总体指标会产生重要影响。下面分别介绍主板的主要部件。

1) CPU与内存条插座

CPU插座供连接CPU芯片用。CPU插座的标准决定了可以插接CPU芯片的类型和CPU可以升级的范围。

内存条插座供插接内存条用。常见的内存条有SDRAM(Synchronous Dynamic Random Access Memory,同步动态随机存储器)和DDR SDRAM(Double Data Rate SDRAM,双数据率同步动态随机存储器)两种,又有SIMM(Single In-Line Memory Modules,单列存储器模块)和DIMM(Dual In-Line Memory Modules,双列存储器模块)之分。SDRAM(简称SD)与DDR SDRAM(简称DDR)两种内存条模块外观上的最大区别

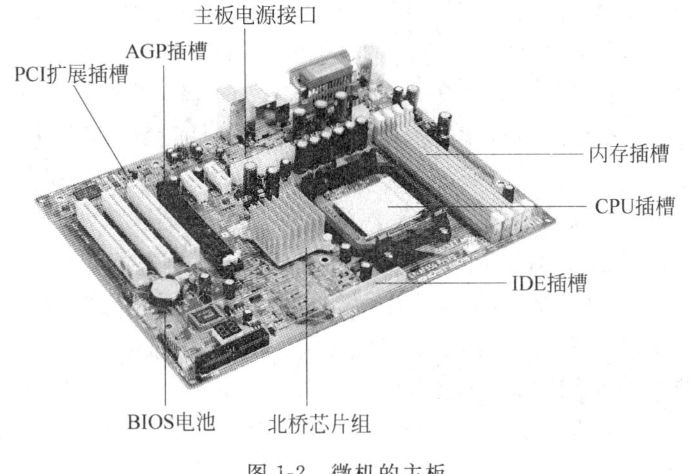

图 1-2 微机的主板

是：DDR 内存条只有一个缺口，引脚为 184 线；SD 内存条上有两个缺口，引脚为 168 线。因此，针对这两种内存条，主机板上的插槽是有区别的，相互不兼容。目前，主板上的内存条插座多为 DDR 标准。DDR 又有型号 DDR Ⅱ、DDR Ⅲ、DDR Ⅳ等。每一型号中又根据频率不同再分为 DDR Ⅱ800、DDR Ⅲ1066 等。

2）CMOS

CMOS 是主板上一小块特殊的内存，用于保存当前系统的硬件配置信息、外部时钟和用户设定的某些参数，如日期、时间、硬盘容量等。这些信息大多是系统启动时所必需的，又可能经常变化。如果把这些信息存放在 RAM 中，则系统断电后数据无法保存；如果放在 ROM 中，又无法修改(如硬盘升级或修改时间等)。而 CMOS 的存储方式则介于 RAM 和 ROM 之间，它由主板上的纽扣电池供电而且耗电量极低，开机后电池充电，关机后电池供电，因此在计算机关机后仍然能长时间保存信息。而 CMOS 电池和主板是同寿命的。微机中的外部时钟和内部时钟通过 CMOS 进行转换。

3）BIOS

基本输入输出系统(Basic Input Output System，BIOS)是写在主板 ROM 上的一个程序集，控制管理着微机的自检过程程序、标准设备的驱动程序、256 个中断服务程序、反馈诸如系统安装的设备类型、数量等信息，是微机主板上必不可少的初始化程序。一开机时，CPU 会从存储 BIOS 的地址读取控制整个系统的指令，并开始执行。如主机系统的自检、CMOS 设置的检查、系统的初始化设置、与外围设备的连接、把操作系统载入内存以及开机时屏幕画面的各种显示并发出“嘟”的一声，这些都是 BIOS 的运行过程。

4）系统总线

系统总线(system bus)是连接微机 CPU、存储器和输入输出设备等的公共信息通道(线路)，是微机中各种信息交换的纽带，微机的硬件结构的特点就是各部件统一“挂接”在系统总线上。后面还要进一步深入介绍总线的概念。总线的重要指标是最大数据传输率，通常用如下公式计算：

$$最大数据传输率=总线数据宽度\times总线工作频率/8$$

其中总线数据宽度是总线能传输数据的位数，总线工作频率又称总线时钟频率，它与

CPU外频频率相同,计算结果的单位为MBps(每秒兆字节)。例如,PentiumⅢ微机的内存总线数据宽度为64位,当CPU使用66MHz外频时,数据传输速率则为64×66/8=528(MBps),但当CPU使用100MHz外频时,数据传输速率则提高到64×100/8=800(MBps)。这表明在保持总线数据宽度不变的情况下,可以通过提高总线工作频率来相对提高最大数据传输速率。

系统总线是随着微机的发展而不断发展的。由于VLSI技术的迅速发展,组成微机的每块电路板已分别具有独立的功能,这便于各生产厂家利用各模板灵活地组成系统。这样,在各模板之间应该有一种标准,即总线标准,用来对插件尺寸、插头线路以及各引线的定义进行明确的规定。现在,有代表性的系统总线标准主要有ISA、EISA、VESA和PCI等。

(1) 工业标准结构总线(Industry Standard Architecture,ISA)是最早的工业标准总线之一,也是最初的一种微机总线标准,当初为286微机设计,主要在386微机和早期的486微机上使用。

(2) EISA(Extended Industry Standard Architecture,扩展的工业标准结构总线)是ISA的扩展,主要用于服务器。

(3) VESA局部总线(VESA Local-BUS,VL-BUS),是视频电子标准协会(Video Electronics Standards Association,VESA)推出的一种廉价的局部总线技术,被486微机广泛采用。

(4) 外设组件互联标准(Peripheral Component Inter Connection,PCI)是一种最新的局部总线标准,它克服了VL-BUS的许多缺点,有广阔的发展前途。ISA的总线工作频率一般为8MHz,而PCI的总线工作频率一般则为33~66MHz,由于PCI结构总线速度快、成本低,已经代替ISA总线,而成为目前微机的主流总线。

(5) 加速图形端口(Accelerated Graphics Port,AGP)是一种解决视频带宽不足而制定的新型总线结构,它能提高图形(尤其是3D立体图形)的显示速度。AGP的工作频率为66MHz,一般可以提供528MBps的数据传输率。

5) 扩展槽

扩展槽是外部输入输出设备的连接端口,上面常插有一些外设控制电路板或接口板(如显卡、声卡等),可以实现对微机功能的扩充,扩展槽的多少,反映了微机的扩展能力。这种开放的体系结构为用户自己组合可选设备提供了方便。

对应于不同的总线结构,主板上一般有ISA扩展槽、PCI扩展槽和AGP扩展槽。由于ISA总线上的输入速度已不能满足要求,因此目前大部分微机主板已淘汰了ISA扩展槽。AGP是Intel公司开发的新一代图形总线结构,它为任务繁重的显卡提供了一条专用“快车道”,从而摆脱了PCI总线交通拥挤的情况。这一新技术很快得到了热烈响应,目前市场上已经少有PCI接口的新显卡上市,而AGP插槽成了各主板的必备之物。

6) 芯片组

芯片组(chipset)是主板的灵魂,决定主板的性能与价格。它由一组成套使用的芯片组成,负责将CPU运算或处理结果以及信息传输到相关的部件,从而实现对这些部件的控制。从这点来说,芯片组是CPU与所有部件的硬件接口。

正如人的大脑分成右脑和左脑一样,主板上的芯片也由北桥芯片(north bridge)和南桥芯片(south bridge)组成。北桥芯片决定主板支持何种CPU、内存,控制了所有总线与CPU

之间的沟通，因为发热量大，一般会在北桥芯片上安装散热片或风扇；由于北桥芯片的主导作用，它也被称为主桥(host bridge)。南桥芯片主要负责一般的输入输出总线，如 ISA 总线、USB 总线等。

7) FSB(前端总线工作频率)

FSB 是现代主板重要的性能指标，FSB 指标高则主板性能好。但是，在实际配置时主板的 FSB 应该和 CPU 的 FSB 数据一致。

2. 微处理器

微处理器(即 CPU)是整个微机系统的核心，也是决定微机性能的最重要的部件。它是一个超大规模集成电路芯片，通过专门的 CPU 插座安装在主板上。CPU 是由制作在一个芯片上的控制器、运算器、若干寄存器以及内部数据总线构成，其主要功能是控制整个微机的运行并完成相应的算术运算和逻辑运算。

1) CPU 的基本结构

CPU 的内部结构框架如图 1-3 所示，CPU 的基本组成部分包括运算器、控制器(即程序控制单元)、寄存器组以及 CPU 内部总线。

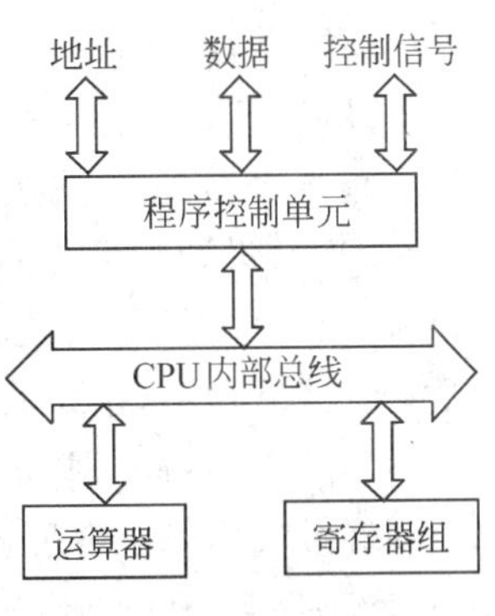

图 1-3　CPU 内部结构框图

(1) 运算器。

运算器的主要部件是算术逻辑单元(Arithmetic Logical Unit，ALU)，用来完成算术运算和逻辑运算。许多 CPU 中还设计了多个运算单元，有的用来执行整数运算，有的执行逻辑运算，有的用于浮点数计算等。

(2) 控制器。

控制单元是微机的控制中心，其作用是控制整个微机的工作，具体说是计算机指令的执行部件，其工作是从内存取出指令、解释指令以及执行指令。

(3) 寄存器。

寄存器是 CPU 的一个重要组成部分。其中包括指令寄存器，用于从内存中取出当前执行的指令；若干个控制寄存器和若干个数据寄存器，用于提供程序控制单元和算术逻辑部件在计算过程中临时存放数据。一个数据寄存器能存放的二进制数据位数一般与 CPU 字长相等。

(4) CPU 内部总线。

CPU 内部总线是数据和指令在 CPU 中传递以及运算器和控制器之间信息交流的通道。

2) CPU 的性能指标

CPU 的性能高低直接决定了一个微机系统的档次。CPU 性能主要由以下几个主要因素决定。

(1) 主频与外频。

主频又称时钟频率，是 CPU 作为产品的标准工作频率，代表 CPU 执行指令的速度。主频越高，则 CPU 每秒能够执行的指令数越多，运算速度越快，计算机性能就越高。目前微机主流 CPU 的主频已达到 4GHz。

外频就是系统总线的工作频率。CPU 的外频与前端总线(Front Side Bus，FSB)的频率是相同的,目前常见CPU的外频主要有100MHz、133MHz、166MHz和200MHz。倍频是指CPU外频与主频相差的倍频,用公式表示就是:主频=外频×倍频。

(2) 字长。

字长即运算器一次所能处理数据的二进制位数。如果一个CPU的字长为8位,它每执行一条指令只能处理8位二进制数据,如果要处理更多位数的数据,就需要执行多条指令。显然字长位数越多,CPU可同时处理的数据量越大,功能就越强。目前主流微机的CPU字长为64位。

(3) CPU的结构类型。

即使主频和字长相同,不同结构下的CPU性能也是不同的。如现在CPU中包含高速缓冲存储器(cache),其容量大小也将决定CPU的性能。CPU的速度与性能不仅与芯片内部的体系结构有关,还与CPU和外围电路的配合等都有密切关系。

(4) 指令本身的处理能力。

早期的CPU只包含一些功能比较简单的基本指令,随着制造技术的进步,目前CPU在基本指令集中提供了很多复杂运行的指令,指令的种类增加了,CPU的处理能力就增强了。在CPU设计技术方面有一个重要方向叫做精简指令集计算技术(Reduced Instruction Set Computer,RISC)。这种技术把过去复杂的指令系统最大限度地简化成基本指令集,使指令系统非常简洁,指令的执行速度大大加快,提高了CPU的运算速度。

由于CPU性能对整个微机的性能具有重要影响,因此,往往用CPU型号作为衡量PC档次的标准。市场上常见的有Intel公司系列CPU,性能从低到高依次为8086→80286→80386→80486→Pentium→Pentium Ⅱ→Pentium Ⅲ→Pentium 4等。其他产品还有美国AMD公司的K6-2、K6-3、K7等K系列,Cyrix公司的M系列。

(5) CPU的新指标。

随着CPU的飞速发展,CPU的性能提出了新指标,这就是“制程”和“架构”。“制程”就是指CPU内部两个晶体管之间的距离,用nm(纳米)做单位,纳米数越小性能越好。“架构”是指CPU内部晶体管的排列结构。Intel在2011年初发布的新一代处理器微架构SNB(Sandy Bridge),这一构架的最大意义在于重新定义了“整合平台”的概念,与处理器“无缝融合”的“核芯显卡”终结了“集成显卡”的时代。2012年4月,Intel正式发布了Ivy Bridge(IVB)处理器。22nm Ivy Bridge会将执行单元的数量翻一番,达到最多24个,会带来性能上的进一步跃进。本书第10章会进一步说明。

3. 内部存储器

内部存储器简称内存,它直接与CPU相连接,主要用来存放即将执行的程序以及相关数据。内存储器的主要性能参数是存储容量和存取速度。存储容量以字节为单位,它反映了存储空间的大小,目前微机内存容量一般有128MB、256MB、512MB甚至更多。存取速度以ns(纳秒)为单位,常见有60ns、70ns、80ns,数字越小表明内存的存取速度越快。通常在内存芯片上印刷的字符后面的两位数字即代表此速度,例如“-60”就是存取速度为60ns。目前主流内存的规格是DDR。微机的内部存储器包括只读存储器(ROM)、随机存储器(RAM)和高速缓冲存储器(cache)、CMOS等。

1) 只读存储器(ROM)

由于ROM中的数据只能读出(取出),不能写入(存入),计算机断电以后ROM中原有的内容保持不变。因此，ROM常用来存放那些固定不变的程序和数据，习惯上说"将程序固化在ROM中"就是这个意思。例如存储一些不能改写的管理机器本身的控制程序和其他服务程序，最典型的应用是用来存放BIOS程序。在一般情况下，ROM中的程序是固化的，不能对ROM进行改写操作，只能从中读出信息，但是现在的许多微型计算机中的ROM采用了一种特殊的技术来制造，从而可以用一些特殊的程序改写ROM，对计算机的BIOS进行升级。如果按半导体器件的类型来划分，现在常见的ROM可以分为以下几类。

(1) Mask ROM：掩膜只读存储器。它所存放的信息是由生产过程中的一种掩膜工艺决定的，一旦生产完毕，信息就不可更改。

(2) PROM(Programmable ROM)：可编程只读存储器。这是一种可以用专用设备一次性写入所需要内容的只读存储器。制造商生产的PROM出厂时没有任何信息，使用者只能写入一次，以后不能修改。

(3) EPROM(Erasable Programmable ROM)：可擦除可编程只读存储器。它可以根据需要，多次写入不同的内容。将EPROM置于紫外线的照射下10分钟，就可以擦除其内容，然后在专用的编程器上将内容写入。其特点是每次写入新内容之前都必须擦除整片存储器的所有信息。

(4) E^2PROM(Electrically Erasable programmable ROM)：电可擦可编程只读存储器。这种ROM的优点是可以在电路板上用电直接擦除，不必从电路板上取下来，而且速度比EPROM快。

(5) Flash ROM：闪速存储器。它既有E^2PROM的写入方便的优点，又有E^2PROM的高集成性，是一种很有发展前景的非易失性(断电后数据不易丢失)存储器。现在所用的各类常见主板和一部分显示适配器(显卡)都是采用Flash ROM作为BIOS芯片，而且现在的许多掌上计算机和移动电话中也大量采用了这种Flash ROM作为主要存储器。

2) 随机存储器(RAM)

平常所说的内存一般指RAM。RAM中的数据既可以读出又可以写入，但关机后存储的信息将自行消失，一般用来存放正在运行的程序和数据，以及为支持用户程序运行所需要的一些系统程序。由于内存直接与CPU相连接，所以内存的存取速度要求与CPU的处理速度相匹配。RAM按其电路设计方式可分为两种。

(1) SRAM(静态RAM)：由晶体管组成，优点是速度快。计算机中的高速缓冲存储器就是利用这种静态RAM作为存储器单元。由于SRAM全由晶体管组成，所以SRAM芯片的体积相对较大，芯片制作难度大，价格也高。

(2) DRAM(动态RAM)：存储单元为电容，由电容上充电电位的高、低来表示。由于DRAM存储单元由小电容组成，所占芯片体积小，集成度高，价格相对便宜，因此被大量用来作为内存储器。DRAM的主要缺点是速度慢，一般比SRAM慢1/3～1/5。

3) 高速缓冲存储器

在现代微机系统中，CPU的速度越来越快，但内存由于受到成本等方面的限制，速度只有CPU速度的十分之一左右。CPU执行每一条指令时都要访问一次甚至多次内存，这种速度的差异会使CPU经常将工作时间浪费在等待内存读写上，使得CPU的效率不能得到充分的发挥。在微型计算机中引入高速缓存技术就是为了解决CPU与内存之间速度差异太大这一矛盾。

高速缓冲存储器简称缓存,也是RAM的一种,但与内存相比存取速度更快,与CPU的速度相当,但存储容量很小。高速缓存的位置介于CPU和内存之间,其作用是用来暂存当前程序运行时需要频繁使用的一段程序代码或一部分数据。当CPU需要读取程序或数据时,先在高速缓存中查找并读取所需内容,若找不到时,再到内存中去查找及读取所需内容,并利用系统总线的空闲时间,将找到的数据后续的一部分信息调入到高速缓存中备用,同时将高速缓存中暂时不用的信息淘汰,从而提高CPU的效率和整个系统的性能。

在微型计算机中,高速缓存一般是封装在CPU芯片内部,出于成本上的考虑,容量一般不能很大,通常在256KB～1MB。

4. 其他部件

在主机中还有各种输入输出接口、总线、时钟电路和电源等其他重要部件,下面简要进行介绍。

1) 输入输出接口

输入输出(Input/Output,I/O)接口是CPU与外部设备进行信息交换的部件。由于主机是由集成电路芯片连接而成的,而外设是机电结合的装置,因此在它们之间通常存在着信号速度、时序和信息格式等方面的差异。I/O接口的主要功能就是解决上述问题,使多种外设能与主机协调工作。

实际的接口通常是根据特定的I/O接口设备制作出来的一小块印刷电路板,称为接口卡或适配卡,专门用于这种设备与主机的连接。在机箱内有多个扩展插槽,可以方便地插入多种符合标准的适配卡。常见的适配卡有显示卡、声卡、网卡等。

打印机、键盘、鼠标、硬盘、软盘驱动器等需要相应的I/O接口才能接入主机。主要接口有主机箱背后的并行接口、串行接口、PS/2接口(常用来连接鼠标和键盘)、USB接口、IEEE 1394接口以及机箱内的硬盘接口、软盘驱动器接口等。

(1) 并行接口。

并行接口简称并口,特点是主机与接口、接口与外设之间都是以并行方式传递数据。并行方式可以传递若干二进制信息,并行接口数据通路宽度是按字或字节设置,其数据传输速率高,通常用于连接打印机和扫描仪等,所以又称为打印机口。一般微机后面配有两个并口,分别叫做PLT1、PLT2。

(2) 串行接口。

串行接口简称串口,又称RS-232口,它与外设都是以串行方式传输数据。由于串行方式是按二进制的位逐位依次传输,所以只要少数几条线就可以在系统之间交换信息,但传输速度比较慢。因而,串行一般用在远程传输上,通常用于连接鼠标和调制解调器。一般微机上配有两个串口,分别叫做COM1、COM2。

(3) USB接口。

通用串行接口(Universal Serial Bus, USB)是由Intel公司提出的一种应用在微机领域的新型接口标准,也是一种连接外围设备的机外总线。其特点是传输速率高、支持热插拔、即插即用、能为接入的设备提供电源,并能支持多个接入设备并行工作。

USB接口的设计目的是使所有低速设备(如键盘、鼠标、扫描仪、数码相机、Modem等)都可以连接到统一的USB接口上。USB可以树状连接127个外部设备。目前USB已逐渐成为微机的标准接口,最新推出的微机几乎100%支持USB;在外设端,使用USB接口的设备也与日俱增，如数码相机、扫描仪、图像设备、打印机、Modem、键盘、鼠标、U盘等。随着USB接口的普及，并、串口势必将逐渐退出历史舞台。

USB有两个规范：USB 1.1和USB 2.0。USB 1.1是早期规范，传输速率为1.5～12MBps。USB 2.0规范是由USB 1.1演变而来的，它的传输速率可达到480MBps，足以满足大多数外设的速率要求；USB 2.0兼容USB 1.1，所有支持USB 1.1的设备都可以直接在USB 2.0的接口上使用。USB 3.0由Intel、微软、惠普、德州仪器、NEC、ST-NXP等业界巨头组成的USB 3.0 Promoter Group宣布，该组织负责制定的新一代USB 3.0标准已经正式完成并公开发布。USB 3.0的理论速度为5.0Gbps，其实只能达到理论值的5成，那也是接近于USB 2.0的10倍了。USB 3.0的物理层采用8b/10b编码方式，这样算下来的理论速度也就4Gbps，实际速度还要扣除协议开销，在4Gbps基础上要再少点。可广泛用于PC外围设备和消费电子产品。

(4) IEEE 1394接口。

IEEE 1394接口与USB接口有许多共同点，如它们同是串行总线、信号线条数少、电缆细软、连接器小巧等。除此之外，两者也都不需要终端设定，且能够在不切断电源的情况下自由拔插(带电拔插，即插即用)，特别适于多媒体数据实时处理。

IEEE 1394接口的特长在于高性能，其在多媒体和消费类电子设备(如数码摄像机等)中有一定市场。有越来越多的笔记本计算机在配备USB接口的同时，也配备了IEEE 1394接口。IEEE 1394接口下一步的发展方向是强化网络功能，或许它能成为家庭网络的标准。

(5) IDE接口。

智能设备电子接口(Intelligent Device Electronics, IDE)是一种硬盘接口，最多支持2个硬盘，每个硬盘的容量最大为528MB，传输速率达到15MBps。

(6) EIDE接口。

EIDE(Enhanced Intelligent Device Electronics，增强型的IDE接口)取代IDE是必然趋势。与IDE相比，EIDE有以下几方面的特点。

① 支持超过528MB的大容量硬盘。

② 除了支持硬盘以外，还支持其他外设(如光盘驱动器等)，而IDE接口只支持硬盘。

③ 可连接更多的外设，最多可连接4台EIDE设备。

④ 具有更高的数据传输速率，传输速率可达100MBps。

(7) SCSI接口。

小型计算机接口(Small Computer System Interface，SCSI)可与各种采用SCSI接口标准的外部设备相连。SCSI接口的设备连接功能非常强，一个SCSI接口可以连接多达15台外部设备。SCSI接口的性能比EIDE接口提高了很多，数据传输率可达160MBps，它对于微机来说是一种很好的选择，因为它不只是接口，也是条总线，一个独立的SCSI总线最多可以支持16个设备。一般高档服务器的硬盘接口都使用SCSI接口。随着技术的发展，SCSI也会像EIDE一样广泛应用在微机系统和外设中。

(8) SATA接口。

现代硬盘的最新接口，可以连接320GB或更大容量的硬盘。

(9) HDMI。

HDMI(High Definition Multimedia Interface)接口是最近才出现的接口，它是传输全

数字信号的。HDMI接口不仅能传输高清数字视频信号,还可以同时传输高质量的音频信号。同时功能跟射频接口相同,不过由于采用了全数字化的信号传输,不会像射频接口那样出现画质不佳的情况。对于没有HDMI接口的用户,可以用适配器将HDMI接口转换为DVI接口,但是这样就失去了音频信号。高质量的HDMI线材,即使长达20m,也能保证优质的画质。

2) 总线

(1) 总线的概念。

通过前面的学习已经知道,总线是计算机中传输信息的一组导线。采用总线结构可以简化系统各部件之间的连接,使接口标准化,便于系统的扩充(如扩充存储器容量、增加外部设备等)。总线是计算机系统中传输信息的通路,由若干条通信线构成。总线一般有以下3种类型。

① 内部总线　内部总线是同一功能部件(如CPU)内部各部件之间的总线。在微机中也表现为CPU与各外围芯片之间的总线,用于芯片一级的互联。内部总线又称为局部总线。

② 系统总线　系统总线是同一台计算机系统的各部件,如CPU、I/O设备、内存、通道和各类I/O接口间互相连接的总线。在微机中,表现为各部件(或称接口卡、插卡)与系统主板之间的总线,用于部件一级的互联。

③ 外部总线　外部总线是多台计算机之间以及计算机与外部设备之间的总线,用于设备一级的互联。此时,微机作为一种设备,通过总线与其他设备进行信息和数据交换,如微机中常见的RS-232总线等。

(2) 总线的组成。

微型计算机中的总线主要由控制总线、数据总线和地址总线组成,如图1-4所示。

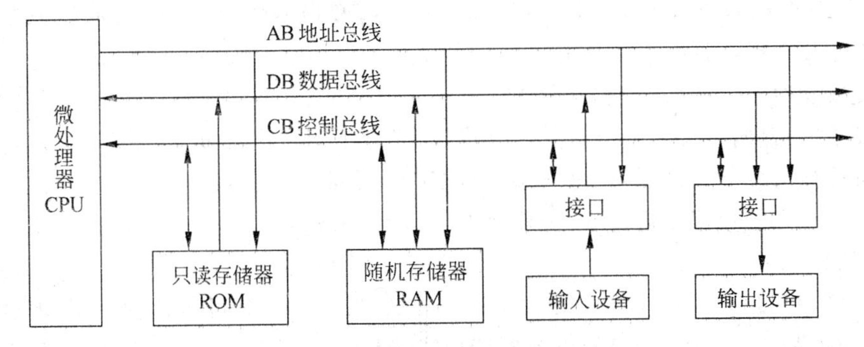

图1-4　微机的总线结构

① 控制总线。控制总线(Control Bus,CB)用来传输控制信号,是总线中最复杂、最灵活、功能最强的一类总线。控制总线一般是单向的,其宽度随机型而异。

② 数据总线。数据总线(Data Bus,DB)用来实现CPU、存储器和I/O设备之间的数据传输。数据总线具有双向功能,其宽度一般与CPU字长相同。

③ 地址总线。地址总线(Address Bus,AB)用来把地址信息传输到存储器和输入输出接口,以便找到所需要的数据。地址总线一般是单向的,其宽度取决于本系统可直接寻址的存储器容量。

3）时钟电路和电源

时钟电路是为计算机设置的产生最小基本节拍信号的信号源，时钟可作为基本计时单元，用于产生同步信号和形成各种控制信号。

电源是微型计算机硬件系统必不可少的部分，通常要求提供几伏至几十伏的直流电压。电源装置通常有保护电路，出故障时，电源会自动断开，等待故障排除。

1.2.2 外部存储器

通常在内存中只是暂存了当前系统要运行的一部分程序及其相关数据，系统中更多的当前不用但需要长期保存的程序和数据是以文件的形式保存在外部存储器之中。

外部存储器也叫外存或辅助存储器，与内存相比，外存的主要特点是：容量大，存储成本低，可以长期保存信息；但访问速度慢，存放在外存上的程序和数据必须调入到内存中才能被 CPU 访问。

外存在结构上大多由存储介质和驱动器两部分组成。其中，存储介质是一种可以表示成两种不同状态并以此来存储数据的材料（例如生产磁盘用的磁介质），而驱动器负责向存储介质中写入或读出数据。目前常用的外存有磁盘、光盘、U 盘等。

1. 磁盘存储器

磁盘存储器简称磁盘，是微机系统中最重要的外部存储器，主要用于存储大量的程序和数据。它以铝合金或塑料作为基盘，在基盘两面涂以磁性材料，通过电子方式控制磁盘表面的磁化状态，以达到记录 0 和 1 信息的目的。

在计算机中，磁盘存储器信息的读写是通过磁盘驱动器来完成的。当磁盘存储器工作时，磁盘驱动器带动磁盘片高速转动，磁头掠过盘片的轨迹形成一个个同心圆，这些同心圆称为磁道，如图 1-5 所示。为便于管理和使用，每个磁道又分为若干个扇区，信息就存放在这些扇区中。计算机按磁道和扇区号读写信息。

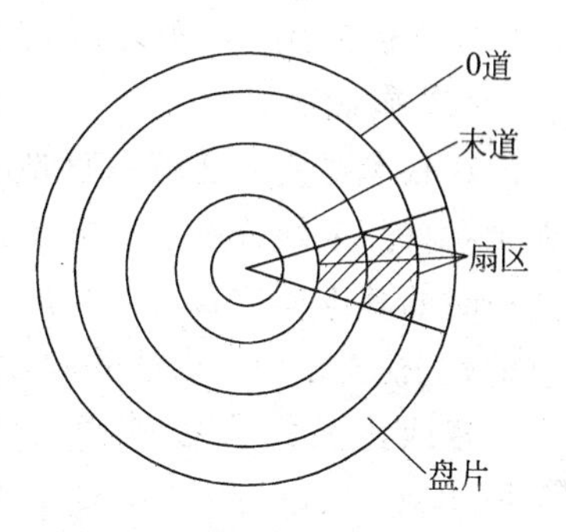

图 1-5　磁盘上的磁道与扇区

磁盘可分为软盘存储器和硬盘存储器两大类。

1）软盘存储器

软盘存储器由软盘片（软盘）、软盘驱动器（软驱）和软盘适配器三部分组成。通常，软驱被安装在主机箱内，软盘适配器被集成在主板上，二者通过扁平电缆连接起来，软盘才是真正的存储信息的实体。

（1）软盘结构与存储容量。

软盘是用柔软的聚酯材料制成的圆形盘片，盘片的两个表面涂有磁性材料，盘片被封装在一个保护套内，如图 1-6 所示。软盘上的写保护缺口用于设置是否允许写入，该位置有一个可上下滑动的塑料翼片，移动翼片让小窗口打开，让光线从小窗口里透过时，表示不允许写入，从而对软盘数据起到保护作用；反之则可读可写。当软盘上存有重要数据且不改动时，最好将写保护缺口打开，不允许写入，以保护数据，也可防止感染计算机病毒。

如果按存储数和存储信息的密度软盘可分为单面低密度（SS，DD）、双面低密度（DS，DD）、单面高密度（SS，HD）和双面高密度（DS，HD）4 种。目前在微机上常用的软盘是 3.5"

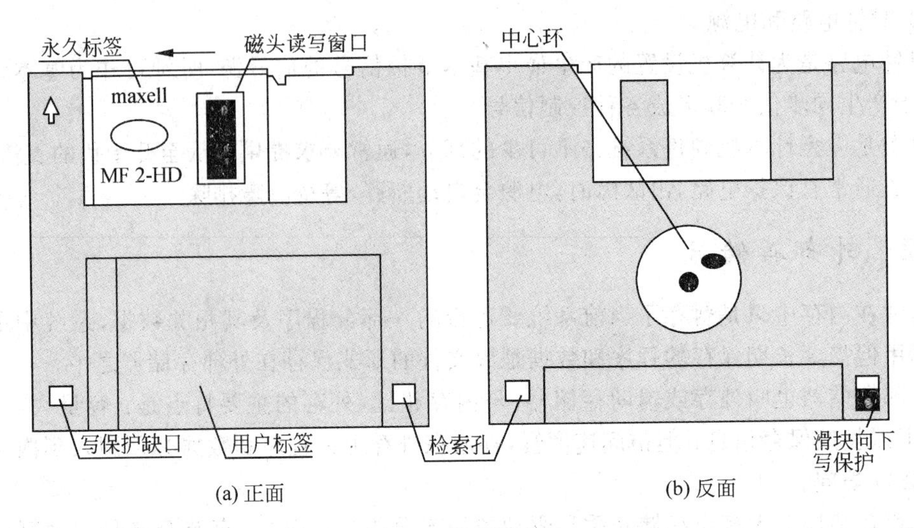

图 1-6　软盘外观图

双面高密度软盘,容量为 1.44MB 软盘,相当于 70 多万个汉字。软盘上的数据是按磁道和扇区来存放的,软盘上下两个盘面各被划分成 80 个磁道,由外向内编号为 0～79 道,每个磁道又被分为 18 个扇区,每个扇区固定存储 512 个字节,因此,3.5"软盘存储容量为：2(盘面数)×80(磁道数)×18(扇区数)×512(字节数)＝1 474 560B＝1.44MB。

(2) 软盘格式化。

新软盘在使用之前一般要进行格式化,也有免格式化软盘可直接使用。软盘的格式化就是在盘面上划分磁道和扇区,并写上各扇区的地址标记,以便于读写时寻址。扇区是软盘读写时的基本单位,每次读写一个完整扇区。已经使用过的软盘也可以重新格式化,需要注意的是,格式化操作会清除软盘上的所有信息,所以要慎重。

格式化操作会在软盘上产生 4 个区域,即引导扇区(BOOT)、文件分配表(File Allocation Tatle,FAT)、文件目录表(File Directory Tatle,FDT)和数据区。引导扇区用于存放操作系统引导程序；文件分配表区用于描述文件在磁盘上存放的位置以及整个软盘扇区的使用情况；文件目录表区用于存放软盘根目录下的所有文件(包括子目录文件)的文件名、文件属性、文件在软盘上的存放开始位置、文件长度以及文件建立和修改的日期和时间；数据区才是真正存放文件内容的区域。以上 4 个区域主要供系统读写磁盘、管理文件时使用。

(3) 使用注意事项。

软盘的特点是成本低、重量轻、价格便宜、盘片可携带。软盘必须置于软盘驱动器中才能正常读写。插入软盘时应把软盘的正面朝上,并按如图 1-6 所示的箭头方向插入。在驱动器工作指示灯亮时不得插入或抽取软盘,以防损坏软盘。在计算机中通常用"A："或"B："来标识软盘驱动器。

在微机的使用中,软盘和软盘驱动器是使用率和故障率都很高的部件。因此,在使用软盘时必须注意以下几点。

① 不要触摸裸露的盘面。

② 不要用重物压盘片。

③ 不要弯曲或折断盘片。

④ 远离强磁场。

⑤ 防止阳光直射。

2）硬盘存储器

硬盘存储器是由硬盘片、硬盘驱动器和硬盘适配器 3 部分组成。与软盘不同的是硬盘片和驱动器总是被封装在一起，通常采用温彻斯特技术（磁头悬浮技术），其特点是磁头不与盘片接触；为了防止盘片损坏，把磁头、盘片及驱动机构都密封在一个腔体内。封装后的硬盘安装在主机箱内，硬盘适配器则被集成在主板上，二者通过扁平电缆连接起来。

硬盘片是一组由涂有磁性材料的铝合金圆盘组成的盘片组，盘片的每一面都有一个读写磁头。同样每个存储表面被划分成若干磁道，每个磁道被划分成若干个扇区。所有存储表面上，编号相同的磁道会形成一个虚拟的圆柱形，称为磁盘的柱面，如图 1-7 所示。

硬盘的存储可以根据下面的公式计算：

磁盘存储容量＝磁头数×柱面数×每磁道扇区数×每扇区字节数

如已知磁头数为 16，磁道数（柱面数）为 4096，每道扇区数为 63，每扇区 512B，则磁盘容量为 16×4096×63×512＝2.1（GB）。

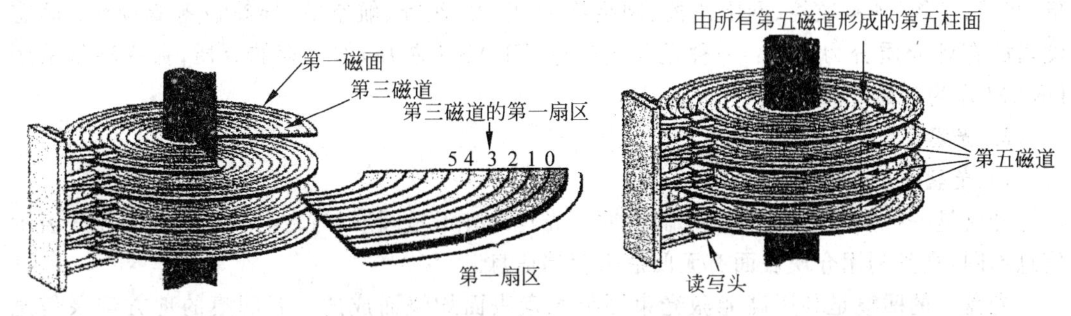

图 1-7　磁盘中的磁道、扇区与柱面

(1) 硬盘主要技术指标。

硬盘存储器主要技术指标有存储容量、硬盘转速、平均寻道时间、内部传输速率、高速缓存等。目前市场上知名的硬盘有 IBM、西部数据（Western Digital，WD）、希捷（Seagate）等。

① 存储容量。存储容量是计算机的主要指标之一，用来标志其存储容量的大小。目前市场磁盘容量有 40GB、60GB、80GB 和 120GB，甚至更大。

② 硬盘转速。硬盘转速是衡量硬盘性能的一个重要指标，它是指硬盘内部马达的转动速度，以每分钟的转数来表示。目前硬盘转速常见的有每分钟 5400 转和每分钟 7200 转。

③ 平均寻道时间。平均寻道时间是指读写磁头移动到指定的磁道读取数据的平均时间，一般来说硬盘转速越高，寻道时间越短。对于转速为每分钟 7200 转的硬盘，寻道时间约为 8ms。

④ 内部传输速率。内部传输速率是指磁盘存储器每秒能够读取多少字节的数据。硬盘内部传输率可高达 190MBps。

⑤ 高速缓存。一般内存的速度要比硬盘快几百倍（DRAM 的存取速度为 60～100ns），所以内存通常会花大量的时间去等待硬盘读出数据，从而也使 CPU 效率下降。为了解决这个矛盾，现在的硬盘中一般都安装一定量的高速缓冲存储器来缓解硬盘数据存取的瓶颈。

(2) 使用注意事项。

① 空白硬盘在使用之前一般由厂家先进行初始化,对盘片进行划分磁道和扇区,并标明地址信息。用户需要对硬盘进行分区和格式化,建立文件分配表区和文件根目录区,并初始化磁盘结构参数表。

② 根据具体需要在硬盘上装入系统软件和应用软件。如装入 Windows 2000;Excel 2000 以及数据库系统、图像处理软件等。

③ 在使用硬盘时,应该避免出现划盘故障。由于操作不当,可能出现划盘现象,轻者出现坏磁道或损坏磁头,重者可使磁盘报废。因此,在使用中保持环境清洁,切勿在硬盘工作期间关闭电源;不要随意将硬盘驱动器拆卸开,需要修理时,应请专门维修硬盘的维护人员;在搬运机器或硬盘时防止振动,在搬运前将磁头复位。

④ 为了防止硬盘出故障后造成数据损失,应及时将磁盘中存放的重要信息进行备份,即将需要保存的信息转存在其他存储设备上,一旦硬盘上信息丢失,可以用备份信息恢复。

固态硬盘(Solid State Disk、IDE FLASH DISK)用固态电子存储芯片阵列而制成的硬盘,由控制单元和存储单元(Flash 芯片)组成。固态硬盘的接口规范和定义、功能及使用方法上与普通硬盘的完全相同,在产品外形和尺寸上也完全与普通硬盘一致。广泛应用于军事、车载、工控、视频监控、网络监控、网络终端、电力、医疗、航空等、导航设备等领域;固态硬盘的存储介质分为两种:一种是采用闪存(FLASH 芯片)作为存储介质,另一种是采用 DRAM 作为存储介质。

2. 光盘

1) 光盘的工作原理

光盘是一种大容量、可移动存储介质。光盘的外形呈圆形,与磁盘利用表面磁化来表示信息不同,光盘利用介质表面有无凹痕来存储信息。

光盘上的凹痕是利用高能激光束照射光盘表面灼烧而成的。有凹痕的地方记录信息 0,无凹痕的地方记录 1。其灼烧过程也就是光盘数据的写入过程。在读取数据时,使用低能激光束照射光盘,如果激光束照射到平面(无凹痕)部分,则激光会准确地反射到激光读取头的光传感器上,并将读取到的信息记录为 1;如果激光束照射到凹痕中,则激光束会因散射而被吸收,在光读取头上接收不到信号,就记录为 0。

光盘上的数据存放在一条轨道上。轨道从光盘中心呈螺旋状不断展开直至光盘边沿。这条轨道又均分为多个段,数据就记录在这些段上。

读写光盘数据的过程与读写磁盘类似,也需要使用光盘驱动器(光驱)来配合,其速度对数据访问的影响十分重要。如当通过光盘观看电影时,光驱速度过慢,则可能导致图像跳动和声音不连续。光盘驱动器通常被安装在机箱内,通过扁平电缆与主机板上相应的适配器连接。

2) 光盘的分类

光盘根据工作方式不同可分为:只读型光盘、一次性写入光盘和可擦写型光盘三大类。

(1) 只读型光盘(Compact Disk ROM,CD-ROM)的特点与 ROM 类似,即光盘中的数据由生产厂家预先写入,用户只能读取其中的数据但无法修改。目前的各种多媒体出版物和计算机软件大多以光盘的形式提供。

(2) 一次性写入光盘(Compact Disk Recordable,CD-R)在购买时是空白盘,可以分一次或几次写入数据。但已写入的数据只能读出、不能修改。要在 CD-R 上写入数据时,必须使用相应的软件和 CD-R 驱动器。CD-R 驱动器既可以读出 CD-R 上的数据，也可以读出标准 CD-ROM 上的数据，它的价格要比 CD-ROM 驱动器贵一些。CD-R 光盘一般可用于保存永久性资料或用户自制多媒体光盘。

(3) 可擦写型光盘(Compact Disk Rewritable,CD-RW)的功能与磁盘类似，用户可以对其进行多次读写。为了使用 CD-RW 光盘必须使用相应的软件和 CD-RW 驱动器，不过这种驱动器的速度相当慢，而且与标准 CD-ROM 不兼容，即不能读取 CD-ROM 盘中的数据。

3) 光盘主要性能指标

光盘存储容量、光驱数据传输率以及读取时间是光盘存储器的主要性能指标。

(1) 只读型光盘的存储容量一般为 700MB，一次性写入光盘的和可擦写型光盘的存储容量一般都在 650MB 以上，相当于 20 万页文本的数据量。

(2) 光驱数据传输率是指光学头每秒从光盘上读出的字节数，一般用倍速来描述。一倍速的标准为 150KBps，其他倍速可依此计算。如 24 倍速为 24×150KBps＝3600KBps。在目前微机中，48 倍速和 52 倍速都是很常见的数据传输率。

(3) 读取时间是指 CD-ROM 驱动器接收到命令后，移动光头到指定位置，把第一个数据读入驱动器的过程所花时间。目前 CD-ROM 驱动器读取时间一般为 200～400ms。

4) 光盘的使用

在光盘的两个面中实际只有一面存有数据，没有数据的一面通常印有文字或图案。在光盘使用时，应首先轻按光驱正面最右边的按钮，自动伸出一个光盘托盘；将光盘放入托盘并注意印有文字的一面朝上，再轻按同一按钮，等托盘自动缩回后，就可以开始使用光盘了。使用完成以后，先按一下按钮，等托盘伸出后可取回光盘，再按一次按钮让托盘自动缩回。此外，在光驱上通常还带有耳机插孔和控制音量的按钮。

在光盘的使用中要注意：不要把光盘放在过热的地方或在太阳下暴晒；不要用硬笔在光盘上书写，即使在印有文字的一面，也不要这样做；不要把裸露的光盘叠放在一起，以免擦伤光盘；尽量不要用手指接触光盘记录信息的一面，以免污染，所以在拿取光盘的时，通常是用手指卡住光盘的外沿和盘的中心孔；当光盘不用时最好放在专用的盒子里。

5) DVD 光盘

虽然 CD-ROM 的存储容量已经相当大了，但仍然不能满足一些项目的需要。如有的软件可能需要使用几张 CD-ROM，而存储电影、动画等视频信息也需要较大空间。目前，DVD(Digital Versatile Disc)光盘的容量在 4.7～17GB 之间。

当然，为了使用 DVD 光盘还必须使用相应的 DVD 光盘驱动器，其数据传输速率有 8 倍速、16 倍速、24 倍速等，一倍速标准是 1.3MBps。目前在一些微机中，DVD 光驱也已成为一种标准配置。

按照工作方式，DVD 光盘也可以分为 DVD-ROM、DVD-R 和 DVD-RW 等。DVD 光驱是新一代和未来的主导光盘驱动器，它不仅向下兼容 CD 等各种光盘，可容纳各种不同规格的信号，而且可呈现良好的画质和音效。随着 DVD 驱动器价格的逐步降低，DVD 光盘必将全面替代 CD 光盘。

3. 其他外存

1) U 盘

U 盘又叫闪存盘或闪盘。U 盘的工作原理和磁盘完全不同，属于一类特殊的半导体存储器。它采用了Flash Memory(闪存技术,该技术现已广泛应用在MP3播放器、手机等设备中),通过电压的变化来改变Flash芯片内的二氧化硅的形态以存储二进制数据。不通电时二氧化硅的状态固定不变,所以断电以后U盘中存储的信息仍能够保存。因为二氧化硅稳定性要大大强于磁存储介质,使得U盘的数据可靠性比传统软盘提高很多。

U盘中的信息可以反复擦写,如果使用的二氧化硅材质优良,U盘能够达到可擦写百万次。而且用户如果没有用到后面的空间,后面的存储单元就不会通电,所以U盘总是头上的存储空间先损坏,但只要重新格式化,后面的存储空间就可以再使用下去。U盘的芯片寿命一般都比它的外壳寿命长。

U盘通过USB接口与微型计算机直接相连,盘中的Flash芯片属于电擦写电门,因此U盘的读写速度较快,容量也较大。目前常用的U盘容量为1～8GB。根据USB接口的不同,U盘分为1.1和2.0两个版本,前者最高传输速率为12MBps,后者为480Mps。

由于U盘有防潮、耐高低温、抗震、防电磁波、容量大、速度快、安全性高、造型精巧、携带方便等特点,目前已基本取代了软盘,成为主要的便携式存储设备。

2) 移动硬盘

移动硬盘是由笔记本硬盘和配套硬盘盒构成的便携式存储系统,采用计算机标准接口(USB/IEEE 1394)与计算机相连,适合保存和交换大容量的多媒体文件、数据库、软件等,移动硬盘体积小、容量大(40～120GB)、重量轻,在Windows ME、Windows 2000和Windows XP操作系统中不用安装任何驱动程序,即插即用,十分方便。

1.2.3 输出输入设备

用户和计算机系统间通过输入输出设备交换信息。输入设备的功能是将外界信息输入到计算机中,目前常用的输入设备包括键盘、鼠标、扫描仪、数码相机、摄像头、话筒、触摸屏、手写笔、光驱等。输出设备的功能是将计算机处理信息的结果输出到外界呈现出来。目前常用的输出设备包括显示屏、音箱、打印机、绘图仪、刻录机等。还有一些设备既可做输入设备也可做输出设备,如磁盘驱动器。下面介绍几种常用的输入输出设备。

1. 键盘

键盘(keyboard)是计算机中最常用也是最主要的输入设备。通过键盘可以直接输入数据、控制命令和程序等信息。目前最常用的键盘是101键键盘(美国标准键盘)和104键键盘(多了3个Windows专用键),键盘的插头一般呈圆形,将插头插入主机箱背后的插座即可使用。随着USB接口的广泛使用,现在键盘插头也采用USB接口,只需将插头插入任意一个USB接口上便可使用。

键盘的主要部分是一系列按键,每个按键对应于一个(或两个)可打印字符或控制功能。ASCII码表中包含的可打印字符,在标准键盘上都能找到对应的按键。当按下一个按键时,键盘内的控制电路便产生一组相应的二进制代码输入计算机内。

通常可以把键盘分为功能键区、主键盘区、光标控制区和副键盘区,如图1-8所示。

1) 功能键区

功能键区位于键盘顶端,由Esc键、F1～F12键以及其他3类功能键组成,这些键在不同的环境中有不同的作用。

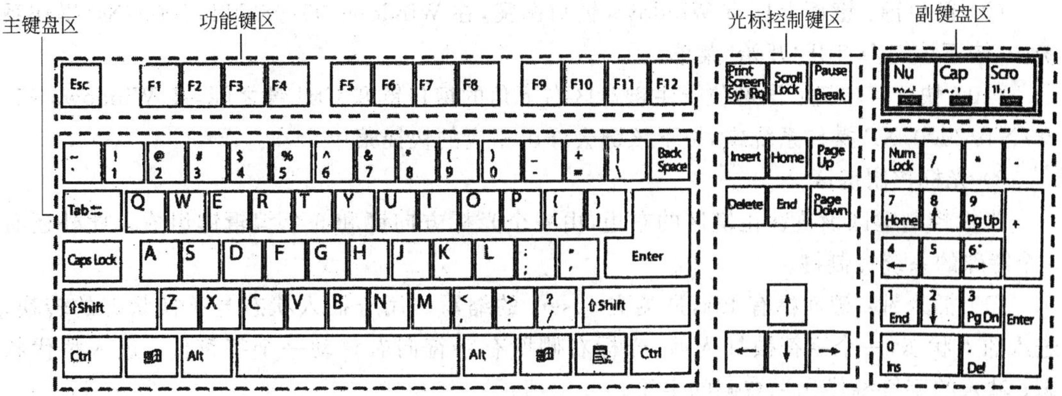

主键盘区 功能键区 光标控制键区 副键盘区

图 1-8 键盘的结构

(1) 强行退出键：标有 Esc，是 escape 的简写。常用来撤销某项操作、退出当前环境返回菜单等。

(2) 功能键 F1～F12：功能键也称为可编程序键，可以编制一段程序来设定各功能键的功能。因此，在不同的软件系统中，各个功能键的功能是不相同的。一般情况下，将 F1 键设为帮助键。

2) 主键盘区

主键盘区在键盘面板的左边，具有标准的英文打字机按键格式。包括字母键(A～Z)、数字键(0～9)、专用符号键(!、@、#、?、+等)以及一些控制键和 Windows 专用键。以下介绍控制键和 Windows 专用键的功能。

(1) 空格键：主键盘下方最长的键，标有 Space 或不标字符，用来输入空格，按一次产生一个空格，光标向右移动一个字符的位置。

(2) 回车键：键面标有 Enter 或 Return 字样，按此键表示开始执行所输入的命令；在录入时，按此键后光标往下移一行。

(3) 退格键：键面标有 Back Space 或"←"，每按一次，光标左移一位，删除左侧一个字符。

(4) 大写锁定键：键面标有 Caps Lock，实现英文字母大小写切换锁定。按下该键后，可将字母键锁定为大写状态，而对其他键没有影响。当再次按下此键，即可解除大写锁定状态，字母键切换回小写状态。

(5) 换挡键：键面标有 Shift 或"↑"。该键与其他键同时使用，按住此键，再按住标有双字符的键，则输入其上部字符，否则输入下部字符。该键与字母键配合使用，可实现大写字母的输入。

(6) 控制键：键面标有 Ctrl，是英文 Control 的缩写，和其他键配合使用，可完成特定的控制功能。

(7) 转换键：键面标有 Alt，是英文 Alternating 的缩写。该键和控制键相同，不单独使用，在与其他键组合使用时产生一种转换状态。在不同的系统中，该键转换状态也不同。

(8) 制表键：键面标有 Tab，是英文 Table 的缩写，主要用于图表中的定位操作。每按一次，光标右移 8 个字符；同时按 Shift 和 Tab 键，光标左移 8 个字符。

(9) 窗口键：键面上标有 Windows 窗口图案，在 Windows 95/98/NT/2000/XP 操作系统中，按下该键会打开“开始”菜单。

(10) 快捷菜单键：该键位于主键盘区右下角的窗口键和 Ctrl 键之间，在 Windows 95/98/NT/2000/XP 操作系统中，按下该键会弹出相应的快捷菜单。

3) 光标控制键区

光标控制键区设置在主键区的右边，由 4 个光标方向键和 6 个编辑键组成。此外还有 3 个特殊的系统控制键。

(1) 插入键：键面标有 Ins，是英文 Insert 的缩写。用于插入状态与替换状态的转换。进入插入状态，一个字符被插入后，光标右侧所有字符向右移动一个字符位；进入替代状态；输入的字符替代光标右侧的字符。

(2) 删除键：键面标有 Del，是英文 Delete 的缩写。每按一次此键，删除光标右侧的一个字符。

(3) 起始键：键面标有 Home，按下此键，光标移至当前行的行首；同时按下 Ctrl Home 键，光标移至首行行首。

(4) 终止键：键面标有 End，按下此键，光标移至当前行行尾；同时按下 Ctrl 和 End 键，光标移至末行行尾。

(5) 向前翻页键：键面标有 Page Up，按此键，可以翻到上一页。

(6) 向后翻页键：键面标有 Page Down，按此键，可以翻到下一页。

(7) 光标上移键：键面标有“↑”，按此键，光标上移一行。

(8) 光标下移键：键面标有“↓”，按此键，光标下移一行。

(9) 光标左移键：键面标有“←”，按此键，光标左移一个字符位。

(10) 光标右移键：键面标有“→”，按此键，光标右移一个字符位。

(11) 屏幕复制键：键面标有 Print Screen，按下此键可将当前屏幕的内容复制到打印机上。在 Windows 中按下此键可把屏幕内容复制到剪贴板上。

(12) 屏幕锁定键：键面标有 Scroll Lock，按下此键可使当前屏幕停止滚动，直到再次按下此键为止。

(13) 暂停键：键面标有 Pause Break，同时按下 Ctrl 键和 Pause Break 键，可强行终止程序运行。

4) 副键盘区

副键盘区在键盘右边，一共 17 个键，其中包括数字锁定键(键面标有 Num Lock)、双字符键、Enter 键等。该键区大部分为双字符键，上标字符是数字，下标符号具有光标控制功能。

按下数字锁定键，键盘右上角第 1 个指示灯亮，表示此时为数字状态，可以方便数字输入；再按下此键，指示灯熄灭，副键盘进入编辑状态，可作为光标控制键。

2. 鼠标

鼠标(mouse)是一种带有按键的手持式输入设备，用来控制屏幕上光标移动以及操作屏幕上的图标、文本等内容。在图形界面操作系统中，鼠标已成为必备的输入设备。

1) 鼠标的分类

按照工作原理，可以把鼠标分为机械式鼠标和光电式鼠标两种。机械式鼠标下面有一个可以滚动的小球，当鼠标器在桌面上移动时，小球和桌面摩擦，发生转动，屏幕上的光标随着鼠标移动而移动，光标和鼠标的移动方向是一致的，而且与移动的距离成正比例。这种鼠标价格便宜，但易沾灰尘，影响移动速度，且故障率高，需要经常清洗。光电式鼠标下面是两个平行放置的小光源，光源发出的光经反射后，再由鼠标接收，并转换为移动信号送入计算机，使屏幕光标随着移动。光电式鼠标分辨率高，故障率低，应用范围越来越广泛。

目前USB接口的鼠标已是市场主流，只要将插头插入主机的任何一个USB接口，便可以使用了。

2）鼠标的操作

鼠标上都带有两个键（左键、右键），有的鼠标还在左右键之间带有滚轮。常见的鼠标操作有6种：指向、单击、双击、右击、拖动和滚动。

（1）指向：使鼠标箭头指向某数据对象的操作。如将鼠标箭头指向桌面的图标并停留片刻，就可以得到关于该图标所示对象的说明或安装路径。

（2）单击：指按下鼠标左键并迅速释放，多用于选项的选取。如果要执行多项选择，可以在单击的同时，按住键盘Ctrl或Shift键。“单击”操作要求先执行“指向”操作，如要单击“开始”按钮，鼠标指针必须先指向这个按钮。

（3）双击：指用较快的速度连续两次按下鼠标左键并释放。“双击”不是两次单击的简单重复，而是用来执行某些文件或打开文件夹。

（4）右击：按下鼠标右键并迅速释放。通常“右击”用于弹出快捷菜单、修改对象属性等。

（5）拖动：将鼠标指针指向对象后，按下鼠标的左键或右键，在不松开的情况下，移动鼠标到新位置，然后再松开鼠标键。如可以使用鼠标“拖动”，完成文件的移动、复制和创建快捷方式等操作。

（6）滚动：使用鼠标滚轮，可以将不能用一屏完全显示的文档或网页上下滚动。

3. 显示系统

显示器是微机中不可缺少的输出设备，是实现人机对话的重要工具，它既可以显示从键盘输入的内容和鼠标要操作的对象，也可以显示计算机处理过后的各种图形和文字。显示器中显示的内容则是通过显示卡输出的。

1）显示器

显示器的种类很多，常用的主要有阴极射线管（Cathode Ray Tube，CRT）显示器和液晶显示器（Liquid Crystal Display，LCD）两大类。

CRT显示器与电视机的显像原理相类似，最重要的部件是显像管。显像管尾部末端有一个电子枪，前部涂有特殊荧光材料的荧光屏。在控制电路的作用下，电子枪射出的电子束在荧光屏上扫描，打击荧光材料形成显示光点。屏幕上的文字或图形就是由这些显示光点组成的。屏幕上的一个画面称为一帧，一个显示帧由许多电子枪一行行扫描荧光屏而成的扫描线构成。目前，常用显示器的一帧包含480或者更多的扫描线，每条扫描线又由许多显示光点构成，每个点称为一个像素。LCD的工作原理与CRT的工作原理不同，但其显示屏也是由排成阵列的像素构成。在液晶显示器中含有称为液晶的特殊分子，它们沉积在两种显示材料之间，当加电时，液晶分子会变形并且阻止某些光波通过，从而在屏幕上形成图像。

CRT显示器耗电量大、体积庞大、对外的辐射大，但价格比较便宜，目前仍被广泛使用。

LCD显示器具有功耗小、无电磁辐射、体积小等特点,大多用在便携式计算机上。随着人们对产品的需求,LED显示屏和3D显示器也逐步取代CRT显示器和LCD显示器。

2) 显示器性能指标

(1) 尺寸。

尺寸是衡量显示器显示屏幕大小的技术指标,单位一般为英寸,常见显示器有14英寸、15英寸、17英寸、21英寸等,目前各类型号的17寸纯平显示器已成为市场主流产品。尺寸大小是指显像管或显示屏对角尺寸,而不是可视对角尺寸。如15英寸CRT显示器的可视对角尺寸实际为13.8英寸。

(2) 点距。

点距(dot pitch)指CRT屏幕上两个相邻的荧光点之间的最小距离,单位为毫米。点距是彩色CRT显示器的一项重要指标,点距越小,意味着单位面积内可以显示更多的像点,可以达到的分辨率越高,画面越细致清晰。目前多数彩色CRT显示器的点距为0.28mm或0.26mm,个别的可达到0.25mm或0.21mm。当然,点距越小的显示器价格越高。

(3) 像素和分辨率。

像素是指组成图像的最小单位,也即上面提到的发光点,分辨率指屏幕上像素的数目。比如,分辨率640×480就是描述在水平方向上有640个像素,垂直方向有480条扫描线,屏幕总像素的个数是它们的乘积。分辨率越高,画面包含的像素就越多,图像就越细腻清晰。目前计算机使用的大都是高分辨率显示器,常见的分辨率有1024×768、1280×1024等。

(4) 刷新频率或反应时间。

对于CRT显示器而言,因为电子枪通过打击荧光屏幕而显示图像,在电子束扫过之后,其发光的亮度会逐渐减弱,并在几十秒之后消失。为了能保证图像的持续稳定,就必须在其消失前进行刷新,即对整个图像重新逐行扫描一遍。刷新频率以Hz为单位,CRT显示器的刷新频率一般应高于75Hz,若刷新频率过低,屏幕就会有闪烁现象。

对于LCD来说则不存在刷新的问题。但在LCD显示器中像素由亮转暗并由暗转亮所需的时间,也就是反映时间(或称为响应速度),对高速动画的显示有影响。反应时间越小,像素的转化速度就越快,就能够减少拖影现象(即用鼠标高速拖动一个图标时,在运动的过程中图标后留下的一排图标的阴影)。反应时间的单位是毫秒(ms)。

(5) 辐射指标。

辐射指标,这对CRT显示器来说是个很重要的指标,它会直接影响到使用者的视力及身体健康。目前国际上关于显示器电磁辐射量的标准有两个:MPR-Ⅱ标准和TCO标准。达到MPR-Ⅱ标准的显示器较多,达到TCO标准的显示器在市场上较少,只有一些名气较大的国外产品才有TCO的认证标志,如NEC、SONY、三星(Samsung)、美格(MAG)等品牌的显示器。这些产品的价格也会相应地较贵些。

(6) 绿色功能。

显示器带有美国环境保护署(Environmental Protection Agency,EPA)发给的"能源之星"标志才具有绿色功能。计算机处于空闲状态时,自动关闭显示器内部电路,使显示器降低电能的消耗,以节约能源和延长显示器使用寿命,这对使用者来说可以降低使用成本,对于选购显示器来讲是应该考虑在内的。

显示器市场可以分成高、中、低档三大类。国内品牌显示器基本处于低档产品系列,中档产品像三星、飞利浦、高士达、大宇、KDS 等品牌越来越多地被消费者所喜爱，而高档产品像 NEC、SONY、美格(MAG)、优派(ViewSonic)、苹果(Apple)等较专业的显示器，一般用于商业或电子商务类，目前也逐渐趋向市场化。

3) 显示卡

显示卡(display card)简称显卡，又称为显示适配器，是一种显示器专用的接口卡，由显示存储器(显存)、寄存器组织和控制电路三部分组成。它是主板与显示器的接口部件，其功能就是控制微机的图形输出，而且还能起到处理图形数据、加速图形显示等作用。显示卡既可以集成在主板上，也可以是独立显示卡，通过插入主板上的 I/O 扩展槽与主机连接。显卡的种类很多，主要有 VGA、SVGA 和 AGP 显示卡。

视频图形阵列(Video Graphics Array，VGA)显卡的标准图形分辨率是 640 像素×480 像素，文本方式下分辨率为 720 像素×400 像素，可支持 16 色。

超级 VGA 显卡(Super VGA，SVGA)，其分辨率提高到 800 像素×600 像素、1024 像素×768 像素或更高，而且支持 16.7M 种颜色，称为真彩色。除包含了 VGA 的功能外，一般还扩充了一些新功能，采用更大的显存，支持更高的分辨率和更多的颜色。

AGP 显卡在保持了 SVGA 显示特性的基础上采用了全新设计的速度更快的 AGP 显示接口，显示性能更加优良，是目前最常见的显示卡。

显示卡的性能主要体现在显示分辨率、色彩深度、显存容量、刷新频率等几个方面。

(1) 显示分辨率。

显示分辨率是指屏幕上水平方向和垂直方向最多能显示的像素点数，一般用“横向点数×纵向点数”来表示。一般来说分辨率越高，显示的图像越清晰。显卡分辨率应设定与显示器分辨率相匹配。如果显卡分辨率设定得比显示器本身的最大分辨率低，则会使像素点之间的点距加大；反之，则会造成相邻像素之间有部分重合。两种情况都会降低图像质量。

(2) 色彩数/色彩深度。

色彩数是指显卡在当前分辨率下所显示的颜色数量，一般以多少色来表示，其对应的色彩数据位数称为色彩深度。如标准 VGA 显卡在 320 像素×200 像素分辨率下的色彩数为 256 色，表示能显示的颜色数量是 256 种；而 $256=2^8$，则色彩深度为 8 位。现在显卡所支持的色彩深度有 8 位、16 位增强色(表示颜色数为 $2^{16}=65\ 536$ 种)、24 位真彩色(表示颜色数量为 $2^{24}=16\ 777\ 216$)和 32 位真彩色(表示颜色数量为 $2^{32}=4\ 294\ 967\ 296$ 种)等。色彩数可以通过操作系统设定。显然，色彩数越大，显示的色彩越细腻，越逼真。

(3) 显存。

显存是显卡自带的显示存储器，用来临时存放显卡所处理的数据。从屏幕上看到的图像数据一般都存放在显存中，显卡的分辨率越高，色彩数越大，所需要的显存就越多。如分辨率为 640×480、色彩深度为 8 位时，表示屏幕上的像素点最多有 307 200 个，每个像素点的颜色变化有 2^8 种(需用 1 个字节表示)，需要存储的信息就是 640×480×1 字节，即需要 300KB 显存。因此存放一帧画面的数据至少需要 300KB 显存容量。

(4) 刷新频率。

刷新频率是指影像在显示器上的更新速度，即每秒钟刷新显示器影像的次数，单位是 Hz。通常刷新频率都在 75Hz 以上，如果设置太低会损伤眼睛。

4. 打印机

打印机能将计算机输出的文字及图像信息打印到纸介质上,以便于保存及传阅。目前打印机的应用范围非常广泛,无论是在办公室、学校、银行、超市,甚至是在很多家庭都能看到打印机的身影。打印机的种类和样式很多,性能上的差别也很大,一般按照其工作原理可分为三大类:针式打印机、喷墨打印机和激光打印机。

1) 打印机的工作原理与特点

(1) 针式打印机。

针式打印机工作原理是:打印头从计算机获取打印控制信号,控制驱动电路产生一个电流脉冲,使电磁铁的驱动线圈产生磁场吸引打印针衔铁,带动打印针击打色带,在打印纸上打出一个点的图形。在打印头中有很多个打印针,如9针、24针等,打印的文字或图形是由点阵构成的,因此也称为点阵式打印机。打印头可在字车上横向运动,完成一行的打印,然后由计算机控制走纸机构的进纸及打印头的回车换行,以实现逐行打印。

针式打印机由于采用的是机械击打式的打印头,因此穿透力很强,能打印多层复写纸,具备复制功能,另外还能打印不限长度的连续纸。使用的耗材是色带,在3种打印机中是最廉价的一种。其缺点就是体积、重量都较大,打印噪声大、精度低、速度慢,一般无打印彩色功能。适合有专门要求的专业应用场合,如财务、税务、金融机构等。

针式打印机目前常用的品牌有EPSON、NEC、STAR等,以打印宽度分为窄行(80列)和宽行(136列)打印机。

(2) 喷墨打印机。

喷墨打印机的工作原理与针式打印机相似,只是喷墨打印机的打印头是由成百上千个直径极其微小(约几微米)的墨水通道组成,这些通道的数量,也就是喷墨打印机的喷孔数量,直接决定了喷墨打印机的打印精度。每个通道内部都附着能产生振动或热量的执行单元。当打印头的控制电路接收到驱动信号后,即驱动这些执行单元产生振动,将通道内的墨水挤压喷出;或产生高温,加热通道内的墨水,产生气泡,将墨水从喷孔喷到打印纸上产生文字或图形。

喷墨打印机打印精度高,通常都能打印彩色图像,而且体积小重量轻,甚至能随身携带,打印时的噪声也很小。但使用的耗材是墨水,是3种打印机中相对来说最为昂贵的。而且,想要打印精美的图像,还要使用同样昂贵的专用打印纸才能有很好的打印效果。因此喷墨打印机的使用成本很高。另外,喷墨打印机不具备复制和打连续纸功能。喷墨打印机的价格比较便宜,适合对打印质量要求高但数量较小的场合,如家庭、小型办公室等。

按照不同标准,喷墨打印机可以分为单色喷墨打印机、彩色喷墨打印机和喷泡式Bubble Jet,BJ)喷墨打印机、针点式(Desk Jet,DJ)喷墨打印机等。常用的品牌有HP、CANON、EPSON等。

(3) 激光打印机。

激光打印机的工作原理与复印机有些相似。它是将计算机送来的打印内容用激光对感光硒鼓进行扫描,随着扫描的光线不断变化,使硒鼓表面产生不断变化的电荷,这些电荷可吸附墨粉,产生墨粉图像,再由图像转移装置通过在打印纸背面放出一个强电压,将墨粉图像吸附到纸上,装在墨粉图像的打印纸经过高温定影装置的加温处理,将墨粉熔化到打印纸中。

激光打印机的打印精度很高，使用的耗材是硒鼓，其成本介于针式打印机和喷墨打印机之间。同样也能打印彩色图像，且对打印介质的要求没有喷墨打印机那么高，打印的速度是3种打印机中最快的，而且噪音也很小，但体积和重量相对喷墨打印机要大，也只能逐页打印，无复制功能和打印连续纸功能。激光打印机的价格比较高，适合打印数量大、任务重的场合，如大型商务机构，设计、印刷领域等。常用的品牌有HP、CANON等。

2）打印机的主要性能指标

衡量打印机性能的主要指标包括以下几个方面。

（1）分辨率。

分辨率用每英寸打印点数（Dot Per Inch，DPI）表示，是衡量打印机的重要标志。不同类型的打印机打印质量也不同，针式打印机的分辨率较低，一般为180～360DPI；喷墨打印机分辨率一般为300～1440DPI；激光打印机分辨率为300～2880DPI。

（2）打印速度。

针式打印机的速度用每秒打印字符数（Chip Per Second，CPS）表示，其打印速度由于受机械运动的影响在不同字体和文种下差别较大，一般不超过200CPS。喷墨打印机和激光打印机都属于页式打印机，即计算机输入完一整页的内容，打印机才开始打印，打印速度以每分钟打印页数（Papers Per Minute，PPM）表示，一般在6～30PPM。

（3）噪音。

噪音用分贝表示，针式打印机噪声明显高于喷墨打印机和激光打印机，其中喷墨打印机可称得上是无噪音打印机。

（4）字库。

是否具有汉字打印，中西文字库和打印不同的字体是衡量打印机性能的一项重要指标。

（5）接口类型。

打印机接口类型有3种：并行接口、串行接口和USB接口。并行接口应用最广泛，以至于往往把计算机的并行接口俗称为打印机接口。

1.2.4 多媒体技术

多媒体技术是当今计算机发展的一个热点。多媒体技术使得计算机特别是在微机中可以同时接收、处理并输入输出文本声音、图形、图像、动画、音频、视频等信息，给工作、生活和娱乐带来了极大的方便与乐趣。以下分别介绍多媒体基本概念与基本元素、多媒体技术及其应用。

1. 多媒体的基本概念

学习多媒体技术首先要了解几个基本概念，即媒体、多媒体以及多媒体技术。

1）媒体

媒体（medium）在计算机各个领域中通常有两种含义：一方面可以指用以存储信息的载体，如磁带、磁盘、光盘和半导体存储器等存储设备；另一方面也可以指表示信息的载体即信息的表现形式，可向人们传递各种信息。多媒体技术中的媒体概念通常指后一种。比如说要描述一个人，既可以用文字（文本），也可以用语言（声音），还可以用照片（图像），而这3种方法也就分别运用了3种不同的媒体。

2) 多媒体

多媒体(multimedia)是指利用计算机技术将文字、声音、图形、图像等信息媒体集成到同一个数字化环境中,形成一种人机交互、数字化的信息综合媒体。多媒体具有信息载体多样性、集成性和交互性的特点。

(1) 信息载体的多样性是指信息媒体的多样化和多维化。利用数字化方式,计算机能够综合处理文字、声音、图形、图像、动画和视频等多种信息,从而为用户提供一种集多种表现形式为一体的全新的用户界面,便于用户更全面、更准确地接受信息。

(2) 信息的集成性是指将多媒体信息有机地组织在一起,共同表达一个完整的概念。如果只是将各种信息存储在计算机中而没有建立各种媒体之间的联系,如只能显示图形或只能播出声音,则不能算是媒体的集成。

(3) 多媒体的交互性是指用户可以利用计算机对多媒体的呈现过程进行干预,从而更个性化地获得信息。

3) 多媒体技术

多媒体技术是一种基于计算机技术处理多种信息媒体的综合技术,包括数字化信息的处理技术、多媒体计算机系统技术、多媒体数据库技术、多媒体通信技术和多媒体人机界面技术等。多媒体技术具有集成性、交互性、数字化、可控制性、实时性、非线性等特点,多媒体技术的应用产生了许多新的应用领域。

多媒体的关键技术包括数据压缩技术、大规模集成电路制造技术、大容量光盘存储器、实时多任务操作系统等。

2. 多媒体的基本元素

多媒体是多种信息的集成应用,其基本元素主要有文本、图形、图像、动画、音频、视频等。

1) 文本

文本是文字、字符及其控制格式的集合。通过对文本显示方式(包括字体、大小、格式、色彩等)的控制,多媒体系统可以使被显示的信息更容易理解。

2) 图形

常见的图形包括工程图纸、美术字体等,它们的共同特点是:均由点、线、圆、矩形等几何形状构成。由于这些形状可以方便地用数学方法表示(如直线可以用起始点坐标表示,圆可以用圆点坐标和半径表示),因此,在计算机中通常用一组指令来描述这些图形的构成,称为矢量图形。

由于矢量图形是以数学方法描述的,因此在还原显示时可以方便地进行旋转、缩放和扭曲等操作,并保持图形不会失真。同时,由于去掉了一些不相关信息,因此,矢量图形的数据量大大缩小。

3) 图像

图像与图形的区别在于,组成图像的不是具有规律的各种线条,而是具有不同颜色或灰度的点,照片就是图像的一种典型例子。

分辨率是影响图像质量的重要指标之一。图像的分辨率是用水平方向和垂直方向上的像素数量来表示的。如分辨率640×480表示一幅图像在水平方向上由640个像素点、垂直方向上由480个像素点组成。显然,图像的分辨率越高,则组成图像的像素越多,图像的质量也越高。

图像的灰度是决定图像质量的另一个重要指标。在图像中，如果一个像素点只有黑白两种颜色，则可以只用一个二进制位表示；如果要表示多种颜色，则必须使用多个二进制位。如用 8 个二进制位表示一个像素，则每个像素可以有 256 种颜色；如果用 24 个二进制位表示一个像素，则可以有 1677 多万种颜色，称为"真彩色"。

由此可见，与图形相比，一幅数字图像会占用更大的存储空间，而且，如果图像色彩越丰富、画面越逼真，则图像的像素越多、灰度越大，图像的数据量也越大。为了减少存储容量，提高处理速度，通常会对图像进行各种压缩。

4）视频

视频的实质就是一系列连续图像。当静态图像以每秒 15～30 帧的速度连续播放时，由于人眼的视觉暂留现象，就会感觉不到图像画面之间的间隔，从而产生画面连续运动的感觉。

由于视觉图像的每一帧其实就是一幅静态图像，因此，视频信息所占用的存储空间会更加巨大。

5）动画

动画的实质也是一系列的连续图像。动画与视频的区别在于，动画的图像是由人工绘制出来的。

6）音频

音频是指音乐、语言及其他的声音信息。为了在计算机中表示声音信息，必须把声波的模拟信息转换成为数字信息。其一般过程为：首先在固定的时间间隔内对声音的模拟信号进行采样，然后将采样到的信号转换为二进制数表示，按一定顺序组织成声音文件，播放时，再将存储的声音文件转化为声波播出。

当然，用于表示声音的二进制数位越多，则量化越准确，恢复的声音越逼真，所占用的存储空间也越大。

3. 多媒体计算机

多媒体计算机（Multimedia Personal Computer，MPC）实际上是对具有多种媒体处理能力的计算机系统的统称。多媒体计算机系统建立在普通计算机系统基础之上，涉及的领域除了计算机技术之外，还有声、光、电磁等相关学科，是一门跨学科的综合技术。它是应用计算机技术和其他相关综合技术，将各种媒体以数字化的方式集成在一起，从而使计算机具有处理、存储、表现各种多媒体信息的综合能力和交互能力。

1）多媒体计算机的关键技术

在多媒体计算机中，关键技术主要有以下几项。

（1）视频和音频数据的压缩和解压缩技术。视频信号和音频信号数据量大得惊人，这是制约多媒体发展和应用的最大障碍。一帧中等分辨率（640×480）真彩色（24 位）数字视频图像的数据量约占 0.9MB 的空间，如果存放在容量为 650MB 的光盘中，以每秒 30 帧的速度播放，只能播放约 20s；双通道立体声的音频数字数据量为 1.4MBps，一个容量为 650MB 的光盘只能存储约 7min 的音频数据；一部放映时间为 2h 的电影或电视，其视频和音频的数据量共约占 208 800MB 的存储空间，这是现代存储设备根本无法解决的。所以一定要把这些信息压缩后存放，并且在播放时解压缩。所谓图像压缩是指图像从以像素存储的方式,经过图像变换、量化和高速编码等处理转换成特殊形式的编码,从而大大降低计算机所需存储和实时传输的数据量。

(2) 专用芯片。由于多媒体计算机要进行大量的数字信号处理、图像处理、压缩和解压缩以及解决多媒体数据之间关系等有关问题,需要使用专用芯片。这种芯片包含很多功能,集成度可达上亿个晶体管。

(3) 大容量存储器。目前,CD光盘得到广泛应用,但其容量日益不能满足多媒体应用的要求,发展大容量的光盘存储格式是目前迫切需要解决的问题。

(4) 研制适用于多媒体的软件。如多媒体操作系统,为多媒体计算机用户开发应用系统而设置的具有编辑功能和播放功能的创作系统软件,以及各种多媒体应用软件。

2) 重要硬件设置

MPC的主要硬件配置必须包括CD-ROM、音频卡和视频卡,这3方面既是构成MPC的重要组成部分,也是衡量一台MPC功能强弱的基本标志。

(1) 音频卡。

音频卡又称为声卡,是MPC的标准配件之一,主要作用是对声音信息进行获取、编辑、播放等处理,为话筒、耳机、音箱、CD-ROM以及乐器数字接口(Musical Instrument Digital Interface,MIDI)键盘、合成器等音乐设备提供数字接口和集成能力。声卡可以集成在主板上也可以是单独部件,通过插入扩展槽中供用户使用,其主要性能指标如下。

① 采样频率　采样频率是单位时间内的采样次数。一般来说,语音信号的采样频率是语音所必需的频率宽度的2倍以上。人耳可听到的频率为20Hz~22kHz,所以对声频卡,其采样频率为最高频率的22kHz的2倍以上,即采样频率应在44kHz以上。较高的采样频率能获得较好的声音还原。目前声频卡的采样频率一般用44.1kHz、48kHz或更高。

② 采样值编码位数　采样值编码位数是记录每次采样值使用的二进制编码位数。而二进制编码位数直接影响还原声音的质量。当前声卡有16位、32位和64位等。编码位数越长,声音还原效果越好。

(2) 视频卡。

计算机处理视频信息需要使用视频卡,它是对所有用于输入输出视频信号的接口功能卡的总称。目前常用的视频卡主要有DV卡和视频采集卡等。DV卡的作用是将数字摄像机或录像带中的数字视频信号用数字方式直接输入到计算机中。视频采集卡先将录像带或电视中的模拟信号变成数字信号,再输入到计算机中。

4. 多媒体技术应用

随着多媒体技术日新月异地发展,多媒体技术的应用也越来越广泛,几乎涉及社会和生活的各个领域。下面对多媒体技术的一些主要应用领域进行简单介绍。

(1) 多媒体技术用于教育与培训是最有前途的应用领域之一。世界各国的教育家们正努力研究用先进的多媒体技术改进传统的教育与培训。以多媒体计算机为核心的现代教育技术使教学手段和培训方式更加丰富多彩,表达教学内容更为生动活泼,使计算机辅助教学更加有声有色。

(2) 多媒体技术对出版业的发展也产生了巨大影响,电子出版物应运而生。与传统的出版物相比,电子出版物的特点是:使用媒体种类多,表现力强,信息的检索和使用方式更加灵活方便,信息可以交互,不仅能向读者提供信息,且能接受读者的反馈。

(3) 多媒体技术用于通信有着极其广泛的内容，对人类的生活、学习和工作都将产生深刻影响，足不出户便能享受多媒体通信带来的好处。如可以利用联网的多媒体计算机，进行远程办公、学习、购物等，还可以打可视电话、观看电影、开电视会议等。

(4) 多媒体技术用于商品广告、商品展示、商品演讲等方面已屡见不鲜，相对传统的商业宣传，多媒体技术表现力强，形式更多样、视觉效果更好，甚至可以有身临其境的感觉。

(5) 多媒体技术为家庭娱乐和游戏提供了一种新的形式。多媒体计算机在娱乐游戏方面可以提供更加逼真的视觉效果，近乎完美的高品质立体声，对人的感官来说真正是一种享受。

多媒体技术的应用远不止上面所列举的这些，只要用心去观察、去感受，就会发现一个绚丽多姿的多媒体世界正在形成，让人流连忘返，更加热爱生活，尽情地享受生活。

1.2.5 微机的性能与使用

1. 微机的性能指标与配置

1) 性能指标

要完全衡量一台计算机或微机的性能，必须用系统的观点来综合考虑。除了前面已经介绍的字长、内存、主频、存取周期、外围设备外，还应考虑如下指标。

(1) CPU 类型。

CPU 的类型是指微机系统所采用的 CPU 芯片的型号，它决定了微机系统的档次。例如 80486、Pentium Ⅰ/Ⅱ/Ⅲ/4 等。

(2) 运算速度。

计算机运算速度是指计算机每秒执行的指令数，单位为每秒百万条指令(MIPS)或者每秒百万条浮点指令(Million Floating Point Operations Per Second，MFPOPS)。实际上影响运算速度的主要因素有 CPU 的主频、字长和指令系统的合理性。

(3) 外存容量。

外存储器容量是指整个微机系统中机外存储信息的能力，也是一项主要指标。现在市场上硬盘容量从几吉字节到上百吉字节。内、外存容量越大，所能运行的软件功能就越丰富。CPU 的高速度和外存的低速度是微机系统工作过程中的主要"瓶颈"现象，不过由于硬盘的存取速度不断提高，目前这种现象已有所改善。

(4) 软件配置。

软件是计算机系统必不可少的重要组成部分，其配置是否齐全，直接关系到计算机性能的好坏和效率的高低。如是否有功能强、操作简单、又能满足应用要求的操作系统和高级语言，是否有丰富的应用软件等，这些都是在购置计算机系统时需要考虑的。

(5) 可靠性。

计算机可靠性是指计算机连续无故障运行的最大时间，以小时计。它是一个统计值，值越大，则说明计算机的可靠性越高，即故障率低。目前微机的平均无故障运行时间可以达几千小时，而巨型机或大型机只有几百甚至几十个小时，运行成本很高。

(6) 性能价格比。

性能价格比是计算机性能与价格的比值，它是衡量计算机产品性能优劣的一个综合性指标，这里所说的性能除包括上述的几个方面外，还应包括软件的功能(如高性能操作系统、各种高级语言和应用软件的配置)、外设的配置,可维护性、兼容性等。显然,性能价格比越大越好。一般来说,微机的性能价格比要比其他类型的计算机性能价格比高得多。

2) 基本配置

目前流行的微机大都是IBM-PC系列微机及其兼容机,其基本结构大体相同,包括主机箱、显示器、键盘、鼠标器、音箱,有的还配有打印机。在主机箱内除安装有CPU、内存储器和一些接口电路的主板外,都配有一个软盘驱动器和一个硬盘驱动器作为外存。486以上的机型还可配光盘驱动器。

由于微机技术更新很快,所以不同时期微机的标准配置也大不相同。按照目前的技术水平和市场价格,建议基本配置如下:

(1) 微处理器采用Pentium 4 CPU芯片,时钟频率在2GHz以上;

(2) 内存容量为256~512MB或更大;

(3) 硬盘容量在80GB以上,还可以配置多个硬盘;

(4) 软驱采用1.44MB、3.5"软盘;

(5) 显示器采用17英寸彩显,分辨率为1024×768,点距为0.24mm;

(6) 显示卡为1024×768~1600×1200,24位/32位真彩色;

(7) 用DVD-ROM光盘驱动器,16倍速或24倍速;

(8) 采用64位声卡、44.1kHz采样率;

(9) 采用104键标准键盘、光电鼠标、音箱等;

(10) 可配置24针点阵打印机(或喷墨打印机、激光打印机)。

在微机中还应安装系统软件和应用软件,可安装常用的Windows系列操作系统、Office系列办公软件、图形图像处理软件Photoshop、动画制作软件Flash等。

2. 系统安装与使用

1) 微机的安装

微机的安装没有特殊要求,在有电源的地方就可以安装,一般还应配一个直流稳压电源或UPS(Uninterruptile Power Supply,不间断电源)。

(1) 安装微机步骤。

① 键盘与鼠标的连接。

把键盘与鼠标的插头分别插到主机背后的键盘接口与鼠标接口中,将键盘和鼠标放在使用方便的地方。为了操作舒适和方便,键盘的打字角度可调整脚架,调节在5°~15°之间。

② 显示器的连接。

显示器的连接分电源线和视频线连接两部分。大部分微机系统的显示器电源由主机提供,主机接通电源时,显示器也接通电源。有一部分微机的显示器单独由外部电源供电,因此安装时应注意。显示器与主机的显示卡采用D形9脚插头的视频线连接,应注意使显示器与显示卡相匹配。

使用显示器时,先调节其“亮度”和“对比度”两个控制按钮,使屏幕上显示的字符清晰,以适应微机工作环境的视觉差异。

③ 打印机的连接。

在打印机安装到系统上之前,打印机应先在脱机状态下进行自检,自检方式可参考各种打印机的说明书。自检后功能均正常说明打印机良好;反之说明打印机有故障。

将打印机的数据线连接到主机上，再接好打印机的电源线，就可以使用了。

④ 交流电源连接。

先将交流电源插头插入主机箱背后的电源插头，再将另一头插到交流电源插座内。要特别注意，交流电压的电压和主机电源插座上方指示的电压应一致。

(2) 系统安装应注意的问题。

用户在安装微机系统之前，必须先熟悉该微机系统的用户手册。安装时要细心，加电前要认真检查。一般来说，主要注意以下几点：

① 微机系统应安装在通风较好，附近无热源，空气中灰尘较少，比较干燥的地方。交流电源应有地线。

② 微机系统中有两种连线：一种是信号线，另一种是电源线。应正确地进行连接。

③ 检查各电源开关是否处于关闭状态。

④ 打开软盘驱动器前面的小门，将软盘驱动器中的纸板取下。

⑤ 将打印机上固定着的打印头松开。

2) 微机的检测

(1) 开机自检。

微机系统在加电以后，应听到电风扇的响声和主板的自检声。此时，系统对硬件基本系统机能性自检测试。若自检测试无误，则进行系统初始化，然后引导磁盘上的操作系统进入正常运行。若自检测试过程中发现错误或出现故障，则根据错误或故障性质做出反应，如停机、声音报警、显示出错信息(出错码)等，以便操作人员做进一步处理。

开机后，如电源指示灯亮，风扇转动，但没有任何显示，此时只有通过扬声器的响声来判断故障的范围：若听到主板自检的"哒哒哒"响声后，扬声器再发出"嘟"的一声，但不显示，则表明主板工作正常，系统能启动，故障多数出现在显示器及其连接部分；若听不到主板自检的"哒哒哒"声，且扬声器无响声或发出多次响声，则故障可能出现在主板或显示卡上；若听不到扬声器的任何声音，除主板故障外，也可能是某一个外设插卡或连接线的原因，应在断电的情况下进行检查。

若微机系统开机后能出现显示，则说明系统功能基本正常，这时出现的故障现象和原因大多数会在屏幕上显示出来，用户可以根据屏幕显示的提示信息来确定故障范围。

在加电自检测试中出现不正常的指示，可采取以下措施。

① 将主机电源关断(电源开关置于 OFF)，拔掉电源插头，检查全部电缆及电源线接头和插座。检查完毕，确认无误后，插上电源，加电(电源开关置于 ON)启动，再次进行自检测试。

② 若再次加电自检测试后仍然出现不正常现象，可运行检测工具软件对系统进行全面检测。

(2) 系统配置设定。

微机的系统配置信息一般存储在主板上的 CMOS 中，主要靠干电池供电。新购买的微机，配置参数一般都已经由供货厂商设定好，只要干电池不断电，配置信息可一直保存。在更换电池或某些意外情况下，配置信息可能丢失，需要重新进行设定。当系统的主要硬件配置改变时，也应对配置信息重新进行设定。常见的微型机大多数可在开机自检完成后，按 Del 键进入配置设定状态。

3) 微机的启动

在确认微机系统中各设备已经正确安装和连接,所用的交流电源符合要求之后,才能进行启动或开机操作。注意开机后,不要随意搬动微机系统的各种设备,不要插入、拔除各种接口卡。

(1) 冷启动。

冷启动是指计算机在关机状态下打开电源操作系统,因此又称开机。开机的步骤如下。

① 有稳压电源或UPS不间断电源,先打开稳压电源或UPS电源开关,等待电源稳定在220V。

② 如要使用打印机,则打开打印机电源开关,若显示器电源是独立的(未连接到主机箱中),则应打开显示器开关。

③ 最后打开主机电源开关,这样可保护系统主板。

(2) 热启动。

① 计算机在开机的状态下,因某种原因造成死机,此时一般可采用热启动方式开机。热启动的操作是先用左手按下Ctrl+Alt键,再用右手按下Del键,然后同时放开。

② 使用复位开关热启动。现代微机的主机箱面板上都装有复位开关Reset按钮,其作用与冷启动相同,但它是在计算机已开机需要重启动的情况下使用的,因此属于热启动范围。

(3) 启动方法的选择。

若机器还未加电,应用冷启动。若机器已加电,要重新启动,先用Ctrl+Alt+Del热键方法;若该方法失败,再用Reset按钮启动;若还不行,则应关掉电源,等待20s以后再打开电源开关启动。

4) 微机的关机

关机的顺序与开机相反,一般顺序是:先从软盘驱动器或CD-ROM中取出软盘或光盘,关闭操作系统,然后再关闭主机,最后关闭外部设备(如显示器、打印机等)的电源。

习 题 1

1. 选择题(不定项选择)

(1) 第1代至第4代计算机使用过的基本元件依次是(　　)。

A. 晶体管、电子管、中小规模集成电路、大规模集成电路

B. 电子管、晶体管、大规模集成电路、超大规模集成电路

C. 电子管、晶体管、中小规模集成电路、大规模集成电路

D. 电子管、晶体管、中小规模集成电路、超大规模集成电路

(2) (　　)第一个将二进制数据作为计算机运算基础。

A. T·理查德森　　B. 拉尔夫·卡马尼

C. 冯·诺依曼　　D. 伊凡·塔尔科夫斯基

(3) CAD是(　　)的英文缩写,CAI是(　　)的英文缩写。

A. 计算机辅助设计　　B. 计算机辅助制造

C. 计算机辅助工程　　D. 计算机辅助教学

(4) 下列存储器中,属于只读存储器的是(　　)。

A. cache　　B. SRAM　　C. DRAM　　D. EPROM

(5) 微机的性能指标中,内存容量通常是指(　　)。

A. ROM 的容量　　B. RAM 的容量

C. ROM 与 RAM 的总和　　D. CD-ROM 的容量

(6) 微型机计算机中的 386 和 486 指的是(　　)。

A. 存储容量　　B. 运算速度　　C. 显示器型号　　D. CPU 型号

(7) 在计算机断电后,会丢失数据的存储器有(　　)。

A. RAM　　B. ROM　　C. Cache　　D. COMS

(8) (　　)是关于微机知识的正确叙述。

A. 存储器信息不能直接进入 CPU 进行处理

B. 只有在一台计算机上将软盘格式化后,它才能在各种计算机上使用

C. 软盘驱动器和软盘属于外部设备

D. 如果将磁盘的检索孔用不透光的胶带封住,磁盘的信息将只能"读",不能"写"

(9) (　　)是关于微机知识的正确叙述。

A. 键盘是输入设备,显示器是输出设备,它们都是计算机的外部设备

B. 当显示器显示键盘输入的字符时,它属于输入设备;当显示器显示程序运行的结果时,它属于输出设备

C. 彩色显示器通常能显示 16 种色彩

D. 打印机只能打印字符和表格,不能打印图形

(10) Enter 键是(　　)。

A. 输入键　　B. 回车键　　C. 空格键　　D. 换挡键

(11) 在微机系统中,常有 AGP、PCI 的说法,它们的含义是(　　)。

A. 微机型号　　B. 键盘型号　　C. 总线结构　　D. 显示器型号

(12) 在微机中,下列不属于输出设备的是(　　)。

A. 打印机　　B. 显示器　　C. 绘图仪　　D. 鼠标

(13) CPU 指的是(　　)。

A. 控制器与运算器　　B. 控制器与内存储器

C. 运算器与内存储器　　D. 控制器、运算器与内存储器

(14) 计算机中,I/O 接口的位置一般在(　　)。

A. CPU 与 I/O 设备之间　　B. 总线与 I/O 设备之间

C. 主机与 I/O 设备之间　　D. 内存与 I/O 设备之间

(15) 微机通常采用总线结构实现主机与外部设备的连接。根据传输信息的不同,总线一般分为(　　)。

A. 地址总线、数据总线和信号总线　B. 地址总线、数据总线和控制总线

C. 数据总线、信号总线和控制总线　D. 数据总线、信号总线和传输总线

(16) 主板扩展槽的用途在于(　　)。

A. 为硬盘接入主机提供插口　　B. 为软盘接入主机提供插口

C. 为打印接入主机提供插口　　D. 为通过接口卡接入主机的设备提供插口

(17) 在微机中外存储器通常使用硬盘作为存储介质。硬盘中存储的信息,在断电后(　　)。

A. 不会丢失　B. 完全丢失　C. 少量丢失　D. 大部分丢失

(18) 北桥芯片又称做(　　)。

A. 南桥芯片　B. 主桥芯片　C. 核心芯片　D. 立交桥芯片

(19) (　　)是串口,(　　)是并口。

A. USB接口　B. 打印机接口　C. 键盘接口　D. 鼠标接口

(20) 系统总线最大数据传输速率=(　　)。

A. 总线数据宽度×时钟信号频率/3

B. 内存大小/总线数据宽度×12

C. 总线数据宽度×时钟信号频率/8

D. 内存大小×总线数据宽度/3

(21) 关于显示器分辨率,下列说法不正确的是(　　)。

A. 显示器分辨率是以显示屏发光点的点距和个数来表示

B. 图形显示质量往往以分辨率来衡量,分辨率的越高,图像越清晰

C. 分辨率800×600表示显示屏水平方向上有800个荧光点,垂直方向有600个荧光点

D. 分辨率800×600表示显示屏垂直方向上有800个荧光点,水平方向有600个荧光点

(22) 40倍光盘驱动器的数据传输速率是指(　　)。

A. 每秒传输40KB　B. 每秒传输4000KB

C. 每秒传输6000KB　D. 每秒传输8000KB

(23) 把微机中的信息传输到磁盘上,称为(　　)。

A. 输入　B. 复制　C. 写盘　D. 读盘

(24) 在下列存储器中,(　　)访问速度最快。

A. 硬盘　B. 软盘　C. RAM　D. 光盘

2. 填空题

(1) 按运算速度、存储内容、软件配置等综合指标,可将计算机划分为________、________、________、________、________、________6类。

(2) 计算机的主要特点是________、________、________、________、________。

(3) 通常人们认为世界上第一台电子计算机是在________年________国诞生的,它的名字是________。

(4) 计算机的五大部件包括________、________、________、________和________。

(5) 磁盘驱动器属于________设备。

(6) 微机的核心部件是________。

(7) EIDE接口是________的加强型,相比下EIDE接口有________、________、________、________4个特点。

(8) USB接口就是________,它有________、________两种规范。

(9) 与普通打印机相比,激光打印机的特点有________、________、________;由于激光

打印机打印前要对整页打印内容进行处理和储存,所以激光打印机也叫做________。

(10) 磁盘容量=________×________×________×________;现已知一磁盘总容量为1.44MB,它有2个磁面,每面有80个磁道,每个磁道有18个扇区,那么该磁盘每个扇区的存储量为________字节。

(11) 随机存储器简称________。

(12) 某微机的运算速度为2MIPS,则该微机每秒钟执行________条命令。

(13) "________、________、________、________、________、________、________、________"被称为基准键,击键前和击键后,手指都应保持基准键位置。

(14) 多媒体的基本元素包括________、________、________、________、________、________。

3. 判断题(正确的打√,错误打×)

(1) 安装在计算机机箱中的设备称为内部设备。( )

(2) 软盘的容量与直径成正比。( )

(3) 硬盘是十分重要的外部设备,没有硬盘计算机不能运行。( )

(4) 串行接口也叫做打印机口。( )

(5) CPU性能是决定微机性能的唯一指标。( )

(6) 在微机中,光盘只能读出数据,不能写入数据。( )

(7) 在标准键盘指法中,右手基准键为A、S、D、F。( )

(8) SCSI接口只支持硬盘。( )

(9) 液晶显示器虽然功耗小,但辐射比CRT显示器大。( )

(10) AGP是Intel公司开发的新一代局部图形总线结构。( )

4. 问答题

(1) 简述计算机系统的组成。

(2) 简述计算机的发展历程。

第2章　计算机的数据表示与工作原理

计算机处理的是信息或数据。信息通常包括数值、字符、图像、声音等(本书主要讨论数值和字符)。由于在计算机内部采用二进制数系统,所以无论何种类型的信息都必须以二进制编码的形式在计算机中进行处理。因此,要了解计算机如何进行工作就必须了解信息编码、数制与二进制的概念以及不同数制之间的转换。计算机中的数据可以分为数值型数据和非数值型数据,应了解在计算机中数值型数据和非数值型数据是如何进行二进制编码的。在此基础上认识计算机系统的组成及工作原理。

2.1　计算机的编码与数制

2.1.1　信息编码的概念

所谓信息编码,就是采用少量基本符号(数码)和一定的组合原则来区别和表示信息。基本符号的种类和组合原则是信息编码的两大要素。现实生活中的编码例子并不少见,如用字母的组合表示汉语拼音;用0～9这10个数码的组合表示数值等。0～9这10个数码又称为十进制码。

在计算机中,信息编码的基本元素是0和1两个数码,称为二进制码。计算机采用二进制码0和1的组合来表示所有的信息称为二进制编码。计算机存储器中存储的都是由0和1组成的信息编码,它们分别代表各自不同的含义,有的表示计算机指令与程序,有的表示二进制数据,有的表示英文字母,有的则表示汉字,还有的可能是表示色彩与声音。它们都分别采用各自不同的编码方案。

虽然计算机内部均采用二进制编码来表示各种信息,但计算机与外部交往仍采用人们熟悉和便于阅读的形式,如十进制数据、中英文文字显示以及图形描述。其间的转换,则由计算机系统内部实现。

与十进制码相比,二进制码并不符合人们的习惯,但是计算机内部仍采用二进制编码表示信息,其主要原因有以下4点。

1. 容易实现

二进制数中只有0和1两个数码,易于用两种对立的物理状态表示。如用开关的闭合或断开两种状态分别表示1和0;用电脉冲有或无两种状态分别表示1和0。一切有两种对立稳定状态的器件(即双稳态器件),均可以表示二进制的0和1。而十进制数有10个数码,则需要一个10稳态的器件,显然设计前一类器件要容易得多。

2. 可靠性高

计算机中实现双稳态器件的电路简单,而且两种状态所代表的两个数码在数字传输和处理中不容易出错，因而电路可靠性高。

3. 运算简单

在二进制中算术运算特别简单，加法和乘法仅各有3条运算规则。

加法：0+0=0，0+1=1，1+1=10。

乘法：0×0=0，0×1=1×0=0，1×1=1。

因此可以大大简化计算机中运算电路的设计。相对而言，十进制的运算规则复杂很多。

4. 易于逻辑运算

计算机的工作离不开逻辑运算，二进制数码的1和0正好可与逻辑命题的两个值“真”(True)与“假”(False)，或“是”(Yes)与“否”(No)相对应，这样就为计算机进行逻辑运算和在程序中的逻辑判断提供了方便，使逻辑代数成为计算机电路设计的数学基础。

2.1.2 数制的基本概念

在日常生活中，常用不同的规则来记录不同的数，如1年有12个月，1小时为60分钟，1分钟为60秒，1米等于10分米，1分米等于10厘米等。按进位的方法，表示一个数的计数方法称为进位计数制，又称数制。在进位计数制中，最常见的是十进制，此外还有十二进制、十六进制等。在计算机科学中使用的是二进制，但有时为了方便也使用八进制、十六进制。

1. 十进制(Decimal Notation)

十进制计数方法为“逢十进一”，一个十进制数的每一位都只有10种状态，分别用0～9等10个数符(数码)表示，任何一个十进制数都可以表示为数符与10的幂次乘积之和。如十进制数5296.45可写成

$$5296.45=5\times10^{3}+2\times10^{2}+9\times10^{1}+6\times10^{0}+4\times10^{-1}+5\times10^{-2}$$

上式称为数值按位权多项式展开，其中10的各次幂称为十进制数的位权，10称为基数。

2. 二进制数(Binary Notation)

基数为10的计数制称为十进制。同理，基数为2的计数制称为二进制，二进制是“逢二进一”，每一位只有0和1两种状态，位权为2的各次幂。任何一个二进制数，同样可以用多项式之和来表示，如

$$1011.01=1\times2^{3}+0\times2^{2}+1\times2^{1}+1\times2^{0}+0\times2^{-1}+1\times2^{-2}$$

二进制数整数部分的位权从最低位开始依次是2^0、2^1、2^2、2^3、2^4、…，小数部分的位权从最高位依次是2^{-1}、2^{-2}、2^{-3}、2^{-4}、…，其位权与十进制数值的对应关系如表2-1所示。

表2-1 二进制小数部分的位权与十进制数值的对应关系

二进制数	…	2^4	2^3	2^2	2^1	2^0	2^{-1}	2^{-2}	2^{-3}	…
十进制数	…	16	8	4	2	1	1/2	1/4	1/8	…

3. 八进制(Octal Notation)和十六进制(Hexadecimal Notation)

在计算机科学技术中，为了便于记忆和应用，除了二进制之外还使用八进制数和十六进制数。

八进制数的基数为8，进位规则为“逢八进一”，使用0～7共8个符号，位权是8的各次

幂。八进制数3626.71可以表示为

$$3626.71=3\times8^3+6\times8^2+2\times8^1+6\times8^0+7\times8^{-1}+1\times8^{-2}$$

十六进制数的基数为16,进位规则为"逢十六进一",使用0~9及A、B、C、D、E、F 16个符号,其中A~F的十进制数值为10~15。位权是16的各次幂。十六进制数1B6D.4A可表示为

$$1B6D.4A=1\times16^3+11\times16^2+6\times16^1+13\times16^0+4\times16^{-1}+10\times16^{-2}$$

4. 进位计数制的表示

综合以上几种进位计数制,可以概括为:对于任意进位的计数制,基数可以用正整数 R 来表示称为 R 进制。这时数 N 表示为多项式

$$N=\pm\sum_{i=m}^{n-1}k_iR^i$$

式中,m 和 n 均为正整数,k_i 则是 $0,1,\cdots,(R-1)$ 中的任何一个;R^i 是位权,采用"逢 R 进一"的原则进行计数。常用的几种进位计数制表示的方法及其相互之间对应关系如表2-2所示。

表2-2 4种进位制对照表

十进制	二进制	八进制	十六进制	十进制	二进制	八进制	十六进制
1	1	1	1	9	1001	11	9
2	10	2	2	10	1010	12	A
3	11	3	3	11	1011	13	B
4	100	4	4	12	1100	14	C
5	101	5	5	13	1101	15	D
6	110	6	6	14	1110	16	E
7	111	7	7	15	1111	17	F
8	1000	10	8	16	10000	20	10

4种进位制在书写时有3种表示方法:

(1) 在数字的后面加上下标(2)、(8)、(10)、(16),分别表示二进制、八进制、十进制和十六进制的数。

(2) 把一串数用括号括起来,再加这种数制的下标2、8、10、16。

(3) 在数字的后面加上进制的字母符号B(二进制)、O(八进制)、D(十进制)、H(十六进制)来表示。

如 $10110101_{(2)}=265_{(8)}=181_{(10)}=B5_{(16)}$,也可表示为

$$(10110101)_2=(265)_8=(181)_{(10)}=(B5)_{(16)}$$

或

$$10110101B=265O=181D=B5H$$

2.1.3 不同计数制之间的转换

不同计数制之间的转换包括非十进制数转换为十进制数;十进制数转换为非十进制数;非十进制之间的转换。

1. 二进制数、八进制数、十六进制数转换为十进制数

将二进制数、八进制数、十六进制数转换为十进制数，可以简单地按照上述多项式求和的方法直接计算出。如

$$(101.01)_2 = 1\times2^2 + 0\times2^1 + 1\times2^0 + 0\times2^{-1} + 1\times2^{-2} = (5.25)_{10}$$

$$(2576.2)_8 = 2\times8^3 + 5\times8^2 + 7\times8^1 + 6\times8^0 + 2\times8^{-1} = (1406.25)_{10}$$

$$(1A4D)_{16} = 1\times16^3 + 10\times16^2 + 4\times16^1 + 13\times16^0 = (6733)_{10}$$

$$(F.B)_{16} = 15\times16^0 + 11\times16^{-1} = (15.6875)_{10}$$

2. 十进制数转换成非十进制数

将一个十进制数转换成二进制数、八进制数、十六进制数，其整数部分和小数部分分别遵守不同的规则，先以十进制数转换成二进制数为例说明。

1）十进制整数转换成二进制整数

十进制整数转换成二进制整数通常采用“除 2 取余，逆序读数”。就是将已知十进制数反复除以 2，每次相除后若余数为 1，则对应二进制数的相应位为 1；若余数为 0，则相应位为 0。首次除法得到的余数是二进制数的最低位，后面的余数为高位。从低位到高位逐次进行，直到商为 0。

【例 2-1】 求$(13)_{10}=(__)_2$。

解：该数为整数，用“除 2 取余法”，即将该整数反复用 2 除，直到商为 0；再将余数依次排列，先得出的余数在低位，后得出的余数在高位。

由此可得$(13)_{10}=(1101)_2$。

1	13	余 1	最低位
2	6	余 0	↑
2	3	余 1	↑
2	1	余 1	最高位

同理可将十进制整数通过“除 8 取余，逆序读数”和“除 16 取余，逆序读数”转换成八进制和十六进制整数。

2）十进制纯小数转换成二进制纯小数

十进制纯小数转换成二进制纯小数采用“乘 2 取整，顺序读取”。就是将已知十进制纯小数反复乘以 2，每次乘 2 后所得新数的整数部分若为 1，则二进制纯小数相应位为 1；若整数部分为 0，则相应位为 0。从高位向低位逐次进行，直到满足精度要求或乘 2 后的小数部分是 0 为止。

【例 2-2】 求$(0.3125)_{10}=(__)_2$。

解：

$0.3125\times2=0.6250$	取整 0	最高位
$0.6250\times2=1.25$	取整 1	↓
$0.25\times2=0.5$	取整 0	↓
$0.5\times2=1.0$	取整 1	最低位

由此可得$(0.3125)_{10}=(0.0101)_2$。

多次乘2的过程可能是有限的也可能是无限的。当乘2后的数小数部分等于0时，转换即告结束。当乘2后小数部分总不为0时，转换过程将是无限的，这时应根据精度要求取近似值。若未提出精度要求，则一般小数位数取6位；若提出精度要求，则按照精度要求取相应位数。

同理，可将十进制小数通过“乘8(或16)取整，顺序读取”转换成相应的八(或十六)进制小数。

3) 十进制混合小数转换成二进制数

混合小数由整数和小数2部分组成。只需要将其整数部分和小数部分分别进行转换，然后再用小数点连接起来即可得到所要求的混合二进制数。

【例2-3】 求$(13.3125)_{10}=(__)_2$。

解：只要将前面两例的结果用小数点连接起来即可。可得

$$(13.3125)_{10}=(1101.0101)_2。$$

上述将十进制数转换成二进制数的方法同样适用于将十进制数转换成八进制数和十六进制数，只不过所用基数不同而已。

【例2-4】 求$(58.5)_{10}=(__)_8$。

解：(1)先求整数部分，除8取余。

8	58	余2	←	最低位
2	7	余7	←	最高位

(2) 再求小数部分，乘8取整。

$$0.5\times8=4.0\ (取整数4)$$

(3) 整数与小数部分用小数点相连，则结果为$(58.5)_{10}=(72.4)_8$

【例2-5】 将十进制4586.32转换成十六进制数(取4位小数)。

解：(1) 先求整数部分，除16取余

16	4586	余10(A)	←	最低位
16	286	余14(E)		↑
16	17	余1		↑
16	1	余1	←	最高位

(2) 再求小数部分，乘16取整。

$0.32\times16=5.12$	取整数5	←	最高位
$5.12\times16=1.92$	取整数1		↓
$1.92\times16=14.72$	取整数14(E)		↓
$14.72\times16=11.52$	取整数11(B)	←	最低位

(3) 两部分用小数点相连，则结果为$(4586.32)_{10}=(11EA.51EB)_{16}$

3. 非十进制数之间的转换

非十进制之间的转换包括二进制与八进制之间的转换；二进制与十六进制之间的转换等。

1）二进制数与八进制数之间的转换

（1）二进制数转换成八进制数。

由于 $2^3=8$，每位八进制数都相当于 3 位二进制数。因此将二进制数转换成八进制数时，只需以小数点为界，分别向左、向右，每 3 位二进制数分为一组，最后不足 3 位时用 0 补足 3 位（整数部分在高位补 0，小数部分在低位补 0）。然后将每组分别用对应的 1 位八进制数替换，即可完成转换。

【例 2-6】 把$(11010101.0100101)_2$ 转换成八进制数。

解：$(\underline{011}\ \ \underline{010}\ \ \underline{101}\ .\ \underline{010}\ \ \underline{010}\ \ \underline{100})_2$

$(3\ \ \ 2\ \ \ 5\ .\ \ 2\ \ \ 2\ \ \ 4)_8$

可得$(11010101.0100101)_2=(325.224)_8$。

（2）八进制数转换成二进制数。

由于八进制数的 1 位相当于 3 位二进制数，因此，只要将每位八进制数用相应的二进制数替换，即可完成转换。

【例 2-7】 把$(652.307)_8$ 转换成二进制数。

解：$(\underline{6}\ \ \ \underline{5}\ \ \ \underline{2}\ .\ \underline{3}\ \ \ \underline{0}\ \ \ \underline{7})_8$

$(110\ \ 101\ \ 010\ \ \ 011\ \ 000\ \ 111)_2$

可得$(652.307)_8=(110101010.011000111)_2$。

2）二进制数与十六进制数之间的转换

由于 $2^4=16$，1 位十六进制数相当于 4 位二进制数，因此仿照二进制数与八进制数之间的转换方法，很容易得到二进制与十六进制之间的转换方法。

（1）对于二进制数转换成十六进制数，只需以小数点为界，分别向左、向右，每 4 位二进制数分为 1 组，不足 4 位时用 0 补足 4 位（整数在高位补 0，小数在低位补 0）。然后将每组分别用对应的 1 位十六进制数替换，即可完成转换。

【例 2-8】 把$(1011010101.0111101)_2$ 转换成十六进制数。

解：$(\underline{0010}\ \ \underline{1101}\ \ \underline{0101}\ .\ \underline{0111}\ \ \underline{1010})_2$

$(\ 2\ \ \ \ D\ \ \ \ 5\ .\ \ 7\ \ \ \ A\ )_{16}$

可得 $(1011010101.0111101)_2=(2\text{D}5.7\text{A})_{16}$。

（2）对于十六进制数转换成二进制数，只要将每位十六进制数用相应的 4 位二进制数替换，即可完成转换。

【例 2-9】 把$(1\text{C}5.1\text{B})_{16}$转换成二进制数。

解：$(\ \ 1\ \ \ \ C\ \ \ \ 5\ .\ \ 1\ \ \ \ B\ )_{16}$

$(\ \underline{0001}\ \ \underline{1100}\ \ \underline{0101}\ .\ \underline{0001}\ \ \underline{1011})_2$

可得$(1\text{C}5.1\text{B})_{16}=(111000101.00011011)_2$

2.1.4 二进制数的算术运算

在计算机中，采用二进制可实现各种算术运算和逻辑运算，本书只介绍算术运算。二进制算术运算包括加法、减法、乘法和除法，其运算规则类似于十进制数的运算。

1. 加法运算

二进制的加法运算法则是

0+0=0 0+1=1+0=1 1+1=0(向高位有进位)

例如，$(1101)_2+(1011)_2$ 的算式如下：

```
          被加数   1101
            加数   1011
+)          进位   111
--------------------------
            和数  11000
```

从执行加法的过程可知，2个二进制数相加时，每一位是3个数相加，即本位被加数、加数和来自低位的进位。进位可能是0，也可能是1。

2. 减法运算

二进制的减法运算法则为

0−0=1−1=0　1−0=1　0−1=1(向高位借位)

例如，$(11000011)_2-(00101101)_2$ 的算式如下：

```
          被减数  11000011
            减数  00101101
−)          借位   1111
--------------------------
            差数  10010110
```

从减法的运算过程可知，两数相减时，有的位会发生不够减的情况，这时要向相邻的高位借位，借1当2。所以，做减法时除了每位相减外，还要考虑借位情况，实际上每位也是3个数参加运算。

3. 乘法运算

二进制数的乘法运算法则是

0×0=0　0×1=1×0=0　1×1=1

例如，$(1110)_2\times(1101)_2$ 的算式为

```
                 被乘数        1110
          ×)       乘数        1101
                 ------------------
部分积                         1110
                              0000
                             1110
                            1110
                 ------------------
积                          10110110
```

由乘法运算过程可知，两数相乘时，每个部分积都取决于乘数。乘数的相应位为1时，该次的部分积等于被乘数；为0时，部分积为0。每次的部分积依次左移一位，将各部分积累加起来，就得到最终乘积。

4. 除法运算

二进制的除法运算法则是

0÷0=0　0÷1=0(1÷0无意义)　1÷1=1

例如，$(100110)_2\div(110)_2$ 得商$(110)_2$ 和余数$(10)_2$，其算式为

110　……　商

```
除数    110 √100110     ……  被除数
            110
            ───
             111
             110
            ────
            0010     ……  余数
```

由上可见二进制运算方法与十进制运算方法相类似。二进制的加法是基本的运算，利用加法可以实现二进制数的减法、乘法和除法运算。

2.2 计算机中的数据表示

2.2.1 数据存储单位

在计算内部，无论是数值型数据还是非数值型数据都是以二进制编码形式进行存储或参与运算。数据存储的单位常用“位”、“字节”、“字”等。

1. 位(bit)

位又称比特，简写为 b，是计算机存储数据的最小单位，是二进制数据中的一个位。一个二进制位只能表示 0 或 1 两种状态，要表示更多的信息，就要把多个位组合成一个整体，每增加一位，所能表示的信息量就增加 1 倍。

如前所述，在计算机中采用具有两种指令状态的电子器件表示 0 和 1 的，每个电子器件就代表了二进制数中的一位。若干个双稳态电子器件的组合能同时存储若干位二进制数。

2. 字节(Byte)

字节简记为 B，规定一个字节为 8 位，即 1Byte＝8bit。如 10010100 为一个字节。每一位有 0 和 1 两种状态(2^1)，一个字节有 8 位，可以表示 $2^8=256$ 种状态，可以存放一个 0～255 的无符号整数或一个英文字母的编码；两个字节存放一个汉字编码。计算机中通常以字节为基本单位来表示文件或数据的长度以及存储容量的大小。

3. 字(Word)

字又称字长，是计算机进行数据处理时，一次存取、加工和传输二进制数据的长度。一个字长通常由一个字节或若干字节组成。由于字长是计算机一次所能处理信息的实际位数，所以它决定了计算机数据处理的速度，是衡量计算机性能的一个重要指标。字长越长，性能越好。

一台计算机中，一次所能传输的字长是固定的，这是由所用双稳态器件的数目来决定的。例如，8 位计算机是采用了一组 8 个双稳态器件表示一组 8 位二进制。计算机型号不同，一般其字长也不同，常用的字长有 8 位、16 位、32 位和 64 位等。

4. 字节数

计算机的存储器以字节数来度量，经常使用的量度单位有千字节(KB)、兆字节(MB)、吉字节(GB)和太字节(TB)，其中 B 代表字节。千(K)、兆(M)、吉(G)、太(T)都是常用单位的词头。

在数学和普通物理中用 k 表示 1000，例如 1 千克记为 1kg，1 千米记为 1km。在表示计算机存储容量时，因为计算机是采用二进制记忆信息，为计算方便，规定 $1K=2^{10}=1024$。同理 1M 也不是 10^6，而是 $1M=1024K=2^{20}$ ($1024\times1024=1048576$)；$1G=1024M=2^{30}$；

$1T=1024G=2^{40}$。各量度之间的关系可用字节表示为：

$1KB=2^{10}B=1024B$

$1MB=2^{10}\times2^{10}B=1024\times1024B=1024KB$

$1GB=2^{10}\times2^{10}\times2^{10}B=1024\times1024\times1024B=1024MB$

$1TB=2^{10}\times2^{10}\times2^{10}\times2^{10}B=1024\times1024\times1024\times1024B=1024GB$

如内存容量为64KB是指计算机的内存可以存储64×1024=65 536字节，或进一步说可以存储65 636个8位一组的二进制编码；一台微机的配置内存是256MB，它的硬盘大小是80GB，则它实际可存储的内外存字节数分别为：

内存容量=256×1024×1024B

硬盘容量=80×1024×1024×1024B

由于计算机使用二进制，而日常生活和数学计算中大都使用十进制，要学好计算机基础，二进制和十进制之间的转换必须十分熟练。建议熟记表2-3中的对应关系，注意其中的规律。

表2-3　常用存储单位十进制值

位数(幂)	数　值	位数(幂)	数　值
$8(2^8)$	256	$24(2^{24})$	16M
$10(2^{10})$	1024或1K	$30(2^{30})$	1G
$16(2^{16})$	65 536或64K	$32(2^{32})$	4G
$20(2^{20})$	1M	$40(2^{40})$	1024G

2.2.2　数值型数据的表示

数值型数据在计算机内的表示，还会涉及数的正、负符号表示、数的长度范围、小数点如何表示等问题。

1. 正、负数的表示

数有正负之分，在数学中，正数和负数的表示习惯上是在一个数的前面分别冠上符号“+”和“−”。而在计算机内部只能识别0与1两种符号，所以一个数正、负号在计算机中也必须用0和1来编码表示。在计算机中，使用数符表示数的符号。数符规定放在一个数的前面(最高位)，并约定用0表示正号，用1表示负号。这样，数的符号在计算机中就被数码化了。通常把计算机称为机器，一个数在计算机中的表示形式叫机器数，而把这个数本身叫做真值。例如真值为$(-00101100)_2$的机器数为10101100，如图2-1所示。

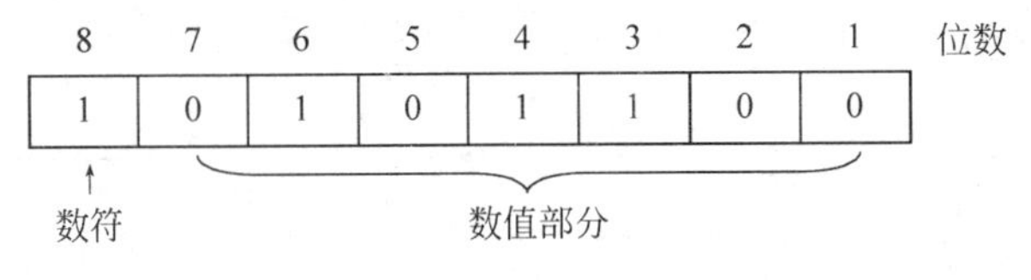

图2-1　正负数的表示

要注意的是，机器数表示数的范围受到计算机字长和数据类型的限制。字长和数据类型定了，机器数能表示的数值范围就定了。如对于无符号整数(正整数，在计算机中常用来表示地址)，用字长为 8 位的计算机表示，其范围是 0～255(2^8-1)；用字长为 16 位的计算机表示，其范围是 0～65 535($2^{16}-1$)。

对于有符号的整数，计算机必须使用最高位表示数的符号，余下的各位表示数值的大小。如用字长为 8 位的计算机表示有符号整数的范围是 -128～127(-2^7～2^7-1)；如用 16 位计算机表示有符号整数的范围是 $-32\ 768$～32 767(-2^{15}～$2^{15}-1$)，依此类推。如果计算机字长越长，则能够表示数的范围就会越大。由于字长的限制，如果计算机运算的结果超过了机器数能表示的范围，就会产生"溢出"，计算机便会停止运行，进行溢出处理。

2. 定点数和浮点数

前面讲的是整数在计算机中的表示方法，小数又如何表示呢？定点数与浮点数就是用来解决这个问题的。

所谓定点数和浮点数，是指在计算机中一个数的小数点的位置是固定的，还是浮动的。如果一个数中小数点的位置是固定的，则叫定点数，否则为浮点数。

采用定点数表示法的计算机叫定点计算机。定点计算机在使用上不够方便，但其结构比较简单，造价低，一般微型计算机大多采用定点数表示方法。采用浮点数表示法的计算机叫浮点计算机。浮点计算机表示数的范围比定点计算机大，使用也比较方便。在相同条件下浮点计算机运算速度比定点计算机快，但是比定点计算机复杂，造价高。目前一般大中型计算机、高档微型计算机和小型机都采用浮点表示法，或同时具有定点和浮点两种表示方法。

1) 定点数表示法

定点数表示法是将小数点固定在某个约定的位置，通常有以下两种约定。

(1) 定点整数。将小数点位置固定在最低数字位后面，用来表示纯整数，小数点不单独占用一个二进制位。如$(121)_{10}=(1111001)_2$，若使用 8 位计算机，则该数的机器数为 01111001，如图 2-2 所示。图中的小数点在机器内实际上是不表示出来的，是事先约定好固定在那里的。

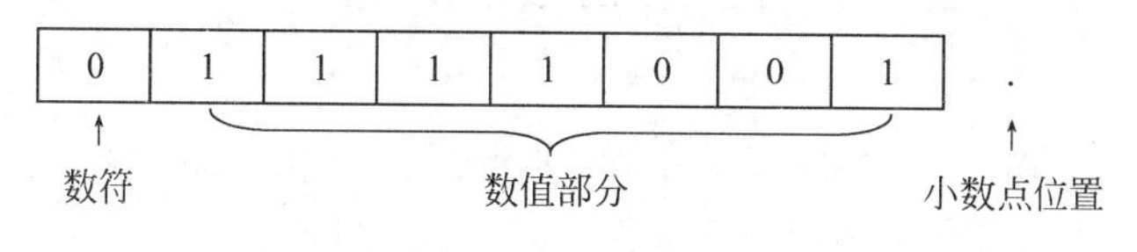

图 2-2 定点整数的表示

(2) 定点小数。小数点固定在符号位与最高数值位之间，用来表示纯小数，小数点仍不单独占用一个二进制位。

如$(-0.625)_{10}=(-0.101)_2$，定点数长度仍为 1 字节(8 位)，则该数的机器数为 11010000，如图 2-3 所示。

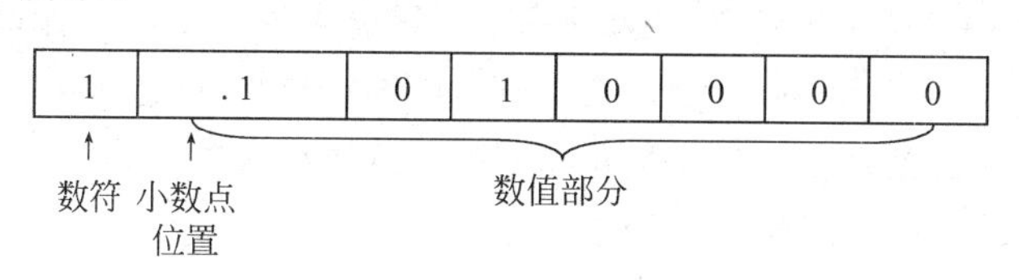

图 2-3 定点小数的表示

对于一台机器,一旦确定了一种小数点的位置,在计算机系统中就不再改变。为简化运算过程,参加运算的任何带有小数的机器数,都可以乘以一个比例因子,把该数规范化为纯小数或纯整数再进行运算,运算后再使用规范化时使用的比例因子,将运算结果还原为实际的数值。

2) 浮点数

浮点数表示法是指在数的表示中,其小数点的位置是浮动的。为理解小数点浮动的概念,可用数学中数的指数表示形式为例来说明。如十进制数 34.527,可等价地表示为 34.527×10^0、3452.7×10^{-2}、0.34527×10^2 等。不难看出,在以上各种表示中,小数点可以向右或向左浮动(表示数扩大或缩小若干倍),只要 10 的指数作相应的增减,则数值保持不变。因此,对于任何一个二进制数 N,都可以表示为以下的指数形式

$$N=\pm D\times2^{\pm P}$$

式中 D 称为尾数,是一个二进制数,其符号为数符;指数 P 称为阶码,也是一个二进制数,P 的符号为阶符。因此,一个浮点数的表示由两部分组成:一部分是尾数(包括数符),另一部分是阶码(包括阶符)。数的实际值等于尾数与一个乘方(底数为 2,指数为阶码)的乘积。进一步分析还可以看到,尾数决定了数的精度(有效位数),而阶码决定了小数点在尾数中的位置,从而决定了数值的取值范围的大小。对于绝对值很大或很小的数,用浮点数表示非常方便。浮点数的存储格式如图 2-4 所示。

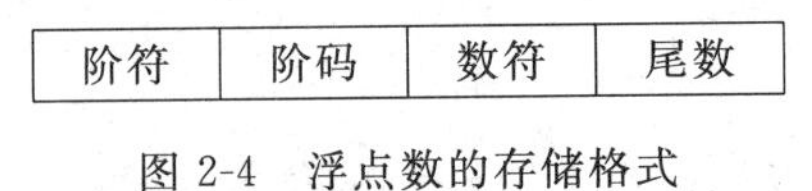

图 2-4 浮点数的存储格式

设在字长 8 位的计算机中,用 3 位表示阶码(包括 1 位阶符),用 5 位表示尾数(包括 1 位数符)。数值$(101)_2$可表示为指数形式$(101)_2=2^{(10)_2}\times(1.01)_2$或$(101)_2=2^{(11)_2}\times(0.101)_2$。其中第二种方式把尾数表示成纯小数,通常把这种表示形式称为规范化表示,如图 2-5 所示。

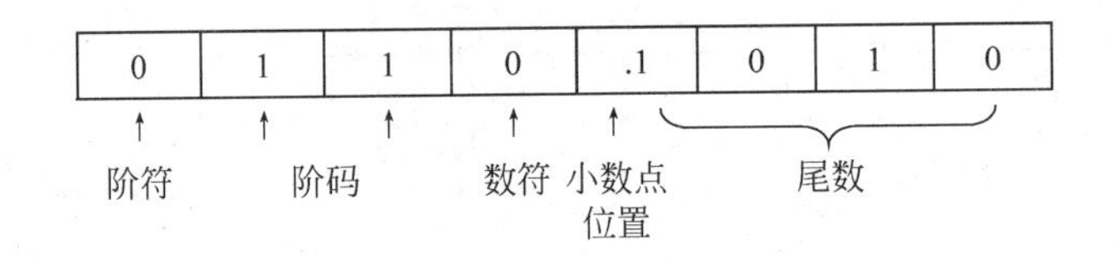

图 2-5 浮点数的规范化表示

2.2.3 非数值数据的表示

计算机除用于数值计算机外,还有其他许多方面的应用,因此计算机处理的不只是一些数值,还要处理大量字符(如英文字母、汉字等)等非数值的信息。例如,当要用计算机编写文章时,就需要将文章中的各种符号、英文字母、汉字等输入计算机,然后由计算机进行编辑排版。为了便于计算机处理字符等非数值的数据,必须对这些信息用二进制编码。下面分别简略介绍西文字符和汉字字符的编码。

1. 西文字符的编码

当前,国际上使用的西文字符(包括字母、数字和符号)的信息编码系统种类很多,但使

用最广泛的是 ASCII 码(American Standard Code For Information Interchange)。该码开始是美国国家信息交换标准字符码,后来被采纳作为一种国际通用的信息交换标准码。表 2-4给出了标准 ASCII 编码表。

表 2-4　标准 ASCII 编码表

$D_6D_5D_4$ / $D_3D_2D_1D_0$	000	001	010	011	100	101	110	111
0000	NUL	DLE	SP	0	@	P	、	p
0001	SOH	DCl	!	1	A	Q	a	q
0010	STX	DC2	"	2	B	R	b	r
0011	ETX	DC3	#	3	C	S	c	s
0100	EOT	DC4	$	4	D	T	d	t
0101	ENQ	NAK	%	5	E	U	e	u
0110	ACK	SYN	&	6	F	V	f	v
0111	BEL	ETB	'	7	G	W	g	w
1000	BS	CAN	(	8	H	X	h	x
1001	HT	EM	)	9	I	Y	i	y
1010	LF	SUB	*	:	J	Z	j	z
1011	VT	ESC	＋	;	K	[	k	{
1100	FF	FS	,	<	L	\	l	|
1101	CR	GS	—	＝	M	]	m	}
1110	SD	RS	.	>	N	ˆ	n	～
1111	SI	US	/	?	O	_	o	DEL

附表:各控制字符的含义

控制字符	含义	控制字符	含义	控制字符	含义
NUL	空	VT	垂直制表	SYN	空转同步
SOH	标题开始	FF	走纸控制	ETB	信息组传送结束
STX	正文开始	CR	回车	CAN	作废
ETX	正文结束	SO	移位输出	EM	纸尽
EOY	传输结束	SI	移位输入	SUB	换置
ENQ	询问字符	DLE	空格	ESC	换码
ACK	承认	DC1	设备控制 1	FS	文字分隔符
BEL	报警	DC2	设备控制 2	GS	组分隔符
BS	退一格	DC3	设备控制 3	RS	记录分隔符
HT	横向列表	DC4	设备控制 4	US	单元分隔符
LF	换行	NAK	否定	DEL	删除

ASCII 编码规则为:每个字符用 7 位二进制数来表示,7 位二进制共有 128 种状态($2^7=128$),可表示 128 个字符,7 位编码的取值范围为 0000000～1111111。在计算机内,每个字符的 ASCII 码用 1 个字节(8 位)来存放即($D_7D_6D_5D_4D_3D_2D_1D_0$),字节的最高位 D_7 为校验位,通常用 0 来填充,后 7 位($D_6D_5D_4D_3D_2D_1D_0$)为编码值。

7 位编码的标准 ASCII 码编码表中包括了 128 个字符。从表 2-4 中可以看出 ASCII 码有如下特点。

1) 分可显示字符和不可显示字符

从表中可见,在ASCII编码表中的128个字符中,前32个字符(表中最左侧两列,从NUL到US)其编码值为0000000～0011111,和最后1个字符(表中右下角的DEL)其编码值为1111111,共33个字符称为控制符,它们是不可显示、不可打印的字符,用于计算机设备的操作控制以及在数据通信时进行传输控制。例如,CR(carriage return character)称为回车字符,编码为0001101,是使显示光标或打印机回车换行的控制字符。ASCII码表中其余的95个字符为可显示、可打印字符,包括空格符(SP),字母字符(大小写字母各26个),数字字符(10个)及其他各种字符(32个)。

2) 数字字符的编码

字符0～9这10个数字的高3位编码($D_6D_5D_4$)为011,低4位为0000～1001。当去掉高3位的值时,低4位正好是二进制数的0～9,这既满足了正常的排序关系,又有利于完成ASCII码与二进制数之间的转换。

3) 英文字母的编码

英文字母的编码按正常的字母排序关系,且大、小写英文字母编码的对应关系相当简便,差别仅表现在D_5位的值为0或1。例如A与a的ASCII码分别为1000001和1100001。这有利于大、小写字母之间的编码转换。

要确定某字符的ASCII码,可先在表中查到它的位置,然后确定它所在的位置相应的行和列,最后根据列确定高位码($D_6D_5D_4$),根据行确定低位码($D_3D_2D_1D_0$),把高位码与低位码合在一起就是该字符的ASCII码。例如,加号"+"的ASCII码从表中查出为0101011,这个二进制数字串即为"+"在计算机内的表示形式。

字符通常用计算机的键盘输入,键盘上的每个字符都是由其ASCII码表示的,通过这些字符的不同组合,就可以实现对各种字符信息的传递、处理和表示。由此可见ASCII编码的作用就是把需要计算机处理的数据转换成二进制数字串,以便于机器存储和处理。同样在输出时,通过机器内部将二进制数字串转换成相应的字符。

如从键盘上输入字符串CHINA,传输进计算机的则是01000011(最高位是校验位为0)、01001000、01001001、01001110、01000001这5个二进制字符串;反之,如存储器内存储的二进制数字串为01010111、01010000、01010011,在显示器或打印机输出时,转换为字符串WPS。

为了增大字符的使用数量,以满足信息处理的需要,近年来出现了8位编码的ASCII码字符集,编码范围为00000000～11111111,一共可表示256种字符和图形符号,称为扩充的ASCII码字符集。但是一般情况,7位ASCII码字符集即可满足需要。

2. 中文字符的编码

现代计算机基本上是面向西文的,要使计算机能处理汉字,也必须对汉字进行编码。由于汉字数量大、字型复杂,对汉字的编码比ASCII码复杂得多。目前汉字编码通常采用双七位编码方案,即用两个字节表示一个汉字,并规定两个字节的最高位必须为1,以便和西文ASCII码相区别,有关汉字编码的内容将在第3章详细介绍。

2.3　计算机系统的组成及其工作原理

计算机系统由硬件和软件两大部分组成，如图 2-6 所示。硬件就是构成计算机的五大部件，即运算器、控制器、存储器、输入设备和输出设备，是可以触摸得到、看得到的物理设备，是计算机系统的躯体。而软件是指计算机所使用的各种程序的集合及程序运行时所需要的数据，有时也把与这些程序和数据有关的文字说明和图表资料文档称为软件。软件是一些触摸不到的代码信息，它存储于硬件之中，是计算机系统的灵魂。硬件和软件两者缺一不可，硬件是软件工作的基础，而没有软件的支持计算机硬件系统称为“裸机”，不能做任何工作。只有在配备了完善的软件系统之后，硬件才能发挥它的作用，才具有实际使用价值。因此，软件是计算机与用户之间的一座桥梁，是计算机不可缺少的部分。随着计算机硬件技术的发展，计算机软件也在不断完善。本节将介绍计算机系统的硬件和软件，以及计算机的工作原理。

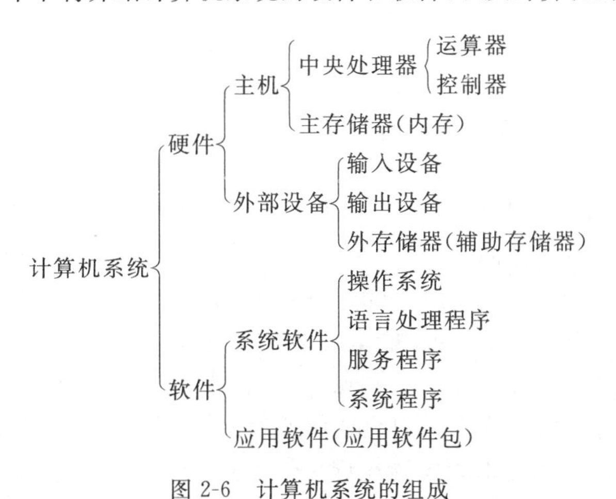

图 2-6　计算机系统的组成

2.3.1　计算机系统的硬件

计算机是人们用来完成某些工作的劳动工具，它的算题过程与人们用算盘算题相似。为了便于理解计算机的基本组成，用打算盘操作进行比较。用算盘算题，算盘就是一个“运算器”；人脑和手是用来指挥和操作算盘完成计算的，就是“控制器”；需要计算的题目、解题步骤、原始数据和所得的结果，往往记在一张纸上，这张纸就是一个存放信息的“存储器”。用计算机算题和人用算盘算题一样，只是由机器代替人。

计算机由运算器、控制器和存储器组成，为了实现信息的输入和输出，计算机通常还包括输入设备与输出设备，共有 5 个部件。图 2-7 以框图形式表示了一台计算机的基本硬件组成。方框之间用箭头线表示各部件之间的信息传输方向，双线表示数据信息，单线表示控制命令。不管是数据信息还是控制命令，它们都是用 0 和 1 来表示的二进制信息。下面简要介绍五大部件的基本功能。

1. 存储器

存储器是计算机中存放数据的部件。计算机可根据需要随时向存储器存取数据，向存储器存放数据，称为写入；从存储器取出数据称为读出。

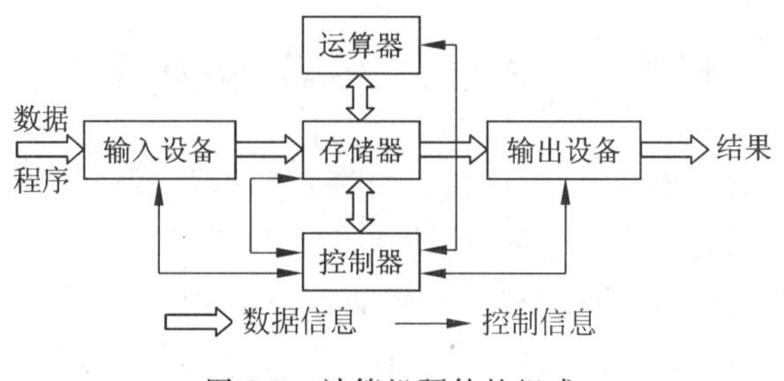

图 2-7　计算机硬件的组成

存储器中有很多存储二进制数的单元，称为存储单元。通常每个单元可以存放8位、16位或32位二进制数。为了使计算机能识别这些单元，每个存储单元有一个编号，称为地址。信息就存放在这样的存储单元中，计算机根据地址来访问存储单元。这与旅馆的形式十分相似，如果把整个旅馆大楼比做计算机中的存储器，那么每个房间与房号就像是每个存储单元及其地址。存储单元的内容可以多次读出，而数据的写入则是以新代旧的方式去覆盖，这与收录机的磁带类似，放音可以多次进行而不会破坏原有信息，录入则以新内容覆盖原有信息。

存储器通常分为内存储器和外存储器两部分。

1）内存储器

内存储器简称为内存，它可以与CPU、输入输出设备直接交换或传递信息，内存一般采用半导体存储器。根据工作方式不同，内存分为只读存储器和随机存储器两类。

(1) 只读存储器(Read Only Memory，ROM)中的内容只能读出，不能写入。所以ROM的内容是不能随便改变的，即使断电也不会改变ROM所存储的内容。

(2) 随机存储器(Random Access Memory，RAM)在计算机运行过程中可以随时读出所存放的信息，又可以随时写入新的内容或修改已经存入的内容。断电后RAM中的内容全部丢失。RAM容量的大小对程序的运行有着重要的意义。因此，RAM容量是计算机的一个重要指标。通常所说的内存就是RAM。

2）外存储器

外存储器简称为外存，主要用来存放用户所需的大量信息。外存容量大，存取速度慢。常用的外存有软盘、硬盘、光盘等。

2. 运算器

运算器是计算机中执行各种算术运算、逻辑运算和其他运算的部件。算术运算是各种数值运算，如加、减、乘、除等。逻辑运算是进行逻辑判断的非数值运算。在运算过程中，运算器不断从存储器中获取数据，并把所得的结果送回存储器。运算器的核心部件是加法器和若干寄存器，加法器用于运算，寄存器用于存储参加运算的各种不同类型数据以及运算后的结果。运算器的技术性能高低直接影响着计算机的运算速度和性能。

3. 控制器

控制器是计算机的控制指挥部件，其主要功能是通过向计算机的各个部件发出控制信号，使整个机器自动、协调地进行工作。如控制存储器和运算器之间进行信息交换，控制运算器进行运算，控制输入输出设备的工作等。

4. 输入设备

输入设备是给计算机输入信息的设备。输入设备将输入的信息转换成计算机能识别的二进制代码，送入存储器保存。常用的输入设备有键盘、鼠标、扫描仪、光笔等。

5. 输出设备

输出设备是输出计算机运算结果的设备，将存放在内存中的计算机处理数据的结果（二进制代码）转变成人们所能识别的形式输出。常用的输出设备有显示器、打印机、绘图仪等。

通常把运算器和控制器合称为中央处理器（Central Processing Unit，CPU），运算器、控制器和存储器是计算机的主要组成部分，称为主机。输入输出设备统称为计算机的外部设备，简称外设。

2.3.2 计算机的基本工作原理

虽然计算机看起来十分聪明能干，但实际上它并不具有主动思维的能力。计算机的所有动作和处理过程都是由人用指令和程序事先设定的，它是以“存储程序”的方式进行工作的。

1. 指令

计算机是一种以二进制方式工作的电子设备，它是靠执行指令来完成工作的。指令是计算机硬件可执行的、完成一个基本操作时所发出的二进制编码命令。不同类型的计算机，由于其具体的硬件结构不同，指令也不同。一种计算机所能执行的全部指令集合为该计算机的指令系统。一台计算机的指令系统丰富完备与否，在很大程度上说明了该计算机对数据信息的运算与处理能力。无论计算机指令系统差别多大，一般都应具有4种类型的指令：数据传输指令，可完成内存中数据与CPU、输入输出设备等的数据交换；数据处理指令，可进行算术、逻辑等运算；程序控制指令，可根据指令中给定的条件改变程序的执行顺序，并具有逻辑判断功能；控制管理指令，例如启动、停机等指令。

一条计算机指令是用一串二进制代码表示，它由操作码与操作数两部分组成。操作码部分表示计算要执行的基本操作；操作数则表示参加运算操作的数值本身或该数值存放的地址。

如在某种型号的计算机中，指令用2个字节表示，第1个字节表示操作码，第2个字节表示操作数。执行一条数据传输指令的格式如图2-8所示。指令中操作数1010表示一个十进制数10，操作码10110000表示将1010传输到累加器AL中。

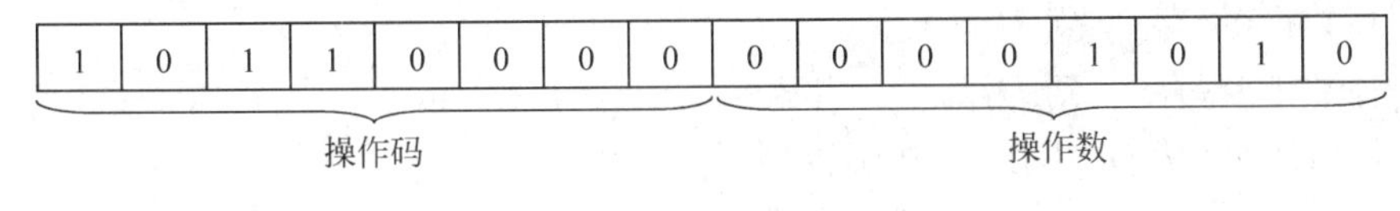

图2-8 传输指令

如再执行一条加法指令，如图2-9所示。该指令执行的操作是，把操作数101（十进制数5）与累加器AL中数1010（十进制数10）相加（00000100代码表示加法操作），加的结果00001111（十进制数15）仍存放在累加器AL中。

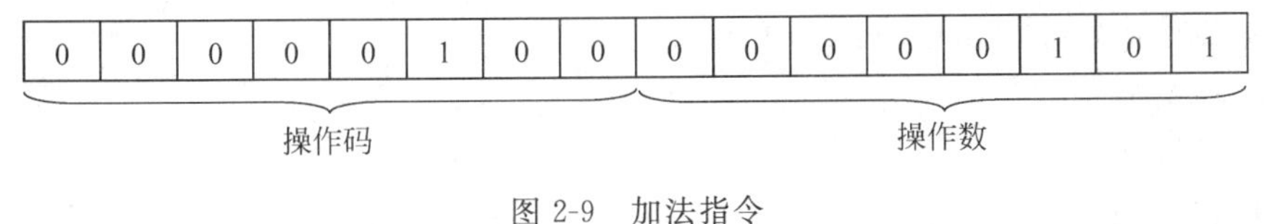

图2-9 加法指令

可见,使用上面2条指令完成了算式10+5的操作。必须指出,有的计算机指令系统中的指令可以包含2个操作数,显然使用双操作数的指令系统可以使运算更为方便。

每种计算机都有一套自己的指令系统,它表示了计算机所能完成的全部基本操作,如数据传输指令、算术和逻辑运算指令、输入输出指令、控制管理指令等。不同计算机的指令系统所具有的指令种类和数目并不完全相同,这在很大程度上说明了该种计算机对数据信息的运算及处理能力。现代计算机的指令系统中通常包括几十到几百条指令。由此可见,一台计算机所能完成的基本操作是十分有限的,计算机强大而复杂的功能来源于不同指令的组合,即程序设计。

2. 程序

任何复杂的任务,在计算机中都是被分解为一系列的基本操作(指令)来完成的。如使用计算机计算一个复杂的题目,应当首先确定解题的算法,编制运算步骤,然后从指令系统中选取能实现其操作的指令,组成所谓的程序。可见程序是为完成某个特定任务的一系列指令的集合。按一定的要求和规定安排这一系列指令叫做编程序。下面举一个简单的例子说明编制程序的过程,同时也可以说明计算机的工作过程。

【例2-10】 计算$Y=80+20\times30$。

解:为计算机编写的算法或解题步骤如下。

第一步:把第一个数80存入内存地址D_1中。

第二步:把第二个数20存入内存地址D_2中。

第三步:把第三个数30存入内存地址D_3中。

第四步:把地址D_2和D_3中的数取出,送入运算器相乘,将结果600暂存在D_2中。

第五步:把地址D_1和D_2中的数取出,送入运算器相加,将结果680暂存在D_1中。

第六步:将地址D_1中的数680传到地址Y中。

第七步:输出Y中的数680。

第八步:停机。

按上述算法编制出计算$Y=80+20\times30$的指令序列,即计算程序如下。

(1) 存数指令(存80到D_1)。

(2) 存数指令(存20到D_2)。

(3) 存数指令(存30到D_3)。

(4) 取数指令(从D_2中取20送运算器)。

(5) 取数指令(从D_3中取30送运算器)。

(6) 乘法指令(20×30送D_3)。

(7) 取数指令(从D_1中取80送运算器)。

(8) 取数指令(从D_2中取600送运算器)。

(9) 加法指令(80+600送D_1)。

(10) 传输指令(从D_1中取680送Y)。

(11) 输出指令(打印Y中数据680)。

(12) 停机指令。

要让计算机执行这个程序,必须从其指令系统中选取实现上述基本操作的指令,并表示成机器能执行的二进制编码形式才行。由于不同类型计算机的指令系统不同,所以,执行同一操作的指令也不一定相同。显然,使用某种机器指令系统编写的二进制编码程序通常不能在其他机器指令系统中运行。

3. 存储程序原理

编写好的程序可以通过输入设备(如键盘)送入计算机存储器,指令和数据以二进制形式存放在相应的存储单元中。由于存储器能按地址访问,因此计算机开始执行程序后,控制器从存放指令的地址中依次取出指令,分析与解释出指令要求计算机做什么操作,数据存放在哪个单元中,然后按指定的地址取出操作数送到运算器中,执行控制器发出的操作命令,进行运算处理,并将运算的结果送回存储器。执行完一条指令后再取出下一条指令。实际上,计算机就是这样连续不断地重复执行上述取指令、解释指令和执行指令的过程,直到程序执行完毕才停机。整个过程不需要人工干预,完全由计算机自动完成。指令执行过程如图 2-10 所示。

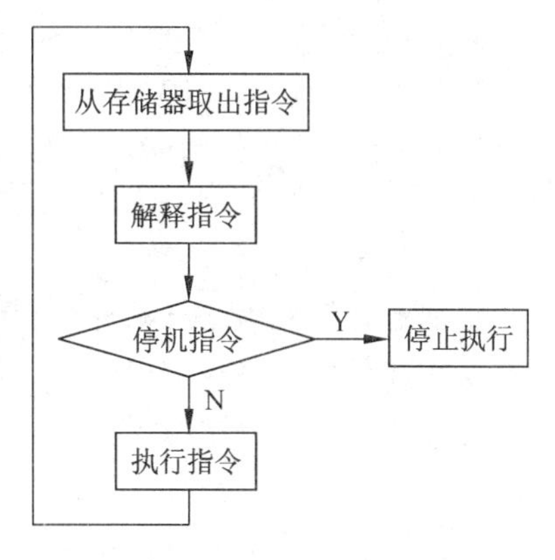

图 2-10 指令执行过程示意图

上面的工作过程是一种“存储程序”的工作原理。基本点有 3 个:

(1) 事先编制程序。

(2) 将程序和数据存入存储器。

(3) 控制器按照存储器中程序的指挥自动控制计算机协调完成任务。

根据这个原理,计算机的解题过程就是不断调用事先存储在计算机里的指令和数据,执行一系列基本操作的过程。只要提前存入不同的程序,计算机就可以完成不同的任务。

计算机的结构有 5 个基本部分组成和采用“存储程序”工作方式的理论是由数学家冯·诺依曼在总结前人经验的基础上提出的。迄今为止,无论计算机怎样更新换代,绝大多数实际应用的计算机都属于冯·诺依曼体制的范畴,称为冯·诺依曼型计算机。

2.3.3 计算机系统的软件

人通过软件控制计算机系统各个部件和设备的运行,计算机必须配置相应的软件才能应用于各个领域的用户。软件系统整体上遵从一定的层次关系,如图 2-11 所示。处在内层的软件要向外层软件提供服务,处在外层的软件不必知道内层的细节,但必须在内层软件支持下才能运行。

从图中可以看到,最内层的是硬件,也就是裸机,它未配置任何软件系统,是软件存在和运行的物质基础。裸机外面是操作系统,它直接与硬件相连,是最底层的软件,向下控制硬件的正常运行,向上支持各种软件的工作。操作系统的上层是语言处理程序,它的作用是把用高级语言编写的应用程序翻译成等价的机器语言程序,必须在操作系统支持下才能运行。软件包指可供用户使用的一些函数或程序,这些函数或程序必须通过某种程序设计语言调用。最外层的是各种应用程序,可供用户使用。

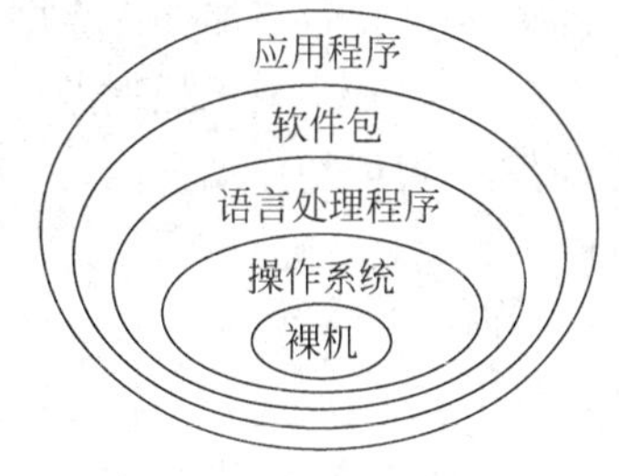

图 2-11 软件系统的层次关系

通常,按照软件的功能来划分,可将计算机软件分为系统软件和应用软件两大类。

1. 系统软件

系统软件是一组用于管理计算机系统资源、提高计算机使用效率、方便用户使用的程序的集合。一般由计算机生产厂家提供,主要包括操作系统、语言处理程序和各种服务程序。

1) 操作系统(Operating System,OS)

操作系统是最底层的系统软件,是其他系统软件和应用软件得以在计算机上运行的基础,是用来管理计算机软硬件资源、控制计算机工作流程并能方便用户使用的一系列程序的总和。操作系统是计算机中最重要的系统软件,其性能的好坏将直接影响到计算机系统整体性能的优劣和使用方便程度。

早期的计算机由于结构简单、存储量小、外部设备少,因此用户可以通过机器指令代码直接操作和使用计算机。但随着计算机系统的日趋复杂和完善,这种简单的工作方式已经越来越不适应技术发展的需要。为了充分发挥计算机软硬件资源的效益,让用户能够更方便地使用计算机,人们专门设计了一系列软件,以使计算机能够自己管理自己,让各部分协调工作。这就是所谓的操作系统。

操作系统的功能主要表现在两个方面:一是通过资源管理,提高计算机的使用效率;二是向用户提供良好的使用环境,提高用户的工作效率。

首先,从资源管理的角度看,中央处理器、内外存储器和输入输出设备构成了系统的硬件资源;而通常以文件形式出现的程序和数据,则构成了系统的软件资源。操作系统正是通过处理器管理、存储管理、设备管理、文件管理和作业管理这五大管理功能来实现对各种资源的合理分配和调度,改善资源的共享和利用情况,最大限度地发挥计算机的使用效率,提高计算机在单位时间内的处理能力。

其次,从用户的观点看,操作系统是用户与计算机硬件之间的接口,是裸机外的第一层软件。操作系统使用户不再需要面对笨重的裸机和难懂的机器语言,即使是初学者也可以利用操作系统提供的简单命令或图形用户界面方便、灵活地使用计算机。这就极大地改善了计算机的使用环境,提高了用户的工作效率。

操作系统在不断发展的过程中也出现了不同的类型。从系统功能角度可将操作系统分为5种。

(1) 批处理操作系统。

批处理操作系统的特点是将要执行的作业(程序及相关的数据)成批输入,成批输出。可分为单道批处理操作系统和多道批处理操作系统。前者,当一批作业输入计算机后,由单道批处理操作系统从中调出一个作业开始运行,该作业完成后又调入下一个,直到完成所有的作业,在任何时候都只能在内存中装入并运行一个用户作业;后者是可以在内存中同时存放多个用户作业,在多道批处理操作系统的控制下,当一个用户作业由于输入输出的原因而处于等待状态时,可以切换到其他处于就绪状态的用户作业继续进行,从而使CPU工作效率提高。

(2) 分时操作系统。

分时操作系统实际上一种多用户操作系统,它能支持多个用户同时使用一台计算机。在硬件上该系统由一台主机和多台用户终端构成。分时操作系统将CPU运行时间划分为多个很短的时间片,把这些时间片轮流分配给各个终端,由于主机的处理能力很强,而时间片又很短,使得每个终端的请求都能及时得到响应,所以每个用户在自己的终端上操作时感觉不到彼此的存在，就像在独占使用整个计算机系统一样。常用的有 UNIX、Linux 等。

(3) 实时操作系统。

“实时”的意思就是“及时”。在某些应用领域，要求对实时采样的数据进行及时处理并做出相应的反应，如果超出限定的时间就可能丢失信息或影响到下一批信息的处理，如武器控制系统、订票系统等。在这类操作系统的设计中，及时处理和高可靠性往往比提高资源的利用率更为重要。

(4) 单用户操作系统。

单用户操作系统适用于单个用户的个人计算机，按同时管理的作业数可分为单用户单任务操作系统和单用户多任务操作系统。单用户单任务操作系统只能同时管理一个作业运行，CPU 运行效率低。单用户多任务操作系统预选多个程序或多个作业同时存在和运行。由美国 Microsoft 公司开发的 PC-DOS 和 MS-DOS 等都是单用户单任务操作系统，是最为流行的单用户单任务操作系统之一，已成为标准的微型计算机操作系统；同样由该公司开发的 Windows 系列操作系统是单用户多任务操作系统。由于 Windows 操作系统为用户提供了更好的图形工作环境，操作简单、方便，又具有处理多媒体信息的功能，目前在微机上的广泛应用已势不可挡，对计算机的普及与应用起到极大的推动作用。

(5) 网络操作系统。

多台独立工作的计算机用通信线路连接起来，构成一个能共享资源的更大的信息系统，称为计算机网络系统。它与多用户终端的区别在于，网络中的各个用户本身就是一个独立的计算机系统。网络操作系统除了应具有普通操作系统的功能外，还应提供网络通信和资源共享的功能。目前较流行的网络操作系统有 Novell 公司的 Netware 和 Microsoft 公司的 Windows NT。

2) 程序设计语言

程序设计语言是用来编制和设计程序所使用的计算机语言，是人和计算机之间交换信息所用的一种工具，通常可分为机器语言、汇编语言和高级语言。用机器语言编写的程序为目标程序，而用汇编语言和高级语言编写的程序为源程序。

(1) 机器语言。

机器语言是能够直接被计算机识别和执行的语言，又叫做目标语言，即二进制编码机器指令的集合。不同计算机的指令系统不一样，所使用的机器语言也不相同。用机器语言编写程序，尽管能直接被计算机识别，且运行速度快，但不直观、难编写、难记忆、易出错。如有的计算机用 11000110 表示加法运算，用 11000101 表示减法运算。此外，用机器语言编写的程序对不同种类的机器没有通用性，难以交流和移植，影响了计算机的推广。

(2) 汇编语言。

汇编语言是用英文缩写和数字等帮助记忆的符号来代表机器指令的符号式语言。如用 ADD 表示加法，用 SUB 表示减法，用 MOV 表示传递等。因此，相对于使用二进制代码的机器语言，汇编语言比较直观，易于记忆、检查和编写。但是用助记符编写的汇编语言程序(源程序)计算机不能直接识别，必须翻译成与之对应的机器语言程序(目标程序)后，计算机才可执行。汇编语言和机器语言一样，随机器不同而异。它们都是面向机器的程序设计语言，因此又称它们为低级语言。

(3) 高级语言。

由于低级语言与人们日常使用的自然语言差别较大,对于一般用户而言难以掌握,而且在不同机器之间又不通用,因此不利于计算机的应用推广。为了解决上述问题,人们开始使用高级语言。高级语言又称为算法语言,是一种独立于机器的程序设计语言。高级语言接近于自然语言和数学公式的表示方法,设计程序时可较少考虑所用的机器特点,编写的源程序可以在不同型号的机器上使用(有的可能要稍加修改),克服了低级语言的弱点。所以常把高级语言称为面向用户的语言。用高级语言编写的程序易读、易记、通用性强。现将常用的高级语言介绍如下。

① BASIC:初学者通用符号指令代码(Beginners' All-purpose Symbolic Instruction Code,BASIC)是一种有会话功能,便于人机对话的语言,这种语言简单易掌握。

② FORTRAN:是一种利用数学公式的表达方式和英语语句的组合形式来编写源程序的语言,又称为公式翻译语言。它是广泛应用于科学计算和工程设计方面的高级程序设计语言。

③ Pascal:是结构化的高级程序设计语言,该语言的数据类型丰富,语句功能强,编写的程序结构清晰,易读易记。Pascal 语言可以作为一种良好的教学语言,也可以应用于系统软件的开发,是国内外流行的高级语言之一。

④ C:C 语言与 Pascal 语言相仿,也是一种结构化的语言。除了具有丰富的数据类型,灵活多样的运算符、语句表达能力强等优点外,由于它具有汇编语言的某些功能,有利于充分发挥计算机硬件的潜在功能,提高编程效率,因此 C 语言是适用于各种软件开发的高级语言。

⑤ COBOL:面向商业的通用语言(Common Business Oriented Language,COBOL)是一种主要用于商业数据处理的高级程序设计语言,适用于编写各种商务管理程序。

⑥ C++和 Java:是面向对象的程序设计语言,适用于编写系统软件和应用软件。在编写网络软件方面具有广泛的用途。

虽然各种语言都有各自的特点和主要应用环境,但其功能一般没有多大的差别,要完成某一种特定的功能用不同的程序设计语言都可以实现,差别在于程序设计的难易程度不同。因此在不同应用场合中,应该有针对性地选用一种程序设计语言,以发挥其特长。

3) 语言处理程序

计算机只能执行机器语言程序,用汇编语言或高级语言编写的程序,计算机是不能识别和执行的。因此必须配备一种工具,它的任务是把汇编语言或高级语言编写的原程序翻译成机器可执行的机器语言程序(目标程序),这种工具就是语言处理程序。语言处理程序包括汇编程序和编译程序。

(1) 汇编程序。

汇编程序是把用汇编语言写的汇编语言程序翻译成机器语言表示的目标程序的系统软件。

(2) 编译程序。

编译程序是把用高级语言编写的源程序编译成机器语言表示的目标程序的系统软件,其翻译过程称为编译。编译程序有两种执行方式:一种是解释方式,另一种是编译方式。

解释方式相当于口译,是通过解释程序把高级语言源程序逐句地翻译成机器语言,边解释边执行,并立刻得到执行结果,不产生目标程序。翻译方式的优点是比较灵活,适于进行人机交互以及查找错误,并且内存占用较少,缺点是执行速度较慢,效率低。BASIC 语言多采用解释方式。解释方式的工作原理如图 2-12 所示。

编译方式相当于笔译，将高级语言的源程序完全读入，全部翻译成目标程序，然后执行该目标程序，得到计算结果。从源程序到目标程序的转换工作是由编译程序完成的，如图 2-13所示。编译方式的优点是执行速度快，缺点是内存占用量较大，并且不够灵活，若修改了源程序，则必须从头开始编译。目前，大多数程序语言都采用编译方式，如 Pascal、C、FORTRAN 等。

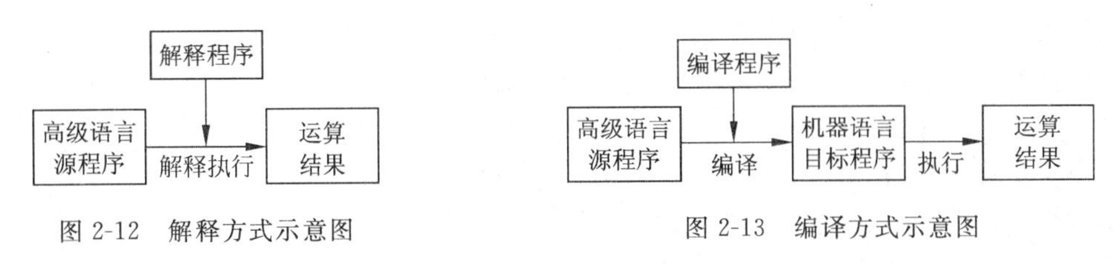

图 2-12　解释方式示意图　　　图 2-13　编译方式示意图

4）服务性程序

服务性程序又称实用程序，是支持和维护计算机正常处理工作的一类系统软件。这些程序在计算机软、硬件管理工作中执行某个专门功能，如文本编辑程序、诊断程序、装配连接程序、系统维护程序等。

文本编辑程序是用户编制源程序或其他文本文件的工具。常见的微机文本编辑程序如 WPS、Word 等。

诊断程序（包括调试程序）负责对计算机设备的故障及对某个程序中的错误进行检测，以便用户排除和纠正，常见的诊断程序如 DEBUG、QAPLUS 等。

装配连接程序用来对用户分开编译得到的目标模块进行装配连接，使这些目标模块连接组成一个更大的、完整的目标程序。常见的装配目标程序如 Link. exe。

系统维护程序帮助用户在计算机系统中进行维护工作，在系统出现故障时提供系统恢复的手段，如 PCTools 和 Norton 等。

2. 应用软件

应用软件是为了解决各种实际问题而编写的计算机程序，由各种应用软件包和面向问题的各种应用程序组成。如用户编制的科学计算程序、企业管理系统、财务管理系统、人事档案管理系统、人工智能专家系统以及计算机辅助设计等各类软件包。比较通用的应用软件由专门的软件公司研制开发形成应用软件包，投放市场供用户选用；比较专用的应用软件则由用户组织力量研制开发使用。

综上所述，硬件系统和软件系统是相辅相成、缺一不可的。计算机硬件构成了计算机系统的物理实体，而各种软件充实了它的智能，使得计算机能够完成各种工作任务。用户通过软件系统与硬件系统发生关系，软件系统是人与计算机硬件系统交换信息、通信对话、按人的思维对计算机系统进行控制与管理的工具。只有在完善的硬件结构基础上配以先进的软件系统，才能充分发挥计算机的效能，构成一个完整的计算机系统。

3. 软件与知识产权保护

计算机软件主要是指为实现预定功能而编写的计算机程序及其有关使用说明和维护手册等文档。计算机软件的研制和开发需要耗费大量的人力、物力和财力，是脑力劳动的创造性产物，是研制者智慧的结晶。计算机软件与一般的文字作品相比，具有语言抽象、实用、传播途径多、更新速度快、经济价值大的特点。

计算机软件与知识产权保护密切相关,但由于计算机软件自己的特点和保护的特殊性,因此不能将知识产权保护简单直接地运用于计算机软件保护。从知识产权保护对象的角度可将计算机软件分为3类。

1) 商品软件(business software)

商品软件并不是一种软件的类型,而是一种传播方式。这种软件的提供者把此软件作为商品经过市场销售,即用户只有通过付费的方式才能得到软件的使用权。因此,商品软件是受软件知识产权法规保护的,是严格意义上的版权软件。一些商品软件公司为保护其版权,在产品上采取了防复制等措施。

2) 共享软件(shareware)

这种软件的提供者坚持“先试用后购买”的原则,即用户可以先免费使用一段时间(一般在30天左右),认为满意后再注册付费购买,取得永久使用权。如果不满意,完全可以放弃购买此软件。共享软件十分方便用户,因而推广很快。共享软件与商品软件一样,版权归软件开发商所有。

3) 自由软件(freeware)

这种软件也叫做免费软件。与前两种软件都不同,作者完全放弃版权,连基本的注册费也不收取,任由用户使用。近年来,免费软件的发展极其迅速,流通渠道主要依靠Internet等网络。

20世纪60年代,德国最早提出保护计算机软件。1978年,世界知识产权组织颁布了《保护计算机软件示范条款》,为世界各国保护计算机软件提供了导向。从此,各国都积极致力于颁布专门的计算机软件知识产权保护条款或法规。我国在《著作权法》第三条第八款明确地将计算机软件列为受保护的作品范畴。

《计算机软件保护条例》第十条指出:“计算机软件的著作权属于软件开发者。”与一般著作权一样,软件著作权包括了人身权利和财产权。人身权是指发表权、开发者身份权;财产权是指使用权、许可权和转让权。第三条说明了“软件开发者”这一用语的含义:“指实际组织、进行开发工作,提供了工作条件以完成软件开发,并对软件承担责任的法人或者非法人单位;依靠自己具有的条件完成软件开发,并对软件承担责任的公民。”

习 题 2

1. 选择题(不定项选择)

(1) 对于R进制的数,每一位可使用的数字符号的个数为(　　)。

A. 10　　B. R　　C. $R+1$　　D. $R-1$

(2) 在计算机中使用的数制有(　　)。

A. 二进制　　B. 八进制　　C. 十进制　　D. 十六进制

(3) 计算机能直接执行的程序是(　　)。

A. 源程序　　B. 机器语言程序　　C. 汇编语言程序　　D. BASIC语言程序

(4) 一般用(　　)来衡量计算机运行速度。

A. 字长　　B. 存储容量　　C. 可靠性　　D. 主频

(5) 十进制数 15 可转换为(　　)。

A. $(1101)_2$　　B. $(1111)_2$　　C. $(18)_8$　　D. $(F)_{16}$

(6) 在计算机中最小存储单位是(　　)。

A. 字　　B. 位　　C. 字节　　D. 字符

(7) 以下关于"ASCII 码"的论述正确的是(　　)。

A. ASCII 码是美国信息交换标准代码的简称

B. ASCII 码是一种 7 位编码

C. ASCII 码字符集包括 128 个字符

D. 所有 ASCII 码都可以打印显示

(8) 在计算机中一个字节可以表示(　　)。

A. 2 位十六进制数　　B. 1 个 ASCII 码

C. 256 种状态　　D. 8 个 bit

(9) 在计算机中,地址和数据等全部信息的存储和运算都是采用(　　)。

A. 八进制数　　B. 十六进制数　　C. 二进制数　　D. 十进制数

(10) 一个汉字在计算机内部存储占用(　　)个字节。

A. 1　　B. 2　　C. 3　　D. 4

(11) 在 ASCII 码中,英文字母 A 与 a 相比较是(　　)。

A. A 比 a 大　　B. A 比 a 小　　C. A 与 a 相等　　D. 无法比较

(12) 下面属于输出设备的是(　　)。

A. 数码相机　　B. 绘图仪　　C. 扫描仪　　D. 摄像头

(13) 下列不同进制表示的数值中,最小的是(　　)。

A. (56)H　　B. (87)D　　C. (128)O　　D. (10101101)B

(14) 存储空间为 2KB 表示的字节数为(　　)。

A. 2000　　B. 2048　　C. 1024　　D. 1000

2. 填空题

(1) 八进制的基数是________,每一位可取的最大值是________。

(2) 十六进制的基数是________,1 个字节由________位组成。

(3) 第一台电子计算机是________,它诞生在________。

(4) 计算机存储容量一般是以 B 为单位,1GB=________MB,80GB=________KB。

(5) 计算机软件主要包括________和________。

(6) 一张软盘有 360KB 空间,最多可以储存英文字符________个、中文字符________个。

(7) 操作系统的两种主要功能是________和________。

(8) 编译程序有________和________两种执行方式。

(9) 计算机的工作过程实际就是________过程。

(10) 定数的两种表示方法是________和________。

(11) 用 400×300 点阵表示一幅彩色数字图像,若每个像素点用 16 位二进制(2 字节)编码表示不同的颜色,则存储这幅彩色数字图像需占用________KB 存储空间。

(12) 语言处理程序把________程序翻译成机器能识别的________程序。计算机上配有某种语言是指该机上已配有此语言的________。

3. 判断题(正确的打√,错误的打×)

(1) 输入码是汉字的外码。(　　)

(2) 不同计算机字长可能不同。(　　)

(3) 计算机内部信息都由0和1组成。(　　)

(4) 所有十进制小数都能准确地转换为有限位的二进制小数。(　　)

(5) 高级程序员使用高级语言,普通用户使用普通语言。(　　)

(6) 某内存为640KB,则共有640×1024个字节存储单元。(　　)

(7) 速度慢的计算机不是兼容计算机。(　　)

(8) 一个汉字在输入码和国际码中都可以用两个字节表示。(　　)

4. 计算题(请写清楚计算过程)

(1) 将下列二进制数转换为十进制数:

01001　　11010　　1111　　11010　　110111

(2) 将下列十进制数转换为二进制数:

9　　22　　119　　155　　1024

(3) 将下列二进制数转换为八进制数和十六进制数:

1011　　1010111　　1101000111　　111111111

(4) 将下列八进制数转化为二进制数:

7　　15　　255　　3561　　1001

(5) 将下列十六进制数转化为二进制数:

7　　15　　1A　　C5B7　　FFED

5. 问答题

(1) 简述几种计算机内存各自的特点。

(2) 什么是多媒体技术?什么是多媒体计算机?

(3) 输入输出接口主要功能是什么?有哪些常见输入输出接口?请简述3种输入输出接口的特点。

(4) 内存与外存区别是什么?微机中常见的外存有哪几种?

(5) 简述光驱的性能与指标。

(6) 主板内常采用的总线类型有哪些?

(7) 什么是多媒体技术?

(8) RAM和CMOS的特点是什么?

(9) CPU与显示器的主要性能指标有哪些?

(10) 列举常见的输入设备和输出设备。

(11) 什么是指令?什么是程序?简述二者之间的关系。

(12) 请根据“存储程序”的工作原理,说明计算机的工作过程。

(13) 简述操作系统及其分类。

(14) 什么是计算机的硬件和软件?其相互关系是什么?

(15) 简述计算机的发展历程。

(16) 简述计算机的位、字节、字长的含义。

(17) 计算机为什么要用二进制表示数据?

第3章 操作系统

3.1 操作系统的基本概念、功能和分类

如果计算机只有硬件没有软件则这些硬件仅仅是一堆废铁，计算机只有在硬件和软件的共同努力下才能正常工作。计算机的硬件和软件组合在一起称为“计算机系统”。在软件系统中最重要的软件就是操作系统（Operating System）软件，当然软件系统还包含其他系统软件和应用软件。

3.1.1 操作系统概念

能够启动计算机，启动成功之后又能够控制计算机的硬、软件资源，并且能够为用户提供操作界面的系统软件称为操作系统软件。

1. 启动计算机

打开电源之后，计算机并不能马上开始操作，必须成功“启动”之后，用户才能进行相关的操作。

打开电源之后，计算机的 CPU 立即开始工作。首先，CPU 启动基本输入输出系统（Basic Input Output System，BIOS）芯片中的自动检测程序，检测和微机连接的各个设备能否正常工作。然后，CPU 把 BIOS 芯片中的“标准设备驱动程序”调入内存，于是显示器和键盘等设备开始工作。接着，CPU 把 BIOS 芯片中的“软中断程序”随机调入到内存中，并且对每一个“中断服务程序”的起始地址在内存中形成一个“中断向量表”，以便能随时调用任何一个中断服务程序。以上工作完成之后，操作系统开始启动计算机。

2. 控制微机的硬件和软件资源

操作系统在启动微机的过程中就开始实现对计算机硬件和软件资源的全部控制功能，对资源的控制是指对全部资源的控制，不是只控制部分资源。但是，操作系统对资源的控制并不是操作系统就直接指挥这些资源的工作，而是操作系统成为 CPU 指挥资源工作的中介，CPU 不能直接面对各种资源而是通过操作系统来指挥各种资源的工作。从此意义上可以说，操作系统控制了计算机的全部硬件和软件资源。

3. 提供操作界面

用户需要操作计算机时，并不能直接对计算机的某种资源进行干预和操作，用户只能通过某种界面对计算机实现间接的操作和使用。对某种操作系统来说，只有当让用户能够进行操作的界面出现之后，才能认为操作系统启动计算机成功。DOS 操作系统启动成功的标志是屏幕上出现 DOS 的操作界面，Windows 操作系统启动计算机成功的标志是屏幕上出现让用户能够操作的“桌面”界面。所以，不同的操作系统会有不同的操作系统界面。

具备以上全部功能的软件才能称为操作系统,如果只具备其中1个或2个功能都不能称为操作系统。比如,某些游戏软件也能启动计算机,启动成功之后也能控制计算机的一部分资源,同时也能给用户提供操作的界面。但是,游戏软件只能控制一部分计算机资源,同时游戏软件给用户提供的只是操作此游戏软件的界面,并不是操作任意软件的界面。因此,游戏软件不是操作系统软件。

3.1.2 操作系统功能

操作系统具有指挥CPU、运行各种应用程序软件、管理全部内存空间、管理和控制各种输入输出设备、管理文件描述和管理文件系统五大功能。

1. 操作系统指挥CPU

操作系统对CPU的指挥并不是直接对CPU进行操作,而是体现在改变CPU的工作状态上。CPU有两种工作状态,即管态和目态。如果CPU处于管态,则CPU既可以执行非特权指令也可以执行特权指令。如果CPU处于目态,则CPU只能执行非特权指令,即CPU只能执行一般的应用程序。

操作系统只能通过调用中断服务程序之后,让CPU自己来修改标志寄存器的标志,从而实现改变CPU工作状态的目的。

操作系统就是通过上述方式来改变CPU的工作状态,从而实现对CPU工作的指挥功能的。

2. 操作系统运行应用程序软件

这是操作系统的一个十分重要的功能。当操作系统需要运行应用程序时,首先在硬盘的"输入井"中把应用程序划分为若干个"作业",并让这些"作业"在"输入井"中排队。对每一个作业,操作系统会产生一个JCB(作业控制块),对它进行管理、控制和调度。

当操作系统把作业队列中的首作业调度进入内存时,就为此作业产生一个"进程"。操作系统又让此"进程"产生其他"进程",于是在内存中就会形成许许多多的"进程"。而这许多进程又会各自处于不同状态,从而出现"就绪"、"等待"、"挂起就绪"和"挂起等待"等状态的进程。操作系统会把相同状态的进程组织排队,从而会在内存中出现"就绪队列"、"等待队列"、"挂起就绪队列"和"挂起等待队列"。同时,对每一个进程操作系统会产生一个PCB(进程控制块),对进程进行管理、控制和调度。

当条件具备时,操作系统就会让"就绪队列"中的第一个进程分配CPU资源,让此进程"运行",从而让此进程中的"线程"进入CPU。在CPU中,线程运行并完成自己的使命,最后"灭亡"。同时,对每一个线程操作系统会产生一个TCB(线程控制块),对线程进行管理、控制和调度。进程中全部线程都完成自己任务并都一个个灭亡后,一个进程的任务也宣告完成,于是此进程也会在内存中灭亡消失。

如果一个作业的所有进程都全部灭亡之后,此作业的任务也就全部完成。操作系统会把此作业调度回"输入井",从而让作业占用的内存空间被"释放"。返回"输入井"的作业如果需要"回写"操作,则会向原来的磁盘程序回写相关内容,如果不回写则会在"输入井"中消失。如果一个程序软件的全部作业都完成了上述的全部操作时,则应用程序软件运行结束,操作系统也就完成了运行应用程序软件的工作。

输入井、内存和CPU;作业、进程和线程;JCB、PCB和TCB构成了操作系统运行应用程序软件的相关要素。

由于“进程”在程序运行中处于非常重要的地位，操作系统还应该研究“进程”之间的关系。“进程”之间存在“互斥”、“同步”、“通信”和“死锁”的关系。不同的进程对同一个“临界资源”的分配采用“互斥”的方式实现，其中，“硬件指令”能实现“互斥”但不能同时实现“同步”。

不同的进程在运行过程中，某些进程需要等待另一些进程运行然后再运行的现象称为进程之间的“同步”。二元信号量和管程都是既实现“互斥”又实现“同步”的较好方法。

进程之间有时需要实现数据的交换，这称为进程之间的“通信”，通信又分为“直接通信”和“间接通信”。其中，“消息机制”是实现“直接通信”的较好方法。“消息机制”由“消息”、“消息缓冲区”和“消息队列”组成，这种机制既能实现“互斥”，又能实现“同步”，还能实现“通信”。

如果进程 1 占用了 A 资源未释放时，却又提出对 B 资源占用的申请，同时进程 2 占用了 B 资源未释放时，却又提出了对 A 资源的占用申请，这种现象称为进程之间的“死锁”。“死锁”是现代操作系统软件还没有完全解决的课题。

为了实现进程、作业和线程的调度，操作系统还应该提供调度的不同算法。最简单的调度是 FIFO 即先进先出的调度，但不是较好的调度算法。改进的方法是时间片轮转调度算法，即进程按 FIFO 调度，但规定时间片，若时间片内未完成则重新排队，此方法中时间片的长度不易确定。最好的方法是“多级反馈队列调度”，把进程按简单分类划分 32 个优先级，每一级按 FIFO 排列，最高优先级给定一个最小时间片，优先级降一级时间片增加一倍，时间片内未完成则进程重新排列到下一级末尾。

3. 操作系统管理控制内存

计算机的存储系统划分为 4 个层次：寄存器、高速缓存、内存和外存储器。其中寄存器属于 CPU 内部的存储设备，存取速度最快、容量最小、价格最贵，它完全由 CPU 来管理和控制。高速缓存主要由硬件来管理控制，但操作系统可以适当地对它实现调度，存取速度比寄存器慢，但比内存快得多，价格比寄存器便宜，但比内存贵，容量比寄存器大许多，但比内存小。硬盘属于操作系统管理的输入输出设备，暂时不在这里说明，硬盘的存取速度是 4 个层次中最慢的，但容量最大，价格最便宜。操作系统对计算机存储系统的管理主要是研究对内存的管理控制，内存的存取速度比硬盘快得多，但比寄存器和高速缓存都慢，内存价格比高速缓存低但比硬盘贵，内存容量比高速缓存大但比硬盘小。

操作系统对内存管理主要实现 4 个功能：内存分配、内存地址转换、内存容量的扩充和内存的保护。

1）内存分配

现代操作系统对内存采用预先分配若干个“页架”的方式分配，预分配页架数量由“工作集”的大小来决定。

2）地址转换

之所以需要实现地址转换，是因为编写程序时只能用“逻辑地址”，而 CPU 运行程序时只能用“物理地址”来实现，因此当一个应用程序运行时就必须让操作系统把逻辑地址转换为物理地址后才能实现。

内存地址转换现在普遍采用先分“段”转换，然后“段”之下再采用分“页”转换的技术。

这就需要“段表”(又称为选择表)和“页表”(又称为全局描述符表和局部描述符表)的相关参数来实现地址的转换。

3) 内存容量扩充

在计算机中内存总是不够用的,但是由于价格的因素、计算机体积的因素只能配置有限数量的内存,于是操作系统就应该具备扩充内存的功能。

现代的操作系统大都采用“虚拟内存”的技术来扩充内存,这种技术能够把每 2^{32} B 的物理内存扩充为 2^{45} B 的虚拟内存供应用程序的开发使用,从而让程序设计人员感觉可以有“无限”内存空间,因此大大方便了应用程序的开发和使用。

4) 内存保护

由于使用了“虚拟内存”,在应用程序实际执行期间,操作系统必须经常实现内存“页面”的置换调度,这样就有可能会破坏某些页面的内容,因此内存必须加以保护。

现代的操作系统大都把内存中的内容划分为 4 个级别分别加以保护,即“操作系统内核”级、“系统程序”级、“数据库”级和“普通程序”级。其中,“操作系统内核”保护级别最高,保护措施最严格,“普通程序”保护级别最低。通过 4 个级别的分配就能实现对内存很好的保护。

页面的置换也有算法,最简单的还是 FIFO,改进的是二次机会置换,即每个页面设置访问位和修改位,访问和修改位都是 1 的优先置换;更好的方法是时钟轮转置换,指针指向页面,访问位是 1 则置换,否则指针指向下个页面。

4. 操作系统管理输入输出设备

输入输出设备如果需要工作必须获得 CPU 资源的支持,操作系统赋予输入输出设备获得 CPU 资源的方法有两种,即通过调用“中断服务程序”和 DMA(直接内存存取)的方式来实现。

中断服务程序的含义是:任何一个输入输出设备如果需要工作必须获得 CPU 资源的支持,而大多数的设备都通过“中断”的方式来获得 CPU 资源的支持。“中断”通常通过 5 个步骤来实现,即中断请求、CPU 响应中断、通过中断向量表查找服务程序、利用“堆栈”来实现中断前后的处理、中断服务程序的执行。

(1) 中断请求。

CPU 的资源是有限的,不能把 CPU 的资源平均分配给各个设备,这会造成 CPU 资源极大的浪费。于是,在微机中大多数的设备都采用“中断方式”来分配 CPU 资源。

为了让 CPU 知道是什么设备发出了中断请求,在微机中给每一个设备分配一个唯一的“中断编号”。当 CPU 收到中断请求之后,根据中断请求编号就知道是什么设备发出了中断请求,然后根据设备的重要程度就可以决定是否响应中断。

(2) CPU 响应中断。

在 CPU 中有一根中断信号的引脚线,当任何一个设备发出中断请求后,此根引脚线的电位就会变为“高电位”。CPU 就会根据高电位的出现去分析是什么设备提出了中断请求,然后根据设备的重要性来决定是否响应中断,而响应中断的意思就是让 CPU 去执行相应的“中断服务程序”软件。

(3) 中断向量表和中断服务程序。

在每一台计算机的 BIOS 芯片中,都包含有 256 个中断服务程序。当计算机在每一次启动时,CPU 会自动把这些中断服务程序随机装入内存之中,每一个设备获得 CPU 的资源标志就是让 CPU 去执行相应的中断服务程序。为了让 CPU 能够方便地查找到每一个随机分布在内存中的中断服务程序,操作系统会在固定的内存地址上建立一个“中断向量表”,此表记录了每一个中断服务程序在内存中的“首地址”,从而让 CPU 能够顺利地运行中断服务程序。

(4) 堆栈在中断过程中的作用。

当 CPU 决定响应中断请求时,CPU 必须把将要执行的下一条程序指令的地址记录下来,以便中断服务程序运行结束之后能够重新恢复运行原来的程序。而下一条程序指令的地址就存放在“堆栈”中,堆栈是一段特殊的内存空间,其存放的内容采取先进后出的方式工作。堆栈中除了存放下一条程序指令的地址之外,还要存放原来 CPU 程序指令的运行环境参数,因此堆栈在中断中也起到一个重要的作用。

(5) 执行中断服务程序。

当 CPU 决定响应一个中断后,CPU 就会到内存的固定位置上去查中断向量表,从而得到其中断服务程序的起始地址。然后,CPU 把下一条要执行的程序指令地址存放到堆栈之中,同时把执行此指令的相关参数也存放到堆栈中。于是,CPU“中断”自己的工作去执行中断服务程序,即 CPU 把资源就分配给了相应的设备。当中断服务程序运行结束后,CPU 重新从堆栈中取回相关参数和下一条运行程序指令的地址而恢复中断前的工作,从而宣告一次中断的工作过程完成。

计算机中大部分的输入输出设备采用“中断”的工作方式。

输入输出设备的第二种常见的工作方式是 DMA,DMA 就是直接内存存取。如果一个输入输出设备采用 DMA 的工作方式,则和此设备连接的主板上接口电路的旁边会有一个 DMA 控制器芯片。

DMA 简单的工作原理为:当一个设备需要进行输入输出的工作时,DMA 会向 CPU 发出一个中断信号。当 CPU 响应此中断时,CPU 会向对应的 DMA 控制器发出一个“启动”指令,于是 DMA 开始工作,其工作的内容主要是输送大量的数据。在 DMA 工作期间,CPU 不再介入 DMA 具体的工作。这样,DMA 工作期间,CPU 可以继续进行它自己的工作,从而大大节约了 CPU 的资源。当输送数据的工作完成之后,DMA 又会向 CPU 发出一个中断,于是 CPU 向 DMA 发出关闭其工作的指令,DMA 就停止自己工作。DMA 的工作方式主要用于需要进行大量数据输入输出的设备,比如硬盘、软盘、U 盘等。

操作系统软件管理输入输出设备的另一个功能是建立一个计算机的 I/O 子系统的层次结构,此层次结构的最底层是输入输出设备接口电路,第二层是驱动程序软件,第三层是各种驱动程序的公共通道,而第四层就是操作系统内核中的 I/O 子系统。

(1) 输入输出设备接口电路。

所有的输入输出设备都采用专门的接口电路和计算机的主板连接。这些接口电路和主板上的系统总线相连接,这些系统总线包括地址总线(主要用来对内存空间地址的访问)、控制总线(主要用来向各种设备传输 CPU 发出的种种控制指令)和数据总线(主要用来传输程序、数据和各种数据文件)。通过系统总线再和内存中的“专用地址”相连接,在微机中 CPU 不会直接面向任何具体设备,CPU 是通过“内存地址”这个“中介”来指挥各种设备的工作的。于是,在计算机中就必须为每一个设备分配“专用”的设备地址,这些地址不能作为他用。

(2) 设备的驱动程序软件。

I/O子系统的第二层就是具体设备的驱动程序软件。在计算机中除了CPU之外，任何一个设备如果没有驱动程序软件的启动，这些设备是不能正常工作的。正如3.1.1节所介绍的，在BIOS芯片中就已经存放了计算机“标准设备”的驱动程序，当计算机启动时自检程序完成之后CPU就会自动把标准设备的驱动程序装入内存并启动它们，于是这些设备就可以开始工作了。

目前在计算机中设备的驱动程序采用两种结构，比较多地采用向标准驱动程序靠近的结构，即常称为“即插即用”的设备，另一种是独立的驱动程序结构。

“即插即用”的含义并不是不需要设备驱动程序，而是说这些设备的驱动程序向标准化的结构靠近。在操作系统软件安装过程中就会自动安装一个“设备驱动程序数据库”，当某一个设备插入到计算机中时，操作系统软件会自动识别此设备并从“驱动程序数据库”中查找到此设备的驱动程序，从而启动此驱动程序让设备立即可以开始工作。

独立的驱动程序结构是淘汰的对象，这里不再仔细说明。I/O子系统的高层内容涉及计算机中相当专业的知识，超出了本书知识结构范围，也不再说明。

5. 操作系统对文件的描述和文件的组织

操作系统对文件的描述是通过4个内容来实现的，即文件内容组织、文件扩展名、文件的属性和文件的操作。

1) 文件内容组织

操作系统对文件内容分别组织为顺序文件、索引顺序文件、完全索引文件和哈希文件4种。其中，顺序文件的组织最简单，但是文件内容的规模最小、文件内容的查找效率最低。索引顺序文件是在顺序文件的基础上建立一个规模很小的索引文件，其文件组织方式比顺序文件略复杂些，但是文件内容的查找效率大大提高，而系统付出的代价并不大，这是现在比较常采用的一种文件组织方式。

为了把文件的查找效率提得更高，使文件内容的组织规模更大，提出了完全索引文件的组织方式。在这种方式下建立多重索引，并在主索引基础上再建立索引。其系统的开销会大一些，但是组织文件内容的规模更大，文件内容的查找效率比索引顺序文件要高得多。

为了组织“海量”内容的文件，并提高查找效率又不让系统付出太大的开销，于是提出了一种“哈希”文件组织方式。此种文件组织的关键是取什么样的哈希函数，因此对技术人员的素质要求很高，通常组织起来有一定的困难。

2) 文件扩展名对文件的描述

操作系统对文件的描述还采用对文件分类的方式来实现，分类的种类很多而其中最有效的是按文件的扩展名来分类。文件的扩展名既说明了文件的性质，也能够说明运行此文件需要的软件环境。比如，扩展名为doc的文件说明此种文件是Word软件生成的文件，它必须在Word的软件环境下才能打开。

常用的扩展名有下列种类：

exe——此扩展名代表是可执行文件，在桌面的环境下可以双击运行。

doc——此扩展名代表是Word文件，只能在Word环境下才能打开。

xls——此扩展名代表是Excel文件，只能在Excel环境下才能打开。

txt——此扩展名代表是文本文件，是一种对许多软件都兼容的文件。

dat——此扩展名代表是数据文件，其内容都是数据。

lib——此扩展名代表是库文件，其内容包含了其他软件需要使用的文件。

sys——此扩展名代表是系统文件。

bat——此扩展名代表是批处理文件。

3）文件属性对文件的描述

文件属性是对文件的一种很好的描述，计算机文件的属性比较简单。主要的属性有只读或读写、隐性或显性、系统或非系统、标签或非标签、文件夹或非文件夹、存档或非存档以及文件的长度等。

4）文件的操作规定

文件的操作规定也是对文件的一种描述，操作规定分为对整体文件的操作和对文件最小单位的操作两种。对文件整体操作规定有打开文件、建立文件、文件存盘、文件编辑、文件复制、文件删除等。

文件的最小单位称为“数据项”，主要的操作规定有只读或读写、复制、更新、添加、删除、查找等。

操作系统除了对文件进行描述之外，还要对文件进行组织，把文件组织到磁盘上。在文件的组织中包含了目录结构、文件路径等相关知识。

3.1.3 操作系统分类

操作系统有多种分类方式，可以按计算机硬件大小分类，也可以按操作系统工作方式不同来分类。

1. 按计算机硬件大小分类

分为大型计算机操作系统，小型计算机操作系统和微型计算机操作系统。大型计算机的操作系统的主要任务是充分调动所有硬件资源的功能，它的好坏就由是否能充分调度和管理好系统资源来决定的。小型机现在很少使用，在此不再进行分析。而微型计算机操作系统的主要任务是充分发挥 CPU 的潜能，让计算机运行应用软件的能力更强。

2. 按操作系统工作方式不同分类

这是比较普遍认可的分类方式，可以把操作系统分为单任务操作系统、多道批处理操作系统、分时操作系统、实时操作系统和网络操作系统。

1）单任务操作系统

这是计算机早期的操作系统，其典型代表就是 DOS(Disk Operation System)，即磁盘操作系统。它的功能弱，运行应用软件的能力低，运行速度也慢，本章的第 3 节会详细说明此操作系统。

2）多道批处理操作系统

多道批处理操作系统运行时，同时有多道作业运行。多道批处理操作系统通常用于较大的计算机系统中，此类系统很注意 CPU 及其他设备的充分利用，追求高的吞吐量。多道批处理操作系统对资源的分配策略、对作业的调度、对 CPU 的调度等功能都经过精心设计，对各类资源的管理功能既全又强。

3) 分时操作系统

分时是指多个用户分享使用同一台计算机,即把计算机的资源(尤其是CPU的时间)进行时间上的分割,划分成若干个时间段,每个时间段称为一个时间片。从而,操作系统把CPU的工作时间分别提供给多个用户,每个用户依次轮流使用时间片。

因此,分时操作系统具有多路性、交互性和独占性,能够实现对用户响应的及时性。

4) 实时操作系统

应用于工业生产中的自动控制、实验室实验控制、导弹发射控制、票证预定管理等方面的操作系统就需要实时操作系统,它能及时地对外部事件响应并对其进行处理。

实时操作系统通常都是专用系统,系统本身就包含了对实时过程的控制和对实时信息的处理功能。实时系统要求对外部事件的反应非常迅速、及时,需要很强的"中断"处理机构和任务开关机构。

可靠性是实时系统中的十分重要的指标,所以重要的实时系统往往采用双机系统。

实时系统的设计常常采用"队列驱动设计"和"事件驱动设计",实时操作系统也往往是一种专用的系统。

5) 网络操作系统

现代的操作系统大都同时是网络操作系统,网络操作系统必须把网络功能放入到操作系统的"内核"之中,不能采用附加网络功能的处理方式。由于网络已经在人们的生活中得到普及,因此,现代的操作系统往往也同时是网络操作系统。

3.2 磁盘文件、目录和路径

3.2.1 磁盘文件相关概念

计算机的操作对象都是文件,这就是说计算机操作的数据、程序、图形等都是以文件的方式来组织的。而文件又都是由操作系统组织到磁盘上存放的,所以计算机都操作文件,而文件又都是磁盘文件。这里的磁盘既包含硬盘,也包含软磁盘、移动磁盘等,磁盘文件又都以分类的方式来组织的,属于同一个软件之下的磁盘文件往往都存放在一起,在计算机中同一个软件就用一个文件夹(即目录)来组合。

磁盘文件的分类首先是根据它是什么软件来处理,然后同一目录的文件则用不同的扩展名来区分,这一点和操作系统对文件的描述是相同的。

对文件名和扩展名的描述可以采用"通配符"的方式,其中"*"代表一串任意字符,而"?"代表一个任意字符。比如,"*.*"代表所有的文件名和扩展名的文件,"A?.*"则代表文件名第一个字符为"A"的所有文件名为两个字符的文件。

3.2.2 磁盘文件目录相关概念

操作系统通常使用目录结构方式对文件进行组织,目录都采用层次树形结构的方式来组织。

每一个磁盘首先设置一个根目录即根文件夹,其下可以设置不受数量限制的一级文件夹,一级文件夹之下又可以设置二级文件夹,依此类推。文件夹的级别没有限制,而文件可以保存到任何一级文件夹之下,同时每一级文件夹之下保存的文件数量也没有限制,从而就组成了层次树形的目录结构。为了要查找某一个文件所在位置，就必须知道此文件是在哪一级文件夹之下。为了准确地查找到文件的位置，操作系统采用了路径的概念来描述文件的位置。

3.2.3 文件路径相关概念

操作系统对文件路径的处理通常采用两种，即“绝对路径”和“相对路径”。如果一个文件在磁盘上的准确位置采用从某一个磁盘的盘符开始，然后给出一级文件夹、二级文件夹直到文件所在最后一级文件夹，最后给出文件名和扩展名的表示方法称为“绝对路径”。比如，有一个文件采用如下方式来描述时，则可以说明其准确位置。

```
D:\office10\office\word\word.exe
```

上述的表示就是绝对路径的表示，其含义是有一个可执行的文件文件名是 word，扩展名是 exe，它在磁盘上的准确位置是：D 盘下的一级文件夹为 office10，一级文件夹之下还有二级文件夹其名称为 office，二级文件夹之下还有三级文件夹称为 word，而此文件就在此三级文件夹之下。

文件所在位置的表示还可以使用“相对路径”方式，其表示方式为从当前位置出发文件所在的位置。比如：

```
word\word.exe
```

上述的表示就是相对路径的表示，其含义是此文件的位置是，从当前位置出发的下一级文件夹 word 之下。

3.2.4 系统配置文件 CONFIG.SYS 的功能及设置

CONFIG.SYS 称为系统配置文件，在 Windows 和 DOS 在工作时需要设置相关的环境参数，但是系统的原来配置有可能无法满足 DOS 工作的要求，为此还需要用户通过此文件来配置。此文件应该放在引导盘的根目录下。DOS 启动时会自动寻找启动盘根目录下的此文件，再按文件的参数要求来配置 DOS 的工作环境。主要的参数是下列 3 种：

- BUFFERS 命令——其作用是设置磁盘缓冲区的数目。
- FILES 命令——其作用是设置能够同时打开的文件数。
- DEVICE 命令——其作用是安装设备的驱动程序让设备工作。

1. BUFFERS 命令

1）格式

```
BUFFERS = ××
```

其中，××值为 1～99。

2）功能

在内存中设置实现磁盘读写的缓冲区数目。

3）说明

（1）磁盘缓冲区用于内存和磁盘交换信息时缓冲使用，若缓冲区较大时可提高运行速度。

(2) 每个缓冲区的尺寸是128B。

(3) 系统默认缓冲区数量为2,缓冲区数目定义为30～40之间较为合适。

4) 举例

```
BUFFERS = 35
```

此命令功能是设置缓冲区数量为35个。

2. FILES 命令

1) 格式

```
FILES = × ×
```

其中,××值为8～99。

2) 功能

设置DOS允许同时打开的文件数。在使用中如果超过了允许打开的文件数会提示"Too many files are open"。

3) 举例

```
FILES = 60
```

此命令设置DOS最多允许同时打开60个文件。

3. DEVICE 命令

1) 格式

```
DEVICE = [盘符][路径]<驱动程序文件名>
```

2) 功能

许多外部设备和一些应用程序要求在内存中启动其驱动程序后,才能正常工作。DOS中的此命令就是用来启动相应的驱动程序的。驱动程序的扩展名通常为SYS或INF。上命令格式中"盘符"和"路径"是用来说明驱动程序所在位置的。

3) 常用驱动程序举例

(1) 高端内存支持程序。DOS能够支持的内存空间通常只有640KB,此内存空间对一些应用程序是不够的。为了增加内存,通常在硬件上加入扩展内存。但是扩展内存需要通过DEVICE命令才能起作用。其命令格式为:

```
DEVICE = HIMEM.SYS
DEVICE = EMM386.EXE
```

(2) ANSI.SYS驱动程序。DOS启动时会自动装入标准设备驱动程序,从而能够支持标准输入输出设备。如果用户需要使用"扩充屏幕和键盘控制"功能,以便控制屏幕颜色、图形模式、重新定义键盘功能等,就应该装入此程序。其命令为:

```
DEVICE = C:\DOS\ANSI.SYS
```

(3) RAMDRIVE.SYS驱动程序。此驱动程序是建立一个"虚拟磁盘"以供应用程序的特殊使用。其原理是在内存中开辟一部分空间来模拟一个硬盘供用户使用,其作用是程序运行速度加快,同时无须格式化处理就可直接使用。其命令格式为:

```
DEVICE=[盘符][路径] RAMDRIVE.SYS [bbb][sss][ddd][/E]
```

其中,盘符和路径说明 RAMDRIVE.SYS 文件的位置; bbb 代表虚拟盘容量,以 KB 为单位,默认值是 64KB; sss 代表虚拟盘扇区尺寸,单位是 B,默认值 128,可设置为 256 或 512。ddd 代表虚拟盘能包含的目录数和文件数,默认值是 64,可设置为 2~512。

3.3 Windows XP 操作系统

Windows XP 操作系统是 Microsoft 公司在 Windows 2000 基础上推出的新一代操作系统,它继承了 Windows 98/2000 的优点,并提供了更高的性能,成为目前最流行使用的操作系统。

3.3.1 Windows XP 的特点

1. 图形用户界面

Windows XP 最大特点是窗口的形象化。它采用图形的方式模仿现实,使用计算机就像使用一个放满文件的桌面。因而,用户在使用计算机时的思维方式和日常生活中的思维方式一样,从而大大方推动了人们对计算机的使用和计算机的普及。

2. 简便快捷的操作

Windows XP 对鼠标有强大的支持能力,在桌面中的任务栏上还可以设置快速操作栏,能够更快速、简便地实现对各种功能的操作。

3. 多任务系统

Windows XP 支持多项任务的同时运行,每执行一项任务之后在其桌面的任务栏中就会出现一个小图标。对小图标的数量没有限制,也就是对多任务的项目没有限制。所以,其多任务的功能更加突出。

4. True Type 字体

True Type 字体能够实现"所见即所得"的功能。用多种文字软件,其中尤其是 Word 软件对文字进行编辑时,所选择的字体、字形、字号、字体颜色等都能在屏幕上直接显示出来。而在图形软件的使用中,图形颜色、大小等也都能直接地显示出来。

5. 对象嵌入和链接技术

对象的嵌入和链接技术可以实现不同软件之间的数据链接和共享,这会大大方便跨软件之间的操作。比如,在 Word 中编辑文字时,可以在文件的任何位置插入图片和 Excel 的表格。

6. 开放的汉字录入

Windows XP 提供了多种汉字输入法,使用时可以在各种输入法之间随意转换。如果用户认为输入法不够,还可以随时添加其他输入法。因此,Windows XP 为用户提供了比其他操作系统更好和更方便的汉字输入功能。

7. 强大的网络功能

Windows XP 的最大特点之一是提供了比以前的操作系统更强大的网络功能。首先,此操作系统具有更强地对各种网卡的支持,它能识别和兼容更多种类的网卡,并且在系统中装入了更多的网卡驱动程序,这使得局域网络的安装更加方便。另外,此操作系统捆绑的

IE网络浏览器软件的版本更高,使得计算机的Internet网络功能使用更方便、功能更稳定。

8. 对硬件广泛支持

Windows XP支持新一代的"即插即用"设备,这些设备有U盘、移动磁盘,以及更多的鼠标、网卡等。"即插即用"是一种让设备驱动程序的安装过渡到自动安装而不需要用户介入的功能,是对一种新操作系统性能进行鉴别的有效方法。Windows XP在安装时就装入了更多的微机硬件的驱动程序软件,从而形成一个内容更多、功能更强大的"驱动程序数据库"。当一种设备临时装入微机时,不用安装此设备的驱动程序,而是由操作系统自动识别此设备并自动安装和启动相应的驱动程序,从而让设备立即就可以工作。于是,就即时插入设备而即时就可以使用此设备。这就扩大了Windows XP对各种硬件的支持,也使得计算机在使用中普及的速度会更快。

9. 高性能的多媒体

Windows XP是到目前为止最好的一种多媒体的支持平台,它具有最强大的对多媒体的信息进行处理的功能。它能支持各种CD-ROM、CD-RAM,各种声卡、显示卡,各种音响、话筒、视频播放器等。利用Windows XP的多媒体软件,用户可以播放各种CD音碟、视频动态图像、VCD和DVD的影碟等,同时还有自动播放功能。

3.3.2 Windows XP图形用户界面的组成与操作

1. 桌面

Windows XP启动成功之后,给用户提供的操作界面是一个图形的桌面,如图3-1所示。用户在桌面上可以对此操作系统和相关软件进行各种操作,它是图形用户界面很重要的组成部分。

图3-1 Windows XP桌面

2. 窗口

窗口是 Windows XP 图形用户界面中使用最多的一种，也是一种最简单的操作方式。窗口中包括标题栏、菜单栏、工具栏、地址栏、窗口体、状态栏、垂直滚动条、水平滚动条等。

标题栏说明当前操作的对象，它会随着操作对象的改变而变化。菜单栏说明当前窗口下能够实现的各种操作功能，在其下还有下拉菜单、级联菜单等。工具栏是一些菜单功能的快捷操作方式，工具栏的内容可以增加也可以删除。地址栏标明当前操作的位置，但不是每一个窗口中都有此栏目。窗口体是当前操作内容的显现，也是窗口操作的目的。状态栏说明当前操作的状态和相关提示，通常在窗口的底部，但不是每一个窗口都有此栏。当操作的内容对象太多，一个屏幕显示不下，就会出现垂直滚动条，用鼠标移动滚动条的滑块就可以在一屏幕上显示窗口下不同垂直位置的内容。水平滚动条则是在水平方向上具有与垂直滚动条相似功能。图 3-2 显示了“我的电脑”下的窗口内容。

3. 对话框

当需要做某种具体操作或执行某个菜单命令功能时，就会出现一个对话框，如图 3-3 所示。

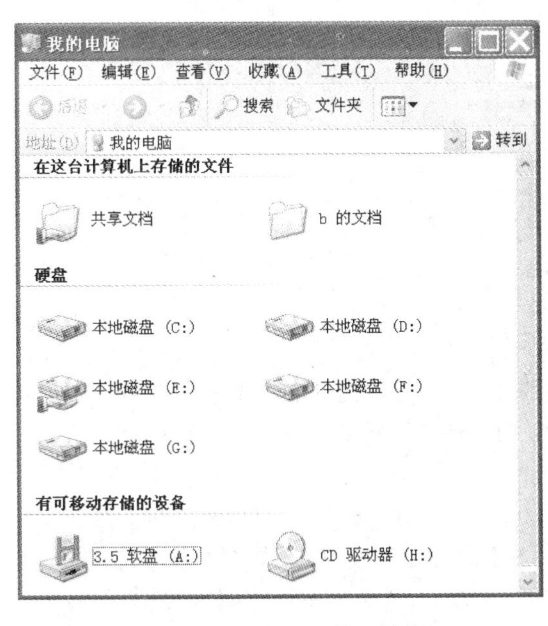

图 3-2 Windows XP 的一种窗口

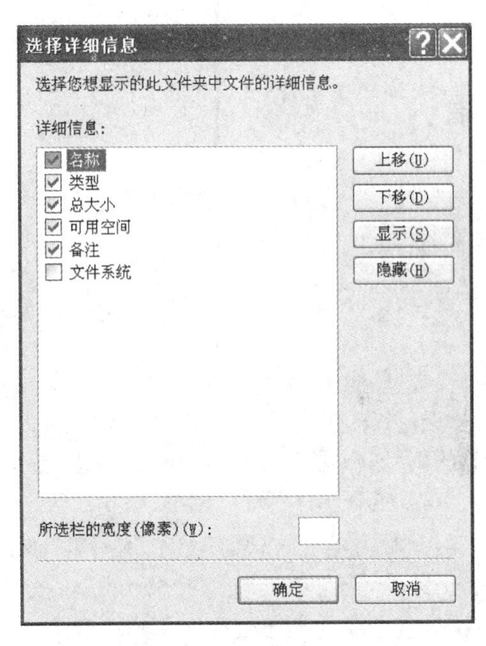

图 3-3 Windows XP 的一个对话框

对话框中通常包含标题栏、文本框、复选框、列表框、单选按钮、提示说明、命令按钮组、命令按钮等。其中，标题栏说明当前操作的内容标题。文本框通常包含了相应的文字说明，会包含操作内容的说明、注意事项等。复选框和单选按钮是可以由用户改变的选项，比如选中是一个“钩”或一个“圆点”，不选中则是空白。当可选的项目很多时，常常用列表框或下拉列表框，用户可以从中选择一个项目内容。只能进行一项选择的，称为单选按钮。提示说明通常指某一个选项旁的提示，有时又用文本框的方式处理。许多命令排列在一起时，称为命令按钮组，能够通过鼠标操作实现某种功能。命令按钮通常只指“确定”或“取消”按钮。

4. 图标

Windows XP 中采用很多种图标来说明各种类型的文件。Windows 操作的基本对象是文件,而文件有许许多多的种类。为了说明文件的各种类型,Windows 中采用不同的图标分别加以区别。例如,有文件夹图标、可执行文件图标、文本文件图标、连接文件图标、Word 文件图标、Excel 文件图标、PowerPoint 文件图标、Internet 文件图标等。如图 3-4 所示给出了 5 种不同类型文件的图标图。

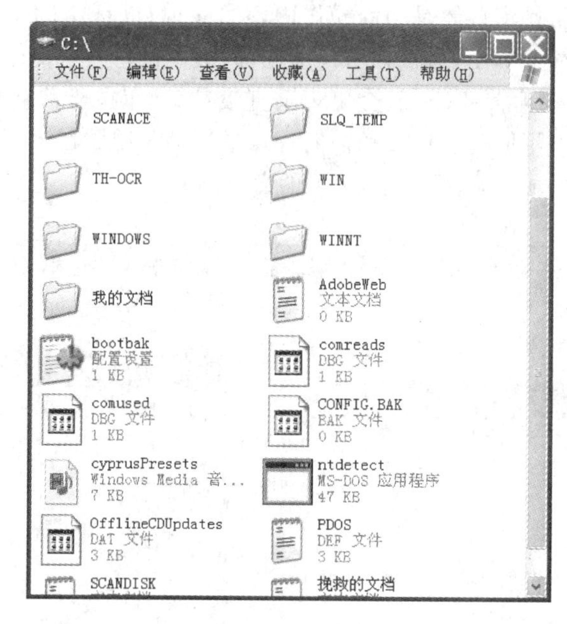

图 3-4 装有若干种图标的窗口

5. 开始菜单

开始菜单是 Windows XP 桌面上最重要的内容和功能,图 3-5 中左下方就是“开始”菜单的图示,单击桌面上的“开始”按钮,就会出现图示的选项内容。其主要功能如下。

1) 所有程序

开始菜单下的“所有程序”命令项,显示微机可运行的各种程序清单。此命令会打开一个子菜单,子菜单上会显示 Windows 安装时已经安装好的程序,比如“附件”、“启动”、“游戏”等。子菜单上还会显示用户已经安装好的程序清单,当鼠标单击这些程序图标时,就可以运行相关的软件。“所有程序”命令项是运行程序时常用的一种操作。

2) 我的文档

此命令项显示用户最近操作过的文档清单。第一次运行 Windows XP 时,此命令项内容是空的。以后,就会记录用户最近操作的文档。此命令的应用,是用户快速进入经常操作文档的简便方法。

3) 控制面板

此命令项是 Windows XP 的高级操作内容,能够实现对许多设备参数的重新设置;能够更新和升级设备的驱动程序;能够添加和删除设备及软件程序;能够实现网络的建设和连接;能够改变计算机系统的整体性能等,是一个非常重要而有用的命令项。但是,对此项命令的操作需要具有较多的计算机知识,在此不做更深入的说明。

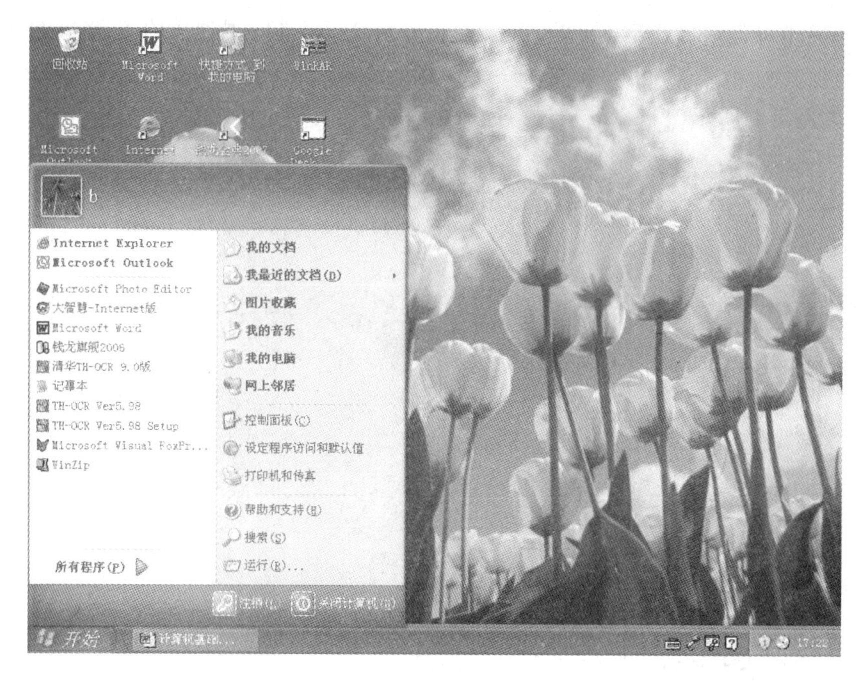

图 3-5　Windows XP 下的开始菜单

4）搜索

这是在 Windows 中快速地查找到文件夹和文件在磁盘上具体位置的工具和命令，是用户需要经常操作的命令项。单击此命令项，会出现如图 3-6 所示的窗口。

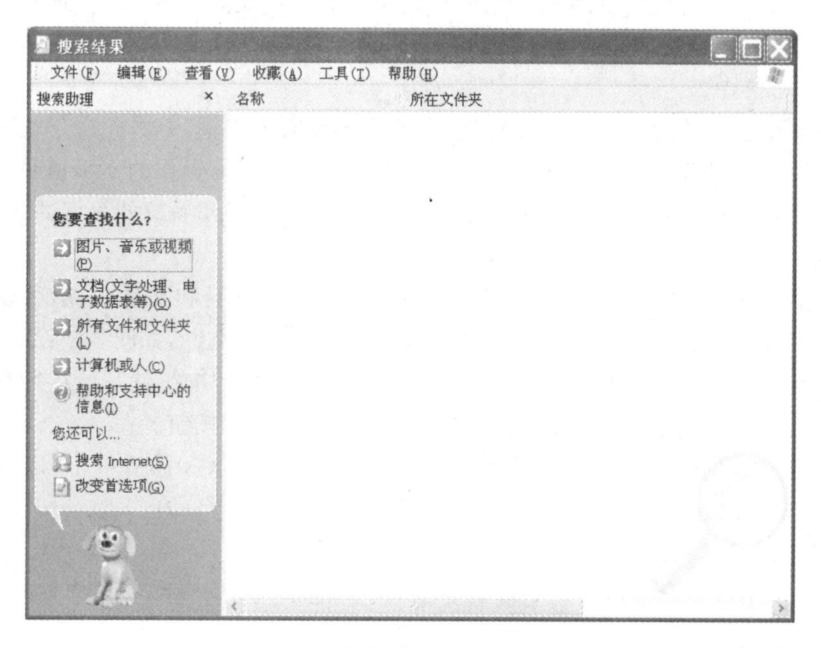

图 3-6　“搜索”命令后进入的窗口

窗口中说明可以查找图片、音乐,可以查找各种文档,可以查找所有文件和文件夹,可以在网络上查找其他计算机,可以查找Internet相关内容等。单击“所有文件和文件夹”选项后,会出现如图3-7所示窗口。

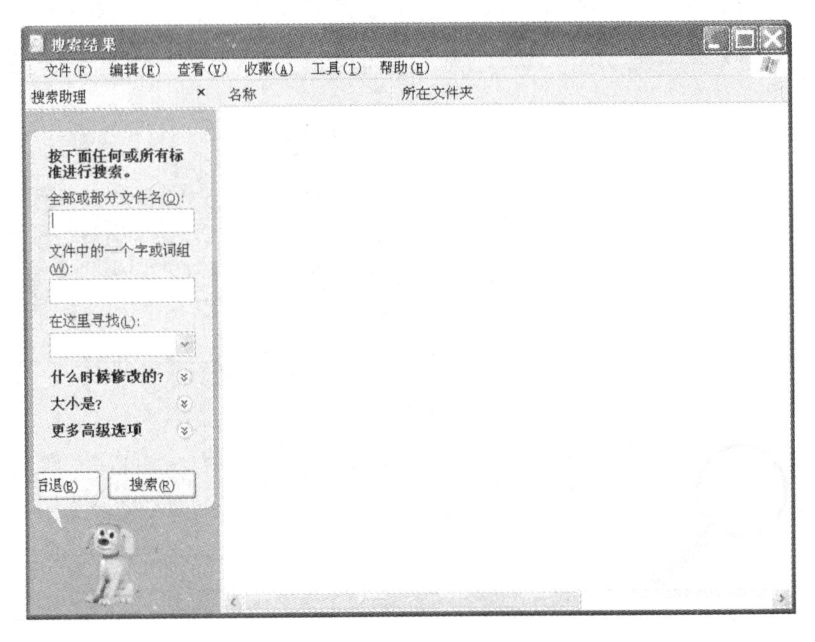

图3-7 查找文件和文件夹的窗口

在“全部或部分文件名”文本框中输入查找文件名,“在这里寻找”文本框中输入查找范围选择,则窗口右侧会快速显示查找结果。

5) 帮助和支持

“帮助和支持”命令是学习Windows各种操作的强有力工具,单击此命令就可以获得联机帮助的“目录”、“索引”信息,其中都详细给出了某一功能如何操作的文字说明。用户按照说明,就能实现对Windows相关功能的操作,是用户使用此操作系统的最好的老师。

6) 运行

选中此项命令后,在相应对话框中输入某程序的盘符、路径和文件名,就可以运行此程序。此方法能够运行在“所有程序”命令项中没有列出的程序文件,如图3-8所示。

在图3-8中,在“打开”文本框输入上述内容后,单击“确定”按钮就开始运行程序。如果不清楚程序位置可用“浏览”按钮寻找,不想运行时单击“取消”按钮。

如果对DOS的操作比较了解,可在“打开”文本框中输入CMD后单击“确定”按钮,则DOS操作窗口会出现,就可以进行DOS的相关操作了。

7) 关闭系统

关闭Windows不能采用关闭电源的方式,而只能采用开始菜单下的“关闭计算机”命令。“关闭计算机”窗口,如图3-9所示。

6. 任务栏

如图3-1所示桌面的最下方称为“任务栏”,此栏的最左侧是“开始”按钮。“开始”菜单的右边称为“快速任务栏”,如果把某一软件的图标放在此位置,则只需要用鼠标单击一下,就能开始运行此软件。不过，如果“快速任务栏”中的项目太多，则会拉出一个列表，然后再选择，其操作速度反而会降低。任务栏的最右侧是系统时间提示，其左边是一些设备起作用的提示，比如是否插入了移动磁盘等。

图 3-8 “运行”对话框

图 3-9 “关闭计算机”对话框

3.3.3 Windows XP 的管理功能

1. 程序管理

Windows XP 对所有程序的运行都进行全面管理，这种管理达到“进程”级的水平。当操作运行期间，按下 Ctrl＋Alt＋Del 键时，就会进入一个 Windows 对各种运行程序的“进程”管理对话框，其中记录了各个进程的管理状况。

2. 文件及文件夹管理

Windows XP 对所有的文件和文件夹都实行管理，具体体现为对文件和文件夹的创建和删除，对文件和文件夹名的修改，对文件的复制、移动，创建快捷方式等操作。

3. 资源管理

Windows XP 中专门设置了“资源管理器”和“控制面板”命令，以实现对计算机硬件和软件资源的全方位的管理。在桌面上的“我的计算机”图标上右击，在弹出的快捷菜单中会出现“资源管理器”命令项，单击该命令后会出现资源管理器的窗口，如图 3-10 所示。

4. 磁盘管理

Windows XP 有很强的磁盘管理功能，体现在磁盘的格式化，复制磁盘，改变磁盘属性，磁盘扫描和碎片整理等功能。

1）磁盘格式化

新磁盘在使用之前都必须先格式化，双击“我的电脑”后，对窗口中的任何一个驱动器图标右击，在快捷菜单中选择“格式化”命令，打开格式化磁盘对话框，从而实现对磁盘格式化，如图 3-11 所示。

在对话框中对相关选项做出选择后，单击“开始”按钮就能实现对磁盘的格式化处理。

2）复制磁盘

复制磁盘的操作是实现磁盘的备份，在“我的电脑”窗口下，右击任一驱动器图标，从快捷菜单中选择“复制磁盘”命令，打开“复制磁盘”对话框，如图 3-12 所示。

当准备工作完成，单击“开始”按钮就能实现磁盘的复制。

3）改变磁盘属性

在磁盘管理的操作过程中，常常需要查看和修改一些磁盘属性，如前述右击后从快捷菜单中选择“属性”命令,打开“属性”对话框,如图3-13所示。

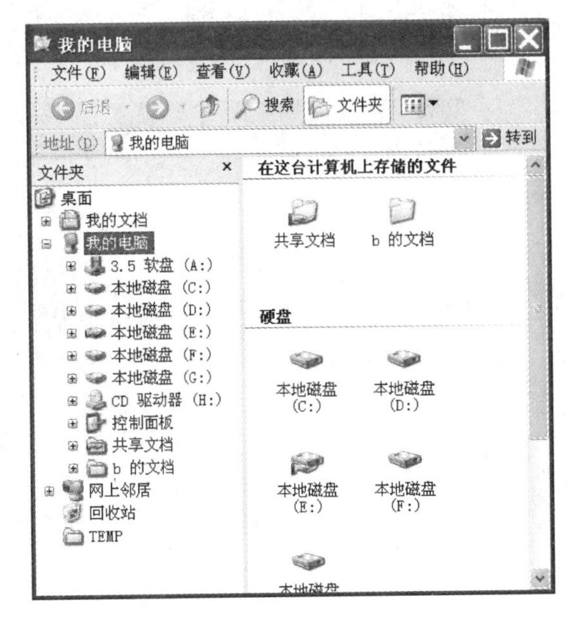

图3-10 资源管理器

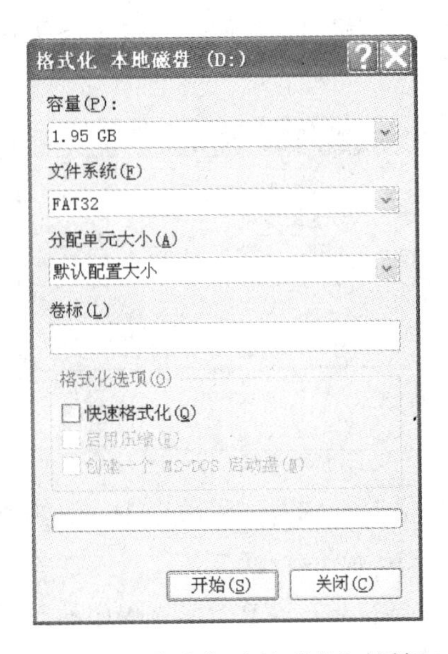

图3-11 “格式化 本地磁盘”对话框

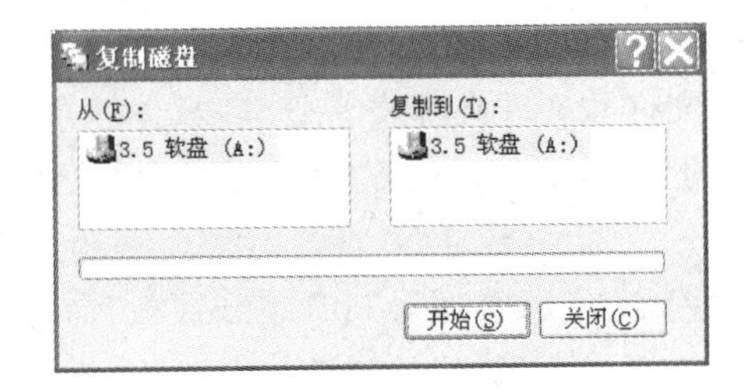

图3-12 “复制磁盘”对话框

图3-13中显示有4个选项卡,对这些选项卡进行进一步操作就能查看更多属性,同时也可以实现修改某些属性的操作。

4) 磁盘扫描

磁盘在使用过程中有时会受到损坏,损坏分为逻辑损坏和物理损坏。逻辑损坏会破坏磁盘中的文件系统,物理损坏会导致磁盘部分或全部不能使用,可以用磁盘扫描程序对其进行检测、诊断和修复。选择“本地磁盘属性”对话框的“工具”选项卡,就能实现上述功能操作,如图3-14所示。

5) 碎片整理

磁盘刚使用时文件的内容在磁盘上是连续存放的,这使得文件的存取速度较快。但是,随着文件的不断删除和复制,会让较多文件的内容在磁盘上不再连续存放,于是会大大降低磁盘的存取速度。此时,应该进行碎片整理,从而优化磁盘性能,提高磁盘运行效率。

5. 其他管理

其他管理功能主要体现在“控制面板”的更多功能之中,在此不做详细说明。

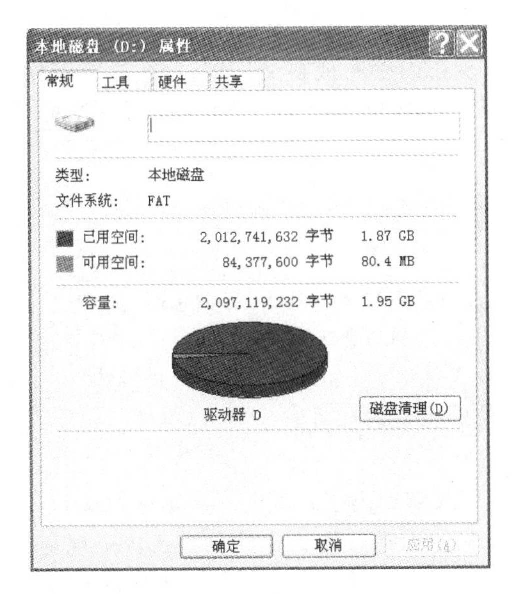

图 3-13 “本地磁盘 属性”对话框

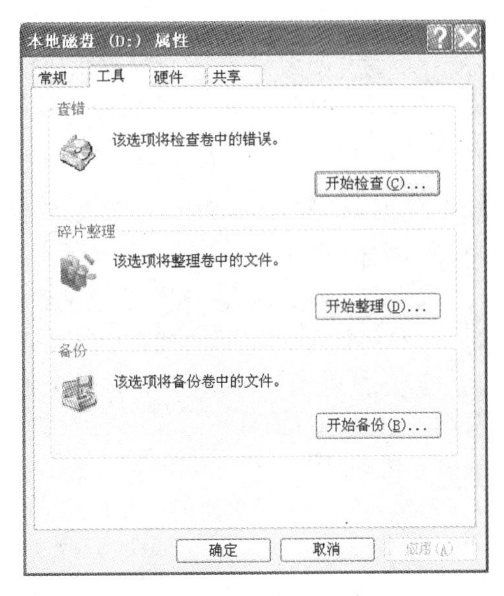

图 3-14 “工具”选项卡

3.3.4 Windows XP 联机帮助

在 Windows XP 的每一个窗口之下都会有一个“帮助”菜单，此菜单实现的就是“联机帮助”功能。此功能能够对每一个窗口的操作实现帮助，从而大大方便用户对 Windows XP 的任何一个窗口的操作。

3.4 汉字录入操作

3.4.1 汉字操作系统的基本概念

增加了汉字输入输出和汉字处理功能的操作系统就称为汉字操作系统。汉字操作系统从结构上分，一种是外挂汉字操作系统，即汉字系统是在原来操作系统基础上另外加入的；另一种就是内核汉字操作系统，即它需要修改原来操作系统的源代码，把汉字功能加入到操作系统内核中。这两种结构都保留了原来西文操作系统的全部功能，而外加入汉字处理功能，不过后一种操作系统对汉字处理功能更强。

汉字操作系统有如下 3 个特点。

(1) 每一个汉字占用两个字节的内存空间。

通常一个英文字母只占用一个字节的内存空间，但由于汉字组成的特殊性，所以一个汉字需要占用两个字节的内存空间。

(2) 汉字的输入需要某种外部输入码来实现。

由于汉字的编码不能采用 ASCII 码，因此汉字不能直接用标准键盘上的键来输入。必须采用特殊的软件安装，并让软件修改键盘键的功能，然后采用规定的键的组合，才能输入汉字。于是，不同的组合方式就产生了不同的汉字输入法，也称为不同的输入码。

(3) 实现汉字功能必须采用多种编码组合才能完成。

汉字首先需要输入,这就是输入码。汉字需要在内存中或在文件中存储,这就是内码。汉字还需要在屏幕上显示,这就是点阵码。汉字还有不同的字体、不同的字形和不同的字号,这就需要汉字库。

3.4.2 汉字输入码、内码、汉字库、字模及点阵的概念

1. 汉字输入码

汉字输入码又称为外码。汉字的组成由音、形、义三要素,因此汉字的输入码也从此三要素出发划分为音码、形码和音形结合码,它们有各自的特点和优势。

通常,音码规则少,学习容易,但重码字多,输入速度慢,如全拼、简拼和双拼等。形码与汉字的对应性强,重码率低,输入速度快,但掌握起来较难,如五笔字型、郑码等。

2. 汉字内码

内码又称为汉字机内码。它们由《信息交换用汉字编码字符集——基本集》(GB2312—1980)制定的区位码,通过一定的变换之后得来,又称为扩展的ASCII码。机内码规定一个汉字由16位二进制位组成,因此一个汉字的机内码占用两个字节。机内码实现汉字的存放、处理和传输,是机器内部对汉字的表达方式。

3. 汉字库

汉字库又称为字模库,就是采用数字化的方式存在于系统内的字形信息。现在使用的汉字库都是存放在磁盘上的软字库,在机器启动时把寻找汉字的相关信息放在内存之中,字模库又分为点阵字库和矢量字库等。

4. 点阵

汉字在显示或打印时,采用许多小点横竖成行列构成的方阵,笔画经过的点为黑点或彩色点,无笔画的点为空白。于是,黑点或彩色点组成的轮廓就显示为一个汉字。在单位面积的范围内,点数越多则汉字越清晰,但占用的存储空间会越大。常用点阵有24点阵、48点阵等。

3.4.3 汉字输入的常用方法

1. 全拼输入法

全拼输入法是一种典型的音要素输入码,完全根据每一个汉字的读音来输入汉字。如果能够说出一口流利而标准的普通话,则采用全拼音输入法会带来很大便利。Windows操作系统启动成功后,在“桌面”的下方任务栏右侧,单击输入法图标,会提示出各种输入法,选择“全拼音”,就会进入。

2. 五笔字型输入法

五笔字型输入法是一种典型的形要素输入码,只要掌握了一百多个字根和五笔字型的相关规则,按每个汉字的书写规定,就可以用五笔字型输入法快速输入汉字。可以根据单击输入法图标后的提示进入“五笔字型”。

习 题 3

1. 选择题

(1) 操作系统是一种(   )软件。

A. 高级语言　　B. 系统　　C. 应用　　D. 游戏

(2) 操作系统的作用是(　　)。

A. 启动计算机　　　　　　B. 控制管理资源

C. 给用户提供操作界面　　D. 以上都有

(3) 中英文操作系统的主要区别是(　　)。

A. 单任务和多任务　　　　B. 分时和实时

C. 是否具有输入中文功能　D. 用于不同型号计算机

2. 判断题(正确的打√,错误的打×)

(1) COPY 命令复制一个文件后,原文件自动消失。(　　)

(2) 不同子目录的文件可以同名。(　　)

(3) 没有自动批处理文件的磁盘不能作为启动盘。(　　)

(4) 操作系统可以管理全部内存资源。(　　)

(5) 在操作系统下程序可以划分为作业,作业可以划分为进程。(　　)

3. 问答题

(1) 设磁盘中有 5 个文件,它们是 ABC. OK、XYZ. OK、ABX. OK、ABDF. OK 和 XYZ. TXT。下列文件名分别代表了哪些文件?

① OK　　② AB?. OK　　③ A*. *　　④ ?. ?

(2) 操作系统对文件管理中文件在磁盘上是如何组织的?

(3) 操作系统是如何管理 CPU 的?

第4章 Word 文字处理软件

文字处理已经成为日常工作中不可缺少的部分，文字处理软件也随着计算机技术的发展不断进行着变革，从较早的 WordStar 到 WPS 以及 Microsoft Word，都给文字处理工作带来了便利和乐趣。

本章主要介绍 Word 概述、基本操作、文档排版、表格制作、图形制作以及 Word 高级功能。通过对本章的学习，读者可以对 Word 字处理软件有一个较为全面的了解，掌握 Word 的基本操作技巧。

4.1 Word 概述

目前流行许多文字处理软件，作为 Microsoft 公司 Microsoft Office 套装中主要部分的 Microsoft Word 是最好学、最好用、最流行、功能最强大的文字处理软件之一。它不仅适合一般工作人员，而且适合专业排版人员。随着版本的不断升级，功能不断增加和完善，Word 已越来越受到广大用户的欢迎。

本节通过对 Word 的功能与特点、Word 的启动与退出、Word 的工作环境等各方面的介绍，使读者对 Word 有一个基本了解。

4.1.1 Word 的功能与特点

随着版本的不断更新，Word 的功能变得更加完善、更加全面。下面将介绍 Word 的主要功能及其特点。

1. 直观式操作界面

Word 操作简单，利用鼠标就可直接完成启动、退出、选择、排版等常用功能操作。

2. 所见即所得

Word 拥有丰富的视图，对 Word 进行编辑后，其内容在屏幕上的显示和打印结果是一致的。

3. 文字编辑

文字编辑是 Word 的基本功能，包括文本输入、修改、复制、删除、移动、恢复、撤销、替换等功能。

4. 排版

排版起到美化文档的效果，包括字体格式、段落格式、页面格式和图形处理与图文混排等。

5. 表格制作

表格制作包括表格创建、基本运算、修改、转换、简单的数据库处理等功能。

6. 打印输出

Word 提供打印及预览功能，将文档用打印机打印出来，清晰快捷，便于保存。

7. 自动化处理

建立文档时，Word 提供了自动检查拼写和语法、自动统计字数、自动套用格式等功能。

8. 帮助系统

在使用 Word 时，可使用帮助系统，全面了解 Word 内容，提高自学能力。

9. Web 工具

通过 Word 中的 Web 向导，可以快捷地查找和浏览网上的各种网页，也可方便地制作出 Web 页面。

4.1.2 Word 的启动与退出

与其他 Windows 应用程序一样，Word 无论是启动还是退出都有其一定的操作方式，现介绍如下。

1. 启动 Word

Word 文字处理软件在正确安装于计算机上后，常用 3 种方法启动：

(1) 执行“开始”→“程序”→ Microsoft Word 命令。

(2) 双击在计算机桌面建立的 Word 快捷图标。

(3) 双击任意一个已经建立的 Word 文档。

2. 退出 Word

如果要结束文档操作，退出 Word 字处理软件，常用两种方法：

(1) 执行“文件”→“退出”命令。

(2) 单击 Word 文档右上方的“关闭”按钮退出。

4.1.3 Word 的工作环境

Word 文字处理软件的操作是在窗口环境下进行的，窗口工作环境包括标题栏、菜单栏、工具栏、标尺、编辑区、滚动条、视图按钮、状态栏等，如图 4-1 所示。

1. 标题栏

在启动 Word 后，Word 窗口最上面的一栏就是标题栏，在通常的情况下，如果是新创建未命名的 Word 文档，标题栏会直接显示“文档 1-Microsoft Word”；如果是已命名的文档，在标题栏会显示该文档的文件名。

2. 菜单栏

标题栏下方的是菜单栏，菜单栏包括 Word 的所有命令，可以实现 Word 的全部功能。菜单栏包括如下菜单命令：

文件——包括文件新建、打开、保存、打印等命令。

编辑——包括文本粘贴、查找、替换等命令。

视图——切换 Word 文档的显示方式，包括普通视图、大纲视图和页面视图等。

插入——包括插入页码、符号等各种元素。

格式——包括字符格式、段落格式和页面格式等设置。

工具——提供文档建立过程中字数统计、拼写和语法检查等实用工具。

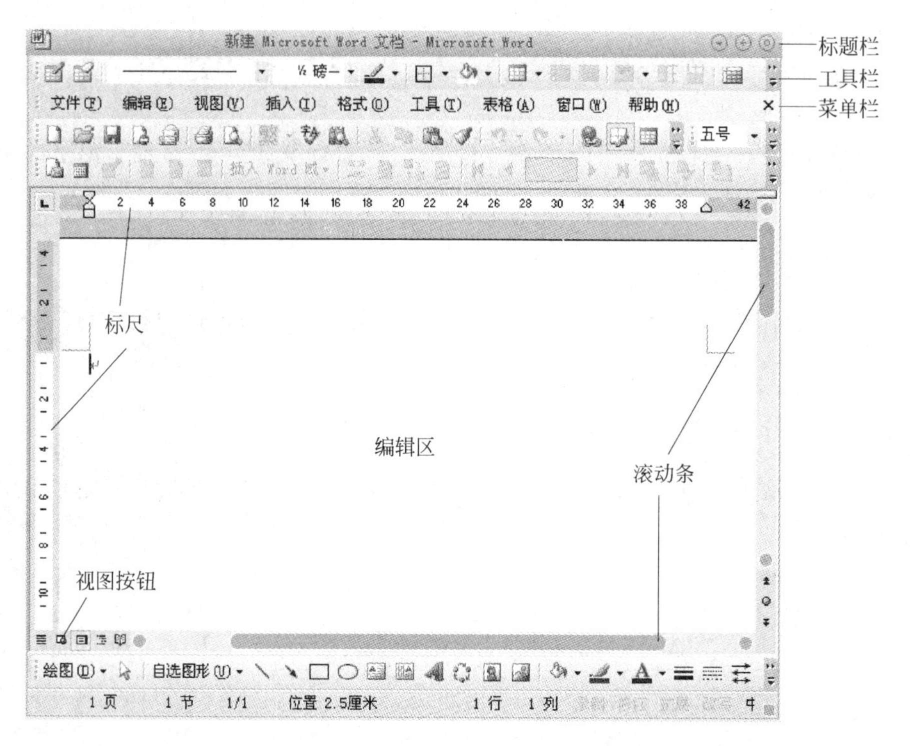

图 4-1　Word 界面

表格——包括绘制表格、表格套用格式等,提供文档中表格的建立。

窗口——可新建若干窗口,实现文档的多窗口操作。

帮助——是 Word 操作不可缺少的帮手,在使用 Word 中,如果遇到不明白的地方,可以参考帮助内容。

3. 工具栏

工具栏一般包括“常用”工具栏和“格式”工具栏,Word 启动后直接出现在菜单栏下方,包含文档编辑设置的常用命令,如图 4-2 所示。

图 4-2　“常用”工具栏和“格式”工具栏

“常用”工具栏中包括新建、打开、保存、打印、预览、复制、表格制作等命令按钮。

“格式”工具栏中包括字体选择、字号等格式命令按钮。

4. 标尺

标尺分为水平和垂直标尺。水平标尺在编辑区上方(如图 4-3 所示),可设置文档的宽度,调整段落缩进位置,调整制表位;垂直标尺在打印预览或页面视图中会出现在编辑区的左边,可调整页边距。

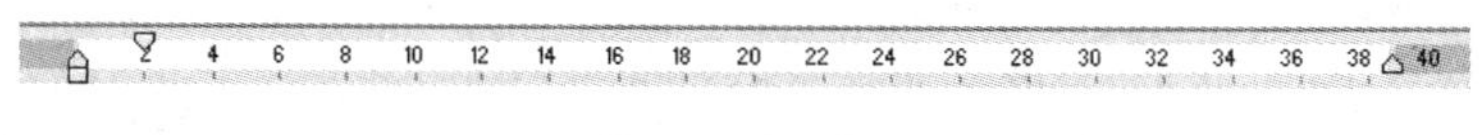

图 4-3　标尺栏

5. 编辑区

编辑区是编辑文档的窗口，可进行输入文本、文档编辑、文档修改、文档排版等操作。

6. 滚动条

在编辑区的下方和右方为滚动条，分为水平滚动条和垂直滚动条。可拖动滚动条按钮或单击滚动条上下或左右的三角形按钮，移动编辑区窗口，便于查阅编辑区显示范围之外的文档。

7. 视图按钮

视图按钮位于水平滚动条左方，包括普通视图、Web 版式视图、页面视图、大纲视图、阅读版式等，用于切换文档视图。

8. 状态栏

状态栏位于 Word 窗口的最下方，显示当前的工作状态信息，列出了当前文档的页码、行数、列数、位置和节，用于提示用户当前 Word 的编辑状态，如图 4-4 所示。

图 4-4　状态栏

4.2　Word 基本操作

学习和使用 Word 文字处理软件时，只有从 Word 的基本操作入手，才能够更有效地掌握 Word 文字处理软件。

本节通过对文档创建、保存、打开、关闭、编辑、排版和其他排版操作等内容的介绍，使读者对 Word 字处理软件的基本操作有一个较为全面的了解。

4.2.1　文档的创建、保存、打开与关闭

文档的创建、保存、打开与关闭是学习 Word 字处理软件最基本的操作，只有先学会如何创建 Word 文档，如何保存、打开、关闭 Word 文档，才能学会对 Word 文档的编辑和排版。

1. 创建文档

启动 Word 后，自动建立一个新的空白文档，在标题栏上显示的文档名称是"文档 1-Microsoft Word"，这时就可在新建文档的编辑区内输入文本或绘制表格了。

如果还想建立更多新的空白文档，还可单击"常用"工具栏中的"新建空白文档"按钮(如图 4-5所示)，新建一个空白的文档，在标题栏上会显示"文档 2-Microsoft Word"，这是新建一个文档最常用的方法。另外，创建新文档还有以下几种方法：

(1) 执行"文件"→"新建"命令。

(2) 执行"开始"→"新建 Microsoft Office 文档"命令。

(3) 使用快捷键。在 Word 文档中按 Ctrl+N 组合键，可以建立一个新的空白文档。

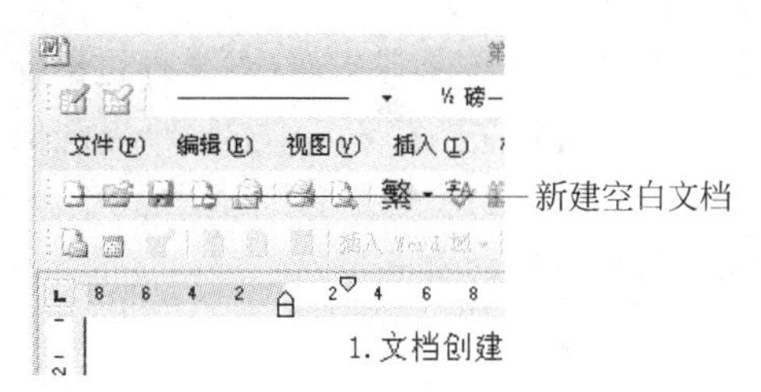

图 4-5　"新建空白文档"按钮

2. 保存文档

在使用Word时,所做的各种编辑工作都必须保存,才能便于以后查阅,如果不及时执行保存工作,在通常情况下,文档只保存在内存中,一旦关机或停电,就会因为没有及时保存而导致信息或数据的丢失。所以应把所做的工作及时地保存到磁盘中去。通常文档保存的方式有以下几种。

1) 保存新创建的文档

通过以下4种方法之一保存文档:

(1) 执行"文件"→"保存"命令。

(2) 执行"文件"→"另存为"命令。

(3) 按Ctrl+S键。

(4) 单击"常用"工具栏上的"保存"按钮。

通过以上方式保存后,打开"另存为"对话框,如图4-6所示。

在"保存位置"下拉列表框选择保存路径,在"文件名"文本框中输入文件名,从"保存类型"下拉列表框中选择类型,单击"保存"按钮,将文档保存。

2) 保存已创建的文档

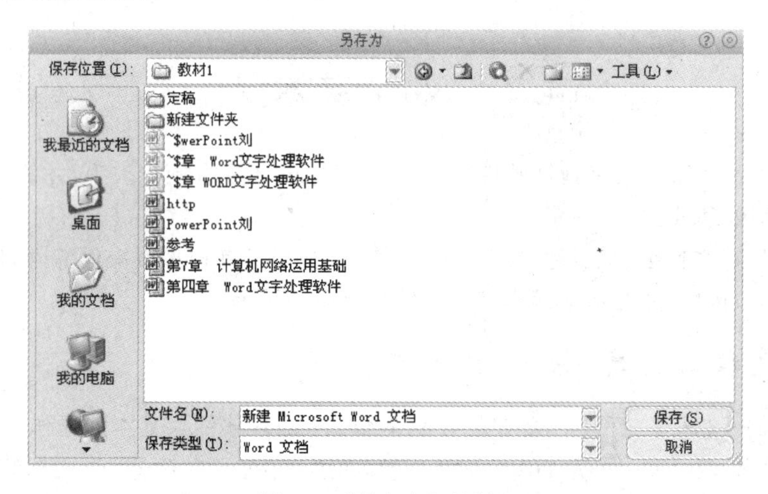

图4-6 "另存为"对话框

已经创建的文档,如果在打开后,进行了重新编辑,为了保存其修改内容,就必须予以重新保存,可直接执行"文件"→"保存"命令或单击"常用"工具栏上的"保存"按钮进行保存。

保存后,不会再显示如图4-6所示的对话框,系统会直接覆盖原文档的内容。

3. 打开文档

如果要打开现有文件,对文件进行重新编辑或打印等,可以通过以下几种方式来操作:

(1) 找到文档的保存位置,双击已保存的Word文档图标,就可直接打开Word文档。

(2) 在Word窗口下,单击"常用"工具栏上的"打开"按钮,从打开的"打开"对话框中找到该文档,单击"打开"按钮。

4. 关闭文档

如果要结束对文档的操作或不再使用文档,就可以关闭文档,通常关闭文档的方式有以下几种:

(1) 执行“文件”→“退出”命令。

(2) 单击文档窗口右上角的“关闭”按钮。

通过以上方式关闭文档时,如果文档未保存,系统会打开对话框提示保存文档,如图 4-7 所示。

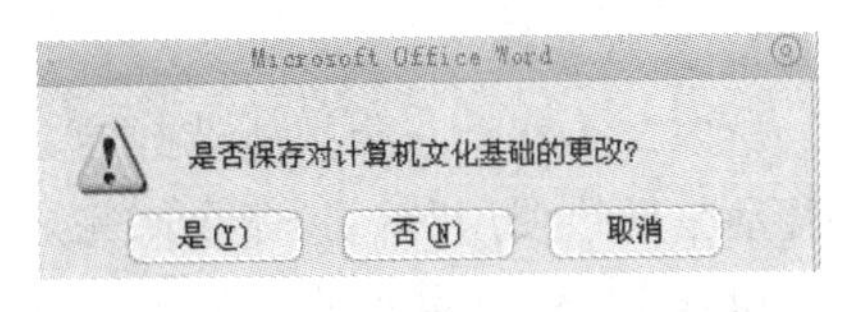

图 4-7 提示保存

如果需要保存文档,则单击“是”按钮;如果不需要保存文档,则单击“否”按钮;如果想回到文档页面,则单击“取消”按钮。

4.2.2 文档编辑

文档编辑是用户掌握并使用 Word 文字处理软件最重要的部分,只有有效地对 Word 文档进行编辑,才能够达到最终的效果。

1. 文本输入

启动 Word 后,可在文档的编辑区直接输入需要输入的文本,文本输入包括输入英文或拼音、输入汉字、输入标点符号、输入特殊符号等。

1) 输入英文或拼音

启动 Word 后,输入法会直接默认为英文输入法,可直接进行输入,如果遇到需要大写,可以按键盘 Caps Lock 键或 Shift 键转换。

2) 输入汉字

可以选择输入法输入汉字,输入法包括“五笔”、“全拼”、“智能拼音”等,可通过 Ctrl+Shift 键转换输入法。

3) 输入标点符号

在输入文本时,还要输入标点符号,在输入标点符号时,可直接输入键盘上的标点符号。一般一个键上有两个标点符号或数字,需要输入键上面的标点符号时,按住 Shift 键再输入即可。

4) 输入特殊符号

执行“插入”→“页码”命令,出现“页码”对话框,设置“位置”和“对齐方式”后,单击“确定”按钮即可插入页码;执行“插入”→“符号”命令,还可插入特殊符号,如图 4-8 所示。利

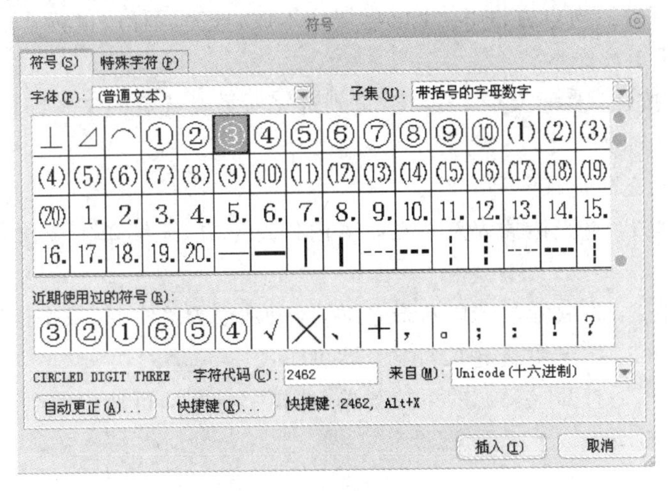

图 4-8 “符号”对话框

用“插入”菜单还可插入其他特殊字符、图片等。

2. 文本移动

所谓文本移动是指把所选择的文档对象从原来的位置移动到新的位置上去。通常文本的移动是通过使用“剪切”命令来完成的,步骤如下:

(1) 选定需要移动的文本。

(2) 执行“编辑”→“剪切”命令,或右击,从快捷菜单中选择“剪切”命令。

(3) 将光标定位到要插入该文本的位置。

(4) 右击,从快捷菜单中选择“粘贴”命令,或执行“编辑”→“粘贴”命令,即将原文本粘贴在当前光标所在位置,实现文本的移动。

3. 文本选定

选中文档是编辑文档的先决条件,准确的选中所需文档是Word应用中的一个基本操作。选定文本首先要定位光标,常用定位光标的快捷键如表4-1所示。

表4-1 光标快捷键

快捷键	说　明	快捷键	说　明
Ctrl+Home	直接将光标移至整篇文档开头	Home	快速移至行首
Ctrl+End	直接将光标移至整篇文档的最后	End	快速移至行尾
PageUp	快速向上移动一屏	PageDown	快速向下移动一屏
Ctrl+A	选取整篇文档	CTRL+S	保存当前作的文件
Ctrl+B	字体加粗	Ctrl+I	字体倾斜
Ctrl+U	字体加下划线		

(1) 选定整行和某行中某字符后所有内容。

选定整行方法1:用鼠标放在该行最左端,指针变为箭头时单击即可。

选定整行方法2:按下Home键,再按住Shift+End键即可选定该行。

选定某行某字符后内容方法1:选定插入点按Shift+End键即可(包括编辑标记都被选定)。

选定某行某字符后内容方法2:用鼠标按住不放,选完后释放鼠标。

(2) 选定一块矩形文本。

按住Alt键,按住鼠标左键向外拖放,直到选完所需要选定的文本即可。

(3) 选定段落与全文。

选定段落与全文分别有两种方法:

选中段落方法1:将光标插入点放在段落内任意地方,连续单击3次鼠标左键,选中整个段落。

选中段落方法2:将鼠标放到段落最左端,当鼠标变为箭头时,双击该段落即可。

选定全文方法1:按下快捷键Ctrl+A即可。

选定全文方法2:打开“编辑”的下拉菜单,选择“全选”即可选中整个文档。

(4) 取消文本选定。

选中状态下,按下任意一个能移动光标的键都能取消选中,只不过按下不同的键,取消选中后,光标指向的位置有所不同:

① 按下向左移动的键,光标指向块首。

② 按下向右移动的键,光标指向块尾。

③ 按下向上移动的键,光标指向块首上一行。

④ 按下向下移动的键,光标指向块尾下一行。

⑤ 按下 Home 键,光标指向块首行首。

⑥ 按下 End 键,光标指向块尾行尾。

⑦ 按下 PageUp 和 PageDown 键,光标指向文档上一屏或下一屏。

4. 文本复制

与文本的移动类似,文本的复制也是将选定的文本从文档的一个位置移动到另一个位置。不同的是：移动完文本后,原来的文本的位置不再存在该文本；而复制完文本后,原处的文本不发生任何改变。复制文本可以通过以下几个步骤来操作。

(1) 选定需要复制的文本。

(2) 执行"编辑"→"复制"命令,或右击,从快捷菜单选择"复制"命令。

(3) 光标定位到文本需要复制的位置,执行"编辑"→"粘贴"命令,或右击,从快捷菜单中选择"粘贴"命令。

5. 自动翻页

在编辑一篇较长的 Word 文档时,需要对文档多处进行修改,反复地上下翻页是一件很麻烦的事,也不便于修改,还会影响到工作效率。可以通过自动翻页来解决这个问题,自动翻页的操作步骤如下：

(1) 在 Word 中打开要阅读的文件,执行"工具"→"宏"→"宏"命令。

(2) 打开"宏"对话框,在"宏的位置"下拉列表框中选择"Word 命令",在"宏名"列表框中选择 AutoScroll,并单击"运行"按钮,如图 4-9 所示。

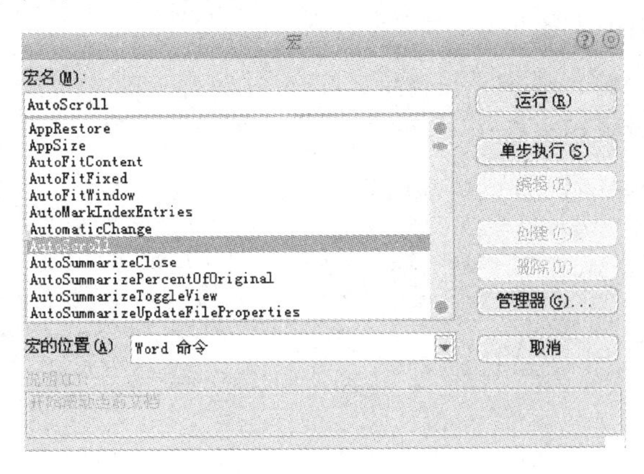

图 4-9 "宏"对话框

(3) 此时,鼠标指针会自动移到右边的垂直滚动条上,将鼠标指针移动到垂直滚动条的上半部,则文档向上翻页；移动到下半部则文档向下翻页,移动到中部则暂停翻页。指针越靠近两端,文档翻页的速度越快。要关闭自动翻页功能,只要随便单击一下鼠标,鼠标指针就会自动回到原来的位置。

6. 文本删除

对于不使用或已经没有用的文本可以删除,删除的方法有以下几种：

(1) 选定需要删除的文本，直接按 Delete 键即可删除。

(2) 选定需要删除的文本，执行“编辑”→“删除”命令也可删除。

(3) 选定需要删除的文本，右击，从快捷菜单中选择“删除”命令。

7. 文本修改

在文档编辑中，很多时候并不是一次输入就可以定稿，要不断地对文本进行修改，才能够输出优秀的文本。可以从以下几个方面修改文本。

1) 文本插入

插入文字。定位需要插入文本的位置，直接输入新文本或复制要插入的内容。

2) 撤销与恢复

在文档编辑过程中，如果对开始的编辑工作不满意，可以执行“编辑”→“撤销”命令(如图 4-10 所示)，恢复到上一步的状态；也可以按 Ctrl＋Z 键；还可以单击“常用”工具栏中的“撤销”按钮予以撤销。如果撤销后，又感觉还是需要恢复被撤销的操作，可以单击“常用”工具栏中的“恢复”按钮进行恢复。

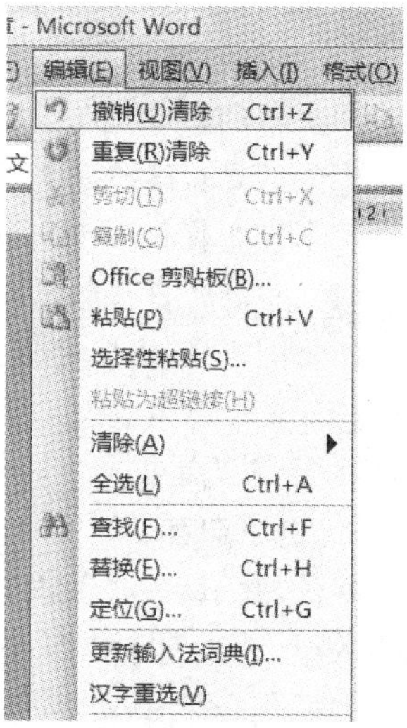

图 4-10 “文本撤销”对话框

8. 查找与替换

查找与替换命令是便于用户在使用 Word 时对已有的内容进行查找或修改。

1) 查找

在打开 Word 文档后，如果只需要找其中一部分，就可使用查找命令快速找到需要的内容。其操作方法如下。

(1) 执行“编辑”→“查找”命令，或按 Ctrl＋F 键，打开“查找和替换”对话框，选择“查找”选项卡，如图 4-11 所示。

(2) 把欲查找内容输入到“查找内容”文本框中，单击“查找下一处”按钮，即可查找需要的内容；如果需要设置更多查找选项，可以单击“高级”按钮进行设置。

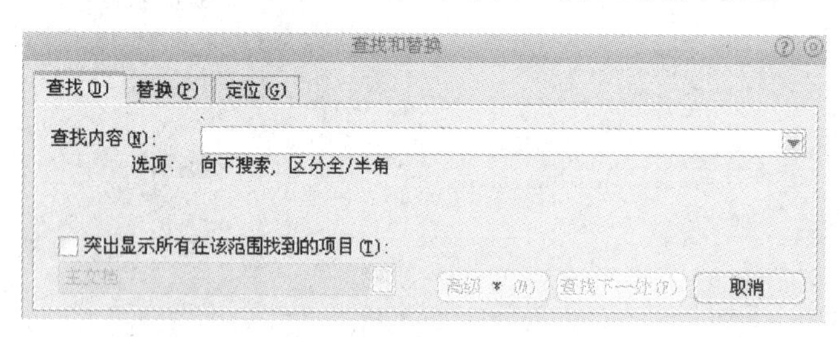

图 4-11 “查找”选项卡

2) 替换

如果想将文档中的某些内容替换成新内容，为了提高文档编辑效率，不需要重复输入内容，用替换命令就可以用新内容替换旧内容，从而进行修改。其操作方法如下。

(1) 执行“编辑”→“替换”命令，打开“查找和替换”对话框，选择“替换”选项卡，如图 4-12所示。

(2) 在“查找内容”文本框中输入要查找的内容，在“替换为”文本框中输入要替换成的

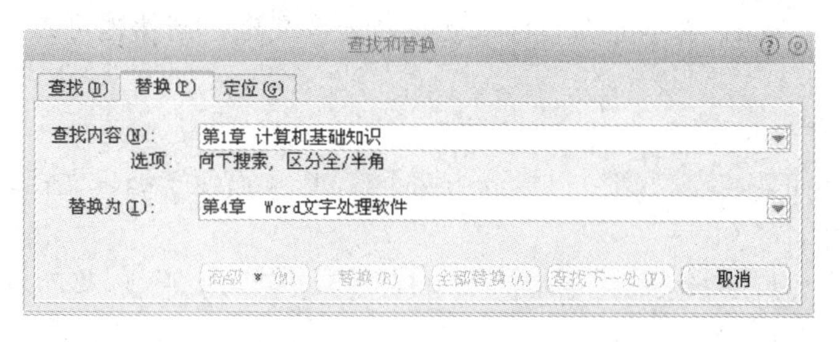

图 4-12 “替换”选项卡

内容,若要全部替换,单击“全部替换”按钮;若只替换个别地方,则先单击“查找下一处”按钮,找到后若要替换就单击“替换”按钮,再查找下一处。同样,对替换的更多设置,可以通过单击“高级”按钮进行。

4.2.3 多文档的操作

在 Word 操作中,为了方便查阅文件,或在多窗口下对文档进行编辑,需要进行多文档的操作。

1. 打开和切换多个文档

1) 打开多个 Word 文档

执行“文件”→“打开”命令,打开“打开”对话框,如图 4-13 所示。

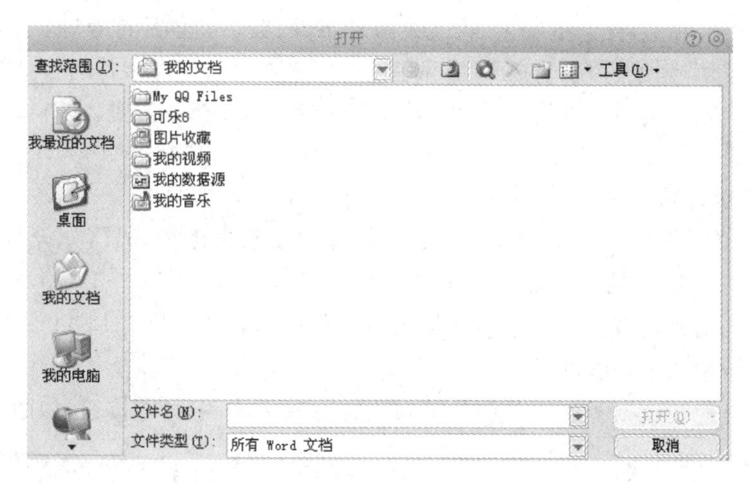

图 4-13 “打开”对话框

从“查找范围”下拉列表框中选择文件所在文件夹,用鼠标选中目标文件,单击“打开”按钮,就可以打开相应 Word 文档。按此操作,可依次打开多个 Word 文档。

2) 切换 Word 文档

打开多个 Word 文档后,如果要从当前文档切换到另一个文档中,可以使用“窗口”菜单命令,操作方法如下。

单击“窗口”菜单项,打开的菜单的最下面列出了已打开的所有文档,前面带有“√”号的是当前编辑的文档,如图 4-14 所

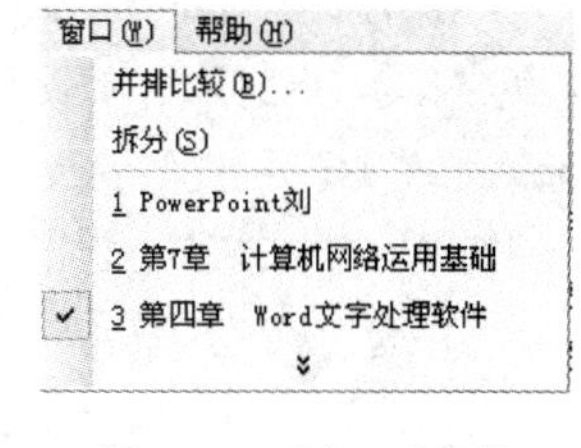

图 4-14 “窗口”菜单

示。单击“第四章　Word 文字处理软件”，就切换到该文档。当然也可以按 Alt+Tab 键来切换。

2. 多窗口操作

在 Word 中还可将一个文档窗口拆分为两个窗口，从而便于编辑文档。

1) 拆分窗口

执行“窗口”→“拆分”命令，在编辑区中出现一条灰色的水平线，移动鼠标将水平线移到需要拆分的位置，单击即可实施拆分。

2) 取消窗口拆分

执行“窗口”→“取消拆分”命令，即可取消窗口拆分。

4.3　文档排版和输出

文档排版是指对文本外观的一种处理和美化。在文档编辑结束后，怎样使输出的文档更具有美观化、可视化特点，就是本节要介绍的内容。

本节通过对字符格式化、段落格式化、页面格式化和其他排版操作等内容的介绍，使读者对文档排版有一个较为系统的认识和了解。

4.3.1　字符格式化

在 Word 文档中，字符包括汉字、英文或拼音字母、数字和各种符号等，字符的格式包括字体、字形、字号、下划线、边框与底纹、字符间距、文字效果以及对字符的各种修饰。字符的格式化在文档排版中是一个较为简单的工作，但对编辑排版至关重要，它直接影响了文本的外观形象和效果。

1. 简单的字符格式

一般的、简单的字符格式通过“格式”工具栏上的按钮来进行设置，如设置字体加粗，可以单击“格式”工具栏上的 B 按钮来实现；设置字体字号，可以单击“格式”工具栏上的 五号 下拉列表框来设置等；选择字体下划线，可以单击“格式”工具栏上的“下划线”按钮或在下拉列表中选择下划线的线型。

“格式”工具栏上包括了加粗、倾斜、下划线、对齐、字体、字号等按钮，如图 4-15 所示。

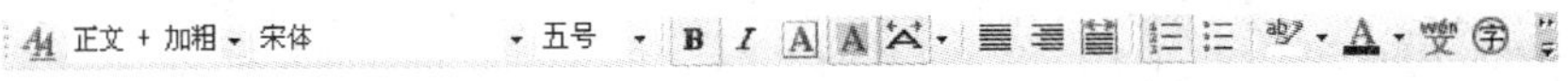

图 4-15　“格式”工具栏

2. 字体设计

文字的各种不同形体称为字体。在 Word 的字体中，中文常用字体有宋体、仿宋体、楷体、黑体、华文中宋、隶书和幼圆等，英文、数字和符号的常用字体有 Batang、Times New Roman、Arial 等。

在 Word 文档中，设置字体有以下几种方式：

(1) 选定文本，单击“格式”工具栏中字体下拉列表框，选择需要的字体。

(2) 选定文本，执行“格式”→“字体”命令，打开“字体”对话框，如图 4-16 所示。进行相应设置后，单击“确定”按钮即可。

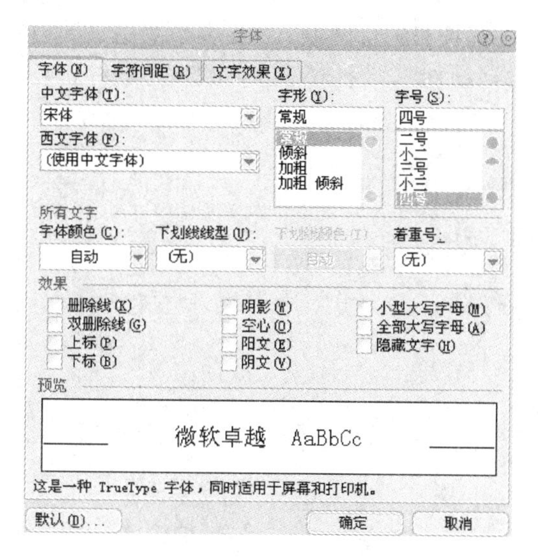

图 4-16 “字体”对话框

3. 字号设置

字号是指文字的大小。选择字号方法很简单，从“格式”工具栏的字号下拉列表中进行选择，或在如图 4-13 所示的“字体”对话框中设置。

在 Word 中，字号的表示方法有两种：一种是中文数字，数字越小，对应的字号越大，如初号、小初、一号、……、七号、八号；另一种是阿拉伯数字，单位为磅，字号越小，字符也就越小。磅的换算方法为：1 毫米=2.83 磅，1 磅=1/72 英寸，1 英寸=21.4 毫米。

另外，在 Word 中也可以随意设定字号，且操作简单。其操作方法如下：

(1) 选定需设定字号的文本。

(2) 单击“格式”工具栏字号下拉列表框。

(3) 在列表框中输入所需的字号磅值(如 300)，然后按 Enter 键即可。

此时，字号大小范围只能在 1～1638 之间，即用 Word 打印(显示)的方块汉字，其边长最小为 0.35mm，最大可达 57.78cm。此外，字号允许以 0.5 磅值为最小间隔变化，如 10.5pt等。

4. 特殊文字效果

执行“格式”→“字体”命令，打开“字体”对话框，选择“文字效果”选项卡，可以设置一些特殊的动态文字效果，如图 4-17 所示。

如果要制作出更具有艺术性的字符效果，如变形字、旋转字等，可以通过艺术字来完成。执行“插入”→“图片”→“艺术字”命令，打开“艺术字库”对话框，可以设置艺术字，如图 4-18 所示。

5. 字符的修饰

在字符格式化中，为了使 Word 文档更加美观，除字体和字号外，还可以对字符进行特殊设置，如“粗体”、“斜体”、“下划线”、“字符边框”、“字符底纹”、“字符颜色”以及上下标、删除线等。其操作方法如下：

(1) 用"格式"工具栏中的按钮进行设置。选定要设置的文本,单击"格式"工具栏上的相应按钮即可完成设置,包括"加粗"、"倾斜"、"下划线"、"字符边框"、"字符底纹"、"字符缩放"等。

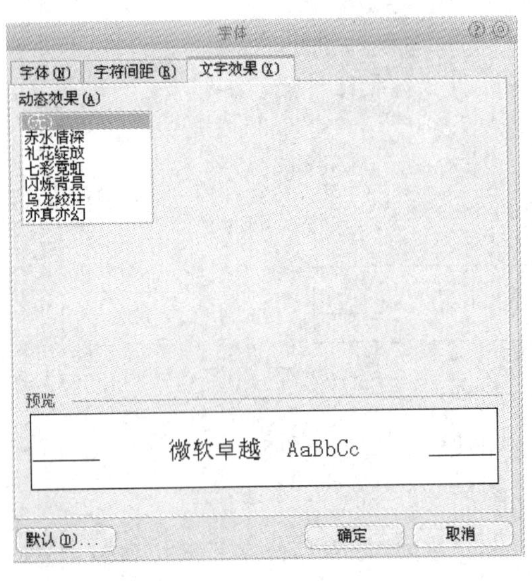

图 4-17 "文字效果"选项卡

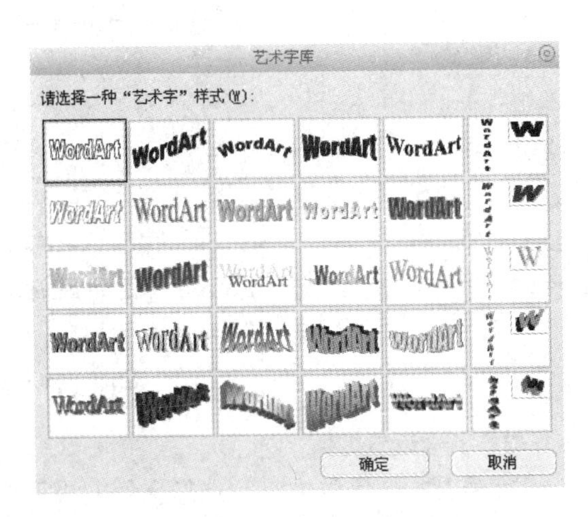

图 4-18 "艺术字库"对话框

(2) 用菜单命令进行设置。选定要设置的文本,执行"格式"→"字体"命令。打开"字体"对话框,选择"字体"选项卡,从中选择需要的字符格式,最后单击"确定"按钮。

6. 字符间距调整

在 Word 文档中修改字间距很不直观,甚至不知道该如何设置字间距,而不得不使用系统默认值。其实 Word 包含了"标准"、"加宽"、"紧缩"3 种字间距。

"标准"字间距即默认字间距,它的实际距离不是一成不变的,而是与文档中字号的大小有一定的关系;"加宽"字间距是在"标准"的基础上再增加一个用户指定的数值;"紧缩"字间距是在"标准"的基础上减去一个用户指定的数值。

由于"加宽"和"紧缩"都是在"标准"的基础上进行调整,字号变化时,间距也会自动调整,不至于出现字号与字间距不匹配的情况。下面介绍如何调整字间距。

(1) 选定文本。

(2) 执行"格式"→"字体"命令,打开"字体"对话框,选择"字符间距"选项卡,如图 4-19所示。

(3) 在"间距"下拉列表框中选择适当的类型,利用"磅值"微调按钮设置间距变化数值,最后单击"确定"按钮即可。

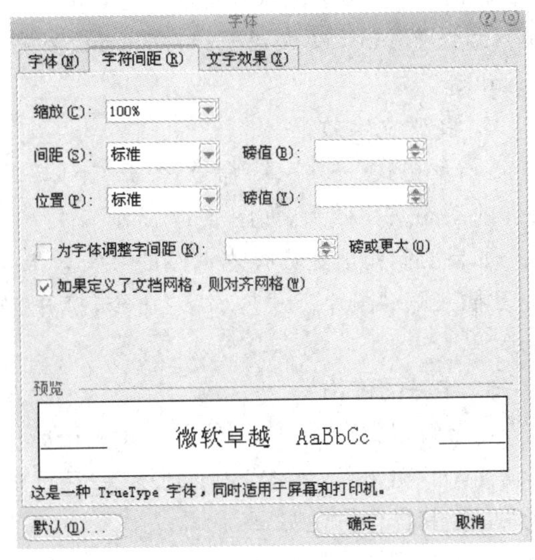

图 4-19 "字符间距"选项卡

4.3.2 段落格式化

在 Word 中，文档是由许多段落组成的，一个段落可由任意的文字、图形等内容组成，要想使已经编辑好的段落更美观，就必须对段落进行格式化。段落格式化包括段落对齐方式、段落缩进方式、行间距与段间距等。对段落进行格式化的方法通常是执行“格式”→“段落”命令，如图 4-20 所示。打开“段落”对话框，如图 4-21 所示，通过其中的各选项对段落进行格式化。

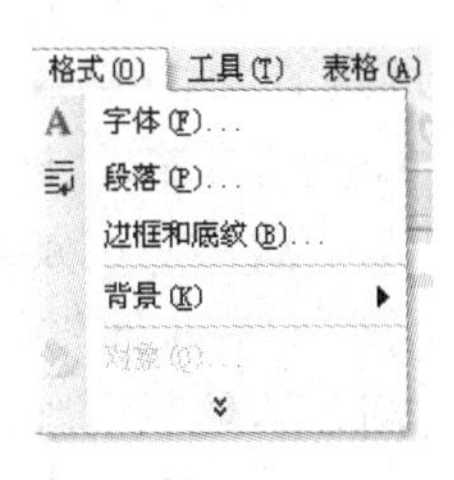

图 4-20 “段落”命令

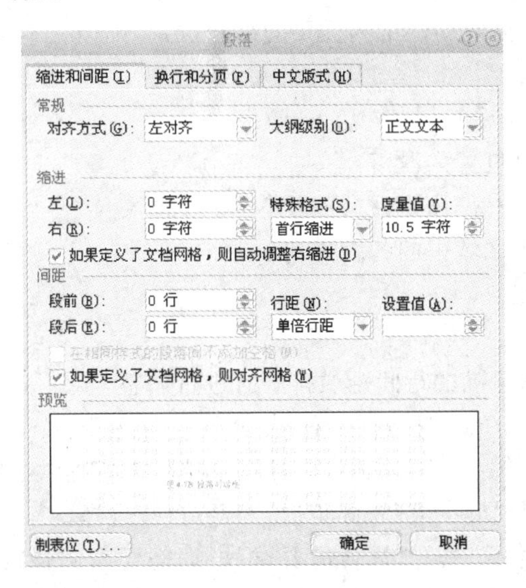

图 4-21 “段落”对话框

1. 段落对齐方式

Word 提供了 5 种对齐方式，包括左对齐、右对齐、居中对齐、两端对齐和分散对齐(   )。对齐方式以段落为单位设置，其设置方法有如下两种：

(1) 选定要设置段落格式的文本，单击“格式”工具栏中相对应的对齐按钮，即完成文本对齐的设置。

(2) 选定要设置段落格式的文本，执行“格式”→“段落”命令，打开“段落”对话框，在“对齐方式”下拉列表框中选择一种对齐方式，然后单击“确定”按钮。

2. 段落缩进方式

Word 提供了 4 种段落缩进方式，包括首行缩进、左缩进、右缩进和悬挂缩进。设置段落缩进有以下两种方法。

1) 移动水平标尺中的缩进标记

如图 4-22 所示，在水平标尺上有 4 个缩进标记，包括左缩进、悬挂缩进、首行缩进和右

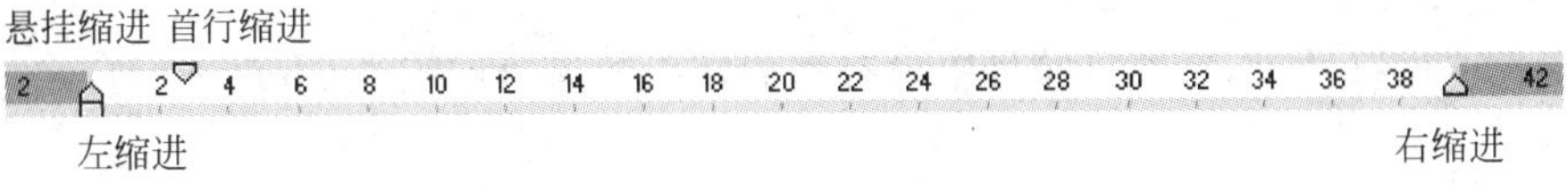

悬挂缩进 首行缩进

2 2 4 6 8 10 12 14 16 18 20 22 24 26 28 30 32 34 36 38 42

左缩进 右缩进

图 4-22 水平标尺

缩进。用这些标记可以设置文档的缩进量。

(1)"首行缩进"标记位于标尺的左侧上部,形状是倒三角形。在设置时,选定要设置首行缩进的文本段落,然后用鼠标拖动标记到需要的缩进位置。

(2)"右缩进"标记位于标尺的右侧,形状是正三角形。在设置时,选定要设置右缩进的文本段落,然后用鼠标拖动标记到需要的缩进位置。

(3)"左缩进"标记位于标尺的左侧下部,形状为矩形。在设置时,选定要设置左缩进的文本段落,然后用鼠标拖动标记到需要的缩进位置。

(4)"悬挂缩进"标记位于标尺的左侧,形状为正三角形。在设置时,选定要设置悬挂缩进的文本段落,然后用鼠标拖动标记到需要的缩进位置,则该文本段落除首行外的其他各行就都缩进到标记位置了。

2)利用"段落"菜单命令

(1)选定要进行缩进设置的段落。

(2)执行"格式"→"段落"命令,打开"段落"对话框。

(3)设置"缩进"选项区域中的各缩进选项。

(4)单击"确定"按钮。

3. 调整行间距

Word提供了很多种标准的行间距供排版时进行调整,步骤如下:

(1)选定要调整行距的文本段落,执行"格式"→"段落"命令,打开"段落"对话框,选择"缩进和间距"选项卡,"间距"选项区域的"行距"下拉列表框提供了行间距的选择列表,包括"单倍行距"、"最小行距"、"最小值"、"固定值"等,可自行选择。

(2)这些标准行距并不一定都符合需要,可根据需要来调整行距。如果希望行距尽可能小时用"最小行距"就可以满足要求;如想要任意设置行距的大小,就可将行距设置为"固定值",然后通过"设置值"微调按钮设置或任意输入行距的磅数即可。

4. 项目符号和编号

字符和段落的格式化完成后,进入正文。一般的文章都会有章节的划分,这是在文本编辑时不可缺少的,就要涉及项目符号编号的设置。项目编号可使文档条理清楚、重点突出,提高文档编辑速度,因而深受喜爱用Word编辑文章的朋友的欢迎。

1)添加应用"项目符号和编号"

有两种方法:手工和自动。前者即通过单击"编号"、"项目符号"按钮或"格式"菜单中的"项目符号和编号"命令引用,如图4-23所示;后者则通过打开"自动更正"对话框后设置"自动编号列表"为键入时的一项"自动功能"来引用:当在段首键入数学序号(一、二;1、2;(1)、(2)等)或大写字母(A、B等)和某些标点符号(如全角的","、"、"或半角的".")或制表符并插入正文后,按回车键输入后续段落内容时,Word将自动将其转化为"编号"列表。

2)自定义项目符号或编号

自定义项目符号,如果项目符号中没有我们需要的符号或编号,可以进行自定义。设置步骤如下:

(1)单击"格式"→"项目符号和编号"命令,打开"项目符号和编号"对话框。

(2)选择"项目符号"选项卡,选择一个项目符号(自定义新的项目符号,当前选中的将

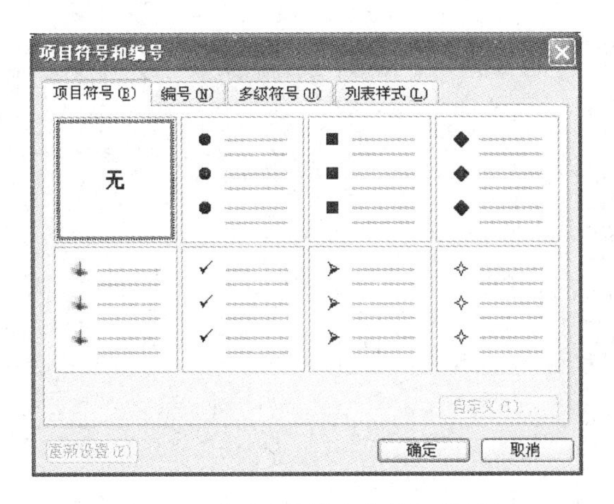

图 4-23 “项目符号和编号”对话框

被替换)，然后单击“自定义”按钮，如图 4-24 所示。

(3) 单击“字符”按钮，如图 4-25 所示，选择一个字符作为新的项目符号即可给选定的段落设置一个自选的项目符号。

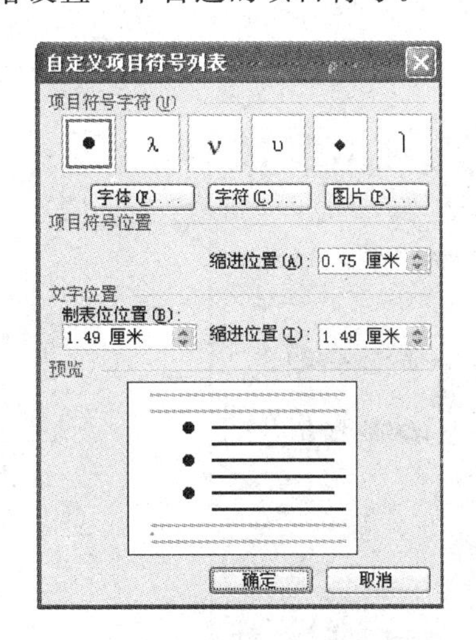

图 4-24 “自定义项目符号列表”对话框

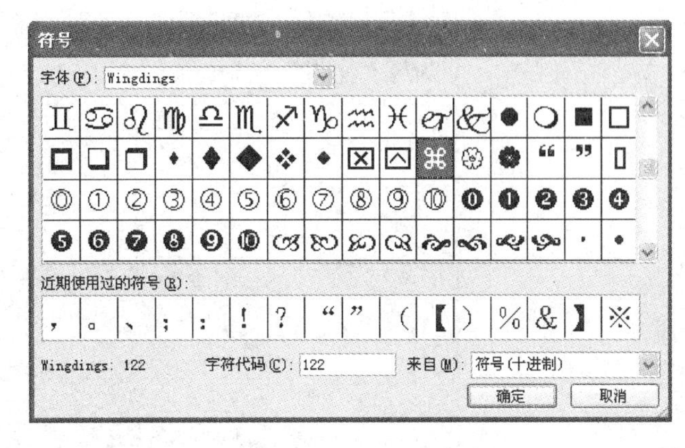

图 4-25 选择符号

4.3.3 边框和底纹

在 Word 文档中，可以给文档的页面、文本、图形对象或者图片添加边框、设置边框，以达到美化文档或者与文档中其他元素相区别的目的。在 Word 2007 中，可以很轻松地做到这一点。

1. 边框的设置

(1) 默认情况下，Word 文档的页面是没有边框的，需要手工添加。单击功能区“页面布局”选项卡，然后单击“页面背景”功能组中的“页面边框”命令，如图 4-26 所示，打开“边框和底纹”对话框，选择“页面边框”选项卡。在左侧的“设置”选项组中选择位置添加边框。

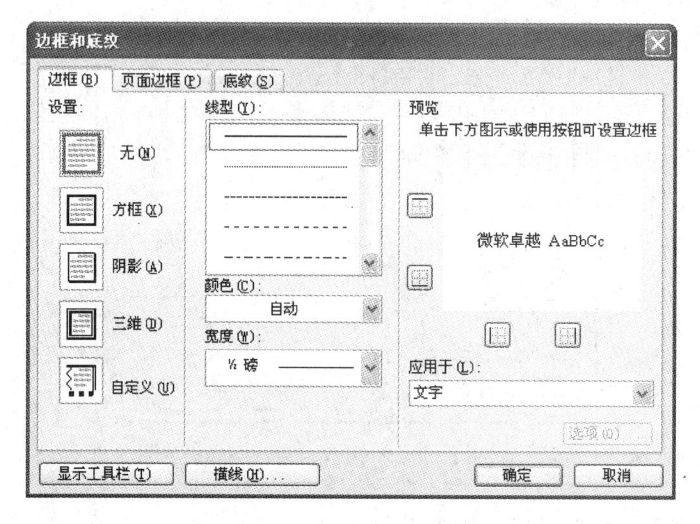

图 4-26 “边框和底纹”对话框

(2) 可以在“线型”列表框中选择边框的线型,在“颜色”列表框中选择边框的颜色,还可以单击“艺术型”下拉按钮,然后在列表中选择艺术型的边框,在“宽度”微调框中设定边框线的宽度,如图 4-27 所示。

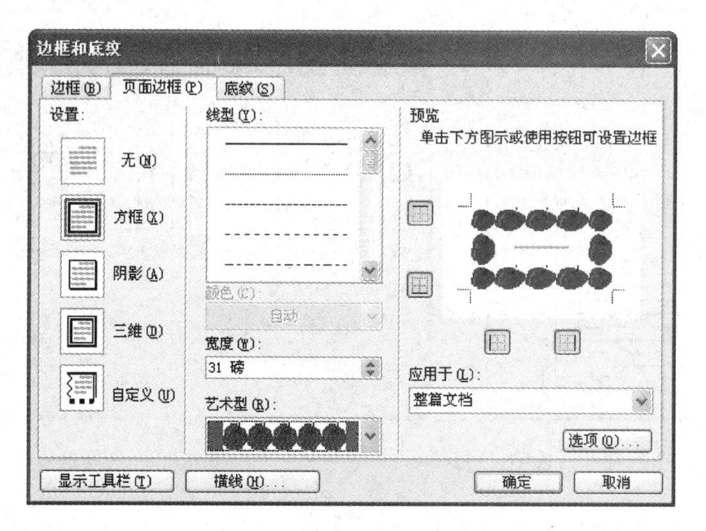

图 4-27 设置艺术型页面边框

2. 底纹的设置

用户可以通过为 Word 2003 内容设置底纹来突出重点,操作步骤如下:

(1) 选中需要设置底纹的单元格,在 Word 窗口菜单栏依次单击“格式”→“边框和底纹”命令。

(2) 打开如图 4-28 所示的“边框和底纹”对话框,切换至“底纹”选项卡。在“填充”区域选中一种底纹(如“灰色－15％”),设置完毕后单击“确定”按钮使设置生效。

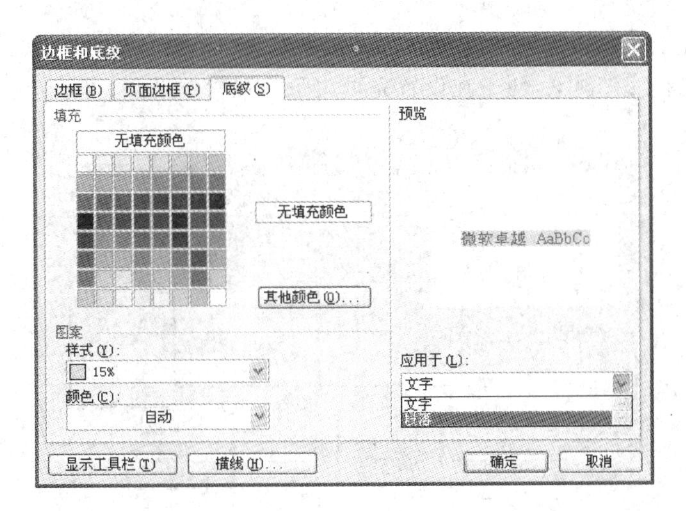

图 4-28　设置底纹

4.3.4　文档排版

文档的页面排版一般直接影响到文档的打印效果，所以为了打印出满意的效果，在打印之前都需要以页为单位，对文档进行调整。页面设置就是对文档的页面规格进行设置，其设置项目包括页边距、纸型、纸张来源、版式及文字排列等。Word 文档的页面设置一般通过执行“文件”→“页面设置”命令来实现。

在通常情况下将所有页面均设置为横向或纵向，但有时根据特殊需要，也会将横向与纵向的页面掺杂在一起。下面介绍页面格式化方法。

1. 页面方向设置

要对页面进行设置，执行“文件”→“页面设置”命令，打开“页面设置”对话框，利用“应用于”下拉列表框，可以任意设置页面的方向。分不同情况介绍如下：

(1) 在一篇文档中，前一部分页面为纵向，而后边如果要设置为横向，则可以先将光标(即插入点)定位到纵向页面的结尾，或要设置为横向页面的页首，在“方向”选项区域中单击“横向”，在“应用于”下拉列表中选择“插入点之后”。

(2) 如果要将某些选定的页面设置为某一个方向，可以先选中这些页面中所有的内容，然后在“应用于”下拉列表中选择“所选文字”。

(3) 如果在 Word 文档中以标题样式分为许多小节，可以选中要改变页面方向的节，然后在“应用于”下拉列表中选择“所选节”；如果不选某节，而只是将插入点定位到该节中，则还可以选择“本节”。

设置完成后，可以在预览视图中适当缩小显示比例，查看更改的结果，如图 4-29 所示。

2. 页边距设置

打开“页面设置”对话框，选择“页边距”选项卡，如图 4-30 所示。

“页边距”选项区域中“上”、“下”、“左”、“右”微调按钮是为改变四周页边距而设置的。

- 上：设置纸张顶部预留的宽度。
- 下：设置纸张底部预留的宽度。
- 左：设置纸张左边预留的宽度。

• 右：设置纸张右边预留的宽度。

在对话框右下角有预览，便于在设置完页边距后观看效果。

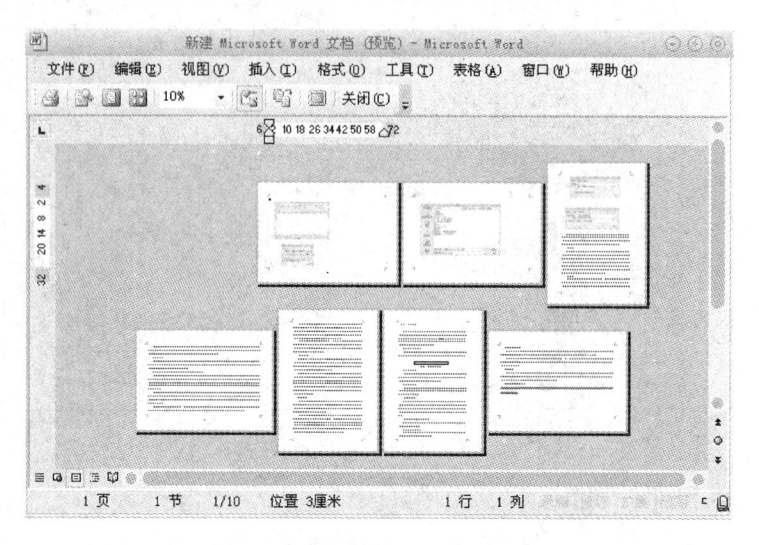

图 4-29 页面方向设置结果预览

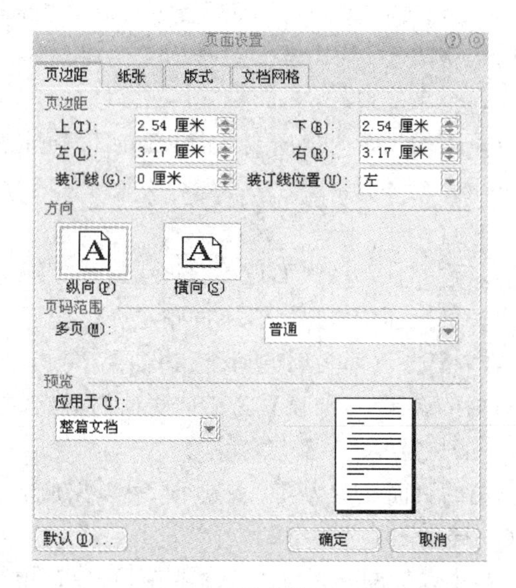

图 4-30 “页边距”选项卡

3. 纸张设置

打开“页面设置”对话框后，选择“纸张”选项卡，如图 4-31 所示。

1）纸张大小

在“纸张大小”选项区域中可以选择纸张型号，确定纸张大小。纸张的设置可以针对整篇文档，也可针对某部分页，只需在“应用于”下拉列表中选择即可。

2）纸张来源

纸张来源主要用于设置打印时纸张的来源，一般采用默认纸盒。

4. 版式设置

打开“页面设置”对话框，选择“版式”选项卡，此处可以设置节的起始位置、页眉和页脚等信息，如图 4-32 所示。

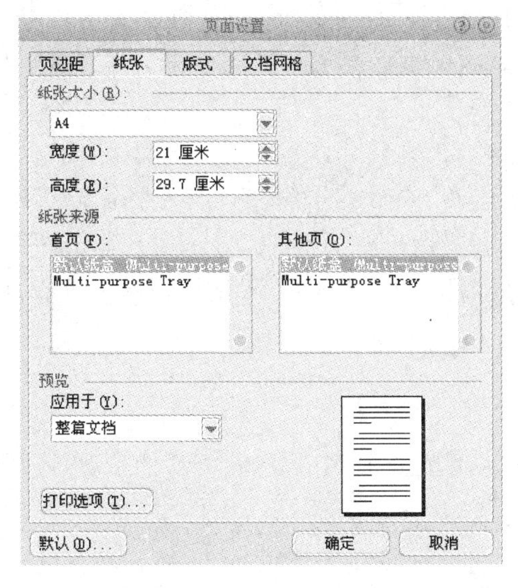

图 4-31 “纸张”选项卡

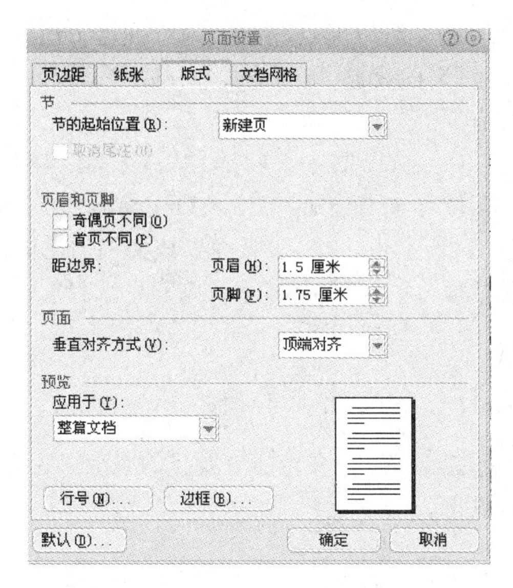

图 4-32 “版式”选项卡

5. 文档网络

选择“文档网格”选项卡，可设置文字排列、网格等项目，如图 4-33 所示。

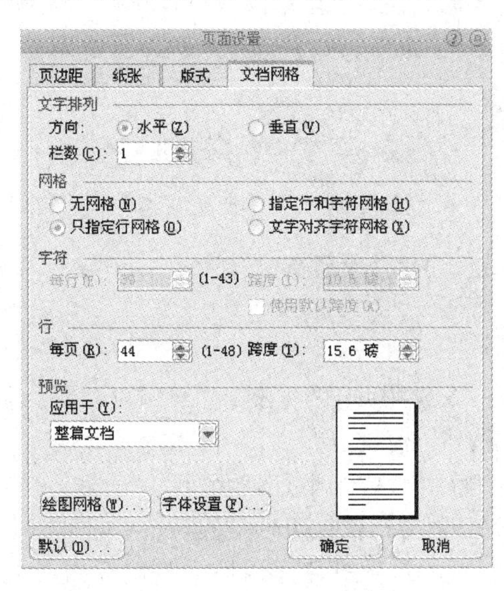

图 4-33 “文档网格”选项卡

4.3.5 样式与模板

1. 样式

样式是指一系列排版格式的组合，包括字体、段落格式等。在排版时，重复地设置各个段落的排版细节十分烦琐,因此Word预先设置了很多样式,如正文样式、标题样式等,设置时对段落应用某样式即可。

2. 模板

模板是Word文档的基础,决定文档的基本结构和文档设置,如字体、快捷键方案、宏、菜单、页面设置、特殊格式和样式等。Word包含共用模板和很多常见的专用模板。建立模板有以下几种方式。

(1) 执行"文件"→"新建"命令,在编辑区右侧打开"新建文档"任务窗格,其中"模板"选项区域有3个选项:Office Online模板、本机上的模板和网站上的模板。可根据需要选择。

(2) 打开一个文档,并以该文档创建模板。执行"文件"→"另存为"命令,打开"另存为"对话框,从"保存类型"下拉列表中选择"文档模板"选项,在"文件名"文本框输入文件名,单击"确定"按钮即可。

4.3.6 预览与打印

建立Word文档的主要目的是为了保存和阅读,因此文档建立后,在需要的情况下可打印输出。

1. 预览

一般在打印之前都会先预览一下打印的内容。单击"常用"工具栏的"打印预览"按钮切换到预览视图。从"打印预览"工具栏的"显示比例"下拉列表中可以设置显示的比例;单击"查看标尺"按钮,可以切换标尺显示或隐藏;单击"放大镜"按钮,使其不再为按下状态,可以在这里直接编辑文档;如果对预览的效果感到满意,单击"打印"按钮,就可以打印文档了。

在打印预览视图中显示的文档效果就是最终打印出来的实际效果。单击"单页"按钮,文档按照单页来显示;单击"多页"按钮,并选择一种多页排列的方式,文档按照多页显示,如图4-34所示。

图4-34 "打印预览"工具栏

除了使用"常用"工具栏上的"打印预览"按钮外,执行"文件"→"打印预览"命令也可以进入打印预览视图。

2. 打印

执行"文件"→"打印"命令或按Ctrl+P键,打开"打印"对话框,如图4-35所示。设置好打印内容后单击"确定"按钮,开始打印。

如果要打印几份同样的文档,在"副本"选项区域的"份数"文本框中输入要打印的数量;如果选中"逐份打印"复选框,则文档在打印时将从第一页打印到最后一页后再开始打印第二份,否则在打印时会把一页的份数打印完以后再打印后面的页。单击"确定"按钮开始打印。

如果要打印文档的部分页,在"页面范围"选项区域中选择"页码范围"单选按钮,在其后文本框中输入要打印的页码范围。输入页码时,每两个页码之间加一个半角的逗号,连续的页码之间加一个半角的连字符就可以了。也可以选择打印当前页,或者打印选定的内容。

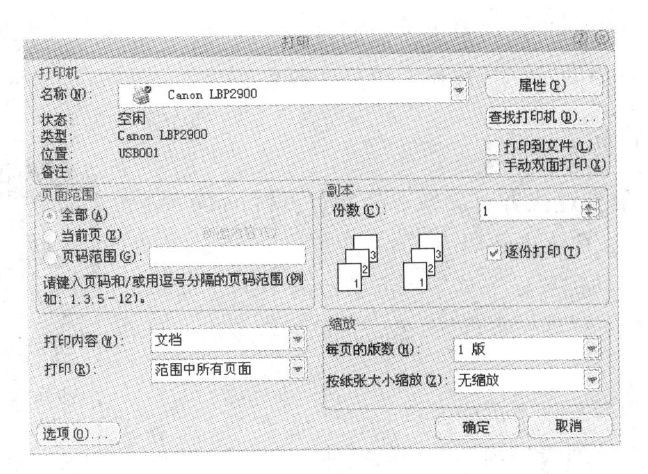

图 4-35 “打印”对话框

4.4 文档高级排版

在文档编辑中,还会进行其他的格式化,如分栏、首字下沉等,下面来看实例完成操作,如图 4-36 所示。

式刷就是“刷”格式用的,也就是复制格式用的。在 Word 中格式同文字一样是可以复制的:选中这些文字,单击“格式刷”按钮,鼠标就变成了一个小刷子的形状,用这把刷子“刷”过的文字的格式就变得和选中的文字一样了。

我们可以直接复制整个段落和文字的所有格式。把光标定位在段落中,单击“格式刷”按钮,鼠标变成了一个小刷子的样子,然后选中另一段,该段的格式就和前一段一模一样了。

图 4-36 排版实例

4.4.1 分栏

分栏的步骤如下:

(1) 选定要分栏的段落(若不选定段落,则会对整个文档设置分栏)。

(2) 选择“格式”下拉菜单中的“分栏”命令,打开“分栏”对话框,如图 4-37 所示。

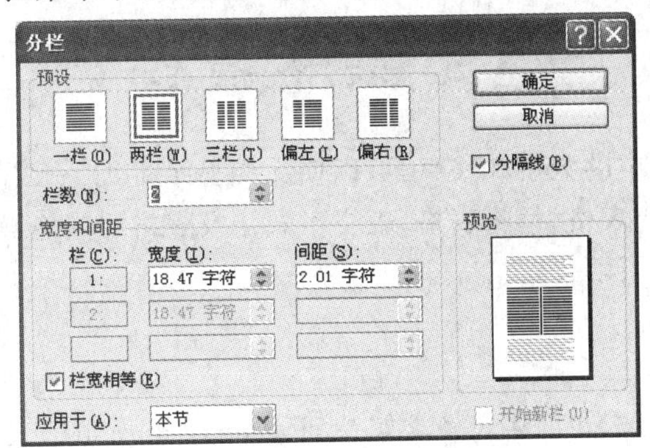

图 4-37 “分栏”对话框

(3) 在对话框的"预设"框中单击所需的样式或在"栏数"框中输入所需的栏数。

(4) 单击对话框中的"确定"按钮完成分栏设置。

4.4.2 首字下沉

为了使文档更加美观或者引起读者的注意，可以使文字的第一个字或字母下沉，具体步骤如下：

(1) 将插入点移动到要设置首字下沉的段落中。

(2) 单击"格式"→"首字下沉"命令，打开"首字下沉"对话框，如图4-38所示。

(3) 在位置中选择首字下沉的方式。

(4) 在"字体"下拉列表中选择首字的字体。

(5) 在"下沉行数"微调框中设置首字所占的行数。

(6) 单击"确定"按钮，完成操作。

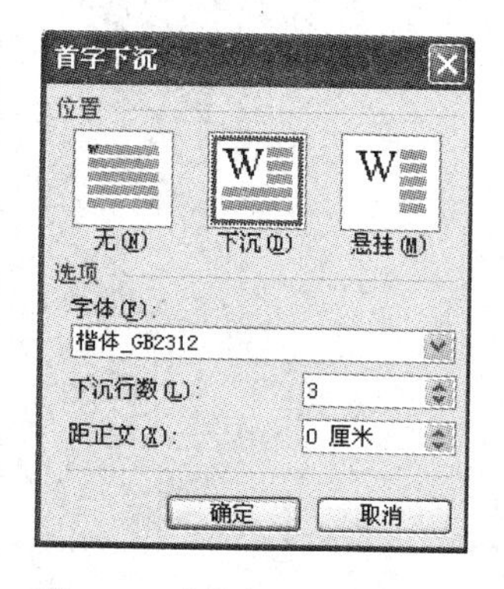

图4-38 "首字下沉"对话框

4.4.3 特殊格式的设置

"自动更正"中的一些功能很有趣也很有用，如果经常能用到，最好记住。

- 输入两个等号再输入大于号，就成了粗箭头➞。
- 输入两个连字符再输入大于号，就成了细箭头→。
- 输入冒号和括号的半边就成了一个生气或高兴的小脸。
- 加一条横线：在一空行内连续输入三个以上的连字符(-)，按Enter键。
- 加一条粗横线：在一空行内输入三个以上的下划线(_)，按Enter键。
- 加一条波浪线：在一空行内输入三个以上的~(读波浪号)，按Enter键。
- 加双横线：在一空行内连续输入三个以上的等号(＝)，按Enter键。
- 加粗虚线：在一空行内连续输入三个以上的星号(＊)，按Enter键。
- 加多条线：在一空行内连续输入三个以上的井号(＃)，按Enter键，就出现由两条细线和一条粗线组成的线。
- 加虚线：如果是想加任意长的虚线，则先启动输入法，保证标点的输入处于全角状态，按Shift＋6键。

注意：以上操作要求在输入法为英文、半角状态下输入。

4.5 表格操作

用表格来组织文档中的数字和文字，可以使文档显示更加一目了然，Word有较强的表格处理能力，本节从创建表格、编辑表格、表格格式化及表格的其他操作等方面进行介绍，使读者有一个较为全面的了解。

4.5.1 创建表格

要进行表格操作，首先要创建表格。如要创建如表4-2所示的表格，可以通过以下几种方式实现。

表 4-2　表格示例

学　号	姓　名	语　文	数　学	外　语	物　理	总　分
20090101	杨　敏	90	86	64	78	
20090102	李　涛	84	75	72	84	
20090103	王强志	89	84	82	78	
20090104	薛　诚	86	85	68	65	

1. 使用“插入表格”按钮

(1) 光标定位在需要创建表格的位置。

(2) 单击“常用”工具栏的“插入表格”按钮，打开一个可调节大小的网格，如图 4-39 所示。

(3) 按住左键拖动鼠标选定所需行数和列数。

(4) 松开左键，Word 将自动插入表格。

2. 使用菜单命令

(1) 光标定位在需要创建表格的位置。

(2) 执行“表格”→“插入”→“表格”命令，打开“插入表格”对话框，如图 4-40 所示。

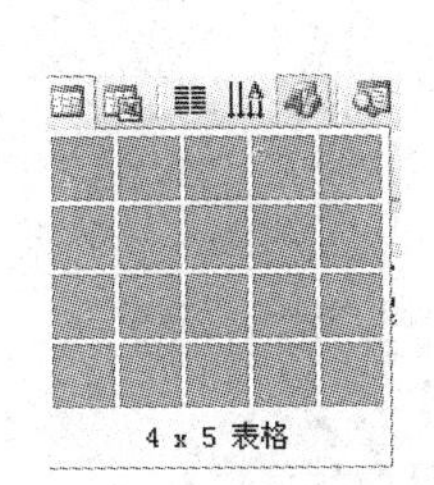

图 4-39　插入表格

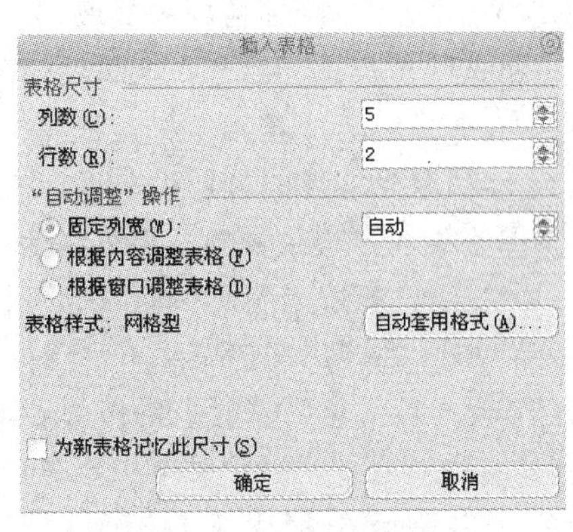

图 4-40　“插入表格”对话框

(3) 在“列数”文本框中输入表格的列数，在“行数”文本框中输入表格的行数。

(4) 在“‘自动调整’操作”选项区域中选定一种操作。如果选择“固定列宽”单选按钮，可以在后面的文本框中输入列宽的数值；也可以使用默认的“自动”，这时页面宽度将在指定的列数间平均分配。如果选择“根据内容调整表格”单选按钮，则列宽会自动适应内容的宽度。如果选择“根据窗口调整表格”单选按钮，表示表格的宽度与窗口的宽度一致。当窗口的宽度改变时，表格宽度一起改变。

3. 使用“绘制表格”按钮

执行“表格”→“绘制表格”命令，打开“表格和边框”工具栏，利用该工具栏的按钮就可根据需要来绘制不同规则的表格。

如图 4-41 所示，“表格与边框”工具栏提供了“线型”、“粗细”、“边框颜色”、“绘制表格”、“擦除”等按钮，读者可根据自身对表格的要求来绘制表格。

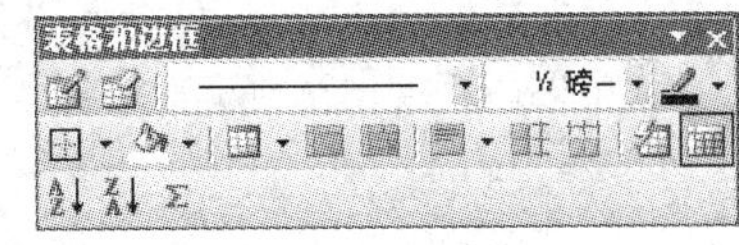

图 4-41　“表格和边框”工具栏

4.5.2 编辑表格

创建表格后,就可对表格进行编辑了。表格编辑除了在表格中输入文字外,还可以对表格或其中某些单元格进行拆分和合并,以及插入或删除某些单元格、调整表格行高和列宽等。下面从以下几个方面进行简单介绍。

1. 文本输入

创建一个新的表格后,就可以在表格中输入或粘贴文本,其操作方法如下:

(1) 将光标定位于要进行输入或编辑的单元格中,可以开始输入。

(2) 当输入文本到达单元格右边线时会自动换行,并且会自动加大行高以容纳更多输入内容。

(3) 如果在输入过程中按 Enter 键,可以另起一段。

(4) 在一个单元格输入中文本后,使用"←"、"→"键可以在单元格内移动光标,按 Back Space 键或 Delete 键可以删除光标左边或右边的字符。

2. 表格选定

就像文章是由文字组成的一样,表格也是由一个或多个单元格组成的。所以单元格就如同文档的文字一样,表格要先选取,后操作。

表格选定包括选择一个单元格、选择表格中的一行或一列、选择多个单元格或多行多列以及选定整个表格,直接用鼠标进行操作选定即可。

3. 移动单元格、行或列

如果在编辑过程中需要移动表格的部分行或列,操作方式如下:

(1) 在表格中选定需要移动的行、列或整个表格。

(2) 右击,在弹出的快捷菜单中选择"剪切"命令。

(3) 将光标定位到需要表格移动处,从快捷菜单选择"粘贴"命令即可。

同样,也可执行"编辑"菜单中相关命令进行表格移动。

4. 插入单元格、行或列

插入是向文档中已建立的表格中插入单元格、行或列,可以分别通过以下方法来操作。

1) 插入单元格

(1) 用鼠标在要插入新单元格的位置选定一个或多个单元格,选定的单元格数目与要插入的单元格数目一致。

(2) 执行"表格"→"插入"→"单元格"命令,打开"插入单元格"对话框,如图 4-42 所示。

在"插入单元格"对话框中,有 4 个选项:

- 选择"活动单元格右移"在所选单元格左边插入新单元格。
- 选择"活动单元格下移"在所选单元格上方插入新单元格。
- 选择"整行插入"在所选单元格上方插入新行。
- 选择"整列插入"在所选单元格左侧插入新列。

(3) 选择后单击"确定"按钮。

2) 插入行或列

(1) 插入新行可以按以下步骤进行。

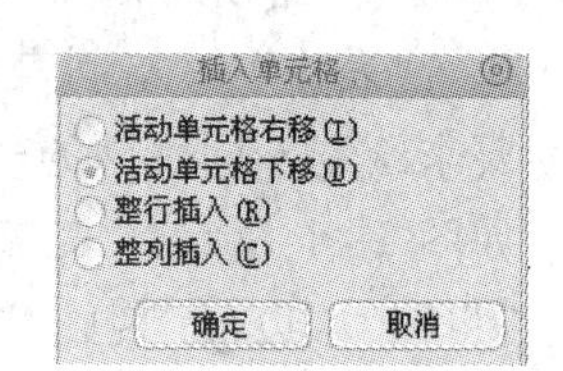

图 4-42 "插入单元格"对话框

① 用鼠标在要插入新行的位置选定一行或多行，所选的行数与要插入的行数一致。

② 执行“表格”→“插入”→“行(在上方)”或者“行(在下方)”命令即可插入。

(2) 插入新列可以按以下步骤进行。

① 用鼠标在要插入新列的位置选定一列或多列，所选的列数与要插入的列数一致。

② 执行“表格”→“插入”→“列(在左侧)”或者“列(在右侧)”命令即可插入。

3) 在表格中插入图形

Word 中还可以在表格中插入图形，这时所在行的高度会自动调整以适应图形，但表格的列宽不会自动调整。图形插入表格后，可以像插入普通文本的图形一样进行格式设置，如可以利用“图片”工具栏的“文字环绕”按钮来设置单元格中文字与图形的环绕关系。

5. 删除单元格、行或列

删除指删除已经创建的表格或其部分内容，包括删除单元格、行或列。其操作方法如下。

1) 删除单元格

(1) 选定要删除的一个或多个单元格。

(2) 执行“表格”→“删除”→“单元格”命令，打开“删除单元格”对话框，如图 4-43 所示。

在“删除单元格”对话框中，有 4 个选项：

- 选择“右侧单元格左移”删除选定的单元格，其右侧的单元格左移来填补被删除的区域；
- 选择“下方单元格上移”删除选定的单元格，其下方的单元格上移来填补被删除的区域；
- 选择“整行删除”删除所选单元格所在的整行；
- 选择“整列删除”删除所选单元格所在的整列。

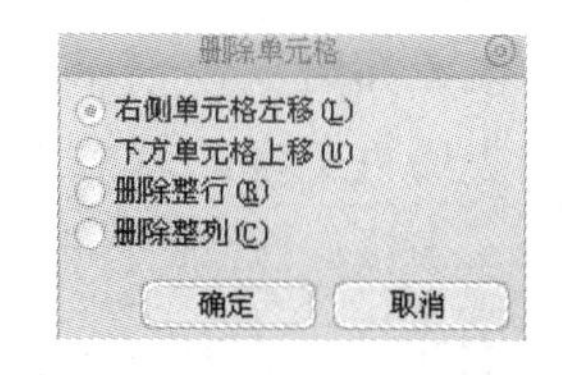

图 4-43 “删除单元格”对话框

(3) 选择后单击“确定”按钮。

2) 删除行或列

(1) 要删除行可以按如下步骤进行。

① 用鼠标选定要删除的一行或多行。

② 执行“表格”→“删除”→“行”命令即可删除。

(2) 要删除列可以按如下步骤进行。

① 用鼠标选定要删除的一列或多列。

② 执行“表格”→“删除”→“列”命令即可删除。

3) 删除整个表格

要删除整个表格，将光标定位在表格中，执行“表格”→“删除”→“表格”命令，即可删除整个表格。

6. 合并与拆分

合并是指把表格中相邻的两个或多个单元格合并成一个；拆分是指将一个或多个单元格拆分成几个。分别按如下步骤进行。

1) 拆分单元格

拆分单元格包括垂直拆分和水平拆分，垂直拆分是将单元格拆分为多列；水平拆分是将单元格拆分成多行；可以同时进行垂直拆分和水平拆分。用鼠标选中要拆分的单元格

后,可用以下两种方法拆分单元格:

(1) 执行"表格"→"绘制表格"命令,打开"表格与边框"工具栏,单击"拆分单元格"按钮就可拆分单元格。

(2) 执行"表格"→"拆分单元格"命令,打开"拆分单元格"对话框,在"列数"和"行数"文本框中输入数量,单击"确定"按钮即可。如图4-44所示,将一个单元格拆分为3行8列。

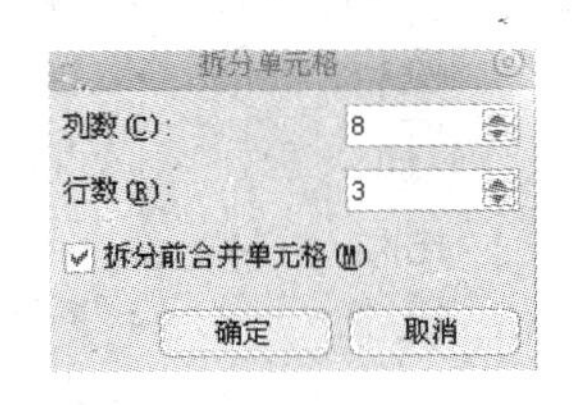

图4-44 "拆分单元格"对话框

2) 合并单元格

用鼠标选中要合并单元格后,可以通过以下两种方法合并单元格:

(1) 执行"表格"→"绘制表格"命令,打开"表格与边框"工具栏,单击"擦除"按钮,将需要合并的单元格之间的表格线擦除,这样就合并了单元格。

(2) 执行"表格"→"合并单元格"命令。

7. 调整行高和列宽

用鼠标移动垂直标尺和水平标尺上的表格行、列分界标志可以很方便地进行行高和列宽的调整。同时Word还提供了对行高、列宽自动调整功能。

4.5.3 表格格式化

参照如图4-45所示的表格,表格格式化是对已经编辑好的表格进行外观的修饰,使输出的表格更美观。表格格式化包括尺寸、对齐方式、文字环绕、边框和底纹等。执行"表格"→"表格属性"命令,打开"表格属性"对话框,如图4-46所示。

学生成绩表						
学　号	姓　名	语　文	数　学	英　语	物　理	总　分
20090101	杨　敏	90	86	64	78	
20090102	李　涛	84	75	72	84	
20090103	王强志	89	84	82	78	
20090104	薛　诚	86	85	68	65	

图4-45 一个表格示例

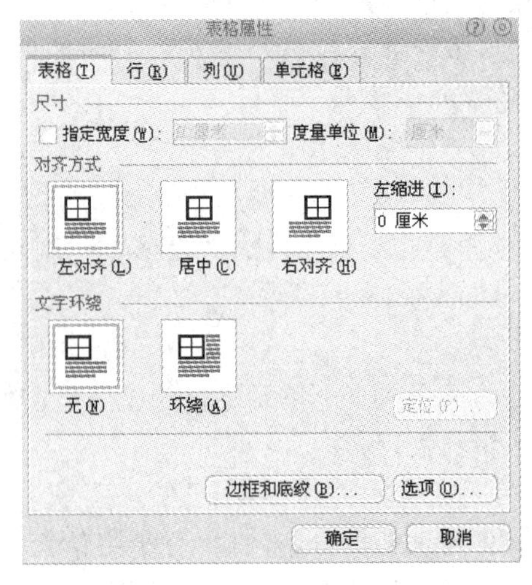

图4-46 "表格属性"对话框

1. 表格内容的格式化

1）单元的尺寸

尺寸包括指定宽度和度量单位，可根据需要设置相应的参数。

2）对齐方式

对齐方式包括左对齐、居中、右对齐方式，还可以设置左缩进，便于控制表格在文档中的位置。

3）文字环绕

如果不需要文字环绕，则单击“无”选项；如果需要文字环绕，则单击“文字环绕”选项。

2. 表格的边框和底纹

单击“边框和底纹”按钮，打开“边框和底纹”对话框，如图 4-47 所示。可对表格设置边框样式，也可对边框的线型、颜色、宽度进行设置，并且可以通过预览看到输出效果。

3. 表格选项

单击“选项”按钮，打开“表格选项”对话框，如图 4-48 所示。可以设置单元格边距、单元格间距等内容，对表格进行格式化。

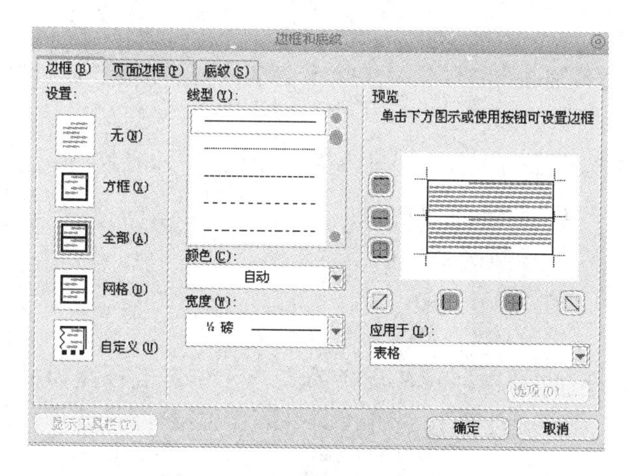

图 4-47 “边框和底纹”对话框

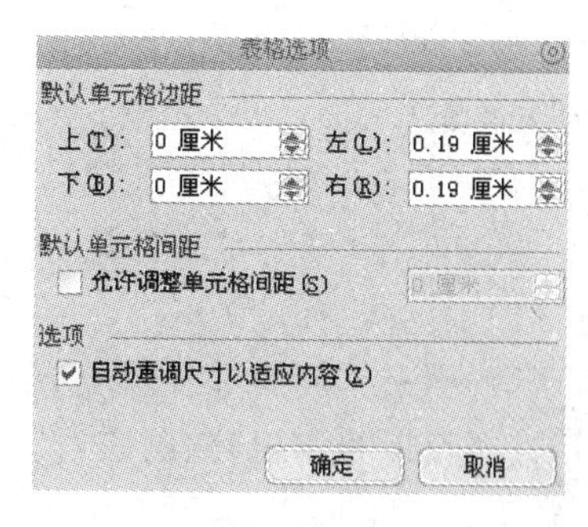

图 4-48 “表格选项”对话框

4.5.4 其他表格操作

1. 表格运算

Word 提供一些基本的计算功能，可以对表格中的数据进行运算，包括一般的加、减、乘、除运算，以及求平均值、最大值、最小值运算。利用该功能可以方便地对表格中的数据进行各种运算。以下重点介绍表格中的求和运算。

1）对一行或一列中单元格求和

（1）执行“表格”→“绘制表格”命令，打开“表格和边框”工具栏。

（2）如果对一行中单元格求和，将光标定位到这些单元格的右侧单元格中；如果对一列中单元格求和，将光标定位到这些单元格的下方单元格中。

（3）单击“表格和边框”工具栏上的“自动求和”按钮，Word 自动判断并求出单元格的和并将结果插入光标位置。

2）插入公式计算结果

执行"表格"→"公式"命令，打开"公式"对话框，如图4-49所示。"公式"文本框用于输入公式；"数字格式"下拉列表用于选择计算结果的显示格式；"粘贴函数"下拉列表用于选择常用函数，选择结果自动粘贴到"公式"文本框中。公式输入完毕后，单击"确定"按钮，计算结果自动插入光标所在位置。

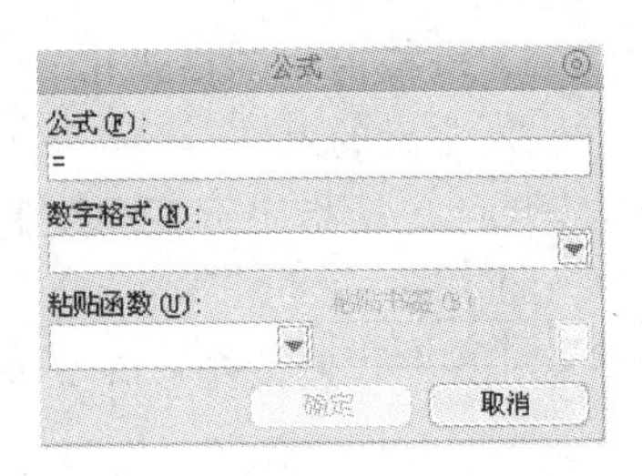

图4-49 "公式"对话框

2. 文本与表格的转换

Word可以将一般的普通文本转换为表格形式，也可以将表格转换为普通的Word文本。

1）文本转换为表格

已有一段编辑好的文本，想用表格的形式来表示，这时可以直接将文字转换为表格，方法如下：

(1) 在文档中添加分隔符来说明文本要拆分成的行和列的位置。可以用制表符来分列，用段落标记表示行的结束。

(2) 选定需要转换的文本。

(3) 执行"表格"→"转换"→"文本转换成表格"命令，打开"将文字转换成表格"对话框，如图4-50所示。

(4) 在"文字分隔位置"选项区域中选定分隔符号，如果没有列出的符号，则在"其他字符"文本框中输入。Word将根据分隔符，自动计算出列数。

(5) 设置"表格尺寸"、"'自动调整'操作"等选项区域的内容。

(6) 单击"确定"按钮，就将文本转换为表格。

2）表格转换为文本

Word除了可以将文本转换为表格外，也可以将表格转换为文本。在表格转换为文本时，读者可以指定逗号、制表符、段落标记或其他字符作为转换时分隔文本的字符，其操作方法如下。

(1) 选定要转换成文本的表格，可以是表格的一部分，也可以是整个表格。

(2) 执行"表格"→"转换"→"表格转换成文字"命令，打开"表格转换成文本"对话框，如图4-51所示。

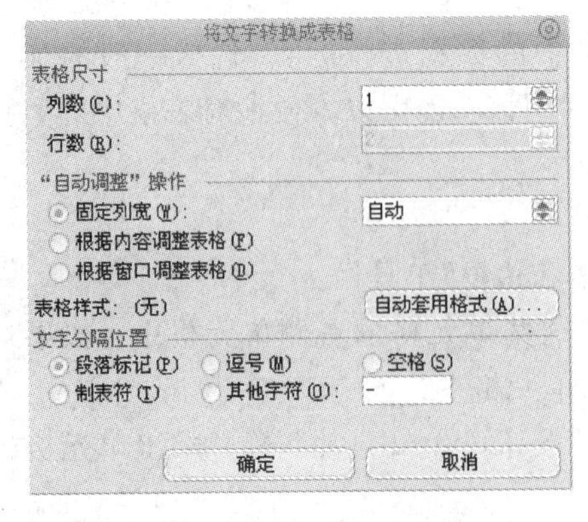

图4-50 "将文字转换成表格"对话框

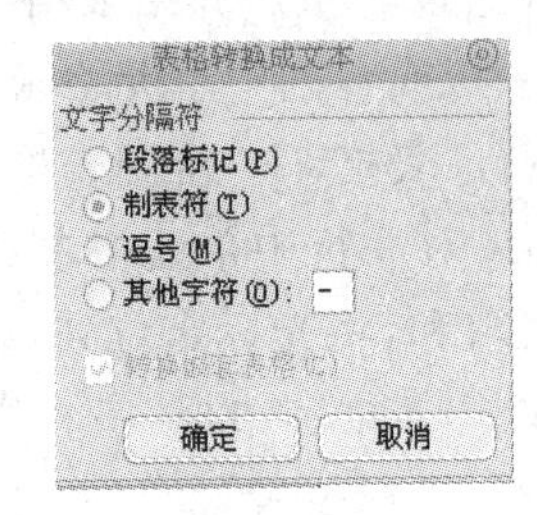

图4-51 "表格转换成文本"对话框

(3) 在“文本分隔符”选项区域选定所需的字符，作为替代列边框的分隔符，用段落标记分隔各行。

(4) 单击“确定”按钮，就将表格转换为文本。

4.6 图 形 操 作

Word 软件除了对文字、表格进行操作外，还处理图形。本节从插入图形、绘制图形和图文混排方面介绍了图形操作，让读者有一个全面的了解。

4.6.1 插入图形

在编辑 Word 文档时，为了保证文档的美观和明了，使用图形是一种较好的诠释方式，Word 在处理图形上有其独到之处。插入图形包括插入剪贴画和插入图片文件两个方面。

1. 插入剪贴画

Word 提供了一部分剪贴画，以方便在使用图形时进行选择。插入剪贴画步骤如下。

(1) 光标定位到要插入剪贴画的位置。

(2) 执行“插入”→“图片”→“剪贴画”命令，打开“剪贴画”任务窗格，如图 4-52 所示。

(3) 单击“搜索”按钮，列表框会列出 Word 中现有的所有剪贴画；如果从“搜索范围”和“结果类型”下拉列表框中选择范围和类型，在“搜索文字”文本框中输入关键字，单击“搜索”按钮后，列表框列出符合搜索条件的剪贴画。

(4) 单击列表框中的剪贴画可以将其插入到光标处。利用剪贴画右侧的下拉菜单可以进行更多操作。

2. 插入图形文件

插入图形时，有的图片不一定在收藏夹中能找到，需要从图片文件夹中选取插入。插入图形文件的操作如下：

(1) 光标定位到要插入图形文件的位置。

(2) 执行“插入”→“图片”→“来自文件”命令，打开“插入图片”对话框，如图 4-53 所示。

图 4-52 “剪贴画”任务窗格

图 4-53 “插入图片”对话框

(3) 从“查找范围”下拉列表框中选择保存图形文件的文件夹，然后单击要插入的文件，单击“插入”按钮即可插入图形文件。

4.6.2 绘制图形

对图形进行操作时，所插入的剪贴画和图片都是预先提供的。其实很多时候，在实际工作中，经常需要自己绘制各种图形。单击“常用”工具栏上的“绘图”按钮，或在任意工具栏的位置右击，在弹出的快捷菜单中选择“绘图”命令，打开“绘图”工具栏，如图 4-54 所示。

图 4-54 “绘图”工具栏

在“绘图”工具栏上有“绘图”、“选择对象”、“自选图形”、“直线”、“箭头”、“矩形”、“椭圆”、“文本框”、“竖排文本框”、“插入艺术字”、“插入组织结构图或其他图示”、“插入剪贴画”、“插入图片”、“填充颜色”、“线条颜色”、“字体颜色”、“线型”、“虚线线型”、“箭头样式”、“阴影样式”和“三维效果样式”等按钮。利用“绘图”工具栏，可以完成对图形对象的大部分操作，也可根据需要绘制图形。

注意：绘制图形是在页面视图或者 Web 视图下进行的，绘制的图形在普通视图或大纲视图下不可见，如图 4-55 所示。

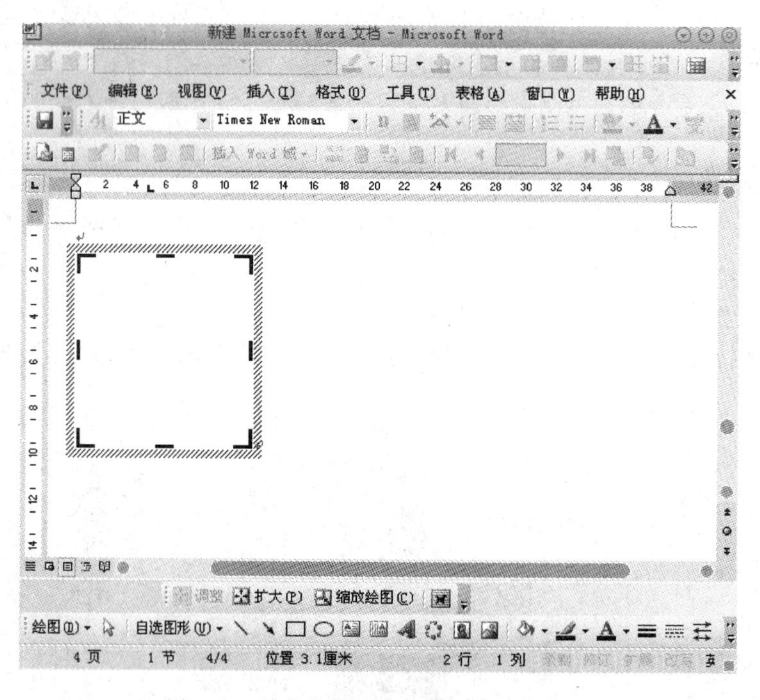

图 4-55 绘制的图形在普通视图下不可见

4.6.3 图文混排

在文档编辑中，在插入了图片或绘制了图形后，需要设置图文混排使文字和图片编排在一起，实现特殊的效果。选定文档中的图片，执行“格式”→“图片”命令，或右击图片，从快捷菜单中选择“设置图片格式”命令，打开“设置图片格式”对话框，如图 4-56 所示。对话框有“颜色和线条”、“大小”、“版式”、“图片”、“文本框”、“网站”等选项卡，可根据对话框中的选项来对文字和图形进行排版。

单击“版式”标签，切换到“版式”选项卡，如图 4-57 所示。

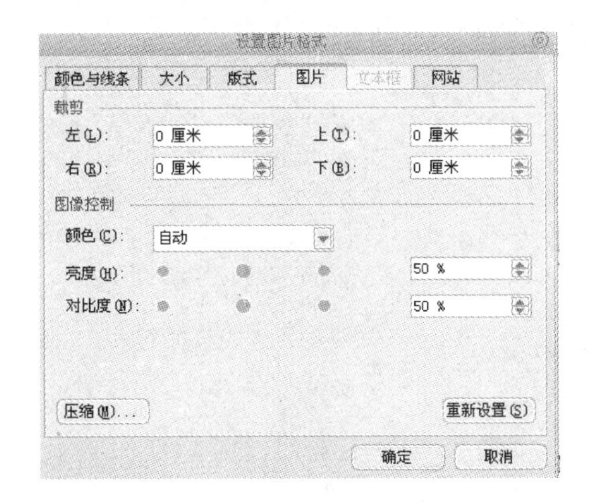

图 4-56 “设置图片格式”对话框

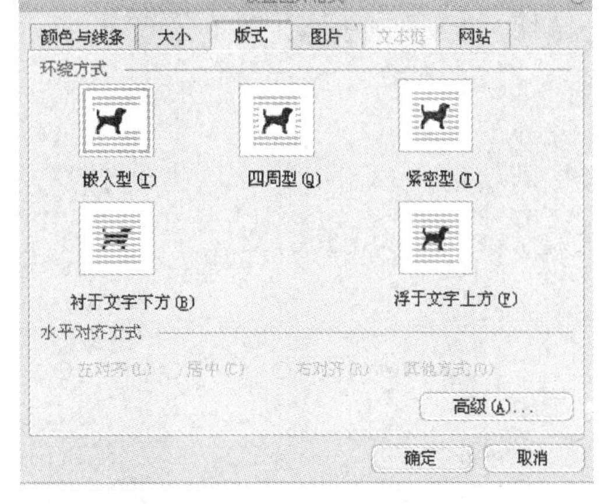

图 4-57 “版式”选项卡

图片和文字的环绕方式有 5 种，包括“嵌入型”、“四周型”、“紧密型”、“浮于文字上方”及“衬于文字下方”；水平对齐方式有 4 种，包括“左对齐”、“居中”、“右对齐”和“其他方式”。可根据情况设置图片版式，从而实现图文混排的效果。

“大小”选项卡可以使用鼠标拖曳改变图片的大小，但鼠标的拖曳没有精确的宽度和高度，要想精确设置，可以使用“大小”选项卡进行设置。

4.7 Word 高级功能

除了前面介绍的基本功能外，Word 字处理软件还进一步提供了更多实用功能；全面了解 Word 的高级功能，会对文档处理工作带来意想不到的便利和效果。

本节介绍邮件合并、超链接、文档保护等内容，使读者基本了解 Word 的高级功能。

4.7.1 邮件合并

“邮件合并”是 Word 的一项高级功能，是信息处理人员应该掌握的基本技术之一。在日常工作中有时面对需要处理大量报表和信件的情况，这些报表和信件的内容基本相同，只是具体数据或通信资料不同；使用“邮件合并”功能，可以在固定的文档内容中合并与文档相关的一组数据或通信资料，从而批量生成需要的文档，提高工作效率。

“邮件合并”功能的适用范围为批量处理信函、工资条、成绩单等文档，其具体操作方法如下：

(1) 新建一个 Word 文档，或者打开一个现有的文档。执行“工具”→“信函与邮件”→“邮件合并”命令，打开“邮件合并”任务窗格。

(2) 从“选择文档类型”选项区域中选择正在操作文档的类型，包括“信函”、“电子邮件”、“信封”、“标签”和“目录”,如图4-58所示。

(3) 选中“信函”单选按钮,单击“下一步：正在启动文档”,进入步骤2“选择开始文档”,选择包含邮件内容和格式的主文档,如图4-59所示。

(4) 选中“使用当前文档”单选按钮,单击“下一步：选取收件人”,进入步骤3“选择收件人”,选择包含收件人信息的列表或列表文件,包括“使用现有列表”、“从Outlook联系人中选择”和“键入新列表”,如图4-60所示。

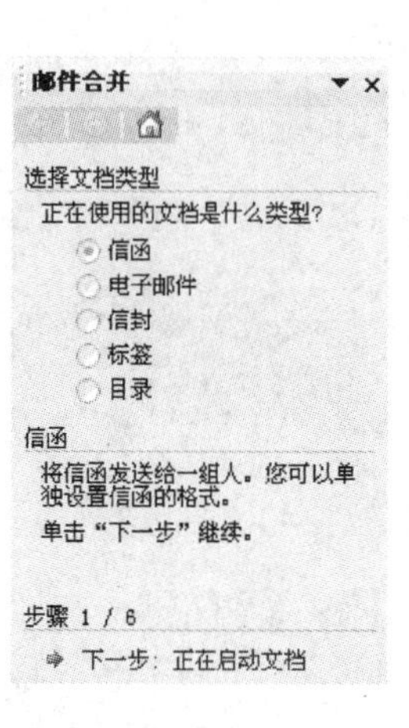

图4-58　选择文档类型

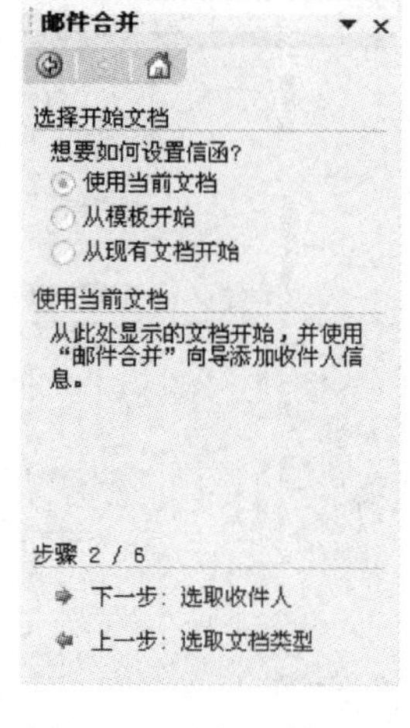

图4-59　选择开始文档

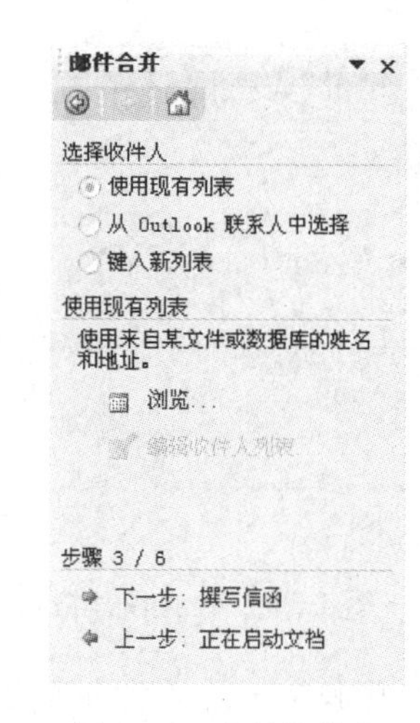

图4-60　选择收件人

(5) 选择“输入新列表”单选按钮,单击“创建”按钮,打开“新建地址列表”对话框,如图4-61所示。

(6) 如果提供的信息项目不合要求,可以单击“自定义”按钮,打开“自定义地址列表”对话框,在“域名”列表中修改或添加项目。如建立学生成绩单,可以设置域名为“姓名”、“班级”、“学号”、“科目”、“成绩”,如图4-62所示。

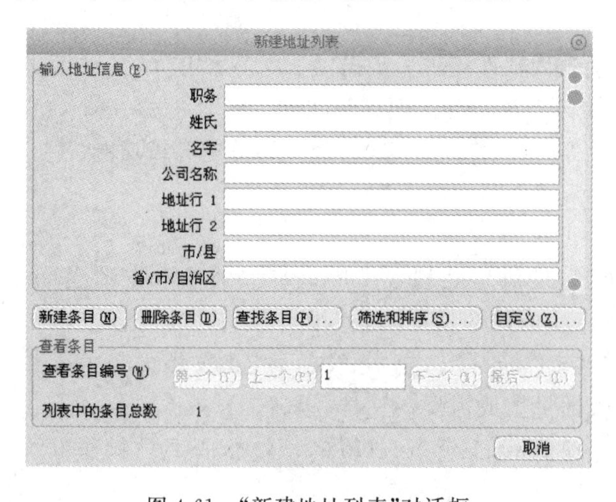

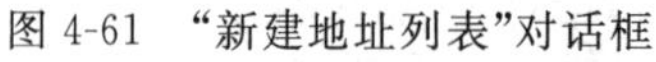

图4-61　“新建地址列表”对话框

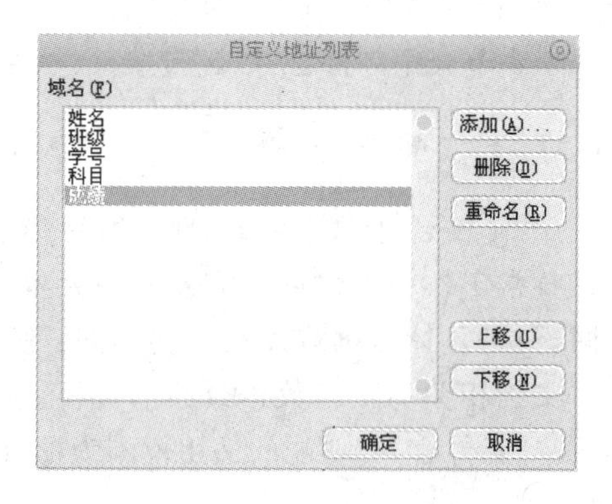

图4-62　“自定义地址列表”对话框

(7) 单击“确定”按钮,“新建地址列表”对话框中的“输入地址信息”选项区域显示设置后的列表,在文本框中输入相关信息,通过单击“新建条目”、“删除条目”、“查找条目”、“筛选和排序”等按钮可以输入并修改列表，如图 4-63 所示。

(8) 输入完全部信息后，单击“关闭”按钮，打开“保存通讯录”对话框，选择文件夹，输入文件名，单击“保存”按钮，如图 4-64 所示。

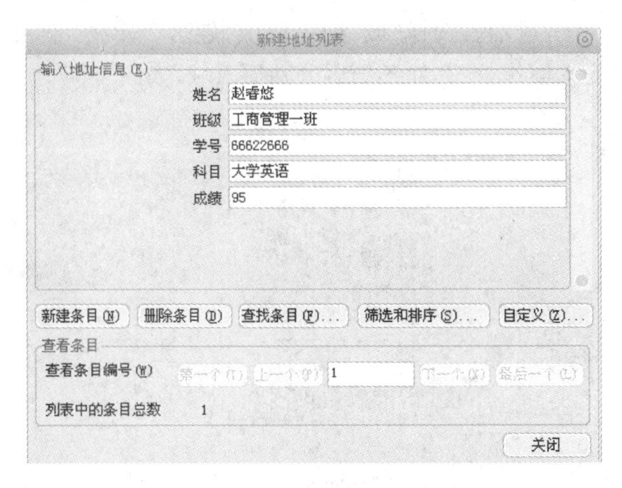

图 4-63 修改后的“新建地址列表”对话框

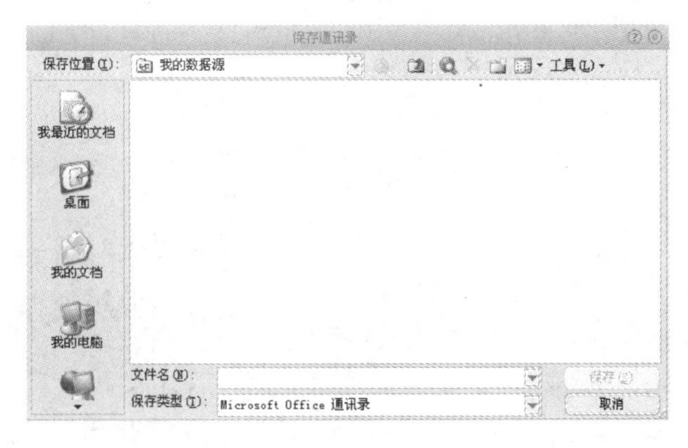

图 4-64 “保存通讯录”对话框

(9) 此时打开“邮件合并收件人”对话框，在“收件人列表”列表框中列出了刚创建的所有项目，如图 4-65 所示。核对无误后，单击“确定”按钮，就完成了“选择收件人”步骤。

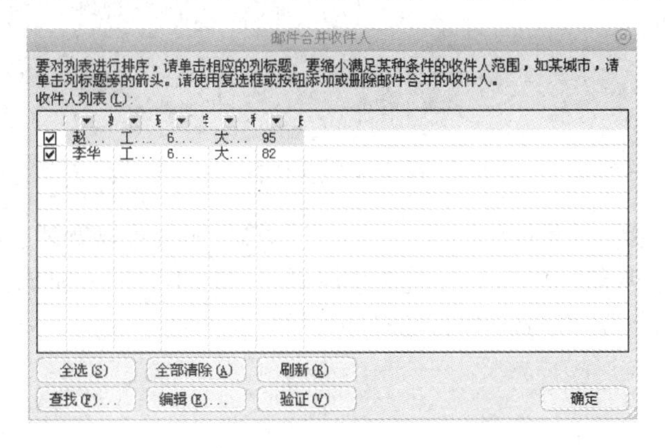

图 4-65 “邮件合并收件人”对话框

(10) 单击“下一步：撰写信函”，进入步骤4“撰写信函”，填写主文档内容，建立“学生成绩单”的项目，如图4-66所示。

(11) 将光标定位到“同学：”之后，单击“撰写信函”选项区域的“其他项目”，打开“插入合并域”对话框，如图4-67所示。选择“域”列表框中“姓名”，单击“插入”按钮，光标所在处插入域“《姓名》”；重复本操作，在其他各项后分别插入域，如图4-68所示。

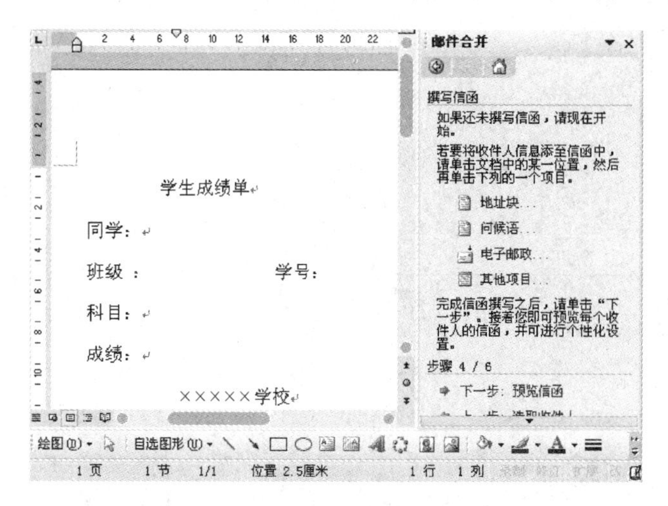

图 4-66 撰写信函

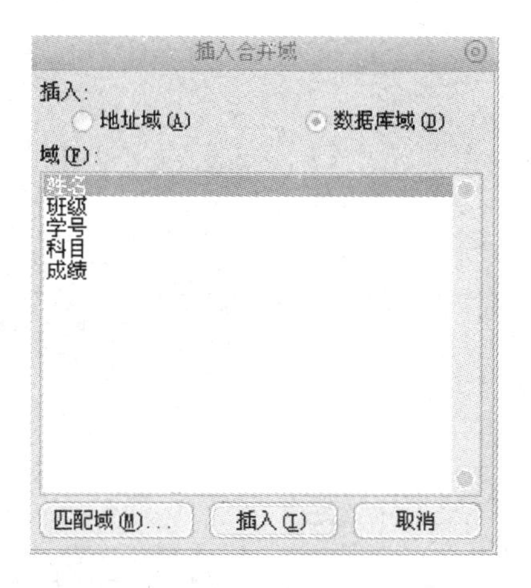

图 4-67 “插入合并域”对话框

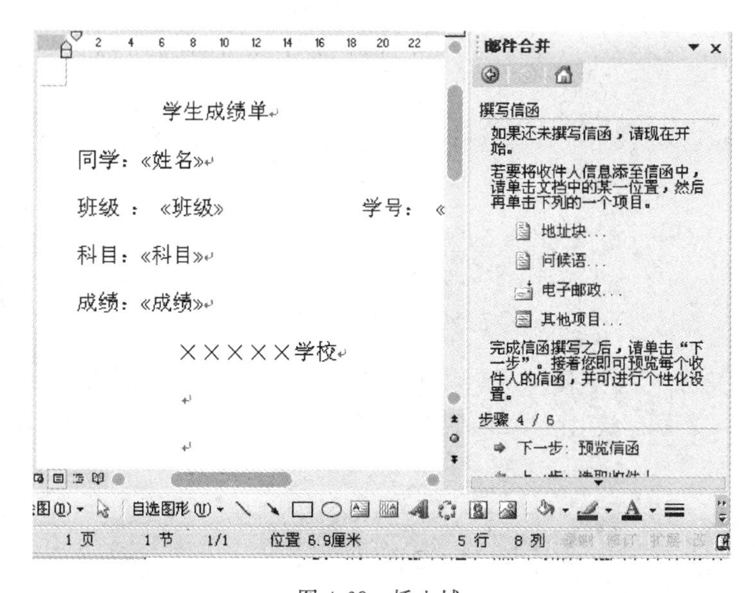

图 4-68 插入域

(12) 单击“下一步：预览信函”，进入步骤5“预览信函”，可以看到在域的位置显示的是地址列表中的内容，如图4-69所示。预览无误后，单击“下一步：完成合并”，完成邮件合并，并可以选择将部分或全部记录保存或打印。

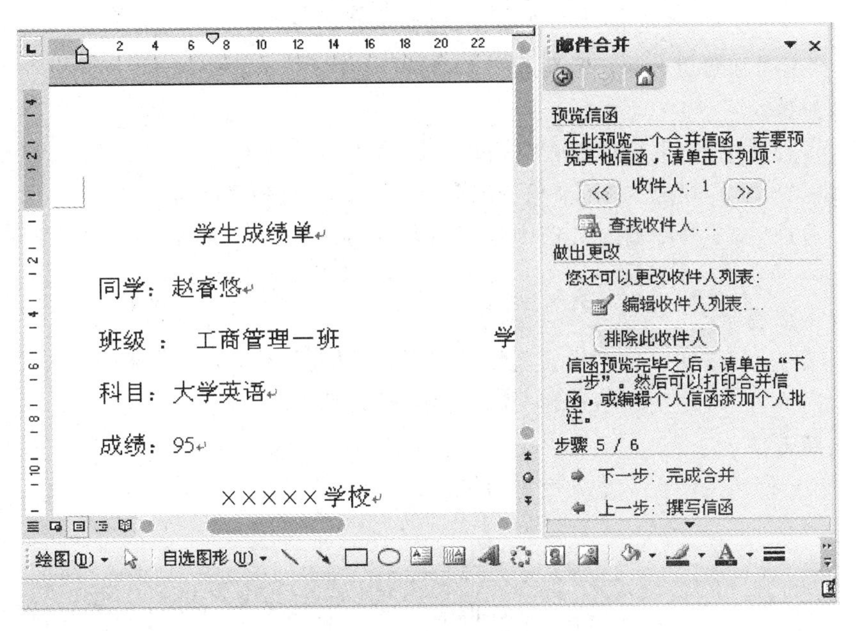

图 4-69　预览信函

4.7.2　超链接

Word 可以将文件、Web 页、当前文档中的位置、新建文档、电子邮件地址作为超链接插入到 Word 文档内。通过超链接，文档可以自由跳转，也能跳转到其他文档或应用程序，甚至与 Internet 连接。其操作步骤如下。

1. 选定超链接对象

选中要作为超链接显示的对象，或将光标定位到所需插入超链接的位置。

2. 插入超链接

执行“插入”→“超链接”命令，或单击“常用”工具栏上的“插入超链接”按钮，打开“插入超链接”对话框，如图 4-70 所示。

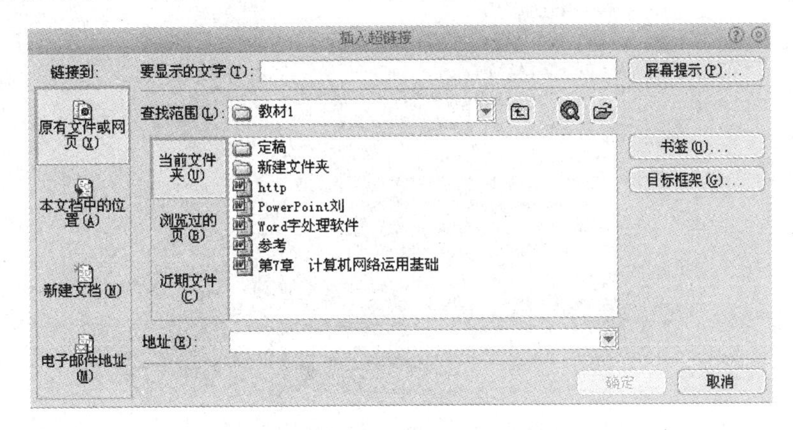

图 4-70　“插入超链接”对话框

如果已选中了文本,该文本就会显示在"要显示的文字"文本框中,改动此文本,文档中的原选定文本也会随之更改;如果没选中文本,可以在该文本框中输入。

3. 选取对象

(1) 使用"查找范围"下拉列表查找路径并选中文件。

(2) 单击"浏览 Web"或"浏览文件"按钮,从相应的对话框中选择链接对象。

(3) 在"地址"文本框中输入文档中选定对象要链接到的对象名称,包括文件名的具体路径。

4. 设置屏幕提示

单击"屏幕提示"按钮,打开"设置超链接屏幕提示"对话框,在"屏幕提示文字"文本框中输入相关文字,单击"确定"按钮,返回"插入超链接"对话框。

5. 建立超链接

单击"确定"按钮关闭对话框,"超链接"成功建立。

4.7.3 文档保护

文档保护是指在 Word 文档中,为防止信息的泄露和丢失,Word 为文档提供的保护功能。

Word 提供的这种保护功能是建立在基础和有限的情况上的。如果希望文档在被别人访问的时候不被修改,或者完全阻止别人访问文档,就要对文档加以保护。文档保护可以通过以下几个步骤来建立。

1. 进行文档保护设置

(1) 打开需要进行保护的 Word 文档。

(2) 执行"工具"→"选项"命令,打开"选项"对话框,选择"安全性"选项卡,如图 4-71 所示。

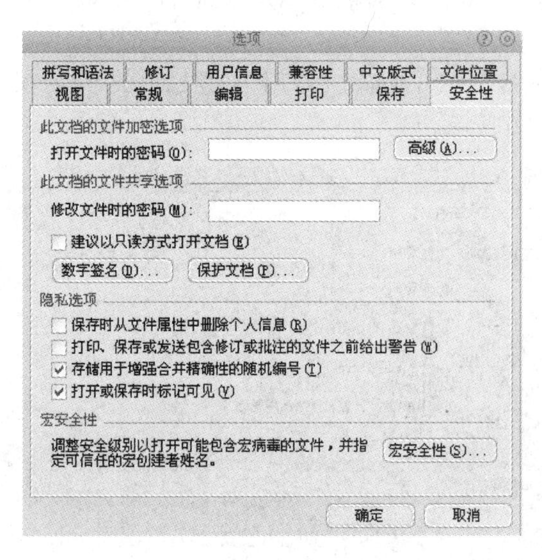

图 4-71 "安全性"选项卡

(3) 在“打开文件时的密码”文本框中输入打开密码。

(4) 在“修改文件时的密码”文本框中输入修改密码。

(5) 单击“确定”按钮，打开“确认密码”对话框，再次输入打开密码，如图 4-72 所示。

(6) 单击“确认”按钮，打开“确认密码”对话框，再次输入修改密码，单击“确定”按钮，关闭“选项”对话框。文档保存后，文档保护设置成功。

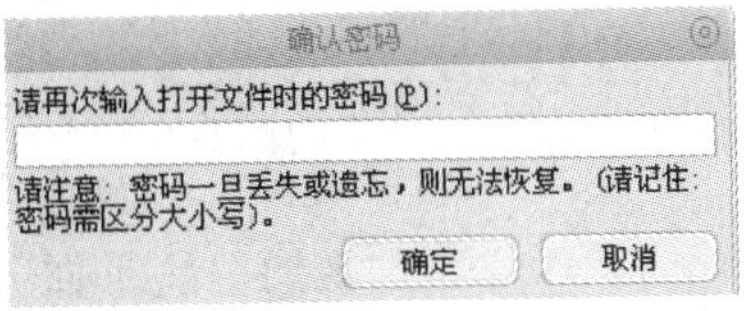

图 4-72 “确认密码”对话框

2. 解除文档保护设置

(1) 打开已经进行了文档保护的文档，输入密码后，进入到 Word 文档中。

(2) 执行“工具”→“选项”命令，打开“选项”对话框，选择“安全性”选项卡，删除“打开文件时的密码”和“修改文件时的密码”文本框中内容。

(3) 单击“确定”按钮，关闭“选项”对话框。进行文档保存后，解除文档保护设置成功。

另外，Word 还提供了“拼写和语法”、“信息检索”、“字数统计”等高级功能，在这里就不一一介绍了。

习 题 4

1. 选择题

(1) 在 Word 窗口中，(　　)是不可隐藏的。

A. 菜单栏　　B. 工具栏　　C. 状态栏　　D. 滚动条

(2) 在 Word 中，将鼠标指针移至文本选定区，按 Ctrl 键并单击鼠标左键，则(　　)。

A. 选定一句　　B. 选定一行　　C. 选定一段　　D. 选定整个文档

(3) 选定所有表格列后，单击“格式”工具栏“居中”按钮，则(　　)居中。

A. 该表格　　B. 所有单元格内容

C. 所有字符单元格内容　　D. 所有数值单元格内容

(4) Word 中，下列不是删除选定文本的方法的是(　　)。

A. 按 Esc 键　　B. 按 Backspace 键

C. 按 Del 键　　D. 单击“剪切”按钮

(5) 在 Word 中，用于表格内容排序的关键字最多有(　　)个。

A. 1　　B. 4　　C. 3　　D. 2

(6) 要复制选中的字符，应选用的快捷键是(　　)。

A. Ctrl+B　　B. Ctrl+C　　C. Ctrl+V　　D. Ctrl+D

(7) 不能关闭 Word 的操作方法是(　　)。

A. 双击标题栏左边的控制菜单按钮

B. 单击标题栏右边的“关闭”按钮

C. 执行“文件”→“关闭”命令

D. 执行“文件”→“退出”命令

(8) Word 软件主要处理的对象是(　　)。

A. 表格　　B. 图片　　C. 文档　　D. 数据

(9) 能显示页眉和页脚的方式是(　　)。

A. 普通视图　B. 大纲视图　C. 全屏幕视图　D. 页面视图

(10) 将文档中的一部分内容复制到另一位置,先要进行的操作是(　　)。

A. 粘贴　B. 复制　C. 视图　D. 选择

(11) 给文档加上页码的操作命令是(　　)。

A. 执行"文件"→"页面设置"命令

B. 执行"视图"→"页面"命令

C. 执行"插入"→"页码"命令

D. 执行"视图"→"页眉和页脚"命令

(12) "文件"菜单底部所显示的文件名是(　　)。

A. 正在使用的文件名　B. 正在打印的文件名

C. 扩展名为DOC的文件名　D. 最近处理过的文件名

2. 填空题

(1) Word的软件窗口由________窗口和________窗口组成。

(2) Word中文本的对齐方式有5种,它们是________对齐、________对齐、________对齐、________对齐和________对齐。

(3) 利用Word编辑文档,间距默认时,段落中本行的间距是________。

(4) 在图形微移操作中,要想微移对象,应按住________键的同时按箭头键。

(5) 受保护的窗体只能在________中输入内容。

3. 问答题

(1) 什么是工具栏?如何显示或隐藏Word窗口中的工具栏?

(2) 说明"普通视图"、"页面视图"、"大纲视图"各自的作用。

(3) 在文档中选择文本的操作方式有几种?

(4) 如何将一个文档中的指定内容复制到另一个文档中去?

(5) 如何给Word文档添加密码?

(6) 如何使用艺术字?如何旋转?如何环绕?

(7) 建立表格有几种方法?如何手绘表格?

(8) 如何设置字符和段落的格式?

4. 操作题

(1) 建立一个Word文档,然后按下面的要求上机操作。

① 输入若干段文本。

② 将最后一段设置左缩进、右缩进、首行缩进,并设置段前间距及行间距。

③ 分别插入剪贴画、自选图、艺术字和图形文件。

④ 添加文本标题,改变字体、字号、颜色并居中。

⑤ 设置文档的页眉和页脚,插入页码。

⑥ 保存文件到桌面新建文件夹,文件名为www.doc。

(2) 建立一个学生通讯录表格,包含有学生姓名、性别、所在班级、学生联系电话、学生家庭联系方式内容,自行编辑格式。

第5章 Excel 电子表格软件

Excel 是 Microsoft 公司出品的一个典型的电子表格制作软件，它利用计算机进行数据处理系统和报表制作。可以用来制作电子表格，完成许多复杂的数据运算，进行数据的分析和预测，并具有强大的制作图表的功能和较强的网络应用功能。它具有直观、操作简单、数据即时更新、分析函数丰富等特点。

本章以 Excel 2003 为例介绍 Excel 概述、基本操作、公式与函数、图表制作、数据管理等内容，使读者对 Excel 电子表格软件有一个较为全面的了解。

5.1 Excel 概 述

5.1.1 Excel 的功能

在日常生活中，大量的信息都是用表格这种形式表示出来的，要高效地处理大量数据必须借助自动处理程序，Excel 所具有的功能正好帮助解决了这一难题。

(1) 编辑各类表格。从建立工作表、输入数据，再将单元格的内容进行复制、移动、删除与替换，存储和管理，Excel 提供了一组完善的编辑命令，操作非常简单。

(2) 数据的处理。根据需要，可以对单元格内的数据进行排序、筛选等一系列处理。

(3) 表格的管理。Excel 可以把若干相关的工作表组成一个工作簿，使表格处理从二维扩展至三维。

(4) 绘制图表。将表格中的数据用更直观、更清楚、更易于理解的图形方式展示出来。

(5) 强大的自动化功能。比如自动更正、自动排序、自动筛选等。

(6) 数据计算功能。对工作表中的各类数据进行求和、求平均等计算，结果准确无误。

(7) 超链接功能。可以创建超链接，方便切换到因特网上的其他 Office 文档。

(8) 具有网络处理、宏和自嵌 VBA、Web 查询等功能。

(9) 操作方便。菜单、窗口、对话框、工具栏等工具和提示方便进行各项操作。

(10) 数据共享能力。

5.1.2 Excel 的启动与退出

1. Excel 的启动

打开 Excel 应用程序有以下几种方法：

(1) 执行“开始”→“所有程序”→Microsoft Office→Microsoft Office Excel 2003 命令，如图 5-1 所示。

(2) 从桌面打开。双击桌面上的 Excel 快捷图标或右击该图标，从快捷菜单中执行“打开”命令。

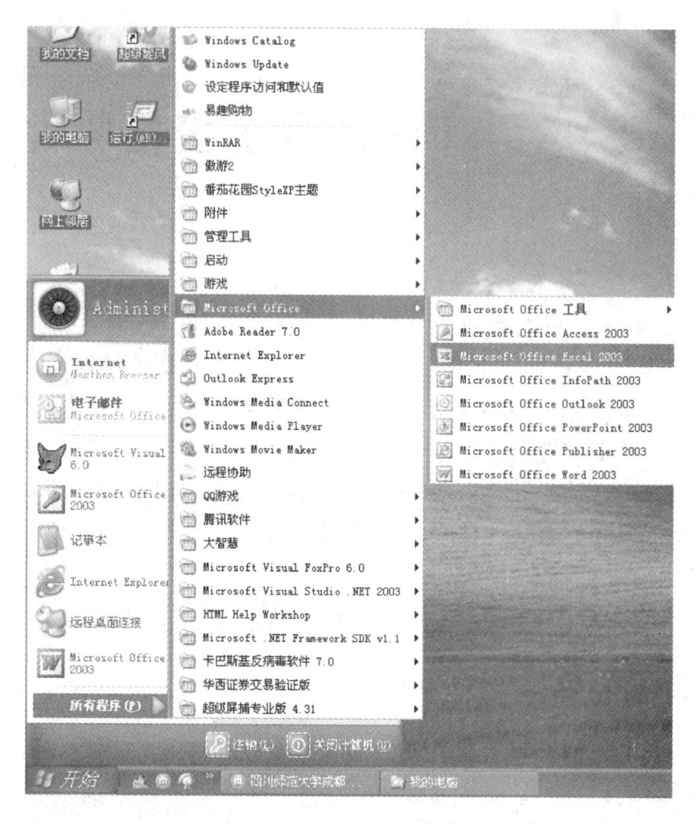

图5-1 从“开始”菜单中打开 Excel

(3) 从命令行打开。执行“开始”→“运行”命令,打开“运行”对话框,在“打开”文本框中输入 Excel.exe 并单击“确定”按钮,如图5-2所示。

2. Excel 的退出

Excel 的退出一般采取以下几种方法:

(1) 执行“文件”→“退出”命令来关闭 Excel 主程序的窗口,如图5-3所示。

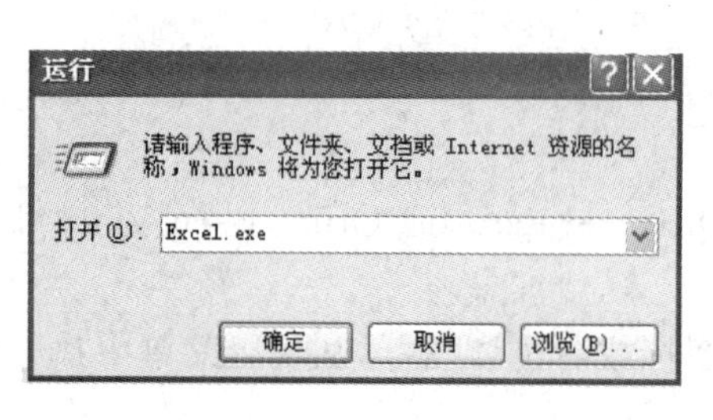

图5-2 从命令行打开 Excel

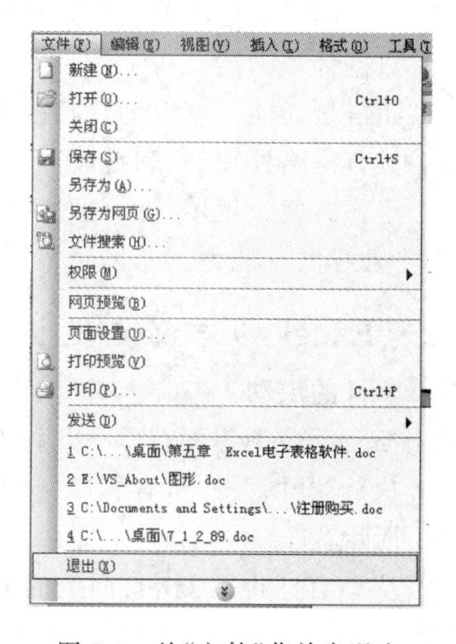

图5-3 从“文件”菜单中退出

(2) 单击窗口标题右端的“关闭”按钮，如图 5-4 所示。

图 5-4 “关闭”按钮

5.1.3 Excel 的工作环境

Excel 启动后，进入其窗口界面，并打开一个新的空白工作簿（如图 5-5 所示），其窗口主要由标题栏、菜单栏、工具栏、编辑栏、编辑区、状态栏等组成。各部分作用分别介绍如下。

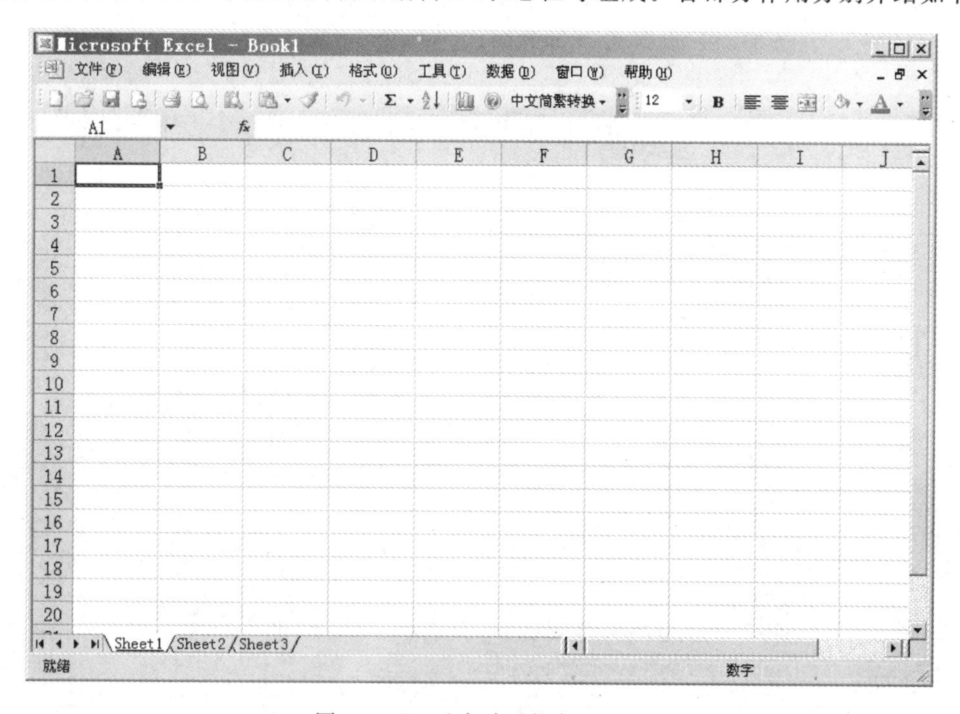

图 5-5 Excel 启动后的窗口界面

1. 标题栏

标题栏位于 Excel 窗口的最上端，显示了当前应用程序的名称为 Microsoft Excel，当前打开的工作簿名称为 Book1，如图 5-6 所示。

图 5-6 Excel 标题栏

2. 菜单栏

在标题栏下边就是菜单栏，有“文件”、“编辑”、“视图”、“插入”、“格式”、“工具”、“数据”、“窗口”和“帮助”等菜单，如图 5-7 所示。其中大部分名称与 Word 菜单相同，但其中选项和功能并不完全相同。

图 5-7 Excel 菜单栏

3. 工具栏

紧接着菜单栏下面的就是工具栏,通常显示的工具栏为“常用”工具栏和“格式”工具栏,如图 5-8 所示,每个工具栏一般由多个按钮、下拉列表框和组合框组成。

图 5-8 Excel 工具栏

4. 编辑栏

编辑栏是 Excel 特有的,用来输入、编辑单元格或图表内容的工作栏。Excel 的编辑栏由“引用区域”、“复选框”和“数据区”3 部分组成。

5. 编辑区

编辑区也就是文档窗口的表格区即工作簿窗口,它每一页是一个工作表页或图表页,如图 5-9 所示。

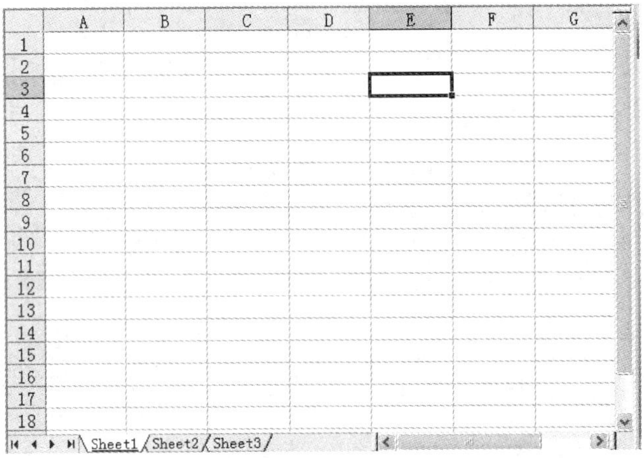

图 5-9 Excel 编辑区

编辑区是 Excel 的主要工作区。工作簿编辑区的最左一列和最上一行分别是“行号栏”和“列标栏”,分别表示工作表单元格的行号和列标。在编辑区的下方,还显示了工作表标签 Sheet1、Sheet2 等,表示当前编辑的是哪一张工作表。

6. 状态栏

工作窗口的最下一行为状态栏,主要显示当前的工作状态,如图 5-10 所示。

图 5-10 状态栏

5.2 Excel 基本操作

5.2.1 电子表格的创建、打开、保存与关闭

1. 创建电子表格

新建一个 Excel 文档的方式有以下几种:

(1) 执行“文件”→“新建”命令，如图 5-11 所示。

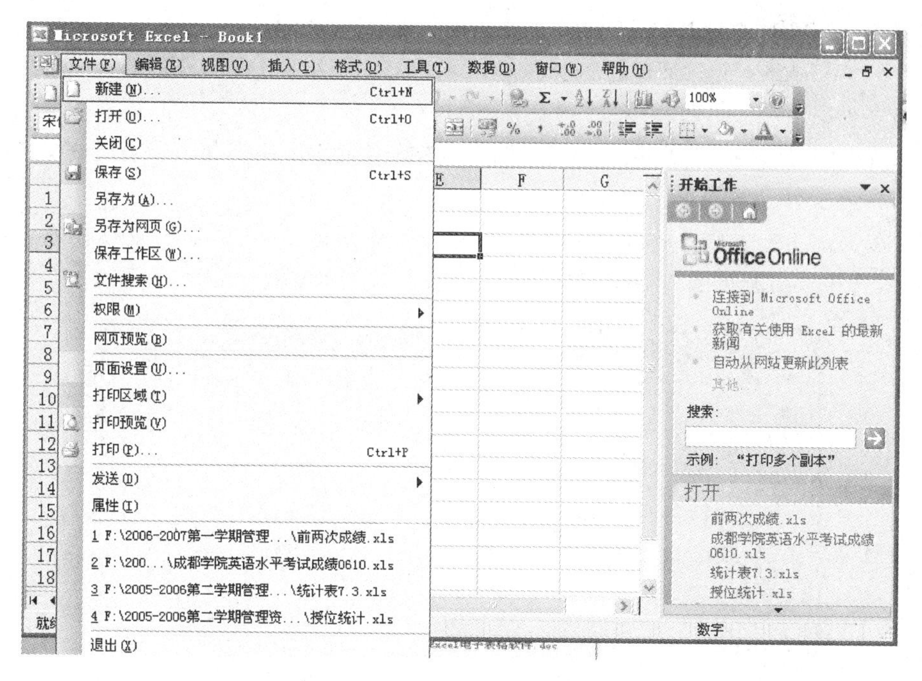

图 5-11　新建 Excel 文档

(2) 单击工具栏“新建”按钮创建电子表格，如图 5-12 所示。

(3) 在桌面的空白区域右击，在快捷菜单中选择“新建”→“Microsoft Excel 工作表”命令，如图 5-13 所示。

执行该命令后，在桌面上出现了一个新的 Excel 工作表图标，如图 5-14 所示，在文件名编辑框输入一个合适的名字并按 Enter 键，注意不要删除扩展名“. xls”。双击桌面上的文件图标就可以打开它进行编辑了。

图 5-12　使用“新建”按钮

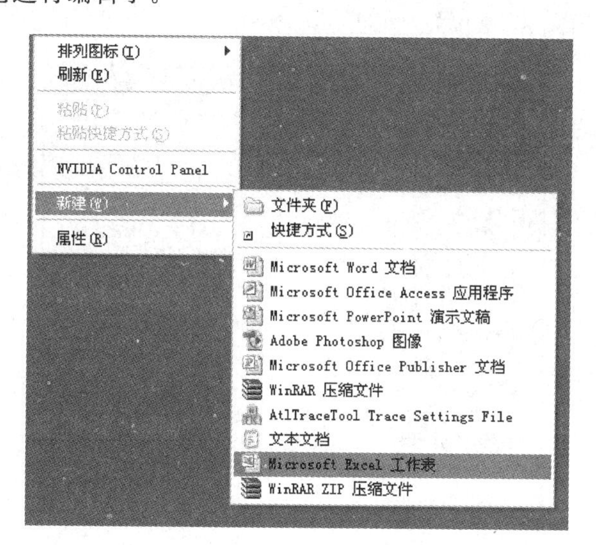

图 5-13　用快捷菜单在桌面新建

图 5-14　桌面新建的 Excel 文件

2. 打开电子表格

可以用如下几种方法打开 Excel：

(1) 在“Windows 资源管理器”或“我的电脑”中双击由 Excel 创建的.xls 表格文件，可以打开该文件。

(2) 执行“开始”→“打开 office 文档”命令，在弹出对话框中选择所要打开的表格文件，双击并打开该文件。

(3) 在 Excel 中按 Ctrl+O 组合键，打开“打开”对话框，在对话框里选择存放 Excel 文件的路径，选中要打开的文件，单击“打开”按钮就可以了，如图 5-15 所示。

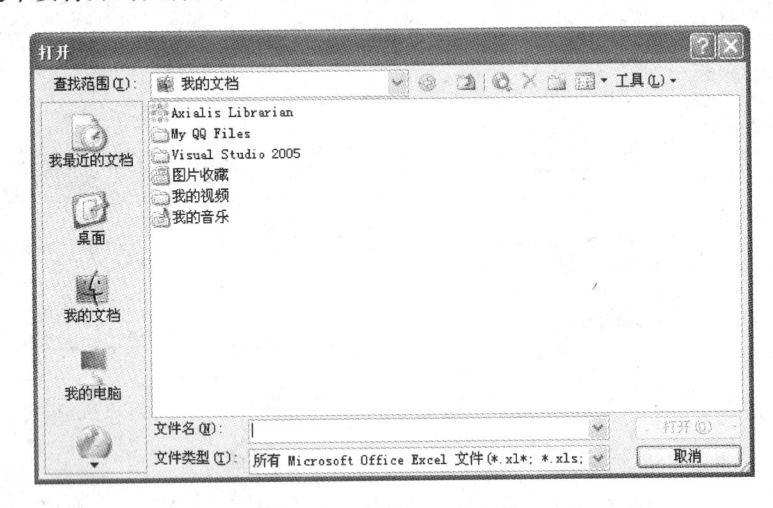

图 5-15 打开 Excel 文件

(4) 在 Excel 的“文件”菜单下方可以看到 4 个最近打开的文档名称，单击文档名就可以打开相应的文档，有时工作重复性高时这样打开文档是很方便的。还可以设置在此显示的文档数目：执行“工具”→“选项”命令，弹出的“选项”对话框如图 5-16 所示，在“常规”选项卡的“列出最近所用文件”中设置所需数量。

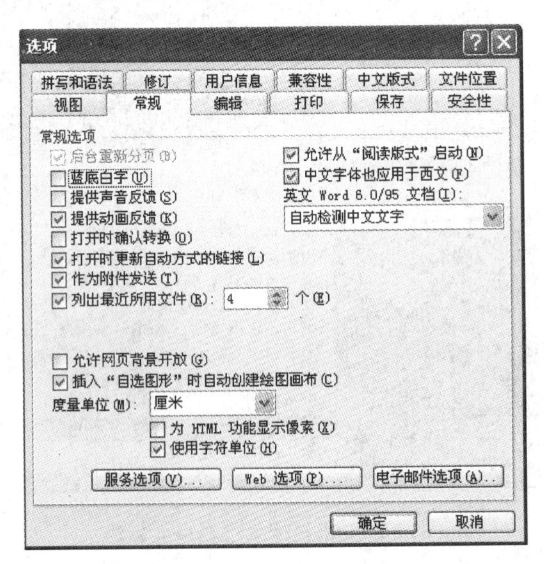

图 5-16 “选项”对话框

3. 保存电子表格

在编辑时用户所输入的文档仅存放在内存中并在显示屏幕上，当文件编辑完成以后，就应该将文件保存起来，方便下一次使用，保存文件的操作如下。

执行“文件”→“保存”命令。如果文档没有保存过，会弹出“另存为”对话框，如图 5-17 所示。

在“保存位置”下拉列表框中选择保存目录，在“文件名”文本框中输入名字，单击“保存”按钮就可以了。

如果编辑的文件以前已经保存过了，则自动进行保存，不弹出对话框。

按 Ctrl+S 组合键也与执行“保存”命令效果相同。

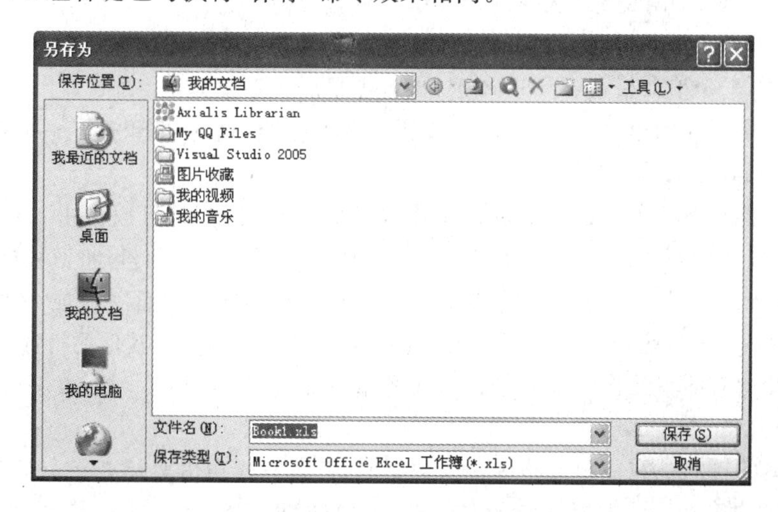

图 5-17 “另存为”对话框

4. 关闭电子表格

当完成对一个工作簿的操作后，应将其关闭，以释放其所占用的内存空间。关闭方式如下。

单击菜单栏最右边的关闭按钮 ☒，如图 5-18 所示。如果对工作表进行了修改，在关闭时，则会打开如图 5-19 所示的询问对话框。单击“是”按钮，则保存该工作表；单击“否”按钮，则不保存文档并退出。应根据实际情况进行选择。如果不小心选择了退出，而并不想退出 Excel 时，就应单击“取消”按钮。

图 5-18 关闭工作簿

图 5-19 询问对话框

5.2.2 工作表的编辑

工作簿内的工作表在使用过程中还可以进行插入、删除、复制和重命名等操作,这些操作称为工作表的编辑。

建立一个空白工作簿后,默认情况下由3个工作表Sheet1、Sheet2和Sheet3组成,在Excel中还可以建立多个工作表,用户根据需要对工作表进行编辑。

1. 表格内容的输入

(1) 选择单个单元格。要选择单个单元格,只需单击相应的单元格即可。

(2) 选择连续的单元格。选择连续的单元格有两种方法:

- 单击第一个单元格,然后拖动鼠标直至选定最后一个单元格。
- 单击第一个单元格,按下Shift键,再单击最后一个单元格。

(3) 选择不相连的单元格。如果所选单元格不相连,这时可单击第一个单元格,按下Ctrl键,再选定其他的单元格。

(4) 选择整行或整列。如果要选择工作表中的整行或整列,可以单击工作表中的行号选择整行,单击工作表中的列标选择整列。如果选择相邻的行或列,可将鼠标拖到所需的行号或列标,或先选定第一行或第一列,然后按下Shift键再选定最后一行或一列;如果选择不相邻的行或列,先选定第一行或第一列,然后按下Ctrl键再选定其他的行或列。

(5) 选择所有的单元格。如果想选择工作表中的所有单元格,可以单击行号与列号交叉的空白按钮。

(6) 数据的输入。在往单元格中输入数据时,可以直接单击要输入数据的单元格,直接输入要输入的内容即可。但要注意的是:输入内容时根据数据类型的不同,输入的要求也有所不同。具体的要求如下:

① 数值型(右对齐)。

- 在Microsoft Excel 2003中,数字中只可出现字符:1、2、3、4、5、6、7、8、9、+、-、()、,、%、$、.、E、e。
- 输入分数。

分数小于1时:需要在分数前冠以0,且0后要加入空格,例如0 1/2。

分数大于1时:需要在整数与小数之间加入空格,例如5 1/2。

- 输入负数:用括号括起的数为负数,例如(10)表示-10。

② 日期和时间型(右对齐)。在Microsoft Excel 2003中,日期和时间视为数字来处理,日期和时间可以相加减,并可以包含到其他运算当中。如果要在公式中使用时间或日期,应用带引号的文本形式输入日期或时间值。如“06/5/20”-“06/3/10”。如果要在同一单元格中输入日期和时间,在其间应用空格分隔。如果要按12小时制输入时间,在时间后输入一空格,并输入AM或PM,分别表示上午或下午。

③ 文本型(左对齐)。包括汉字、英文字母、数字、空格等。在输入数字时默认数字靠右对齐,要想把输入的数字当成文本型使用,则要在数字前加上一个单引号以表明不是数字而是文本,或先对输入的区域应用“文本”格式,再输入数字。

各种数据的输入结果如图5-20所示。

	A	B	C	D	E	F	G
1	文本				时间		
2	计算机				10：30PM		
3	数字				如果再输入时间时PM前不加空格		
4	2000				10：30PM		
5	在数字前加单引号，把数字变成文本				小于1分数		
6	2000				1 /2		
7	科学计数法显示数字				如果小于1分数前不加0		
8	1.22E+28				1月2日		
9	大于1分数				单元格显示不下内容		
10	5 1/2				##########		
11							

图 5-20　数据输入

2. 选取工作表

一个工作簿通常由多个工作表组成，所以必须进行工作表的选取。单击工作表标签栏即可选取工作表。

工作表被选中后，该工作表的内容出现在工作表窗口，工作表标签变为白色，名称下出现下划线。当工作表标签栏不能完全显示时，可通过标签栏滚动按钮前后翻阅标签。

在初始状态下，Excel 操作窗口中只有 3 张工作表，除了可以使用单击标签选择激活一张工作表外，还可以通过位于标签左侧的“标签滚动按钮”进行操作。这些按钮的外观是就是滚动箭头，从外形上即可了解到各自的作用。如果要滚动显示其他工作表标签，请在所需方向上单击滚动箭头；如果要选定某个工作表，请单击其标签；如果要一次滚动多张工作表，请按住键盘上的 Shift 键，然后再单击标签滚动箭头；如果要显示当前工作簿中所有工作表列表，请右击标签滚动箭头。

选取多个连续的工作表，可先单击第一个工作表标签，然后按住 Shift 键再单击最后一个工作表标签。选取多个不连续工作表，则可先单击第一个工作表标签，再按住 Ctrl 键单击其他工作表标签。多个被选中的工作表组成一个工作组，在标题栏中出现“工作组”字样，如图 5-21 所示，由 Sheet1 和 Sheet3 组成了一个工作组。选定工作组的好处是：在其中一个工作表的任意单元格中输入数据或设置格式，在工作组其他工作表的相同单元格中将出现相同数据或相同格式。如果想在工作簿的多个工作表中输入相同的数据或设置相同的格式，那么设置工作组将可节省不少时间。

3. 插入工作表

如果想在某个工作表之前插入一张空白的工作表，只需单击选中该工作表，执行“插入”→“工作表”命令，即可在被选中的工组表之前插入一个空白的新工作表，该表将成为当前工作表。在 Excel 中还可以插入多张工作表。

4. 删除工作表

如果要删除某个工作表，只要选中要删除工作表的标签，执行“编辑”→“删除工作表”命令即可。

5. 重命名工作表

工作表默认的名字为 Sheet1、Sheet2、Sheet3、……，如果一个工组簿中有多个工作表，对每个工作表中内容的记忆十分不方便，希望根据工组表中的内容来重命名工作表，可以用鼠标双击要重命名的工作表标签，此时标签名为可编辑状态，可以输入新的工作表名，按 Enter 键确定，如图 5-22 所示，将工作表 Sheet2 的名称改为“结果”。

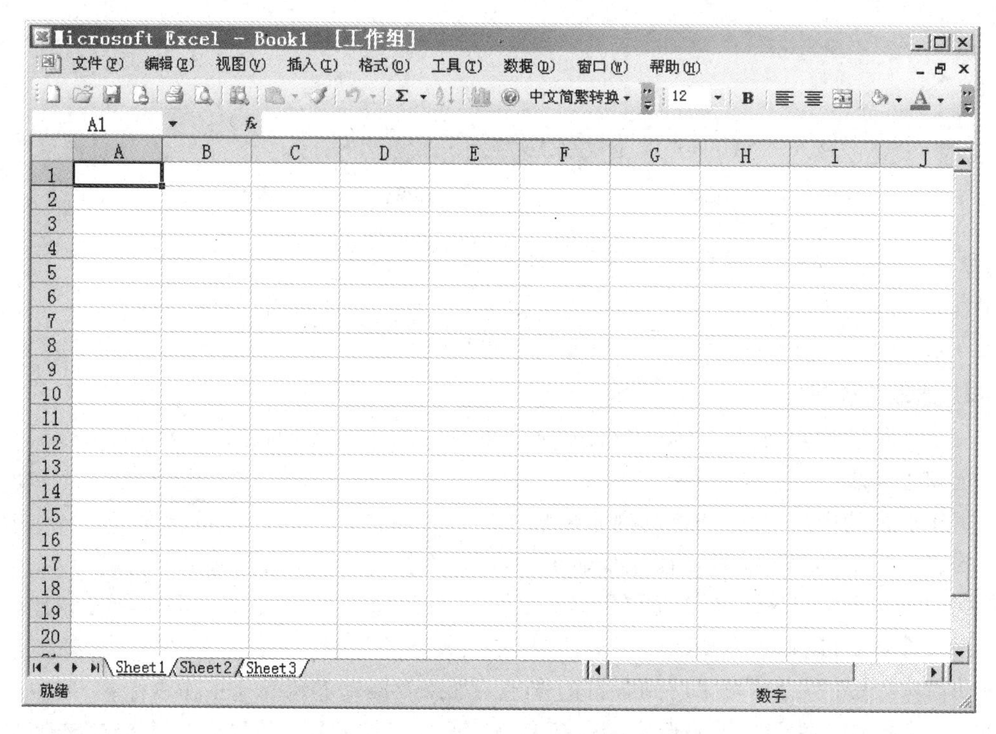

图 5-21 标题栏中的“工作组”标志

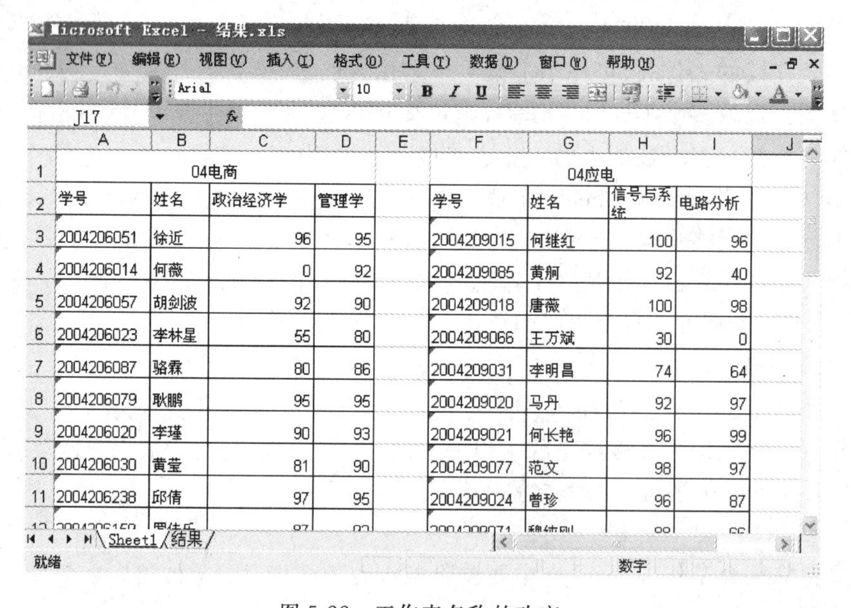

	04电商					04应电			
	学号	姓名	政治经济学	管理学		学号	姓名	信号与系统	电路分析
3	2004206051	徐近	96	95		2004209015	何继红	100	96
4	2004206014	何薇	0	92		2004209085	黄舸	92	40
5	2004206057	胡剑波	92	90		2004209018	唐薇	100	98
6	2004206023	李林星	55	80		2004209066	王万斌	30	0
7	2004206087	骆霖	80	86		2004209031	李明昌	74	64
8	2004206079	耿鹏	95	95		2004209020	马丹	92	97
9	2004206020	李瑾	90	93		2004209021	何长艳	96	99
10	2004206030	黄莹	81	90		2004209077	范文	98	97
11	2004206238	邱倩	97	95		2004209024	曾珍	96	87

图 5-22 工作表名称的改变

6. 数据的自动填充

1) 数据填充

(1) 用填充柄填充。

① 简单填充

当填充内容是纯数字或纯文本型时,填充操作相当于复制。其操作方法是:选定包含需要填充数据的单元格，然后用鼠标选定单元格右下角的填充柄，当鼠标变成“＋”形状时，用鼠标拖曳经过需要填充数据的单元格后，释放鼠标即可。

用鼠标拖动进行填充时可以向下进行填充，也可以向上、向左、向右进行填充，只要在填充是分别向上、左、右拖动鼠标即可。

下面举一个例子来看看 Excel 2003 提供的数据填充功能。以“学校教师工资表”为例(如图 5-23 和图 5-24 所示)，可以看到前 4 位教师都是“数学系”的教师，用数据填充柄就可以进行拖曳，实现快速填充。

	A	B	C
1	学校教师工资表		
2	姓名	部门	职务
3	王叙	数学系	主任
4	张强		教师
5	李生		
6	黄成		
7	张海	计算机系	数学系
8	赵伯		教师
9	杨伟		
10	邓玉		

图 5-23　拖曳前

	A	B	C
1	学校教师工资表		
2	姓名	部门	职务
3	王叙	数学系	主任
4	张强	数学系	教师
5	李生	数学系	
6	黄成	数学系	
7	张海	计算机系	任
8	赵伯		教师
9	杨伟		
10	邓玉		

图 5-24　拖曳后

② 复杂填充

当要填充的内容不是纯文本或纯数字或所做的操作不只是复制时，用填充柄进行填充就相对要复杂一些，如图 5-25 所示。

A6　fx　1

	A	B	C	D	E	F	G
1	123	123	123	123	纯数字相当于复制		
2	计算机	计算机	计算机	计算机	纯字符相当于复制		
3	A1	A2	A3	A4	文字数字混合体数字递增		
4	一月	二月	三月	四月	按预设填充		
5	自动	12	自动	12	按Ctrl填充为复制		
6	1	3	5	7	按等差值填充		
7	A1	A4	A7	A10			

图 5-25　数据填充

(2) 用菜单填充。

除了使用鼠标拖动进行填充外，还可以使用菜单项进行填充：选中要填充的单元格，执行“编辑”→“填充”命令，打开“序列”对话框。在该对话框中可以设置序列的生产方向、序列类型等。下面通过一个等比序列(1,3,9,27,81)的例子来了解“序列”对话框的使用。

第一步：在指定的单元格中驶入初值“1”，然后打开“序列”对话框，如图 5-26 所示。

第二步：要选择序列生产的方向，选择序列的类型为“等比序列”，如图 5-27 所示。

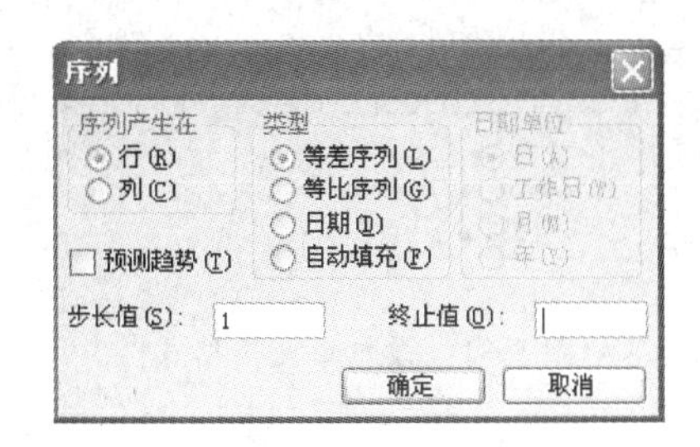

图 5-26　“序列”对话框 1

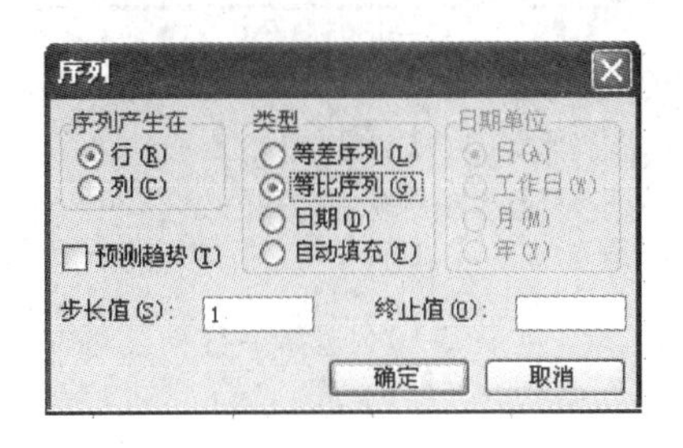

图 5-27　“序列”对话框 2

第三步：在“步长值”中输入3(因为该序列中每两个数之间是3倍的关系)，在“终止值”处输入81，如图5-28所示。

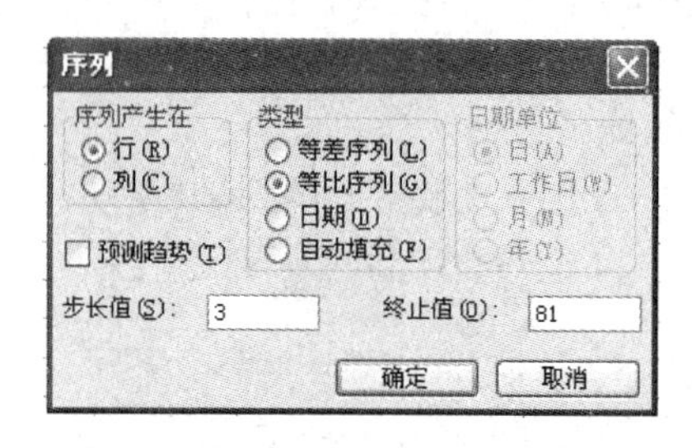

图5-28 “序列”对话框3

第四步：单击“确定”按钮，可以看到结果如图5-29所示。

图5-29 生产等比序列的结果

5.2.3 电子表格排版

工作表建立以后，就可以对工作表中各单元格的数据进行格式编辑，使工作表的外观更美观，排列更整齐。

在Excel最常用的就是设置文字的格式和编辑表格，而且此格式将表现在最终的电子表格中。此外，还可以设置其他与数据信息相关的属性，下面的操作将以工作簿“学生成绩单”为例进行说明。

1. 设置字体

(1) 单击行号1，选定此行中的文字内容(如图5-30所示)，然后右击，并从快捷菜单中执行“设置单元格格式”命令，如图5-31所示。

姓名	班级	语文	数学
张三	一班	86	76
李四	二班	87	77
王五	三班	88	80
赵六	四班	87	86

图5-30 选择一行

图5-31 设置单元格格式

(2) 打开“单元格格式”对话框，选择“字体”选项卡，如图 5-32 所示。

(3) 从“字体”列表框中选择一种字体，如图 5-33 所示，再从“字形”列表中选择一种字形，在“字号”列表框中选择文字的字号，如图 5-34 所示。

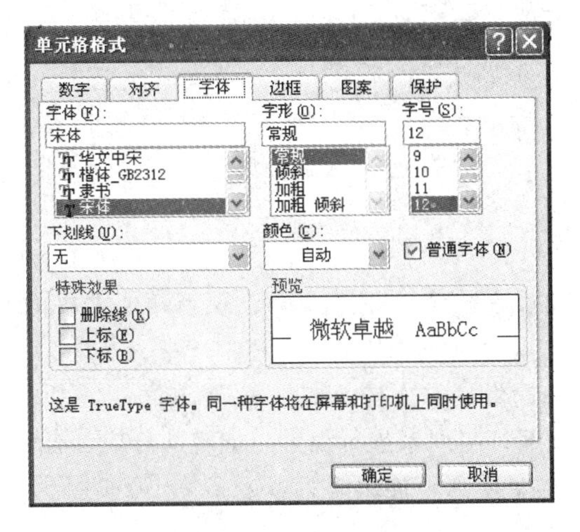

图 5-32 “字体”选项卡

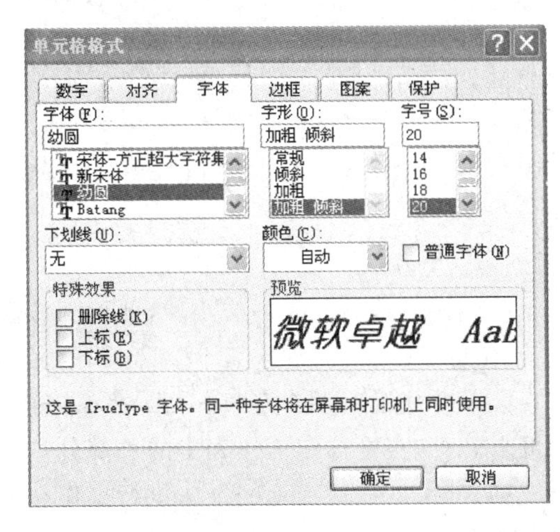

5-33 选择字体

还可以在“字体”选项卡中设置文字的颜色，以及下划线、删除线等属性，并能预览设置结果。单击“确定”按钮后，选定单元格中的文字就将按新设置的字体格式显示，如图 5-35 所示。

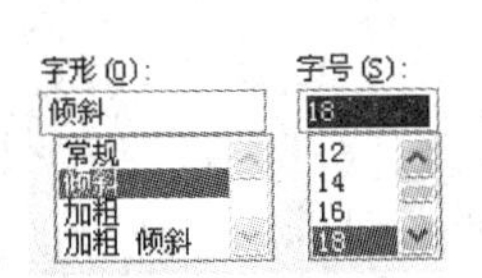

图 5-34 设置字形和字号

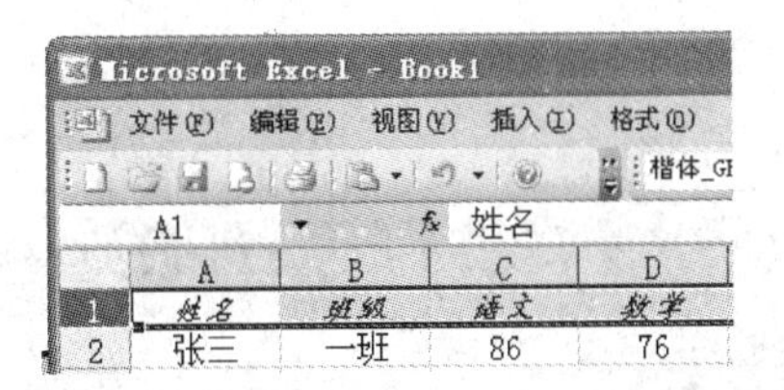

图 5-35 单元格字体设置结果

2. 设置数据格式

(1) 单击 C 列，选定此列中的所有内容，如图 5-36 所示，接着右击，从快捷菜单中执行“设置单元格格式”命令，打开“单元格格式”对话框，选择“数字”选项卡，如图 5-37 所示。

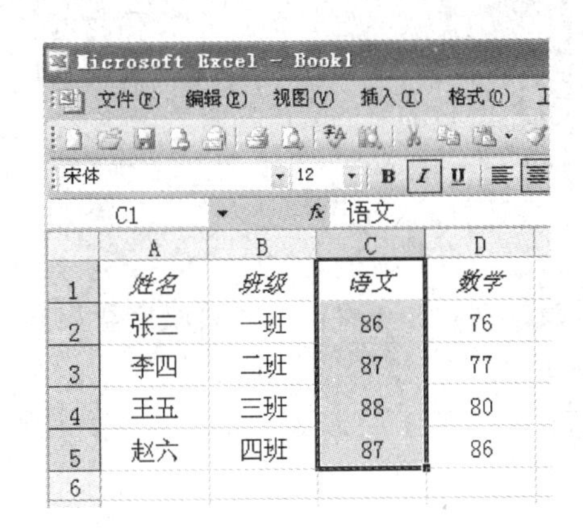

图 5-36 选择一列

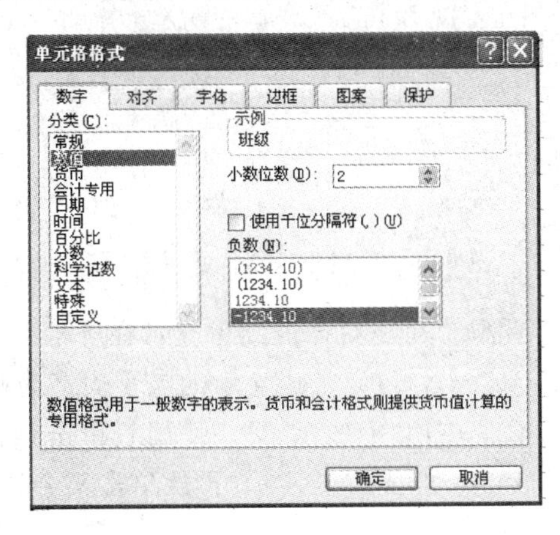

图 5-37 “数字”选项卡

(2) 在“分类”列表框中选择“数值”,如图5-38所示。

(3) 设置“小数位数”微调按钮(如图5-39所示),然后单击“确定”按钮。

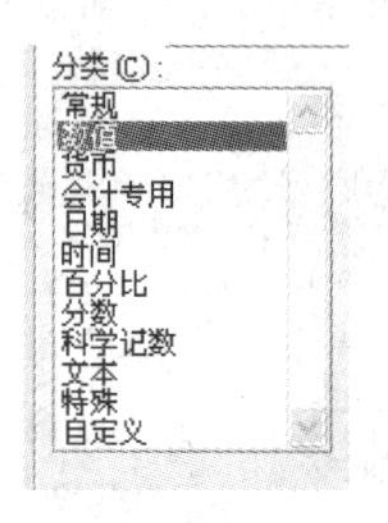

图5-38　选择“数值”项

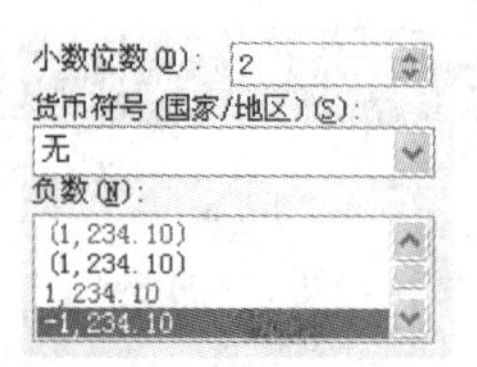

图5-39　确定小数位数

上述操作选择的是两位小数,此后工作表中的“数学”列的数据后就会保留两位小数,如图5-40所示。

以上操作说明了选定某一行或者某一列来设置格式的方法。如果需要,还可以选择几行或者几列,甚至选定工作表中的一部分,或者全部行与列来进行设置。选定部分或者全部行与列,都可以使用拖动的方法进行操作;若要选定排列不连续多行或者多列,可参照5.4节的介绍。

3. 打印预览

(1) 执行“文件”→“打印预览”命令,如图5-41所示。

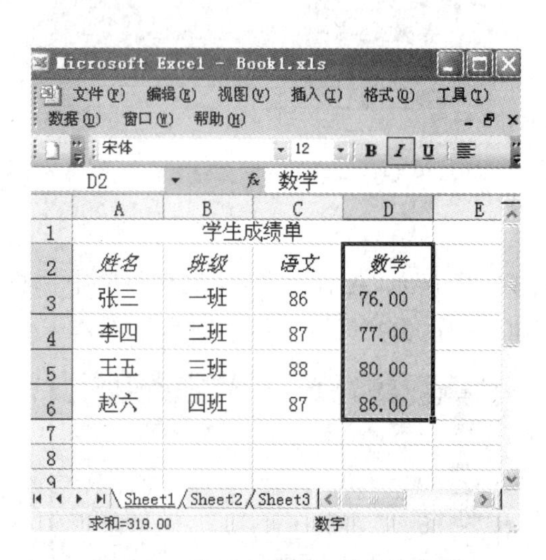

图5-40　设置小数点位数后的结果

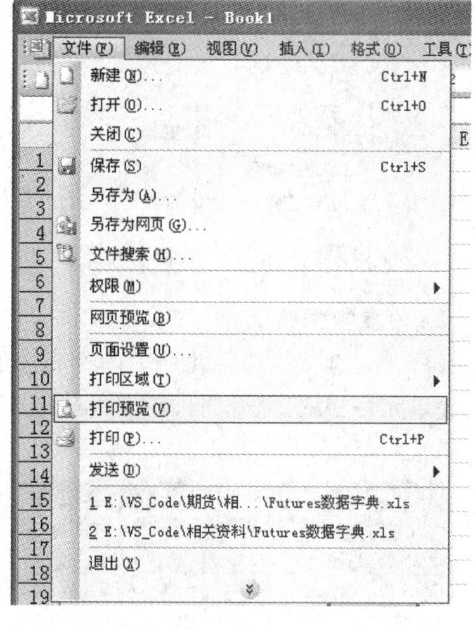

图5-41　“文件”菜单

此操作可将打印的结果显示在屏幕上,显示的结果和打印出来的电子表格完全相同,如图5-42所示,可以根据显示的电子表格为修改提供依据。

(2) 使用“缩放”工具。使用它单击预览窗口后,文字就能放大至建立电子报表时所设置的尺寸,如图5-43所示,再次单击又会还原。

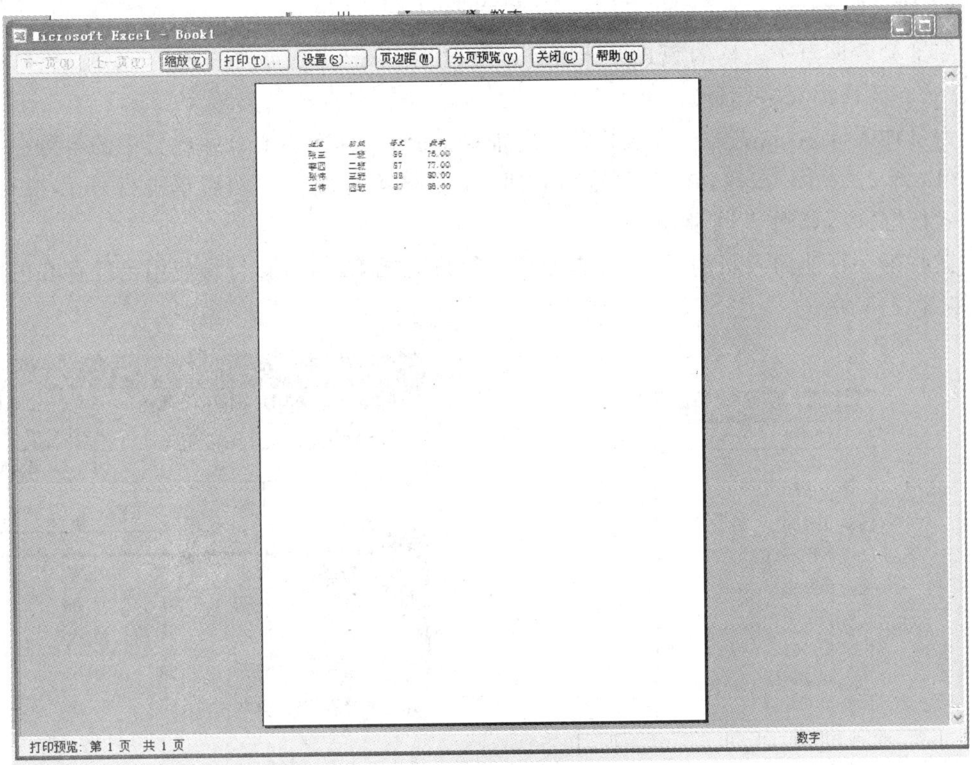

图 5-42　预览

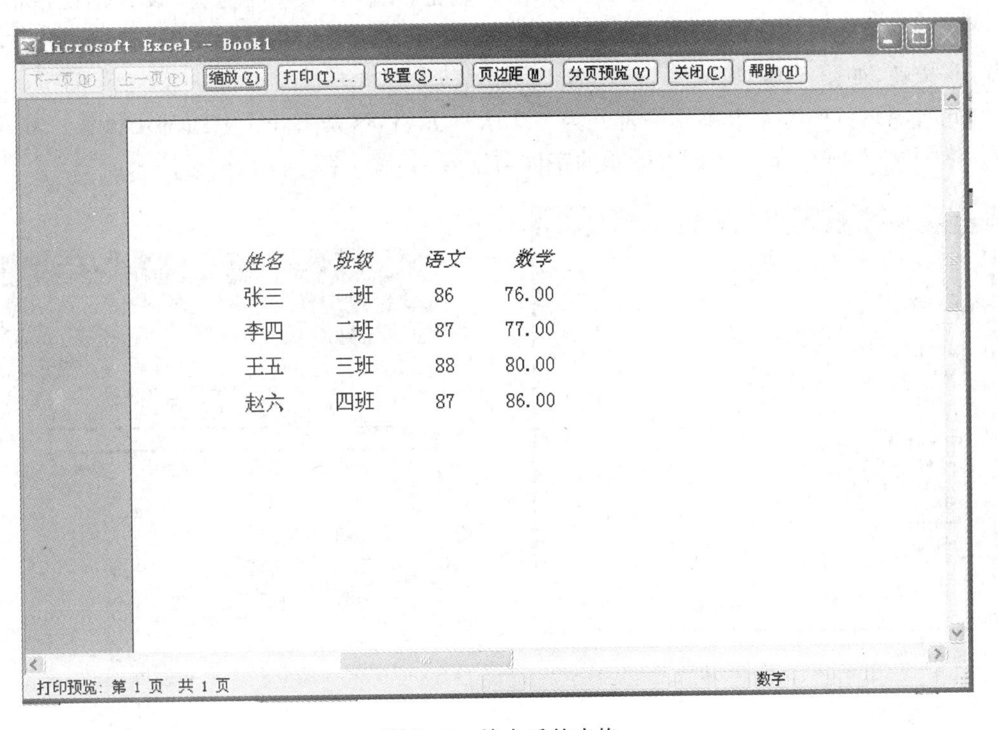

图 5-43　放大后的表格

4. 修改版式

仔细察看该电子表格的版式设计情况,可以很容易地找到需要修改的地方。就本例而言,显然需要增加表格标题。

为了加入标题,首先需要在表格第一行前插入一行,其次还要合并此行中的各列。

(1) 单击“关闭”按钮,结束“预览”,返回 Excel 的操作窗口。然后单击行号 1,执行“插入”→“行”命令,如图 5-44 所示。

在原第一行前插入新的行,而原来的第一行将变成第二行,新行将使用已经存在的列定义,如图 5-45 所示。

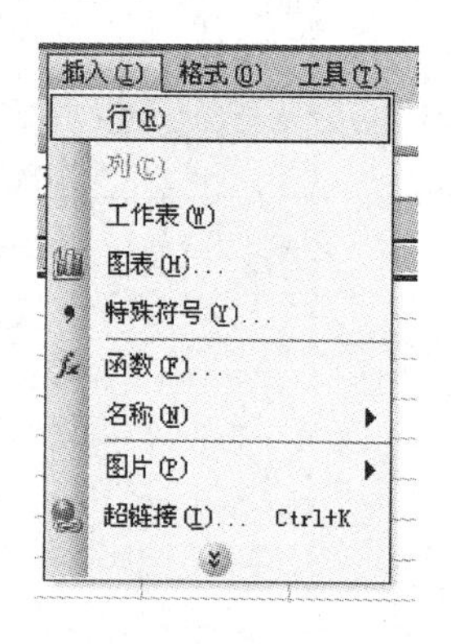

图 5-44 “插入”菜单

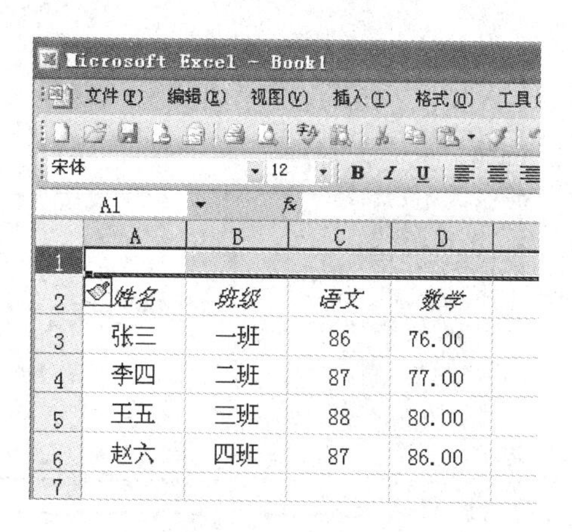

图 5-45 插入一行

(2) 用鼠标拖动选择单元格 A1~D1,然后右击,从快捷菜单中选择“设置单元格格式”命令,打开“单元格格式”对话框,选择“对齐”选项卡,选中“合并单元格”复选框,最后单击“确定”按钮,如图 5-46 所示。

此时 A1~D1 这 4 个单元格合并为一个大单元格,这是 Excel 中的常用操作。在其中输入标题“学生成绩单”,并设置标题的字体与字号,如图 5-47 所示。

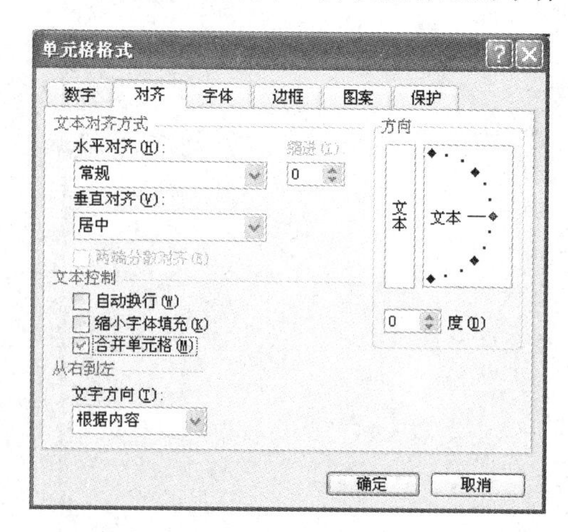

图 5-46 “对齐”选项卡

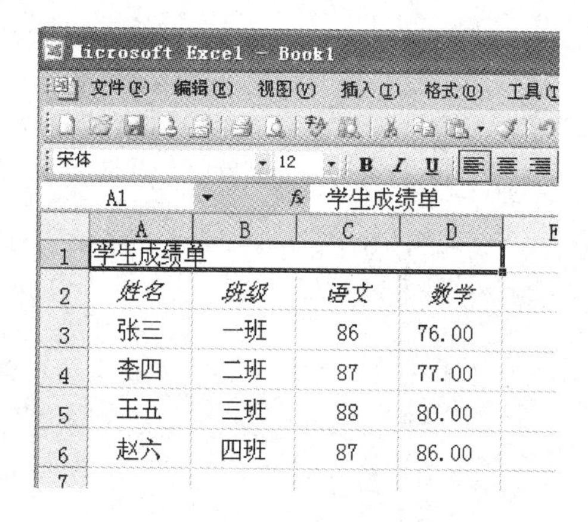

图 5-47 设置标题

5.2.4 多电子表格操作

在一个 Excel 工作簿中，可以建立多份内容与结构完全不同的工作表，可以使用复制的方法引用数据。

1. 工作表间复制数据

(1) 使用拖动的方法，选定第一行中 A1～D1 单元格，如图 5-48 所示。这一步操作与在 Microsoft Word 中选定文字的操作相似，选定的结果也将突出显示。

(2) 按 Ctrl+C 键，将选定的内容复制在 Windows 剪贴板中。与之相应的 Ctrl+X(剪切)和 Ctrl+V(粘贴)键也可以在 Excel 工作表中应用。

(3) 单击 Sheet2 标签，如图 5-49 所示，切换到 Sheet2 工作表。按 Ctrl + V 键，将 Sheet1 工作表中选定的内容复制到 Sheet2 工作表中，如图 5-50 所示。

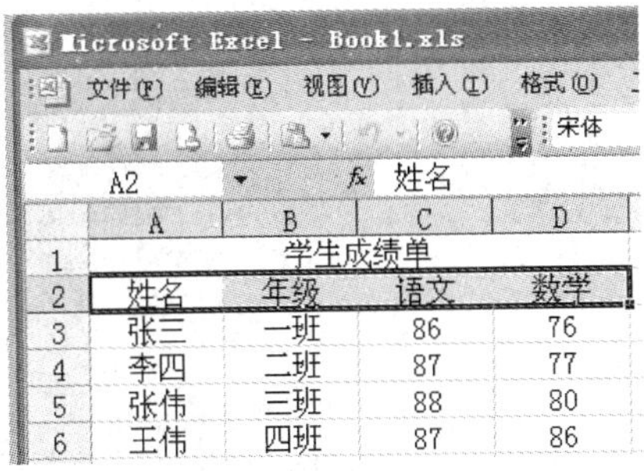

Microsoft Excel - Book1.xls

文件(F) 编辑(E) 视图(V) 插入(I) 格式(O)

A2 姓名

	A	B	C	D
1	学生成绩单			
2	姓名	年级	语文	数学
3	张三	一班	86	76
4	李四	二班	87	77
5	张伟	三班	88	80
6	王伟	四班	87	86

图 5-48 选择单元格

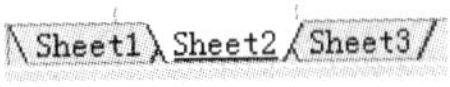

Sheet1 Sheet2 Sheet3

图 5-49 工作表的标签

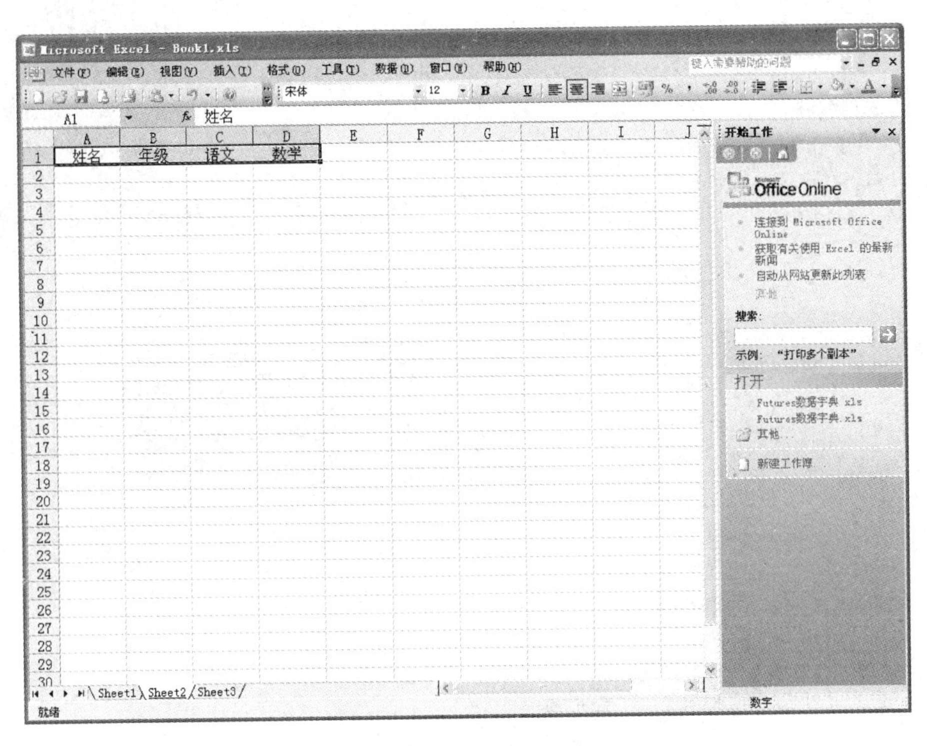

图 5-50 单元格的粘贴

2. Word 与 Excel 转换

在处理 Word 文档时,有时需要将 Word 表格进行复杂的统计分析处理,但 Word 本身没有提供现成的功能可供使用。

解决方法之一就是把 Word 文档中的表格复制到 Excel 中进行操作。如图 5-51 所示,Word 中的表格需要复制到 Excel 中,可进行如下操作。

(1) 在 Word 中右击表格左上角的十字标,全选整个表格,并从右键快捷菜单中执行“复制”命令,如图 5-52 所示。

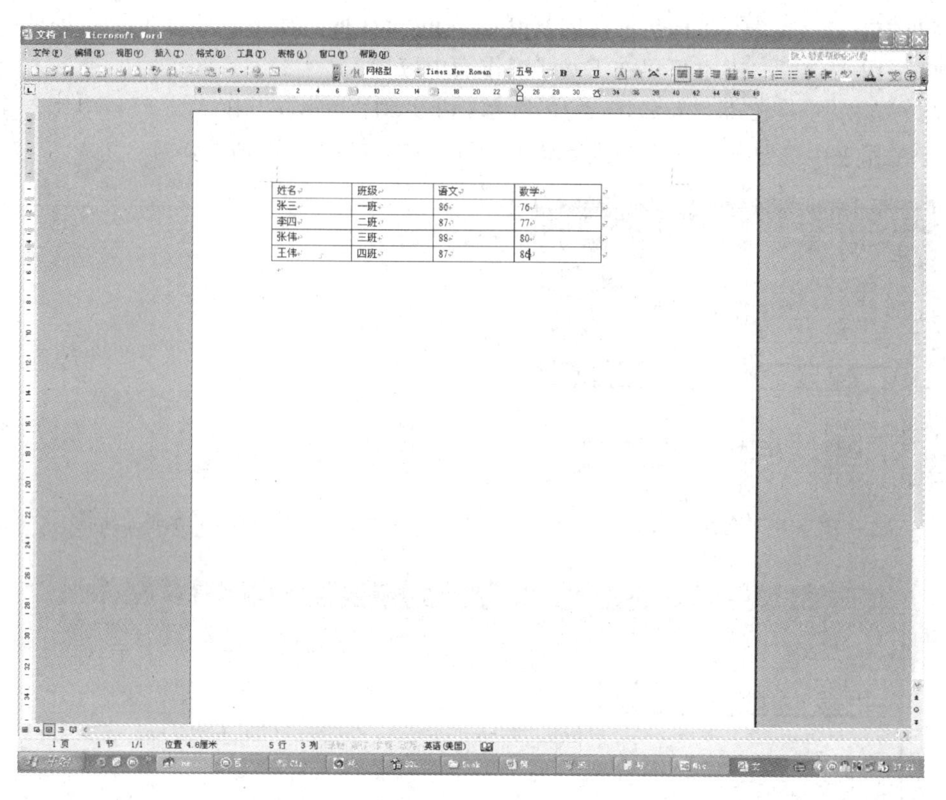

图 5-51 表格

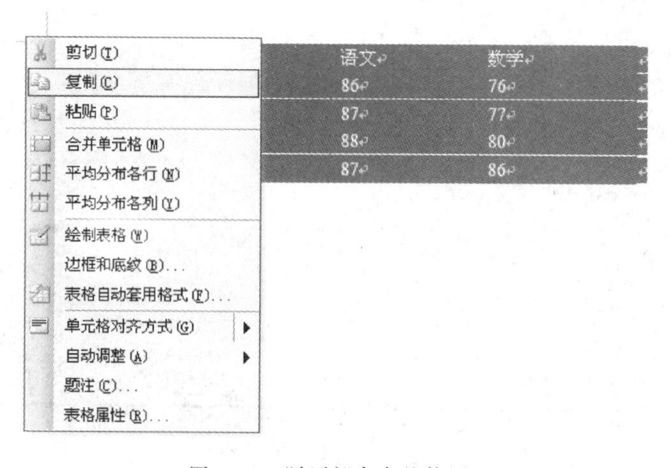

图 5-52 “复制”命令的使用

(2) 打开 Excel,在任意单元格处右击,从快捷菜单中选择“选择性粘贴”命令(如图 5-53 所示),打开“选择性粘贴”对话框,在“方式”列表框中选择“文本”选项,单击“确定”按钮,此时将 Word 文档中的表格粘贴到 Excel 中。

图 5-53　粘贴文本

5.3　公式与函数

公式与函数是 Excel 的灵魂,提供了非常强大的计算能力,为分析和处理工作表中的数据提供了极大的方便,是 Excel 的重要组成部分。

5.3.1　公式

Excel 最有价值的特性之一就是在每个单元格中存储数学公式的能力,使用公式时必须以等号“=”开始,由一组数据和运算符组成的。

Excel 中建立起了电子表格,就可以统计某一列单元格区域内各值的总计值。其实,Excel 提供有自动计算功能,如选定“语文”列中的各单元格后,状态栏中就将显示各项数据记录的总值,下面就介绍如何实现这样的功能。

(1) 先选择“语文”列中全部成绩,注意不要选到“语文”(C2 单元格),如图 5-54 所示。

(2) 单击“自动求和”按钮,如图 5-55 所示,就可以得出结果,如图 5-56 所示。

(3) 以后无论怎样修改“语文”列的分数,C7 单元格都会自动地求出以上 4 人的语文总分。其中 C7 单元格的 SUM(C3:C6)就是求和公式,如图 5-57 所示。

Microsoft Excel - Book1

文件(F) 编辑(E) 视图(V) 插入(I) 格式(O) 工

宋体 12 B I U

C3 fx 86

	A	B	C	D
1		学生成绩单		
2	姓名	班级	语文	数学
3	张三	一班	86	76.00
4	李四	二班	87	77.00
5	王五	三班	88	80.00
6	赵六	四班	87	86.00
7				

图 5-54　选择求和数据

Microsoft Excel - Book1

文件(F) 编辑(E) 视图(V) 插入(I) 格式(O) 工具(T) 数据(D) 窗口(W) 帮助(

宋体 12 B I U % 自动求和

C3 fx 86

	A	B	C	D	E	F	G
1		学生成绩单					
2	姓名	班级	语文	数学			
3	张三	一班	86	76.00			
4	李四	二班	87	77.00			
5	王五	三班	88	80.00			
6	赵六	四班	87	86.00			
7							
8							
9							

图 5-55　数据求和

Microsoft Excel - Book1

文件(F) 编辑(E) 视图(V) 插入(I) 格式(O) 工具(T) 数据(D) 窗口(W) 帮

宋体 12 B I U % 自动求和

C3 fx 86

	A	B	C	D	E	F	G
1		学生成绩单					
2	姓名	班级	语文	数学			
3	张三	一班	86	76.00			
4	李四	二班	87	77.00			
5	王五	三班	88	80.00			
6	赵六	四班	87	86.00			
7			348				
8							
9							

图 5-56　求和结果

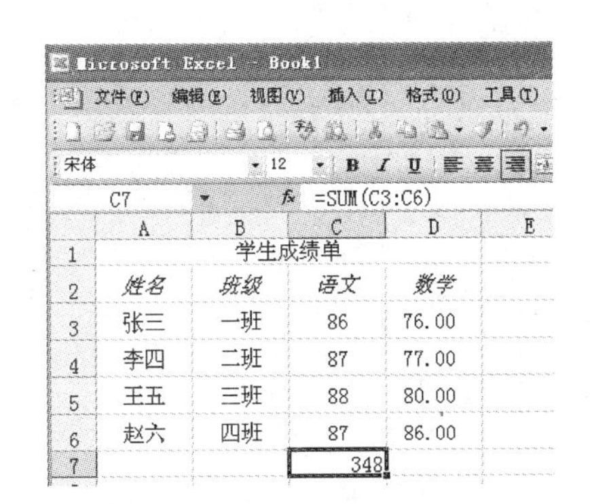

图 5-57　求和公式

如果将 SUM 改为 AVERAGE,就是求以上 4 个数据的平均数,如图 5-58 所示。

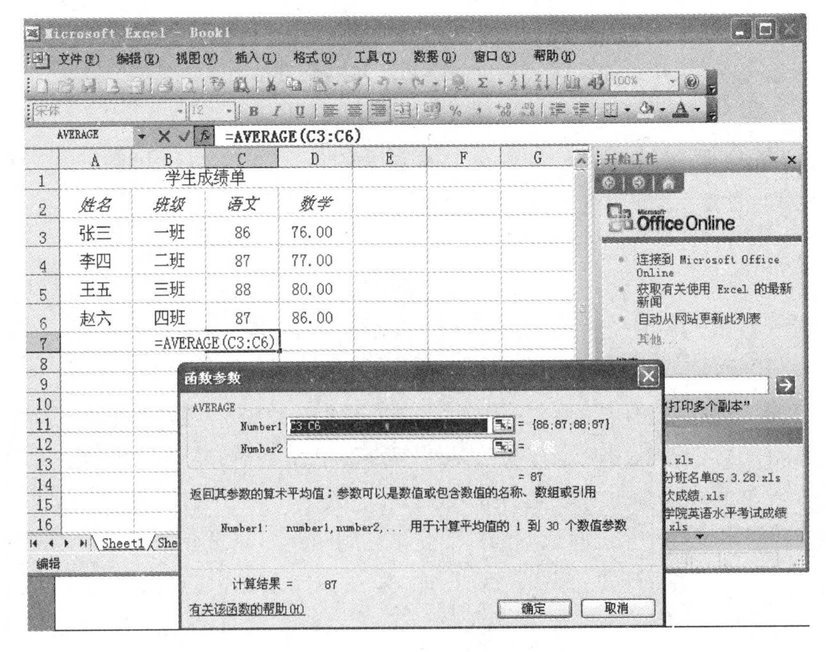

图 5-58　平均值公式的运用

如果将 SUM 改为 MAX，就是求以上 4 个数据的最大值，如图 5-59 所示。

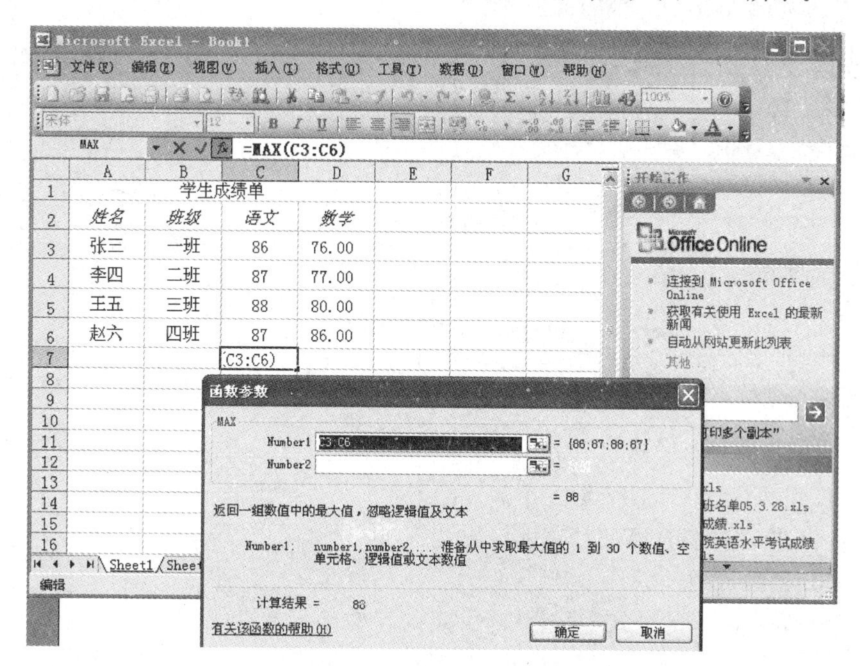

图 5-59 求最大值公式

当然，Excel 中还有很多常用公式，可以根据不同的需要选择公式，得出所要的结果。

5.3.2 函数

1. 插入函数

Excel 2003 提供了两种输入函数的方法：一种是直接输入法，另一种是粘贴函数法。

(1)直接输入函数。在使用函数时如果对使用的函数很熟悉，用户可以直接输入函数，方法如下：

① 选择要输入函数的单元格。

② 在单元格中先输入等号，然后输入函数和参数。例如“＝SUM(A1:A5)”。表示对 A1:A5 这个单元格区域求和。

③ 输如函数后，按 Enter 键。

(2) 粘贴函数。如果用户对函数不是很熟悉，Excel 2003 还提供了比较便捷方的方式——粘贴函数。通过粘贴函数用户可以很容易地操作函数，具体步骤如下：

① 选择要输入函数的单元格。

② 单击“插入函数”按钮或执行“插入”→“函数”命令，可以弹出如图 5-60 所示的“插入函数”对话框。

③ 在“选择函数”中找到要使用的函数，单击“确定”按钮，会弹出如图 5-61 所示的“函数参数”对话框。

④ 在“函数参数”对话框中，确定要计算的区域。

确定计算函数的范围有两种方法：

- 如果是对一个区域进行计算，则直接在 Number1 的后面输入该区域范围；如果是

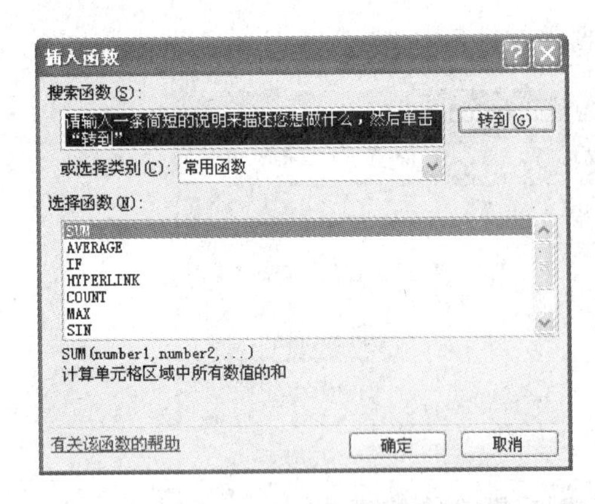

图 5-60 “插入函数”对话框

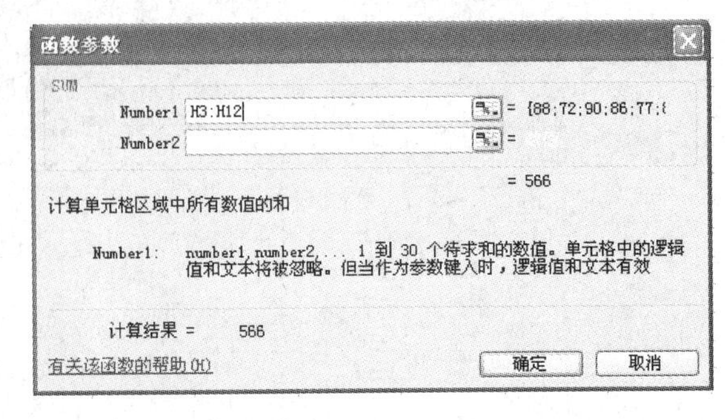

图 5-61 “函数参数”对话框

对两个单元格区域进行计算，则在 Number1 的后面输入第一个区域的范围，在 Number2 的后面输入第二个区域的范围。

- 用鼠标直接选择选择要计算的区域。

2. 常用函数应用

函数是一种预定义的公式，通过传递一定的参数给函数就可以自动执行。下面介绍几种常用的函数。

1) TEXT 函数

TEXT 是一个常用函数，能将一个数值转换为按指定数字格式来表示的文本。TEXT 函数的语法为

```
TEXT(value,format_text)
```

其中，value 为数值，能够返回数值的公式，或对数值单元格的引用；format_text 为所要选用的文本型数字格式，即在“单元格格式”对话框的“数字”选项卡的“分类”列表框中显示的格式。不能包含星号(*)，也不能是常规型。

2) SUMIF 函数

SUMIF 函数用于根据指定条件对若干单元格求和，语法为

```
SUMIF(range,criteria,sum_range)
```

其中，range 为要进行计算的单元格区域；criteria 为确定哪些单元格将被相加求和的条件，其形式可以为数字、表达式或文本。如条件可以表示为 32、“32”、“>32”、“apples”。sum_range 为需要求和的实际单元格。只有当 range 中的相应单元格满足条件时，才对 sum_range 中的单元格求和。如果省略 sum_ range，则直接对 range 中的单元格求和。

常用的函数还有平均值函数(AVERAGE)、计数函数(COUNT)、最大值函数(MAX)、最小值函数(MIN)等。

5.4 图表操作

在 Excel 2003 中，建立图表的方式有两种：一种是把建立的图表作为数据源所在工作表的对象插入，另一种是把建立的图表变成一个独立的图表工作表。但无论是哪种图表，都

可以通过以下两种方式来建立：

- 用图表向导建立图表。
- 快速插入图表。

5.4.1 柱形图

柱形图的主要用途为显示或比较多个数据组。其子类型中包括簇状柱形图和堆积柱形图。

(1) 选择生成图表的数据区域“C2:D5”，如图 5-62 所示。

(2) 执行“插入”→“图表”命令，打开“图表向导”对话框。

(3) 在“图表类型”列表框选择“柱形图”，在“子图表类型”列表框中选择第一行第二个，即“堆积柱形图”，按住“按下不放可查看示例”按钮可查看图表的显示效果，如图 5-63 所示。

(4) 单击两次“下一步”按钮，进入“图表选项”步骤，选择“标题”选项卡，在“图表标题”文本框中输入“学生成绩表”，如图 5-64 所示。

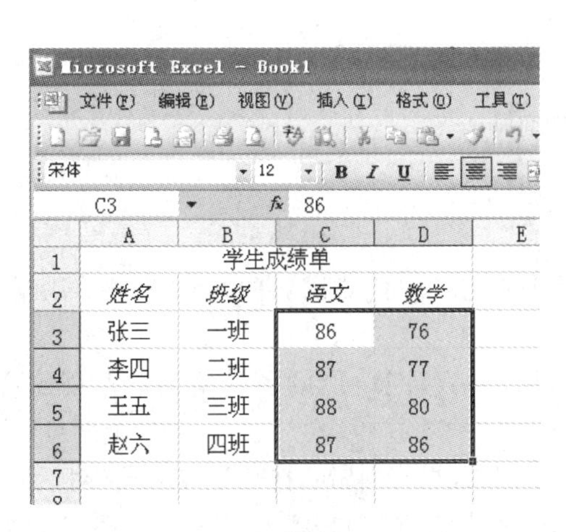

图 5-62 选择区域

图 5-63 图表类型

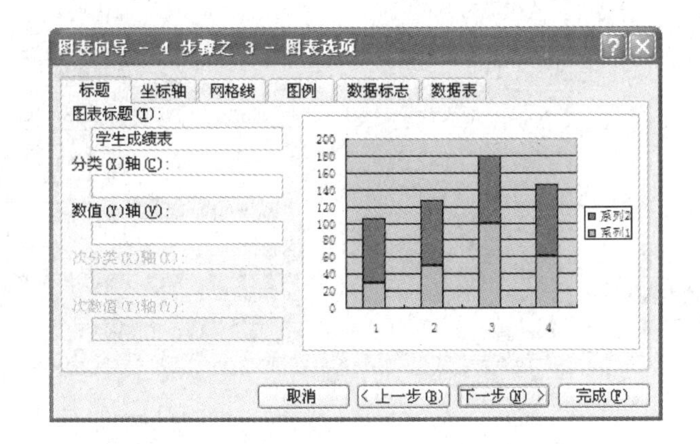

图 5-64 图表选项

(5) 单击“完成”按钮，图表作为对象插入当前表格中，如图 5-65 所示。

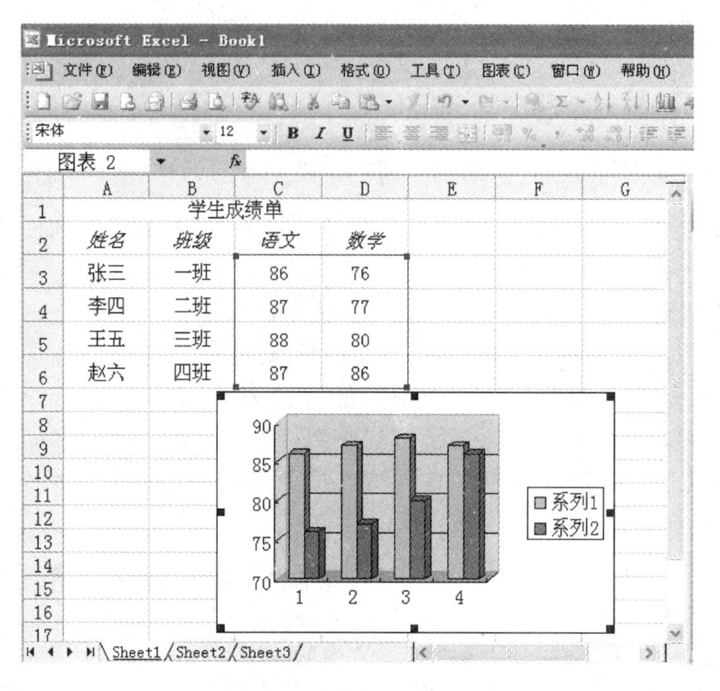

图 5-65 表格与图同时显示

5.4.2 饼图

饼图用于显示各成分占据的百分比,用分割并填充了颜色或图案的饼形来表示数据。常用在市场分析、因素分析、数据统计等场合。

设某公司一季度销售统计表如图 5-66 所示,以"台式计算机"的各月销量数据创建饼图,可以采用如下方法。

(1) 选择数据区域 B3～B5,单击"常用"工具栏的"图表向导"按钮,打开"图表向导"对话框。

(2) 在"图表类型"列表框中选择"饼图",在"子图表类型"列表框选择第二行第二个选项,如图 5-67 所示。

	A	B	C	D
1	一季度销售报表			
2		台式电脑	笔记本	
3	1月	220	350	
4	2月	210	300	
5	3月	340	310	
6	合计:	770	960	
7				
8				
9				

图 5-66 销售统计表

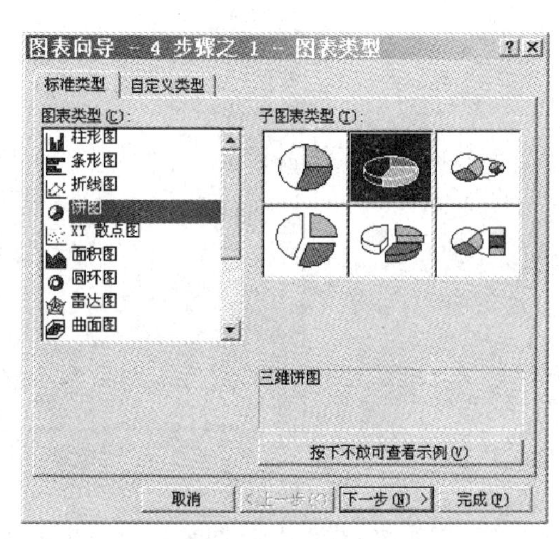

图 5-67 选择饼图类型

(3) 单击两次“下一步”按钮，进入“图表选项”对话框，选择“标题”选项卡，在“图表标题”文本框中输入“销售统计表”，如图 5-68 所示。

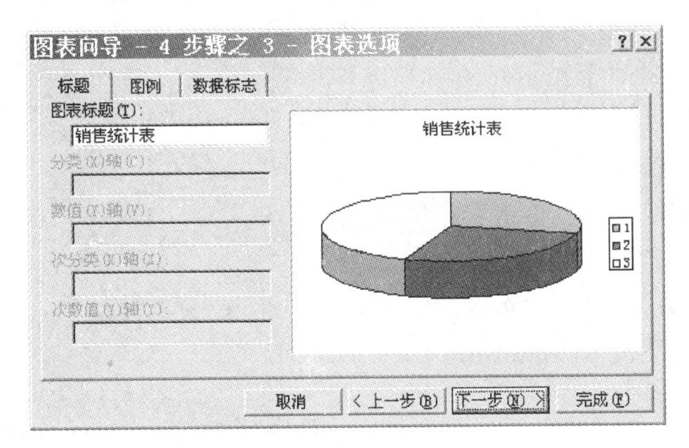

图 5-68　输入图表标题

(4) 选择“数据标志”选项卡，选中“类别名称”和“百分比”复选框，如图 5-69 所示。

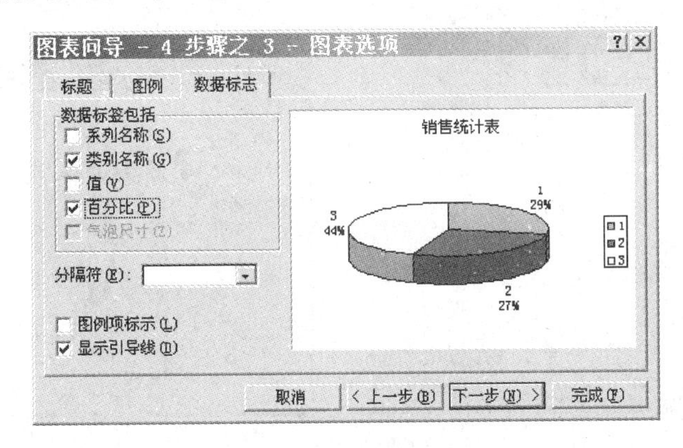

图 5-69　选择“数据标志”

(5) 单击“下一步”按钮，选择“作为新工作表插入”单选按钮。单击“完成”按钮后可以看到图表显示在一个名为 Chart1 的新工作表中，如图 5-70 所示。

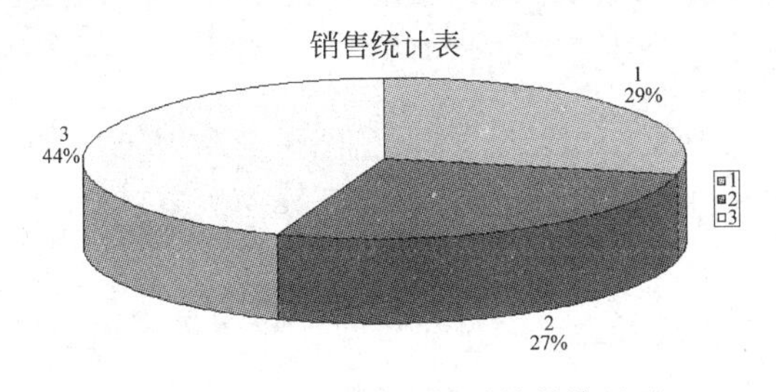

图 5-70　销售统计表饼图的最终显示

5.4.3　折线图

折线图用一系列以折线相连的点表示数据。适用于采样间隔相等的离散数据的表达，各个数据之间格式相同，数量级接近。其子类包括折线图、堆积折线图、数据点折线图等。

其创建方式与创建柱形图相同。

5.4.4 面积图

面积图用填充了颜色或图案的面积来显示数据。这种类型的图表最适于显示有限数量的若干组数据。

(1) 打开"学生成绩表"工作簿,选中生成图表的数据区域,如图5-71所示,单击"常用"工具栏上的"图表向导"按钮,打开"图表向导"对话框。

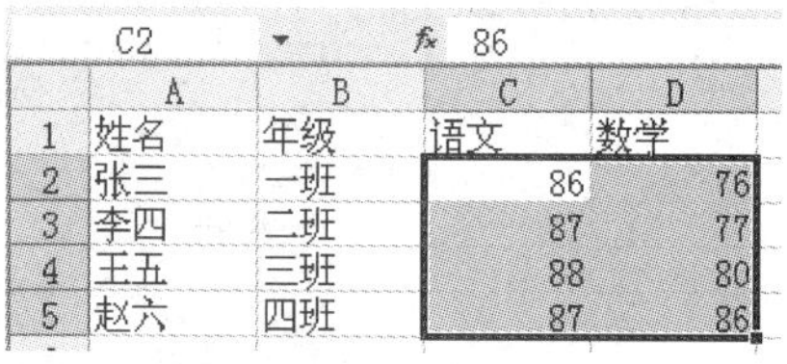

	A	B	C	D
1	姓名	年级	语文	数学
2	张三	一班	86	76
3	李四	二班	87	77
4	王五	三班	88	80
5	赵六	四班	87	86

图5-71 选定区域

(2) 从"图表类型"列表框中选择"面积图","子图表类型"保持默认,如图5-72所示。

(3) 单击"下一步"按钮,设置如图5-73所示。

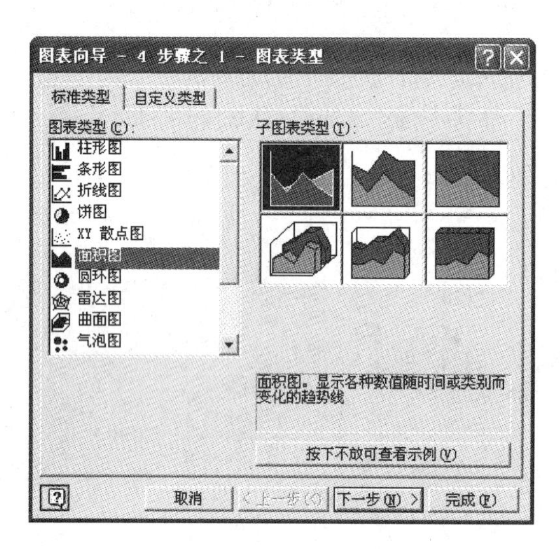

图5-72 图表类型

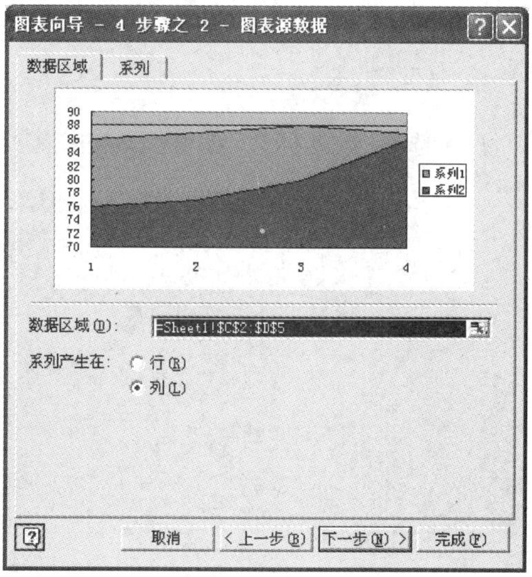

图5-73 图表源数据

(4) 单击"下一步"按钮,在"图表标题"文本框中输入"学生成绩表",如图5-74所示。

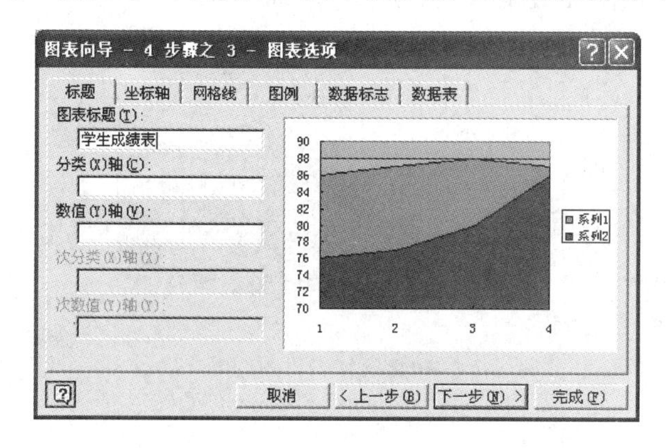

图5-74 图表选项

(5) 选择"数据标志"选项卡,选中"值"复选框,如图5-75所示。

(6) 单击"完成"按钮,一张面积图就生成了,如图5-76所示。

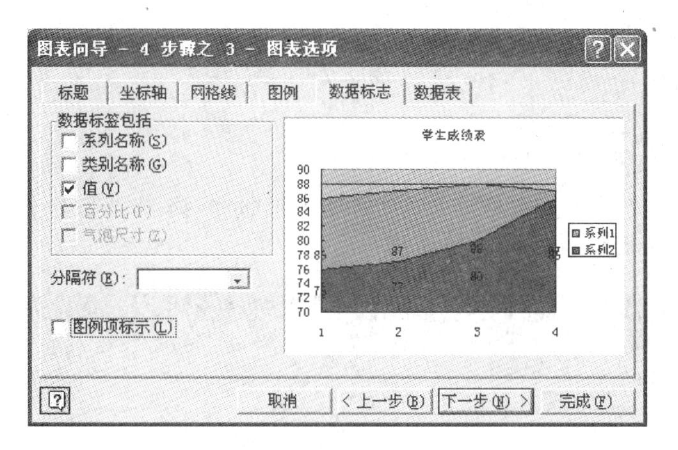

图 5-75 “数据标志”选项卡

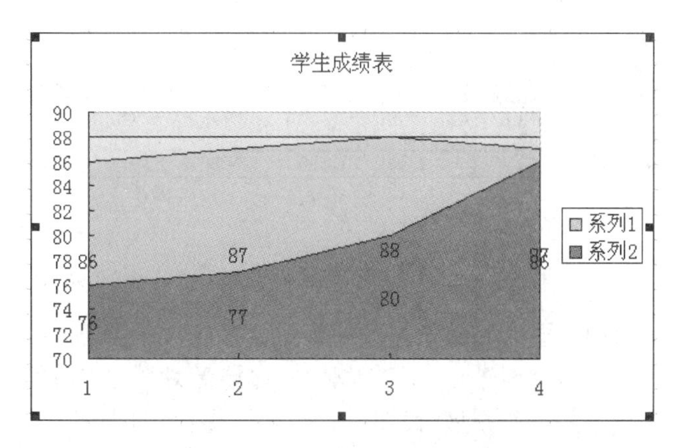

图 5-76 学生成绩表的面积图

5.4.5 图表编辑

图表编辑指对图表中各个对象的编辑，包括数据的增加、删除、图表类型的更改、数据格式化以及对图表的格式化。

1. 图表中数据的编辑

(1) 增加数据列。

(2) 删除数据列。当删除图表中的数据列时，只要选定所需删除的数据列，按 Del 键即可把整个数据列从图表中删除，但不影响工作表中的数据。

2. 图表类型的更改

当生成图表后，有可能希望查看数据在不同图表类型下的显示效果，即更换当前图表的类型。

3. 图表的格式化

为了增加图表的客观性，可以为图表增加说明性文字或增加一些突出的显示效果等，这时就要对图表及图表中的数据进行格式化。

5.5 数据管理

5.5.1 数据清单

在 Excel 中,排序与筛选数据记录的操作需要通过“数据清单”来进行,因此在操作前应先创建好“数据清单”,如图 5-77 所示。

	A	B	C	D	E	F	G	H
1				学校教师工资表				
2	姓名	部门	职务	基本工资	加班费	扣款	保险	实发工资
3	王叙	数学系	主任	3000	200	105	230	2865
4	张强	数学系	教师	1500	150	85	120	1445
5	李生	数学系	教师	1500	100	75	130	1395
6	黄成	数学系	教师	1500	200	77	140	1483
7	张海	计算机系	主任	4500	200	110	220	4370
8	赵伯	计算机系	教师	1500	100	75	140	1385
9	杨伟	计算机系	教师	1500	100	48	130	1422
10	邓玉	计算机系	教师	1500	150	88	110	1452

图 5-77 数据清单

“数据清单”是工作表中包含相关数据的一系列数据行,如前面所建立的“学生成绩表”,就包含有这样的数据行。数据清单可以像数据库一样接受浏览与编辑等操作。在 Excel 中可以很容易地将数据清单用作数据库,而在执行数据库操作,如查询、排序或汇总数据时也会自动将数据清单视作数据库,并使用下列数据清单元素来组织数据:

(1) 数据清单中的列是数据库中的字段。

(2) 数据清单中的列标志是数据库中的字段名称。

(3) 数据清单中的每一行对应数据库中的一个记录。

1) 建立数据清单

要建立数据清单可以通过两种方法:一种是在单元格中直接输入数据;另一种是利用“记录单”输入数据。

- 直接输入数据。要直接输入数据可以在工作表的首行依次输入各个字段,当输入完字段后,再向工作表中按照记录输入数据。
- 记录单。选择“数据”→“记录单”命令,弹出如图 5-78所示的“记录单”对话框。在该记录单中列出了此数据清单的所有字段名,用户可以直接在文本框中输入数据,输入完后单击“下一条”按钮继续输入。

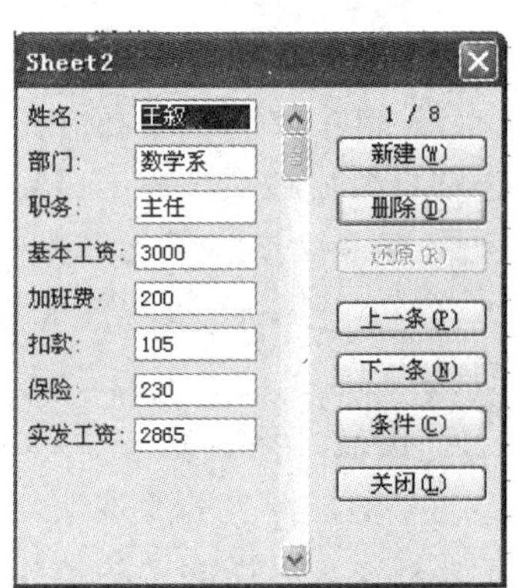

图 5-78 “记录单”对话框

建立数据清单时,应注意以下问题:

(1) 避免在一张工作表中建立多个数据清单。

（2）数据表格的数据和其他数据之间至少留出一个空行和空列。

（3）避免在数据表格的各条记录后各个字段之间放置空行和空列。

（4）最好使用列名，并把列名作为字段的名称。

2）使用数据清单

在“记录单”对话框中，可以对数据清单中的记录进行添加、删除和查找的操作。特别值得注意的是，通过“记录单”还可以按条件查找记录。单击“条件”按钮，“记录单”的边界将改变，如图 5-79 所示。在要设置条件的字段名后的文本框中输入条件，这时单击“上一条”或“下一条”按钮，只显示满足条件的记录，单击“清除”或“表单”按钮，恢复原有的记录状态。

数据清单作为电子表格的一部分，可以很容易被建立。如“学生成绩表”中的“姓名”、“班级”、“语文”、“数学”，就可以作为数据清单中的列标题。如图 5-80 所示，所选定的单元格区域就是一份数据清单。

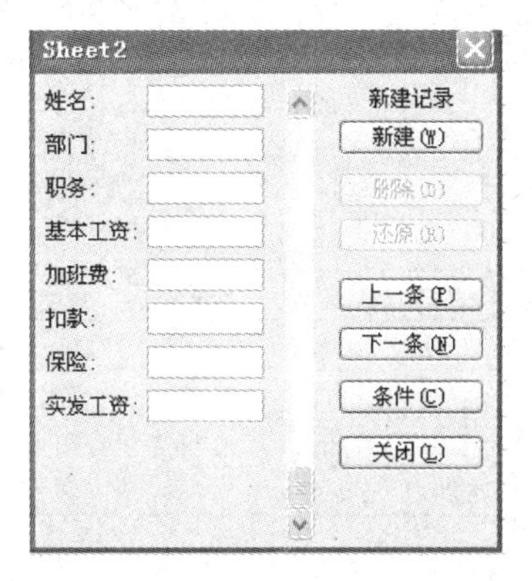

图 5-79　设置记录单的显示条件

	A	B	C	D	E
1		学生成绩单			
2	姓名	班级	语文	数学	
3	张三	一班	86	76	
4	李四	二班	87	77	
5	王五	三班	88	80	
6	赵六	四班	87	86	
7					
8					

图 5-80　数据清单区域

注意：*在每张工作表上只能建立并使用一份数据清单。应该避免在一张工作表上建立多份数据清单，因为某些数据清单管理功能（如筛选等）只能在一份数据清单中使用。*

一旦建立好了数据清单，还可以继续在它所包含的单元格中输入数据。无论何时输入数据，都应当注意遵循下列准则：

（1）将类型相同的数据项置于同一列中。在设计数据清单时，应使同一列中的各行具有相同类型的数据项。这一点在前面建立“学生成绩表”时就体现了出来。

（2）使数据清单独立于其他数据。在工作表中，数据清单与其他数据间至少要留出一个空列和一个空行，以便在执行排序、筛选或插入自动汇总等操作时，有利于 Excel 检测和选定数据清单。

（3）将关键数据置于清单的顶部或底部。这样可避免将关键数据放到数据清单的左右两侧。因为这些数据在 Excel 筛选数据清单时可能会被隐藏。

（4）注意显示行和列。在修改数据清单之前，应确保隐藏的行或列也被显示。因为，如果清单中的行和列没有被显示，那么数据有可能会被删除。

（5）注意数据清单格式。如前所述，数据清单需要列标，若没有的话应在清单的第一行中创建，因为 Excel 将使用列标创建报告并查找和组织数据。列标可以使用与数据清单中数据不同的字体、对齐方式、格式、图案、边框或大小写类型等。在输入列标之前，应将单元格设置为文本格式。

(6) 使用单元格边框突出显示数据清单。如果要将数据清单标志和其他数据分开，可使用单元格边框(不是空格或短划线)。其操作步骤如下：

① 选定数据清单所在的单元格，在其上右击，从快捷菜单中选择“设置单元格格式”命令，打开“单元格格式”对话框，选择“边框”选项卡，如图5-81所示。

② 单击“外边框”按钮后，从“线条”选项区域的“样式”列表框中选择一种线型。

③ 从“颜色”下拉列表框中选择边框线的颜色，接着在“预览”窗口中单击要使用边框线的边线。

④ 单击了每一条要使用边框线的边后，单击“确定”按钮，然后在Excel的工作窗口中单击数据清单外的任意一处，就能在屏幕上看到所加入的边框线了，如图5-82所示。

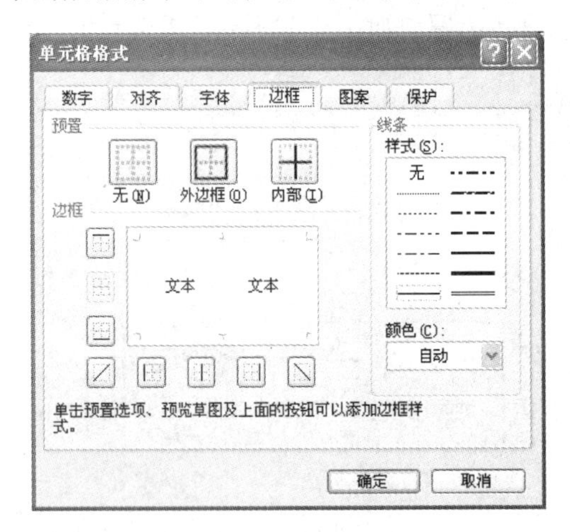

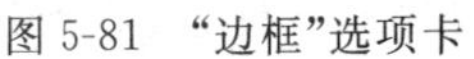
图5-81 “边框”选项卡

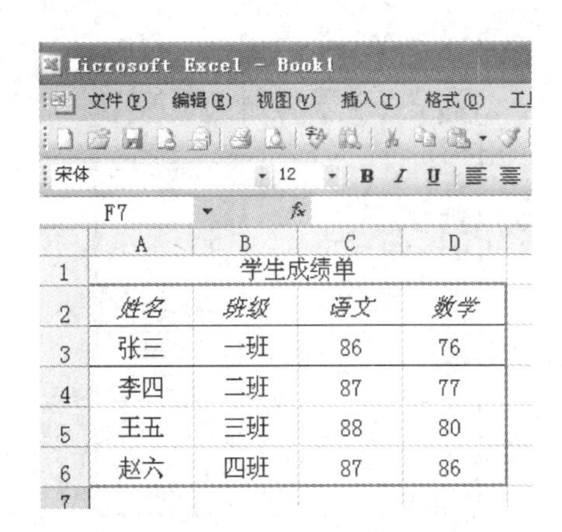

图5-82 显示边线框

(7) 避免空行和空列。避免在数据清单中随便放置空行和空列，将有利于Excel检测和选定数据清单，因为单元格开头和末尾的多余空格会影响排序与搜索，所以不要在单元格内文本前面或后面输入空格，可采用缩进单元格内文本的办法来代替输入空格。

5.5.2 数据筛选

若要查看数据清单中符合某些条件的数据，就要使用筛选的办法把那些数据找出来。筛选数据清单可以寻找和使用数据清单中的数据子集，筛选后只显示出包含某一个值或符合一组条件的行，而隐藏其他行。

Excel提供有两条用于筛选的命令：“自动筛选”和“高级筛选”。

“自动筛选”命令可以满足大部分需要；当需要利用复杂的条件来筛选数据清单时，可以考虑使用“高级筛选”命令。

使用“自动筛选”命令，可以按下列步骤进行操作：

执行“数据”→“筛选”→“自动筛选”命令，如图5-83所示。

注意：*如果当前没有选定数据清单中的单元格，或者没有激活任何包含数据的单元格，执行“自动筛选”命令后，屏幕上会出现一条出错信息，并提示可以做的操作。类似的操作还会在其他地方出现。*

此后，数据清单中第一行的各列中将分别显示出一个下拉按钮，“自动筛选”就将通过它们来进行,如图 5-84 所示。

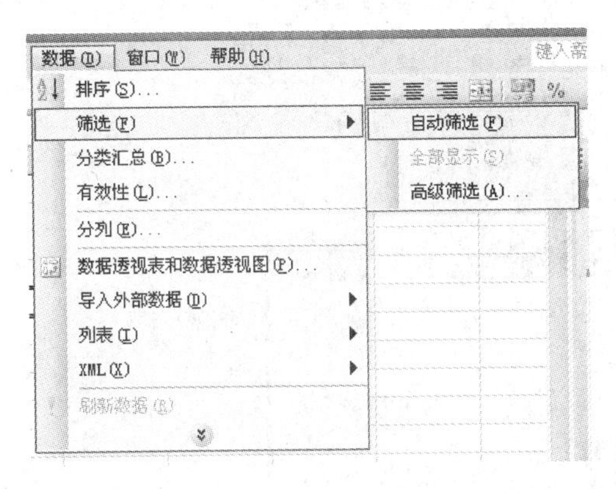

图 5-83 “自动筛选”命令

	A	B	C	D	E
1		学生成绩单			
2	姓名	班级	语文	数学	
3	张三	一班	86	76	
4	李四	二班	87	77	
5	王五	三班	88	80	
6	赵六	四班	87	86	
7					

图 5-84 显示下拉按钮

通过下拉列表,就能够很容易地选定和查看数据记录。如查看语文成绩为 88 分的学生,单击“语文”列标的下拉按钮,从下拉列表中选择 88,操作结束后,只有一行数据显示,这就是自动筛选的结果,如图 5-85 所示。

	A	B	C	D	E
1		学生成绩单			
2	姓名	班级	语文	数学	
5	王五	三班	88	80	
7					
8					

图 5-85 自动显示筛选结果

注意: 若要在数据清单中恢复筛选前的显示状态,只需要执行“数据”→“筛选”→“全面显示”命令即可。

使用高级筛选功能可以对某个列或者多个列应用多个筛选条件。为了使用此功能,在工作表的数据清单上方,至少应有 3 个能用作条件区域的空行,而且数据清单必须有列标。“条件区域”包含一组搜索条件的单元格区域,可以用它在高级筛选中筛选数据清单的数据,它包含一个条件标志行,同时至少有一行用来定义搜索条件。

5.5.3 数据排序

排序是数据组织的一种手段,通过排序操作,可将表中的数据按字母顺序、时间顺序以及数值大小进行排序,可以按行或列、以升序或降序的方式排序等,还可以进行自定义排序。总的来说,数据排序可分为简单排序和复杂排序。

1. 简单排序

简单排序是指当只需要对数据清单中的某一列数据进行排列,单击此列中的任一单元格,再单击“常用”工具栏中的“升序”或“降序”按钮,即可以按指定的列和指定的方式进行排序。

2. 复杂排序

多列数据进行排序,单击需要排序的数据清单中任一单元格,执行“数据”→“排序”命令,在打开的“排序”对话框中选择好排序的主要、次要、第三关键字的内容等相关数据即可,如图 5-86 所示。

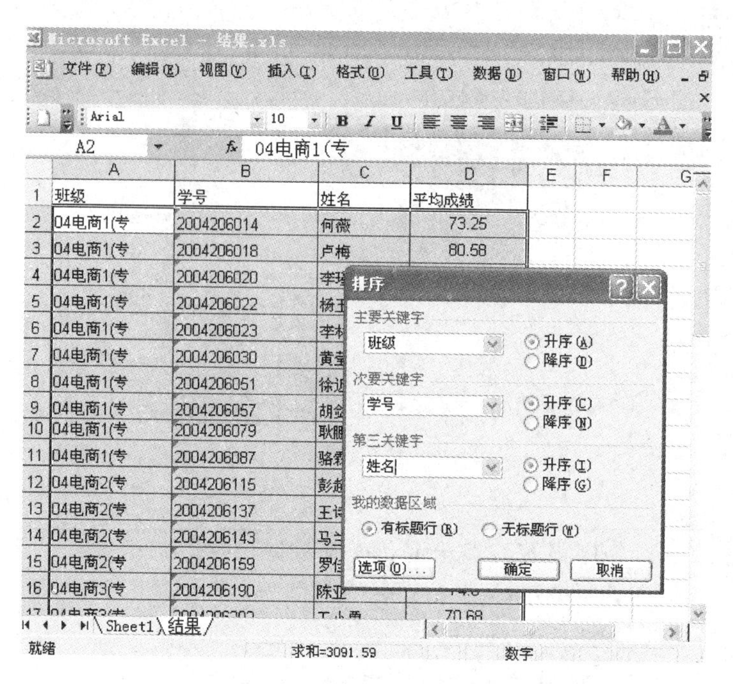

图 5-86　复杂排序的操作

5.5.4　数据分类汇总

数据分类汇总就是将数据按类进行汇总分析处理，如求和、计数等汇总运算。

分类汇总是一个重要功能，通过汇总后的结果数据可以打印出来，也可用图表功能直观形象地表现出来。创建分类汇总的简要操作步骤如下。

(1) 先进行数据分类，如图 5-87 所示，按照“院系”字段排序。

Microsoft Excel - 新建 Microsoft Excel 工作表.xls

文件(F) 编辑(E) 视图(V) 插入(I) 格式(O) 工具(T) 数据(D) 窗口(W) 帮助(H) 键入需要帮助的问题

宋体 12

D9　93

	A	B	C	D	E	F	G	H	I
1	序　号	姓　名	院　系	体　育	政治理论	外　语	高　数	计算机基础	总　分
2	2004209015	张　三	公共管理	89	92	92	64	74	411
3	2004209085	李　四	公共管理	95	55	89	97	92	428
4	2004209018	王　五	公共管理	92	80	95	99	96	462
5	2004209066	赵　六	公共管理	90	95	92	97	98	472
6	2004209031	张　鹏	公共管理	80	90	92	87	96	445
7	2004209020	李　玉	计算机	86	81	98	66	88	419
8	2004209021	赵　洪	计算机	95	97	93	90	96	471
9	2004209077	王菲菲	计算机	93	87	92	98	100	470
10	2004209024	朱晓梅	计算机	90	91	86	87	92	446
11	2004209071	王重阳	信息工程	95	50	95	86	94	420
12	2004209069	杨盼盼	信息工程	92	85	85	98	98	458
13	2004209083	赵　明	信息工程	89	86	97	96	100	468
14	2004209070	张无忌	信息工程	61	85	96	19	82	343
15	2004209086	赵匡胤	影视	46	97	91	95	100	429
16	2004209087	李世民	影视	89	90	99	67	92	437
17	2004209088	张三丰	影视	87	97	91	92	100	467
18	2004209089	李若彤	影视	95	20	87	89	30	321

Sheet1 / Sheet2 / Sheet3

就绪　数字

图 5-87　数据有序清单

(2) 执行“数据”→“分类汇总”命令，打开“分类汇总”对话框，如图 5-88 所示。从“分类字段”下拉列表中选取“院系”，该下拉列表用以设定数据是按哪一类列标题进行排序分类；从“汇总方式”下拉列表中选取要执行的汇总计算函数，这里选中“求和”函数，用以计算不同院系学生分数的总值；选中“选定汇总项”列表框中对应数据项的复选框，指定分类汇总的计算对象。

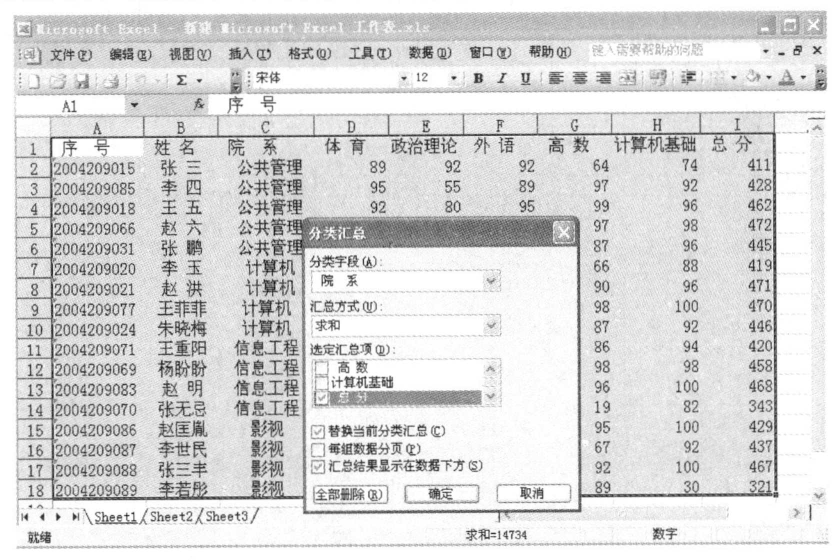

图 5-88　数据分类汇总

(3) 如果需要替换任何现存的分类汇总，选定“替换当前分类汇总”复选框；如果需要在每组分类之前插入分页，则选定“每组数据分页”复选框；如选中“汇总结果显示在数据下方”复选框，则在数据下方显示分类汇总结果，否则汇总结果将显示在数据组之前。设定完成后单击“确定”按钮，执行结果如图 5-89 所示。

	A	B	C	D	E	F	G	H	I
1	序 号	姓 名	院 系	体 育	政治理论	外 语	高 数	计算机基础	总 分
2	2004209015	张 三	公共管理	89	92	92	64	74	411
3	2004209085	李 四	公共管理	95	55	89	97	92	428
4	2004209018	王 五	公共管理	92	80	95	99	96	462
5	2004209066	赵 六	公共管理	90	95	92	97	98	472
6	2004209031	张 鹏	公共管理	80	90	92	87	96	445
7			公共管理 汇总						2218
8	2004209020	李 玉	计算机	86	81	98	66	88	419
9	2004209021	赵 洪	计算机	95	97	93	90	96	471
10	2004209077	王菲菲	计算机	93	87	92	98	100	470
11	2004209024	朱晓梅	计算机	90	91	86	87	92	446
12			计算机 汇总						1806
13	2004209071	王重阳	信息工程	95	50	95	86	94	420
14	2004209069	杨盼盼	信息工程	92	85	85	98	98	458
15	2004209083	赵 明	信息工程	89	86	97	96	100	468
16	2004209070	张无忌	信息工程	61	85	96	19	82	343
17			信息工程 汇总						1689
18	2004209086	赵匡胤	影视	46	97	91	95	100	429
19	2004209087	李世民	影视	89	90	99	67	92	437
20	2004209088	张三丰	影视	87	97	91	92	100	467
21	2004209089	李若彤	影视	95	20	87	89	30	321
22			影视 汇总						1654
23			总计						7367

图 5-89　数据分类汇总全部展开的结果

在数据清单的左侧,有显示明细数据符号“+”和隐藏明细数据符号“-”。“+”表示该层明细数据没有展开,单击“+”可显示明细数据,“+”又变为“-”;单击“-”可隐藏该层所指定的明细数据,同时“-”变成了“+”。这样就可以将十分复杂的数据清单转变成为可展开不同层次的汇总表格,如图5-90所示。

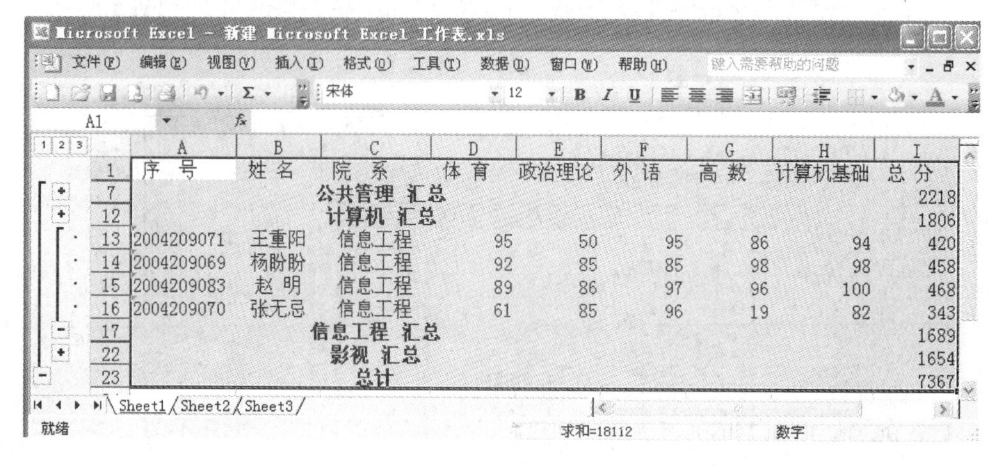

	A	B	C	D	E	F	G	H	I
1	序 号	姓 名	院 系	体 育	政治理论	外 语	高 数	计算机基础	总 分
7			公共管理 汇总						2218
12			计算机 汇总						1806
13	2004209071	王重阳	信息工程	95	50	95	86	94	420
14	2004209069	杨盼盼	信息工程	92	85	85	98	98	458
15	2004209083	赵 明	信息工程	89	86	97	96	100	468
16	2004209070	张无忌	信息工程	61	85	96	19	82	343
17			信息工程 汇总						1689
22			影视 汇总						1654
23			总计						7367

图5-90 数据汇总部分展开的结果

5.6 文档排版和打印

文档的页面排版一般直接影响到文档的打印效果,所以为了打印出满意的效果,在打印之前都需要以页为单位,对文档进行调整。页面设置就是对文档的页面规格进行设置,其设置项目包括页边距、纸型、纸张来源、版式及文字排列等。Word文档的页面设置一般通过执行“文件”→“页面设置”命令来实现。

在通常情况下将所有页面均设置为横向或纵向,但有时根据特殊需要,也会将横向与纵向的页面掺杂在一起。下面介绍页面格式化方法。

5.6.1 页面方向设置

要对表格的页面进行设置,单击“文件”→“页面设置”命令,打开“页面设置”对话框,利用“应用于”下拉列表,可以任意设置页面的方向。分不同情况介绍如下。

(1) 在一篇文档中,前一部分页面为纵向,而后边如果要设置为横向,则可以先将光标(即插入点)定位到纵向页面的结尾,或要设置为横向页面的页首,在“方向”选项区域中选中“横向”,在“应用于”下拉列表框中选择“插入点之后”。

(2) 如果要将某些选定的页面设置为某一个方向,可以先选中这些页面中所有的内容,然后在“应用于”下拉列表框中选择“所选文字”。

(3) 如果在Word文档中以标题样式分为许多小节,可以选中要改变页面方向的节,然后在“应用于”下拉列表框中选择“所选节”;如果不选某节,而只是将插入点定位到该节中,则还可以选择“本节”。

设置完成后,可以在预览视图中适当缩小显示比例,查看更改后的结果,如图5-91

所示。

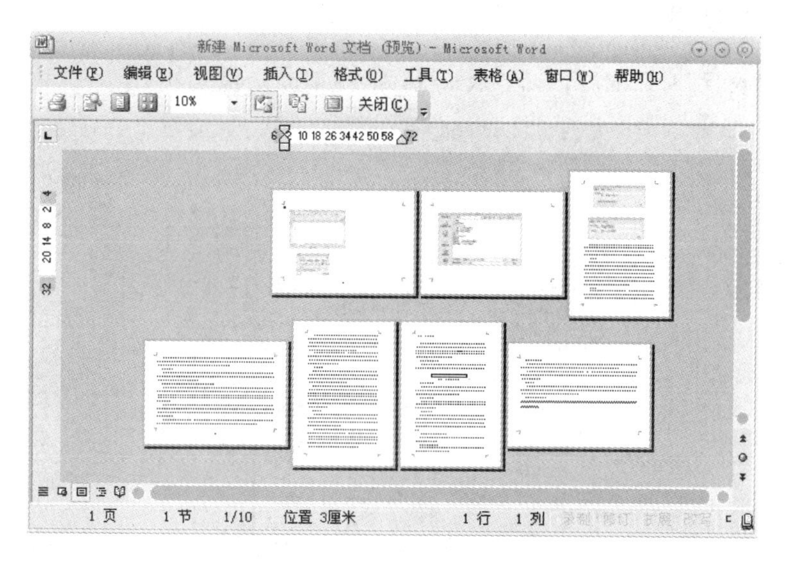

图 5-91 页面方向设置结果预览

5.6.2 页边距设置

打开“页面设置”对话框，选择“页边距”选项卡，如图 5-92 所示。

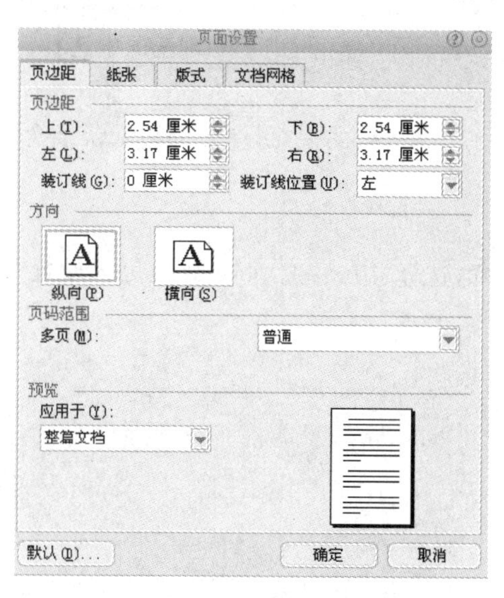

图 5-92 “页边距”选项卡

“页边距”选项区域中“上”、“下”、“左”、“右”微调按钮是为改变四周页边距而设置的。

- 上：设置纸张顶部预留的宽度。
- 下：设置纸张底部预留的宽度。
- 左：设置纸张左边预留的宽度。
- 右：设置纸张右边预留的宽度。

在该对话框右下角有预览，便于在设置完页边距后观看效果。

5.6.3 纸张设置

打开“页面设置”对话框后，选择“纸张”选项卡，如图 5-93 所示。

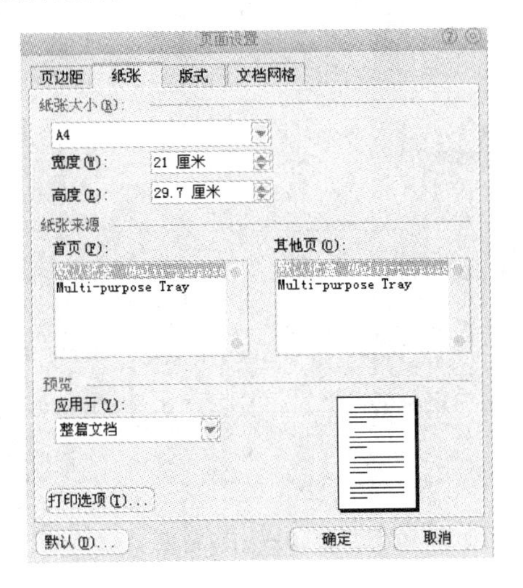

图 5-93 “纸张”选项卡

1）纸张大小

在“纸张大小”选项区域中可以选择纸张型号，确定纸张大小。纸张的设置可以针对整篇文档，也可针对某部分页，只需在“应用于”下拉列表框中选择。

2）纸张来源

纸张来源主要用于在打印时纸张的来源，一般采用默认纸盒。

5.6.4 版式设置

打开“页面设置”对话框，选择“版式”选项卡，此处可以设置节的起始位置、页眉和页脚等信息，如图 5-94 所示。

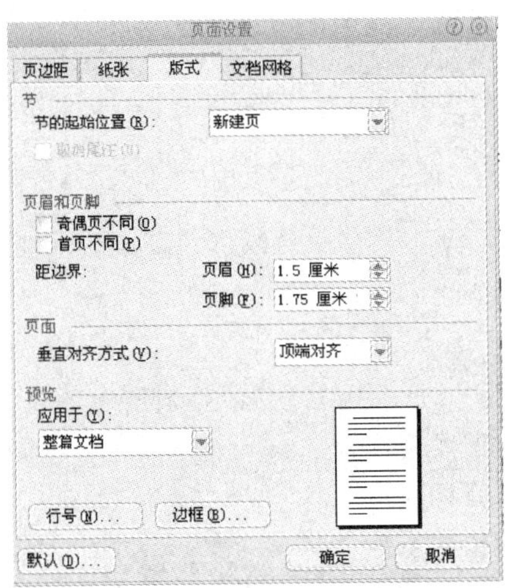

图 5-94 “版式”选项卡

5.6.5 文档网格

选择“文档网格”选项卡，可设置文字排列、网格等项目，如图 5-95 所示。

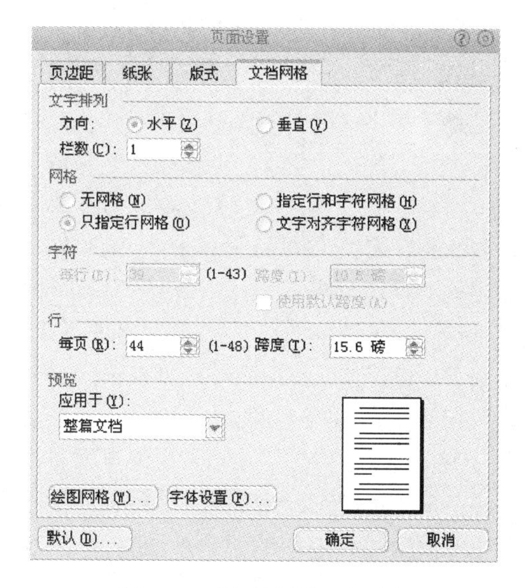

图 5-95 “文档网格”选项卡

习 题 5

1. 选择题

(1) Excel 是一种(　　)软件。

A. 演示文档　　B. 文字处理　　C. 电子表格　　D. 数据库

(2) 利用“文件”菜单打开 Excel 文件，一次可以打开多个文件，方法是先单击一个文件名，然后按住(　　)键，再单击其他文件名。

A. Esc　　B. Shift　　C. Ctrl　　D. Alt

(3) 活动单元格的地址显示在(　　)内。

A. 工具栏　　B. 状态栏　　C. 编辑栏　　D. 菜单栏

(4) (　　)表示从 A5 到 F4 的单元格区域。

A. A5-F4　　B. A5:F4　　C. A5>F4　　D. 都不对

(5) (　　)不是 Excel 中的函数种类。

A. 日期和时间　　B. 统计　　C. 财务　　D. 图

(6) 在 Excel 中要设置表格的边框，应使用(　　)。

A. “编辑”菜单　　B. “格式”菜单

C. “工具”菜单　　D. “表格”菜单

(7) (　　)可以作为函数。

A. 单元格　　B. 区域　　C. 数　　D. 都可以

(8) Excel 能对多达(　　)不同的字段进行排序。

A. 2　　B. 4　　C. 5　　D. 3

(9) Excel工作簿文件的扩展名约定为(　　)。

A. DOC　　B. TXT　　C. XLS　　D. PPT

(10) 一个工作簿里,最多可以含有(　　)张工作表。

A. 3　　B. 127　　C. 16　　D. 255

(11) 要在一个单元格中输入数据,这个单元格必须是(　　)。

A. 空的　　B. 当前单元格

C. 行首当元格　　D. 定义为数据类型

(12) Excel的菜单命令和工具按钮之间的关系是(　　)的。

A. 全部相同　　B. 部分相同　　C. 一一对应　　D. 各不相同

(13) 选取"自动筛选"命令后,在清单的(　　)将会出现下拉式按钮图标。

A. 字段名处　　B. 底部　　C. 所有单元格　　D. 空白单元格内

(14) 在Excel中要对数据表进行分类汇总,先要进行(　　)。

A. 筛选　　B. 选中　　C. 按任意列排序　　D. 按分类排序

(15) 对建立图表的修改,下列叙述正确的是(　　)。

A. 工作表的数据和相应的图标是相关联的,对工作表数据的修改,图表自动相应更改

B. 当在图表中删除了某个数据点,则工作表中的相关数据也被删除

C. 先修改图表中的数据点,再对工作表中相关数据进行修改

D. 先修改工作表中的数据,再对图表做相应的修改

2. 填空题

(1) 一个新工作簿默认包含________个工作表。

(2) ________是工作表中最小的单位。

(3) 要选中连续多个区域,按住________键配合鼠标操作。

(4) 在单元格输入数据时,默认情况下,数值数据________对其存放,字符数据________对其存放。

(5) Excel中常用的运算符分为________、________、________和________四类。

(6) 在Excel中要输入数据2/3,应先输入________。

(7) Excel提供的两种数据筛选方法是________和________。

(8) 在Excel中,对数据表进行分类汇总以前,必须先对作为分类依据的字段进行________操作。

(9) 在Excel中通过工作表创建的图表有两种,分别为________和________。

(10) Excel是一个通用的________软件。

(11) 在Excel中,如果选定某一单元格,则此单元格称为________。

(12) 公式应该由________符号或________符号来引导。

(13) 在Excel中单元格的引用(地址)有________、________和________三种。

(14) Excel中允许同时最多________个关键字进行排序。

(15) 正在处理的工作表称为________工作表。

3. 判断题(正确的打√,错误的打×)

(1) 在 Word 中处理的是文档,在 Excel 中直接处理的对象称为工作簿。(　　)

(2) 在 Excel 中公式都是以“＝”开始的,后面由操作数和函数构成。(　　)

(3) 数据可以同时输入到多张工作表中去。(　　)

(4) 清除是指对选定的单元格和区域内的内容进行清除。(　　)

(5) 删除是指将选定的单元格和单元格的内容一并删除。(　　)

(6) 单元格引用位置是基于工作表中的行号列标。(　　)

(7) 运算符用于指定操作数或单元格地址,会根据情况而改变。(　　)

(8) 选取连续的单元格要用 Ctrl 键配合。(　　)

(9) 在 Excel 中排序不能多于 3 个关键字。(　　)

(10) 在 Excel 中可将窗口分割成任意个。(　　)

4. 问答题

(1) 什么是单元格? 单元格的地址如何定义?

(2) 工作簿、工作表和单元格之间有什么关系?

(3) 创建表的具体步骤有哪些?

(4) 在图表中怎样添加和删除数据?

(5) Excel 对数据清单有何约定?

(6) 如何启用筛选功能? 如何指定筛选条件?

(7) 在 Excel 中调整行高和列宽的方式有几种?

5. 操作题

(1) 将本班前 50 名同学的成绩按姓名、性别、科目(不少于 5 门)排列制成一张表格,并求出每个同学各科总成绩及各科平均成绩。

(2) 工作表的具体操作。

① 在 Sheet1 工作表内输入如图 5-96 所示的数据,将工作簿以“销售计划”的文件名保存在桌面上。

商品类别	一　月	二　月	三　月
合计	35 000	46 000	52 000
电视机	120 000	132 000	154 000
电冰箱	38 000	42 000	39 000
空调	45 000	80 000	100 000
小家电	90 000	120 000	98 000

图 5-96　工作表数据

② 设置工作表,将“合计”一行移动到最后一行,在表格上方输入标题“家电销售计划统计”。

③ 设置单元格,表格标题字体 16 磅、合并居中、隶书; 设置“一月”、“二月”、“三月”字段及“商品类别”列字体为 12 磅、黑体、居中; 表格数据单元格设置为会计专用格式,使用货币符号,保留两位小数。

④ 设置表格边框线,表格外边框粗实线,内部细实线。

⑤ 公式计算,计算每个月销售合计值。

⑥ 定义单元格名称,将“商品类别”一列的名称定义为“家电”。

第 6 章 PowerPoint 演示文稿制作软件

PowerPoint 是微软公司开发的演示文稿制作软件，同 Word 和 Excel 一样也是 Microsoft Office 的重要组成部分。PowerPoint 演示文稿可以使演讲者在各种场合进行信息交流，如课堂教学、产品宣传等，也在办公自动化中起到了重要作用。利用 PowerPoint 的功能还可以制作贺卡、相册、奖状、发言稿、电子教案和多媒体课件等。

本章主要介绍 PowerPoint 概况，PowerPoint 基本操作和演示文稿的高级使用，使读者对 PowerPoint 演示文稿有一个较为全面的了解。

6.1 PowerPoint 概述

6.1.1 PowerPoint 的功能与特点

随着投影设备价格下降，演示文稿通过连接到计算机的投影设备上在一个幕布上显示，是近年来越来越普及的多媒体演示场景，经常用于教师上课、学生的论文答辩、公司的产品发布，广泛运用于各种会议、讲座、演讲等，演示软件成为人们在各种场合下进行信息交流的重要工具，也是计算机办公软件的重要组成部分。

使用 PowerPoint 可以将各种文本、声音、图片、动画等组合在一起，建立图文并茂、声效俱佳的多媒体演示文稿，为单位或个人快速创作出具有专业水平和艺术魅力的电子简报。

使用 PowerPoint 还能编写演示提纲，打印宣传材料和演讲注解，PowerPoint 的用户界面更加友好和智能化，加强了多媒体和动画效果以及视频图像的功能。

PowerPoint 软件工具制作电子幻灯片的功能较强，它有一套较为实用的模式，可以很方便地输入标题、正文，添加剪贴画、图表等对象，并可按需要改变幻灯片中各个对象的版面布局。在大纲模式和幻灯片浏览模式下可以方便地管理幻灯片的结构，随意调整各个图片的放映顺序，删除和复制电子幻灯片。

6.1.2 PowerPoint 的启动与退出

1. 启动 PowerPoint

执行“开始”→“程序”→Microsoft PowerPoint 命令，就进入了 PowerPoint 的启动对话框，如图 6-1 所示。

PowerPoint 启动对话框提供了“创建一个新演示文稿”还是“打开一个已有演示文稿”的选项。可以不做任何选择，按 Esc 键，单击“关闭”或“取消”按钮即可关闭该对话框。

2. 退出 PowerPoint

退出 PowerPoint 的方法有以下几种：

(1) 单击标题栏最右端的“关闭”按钮。

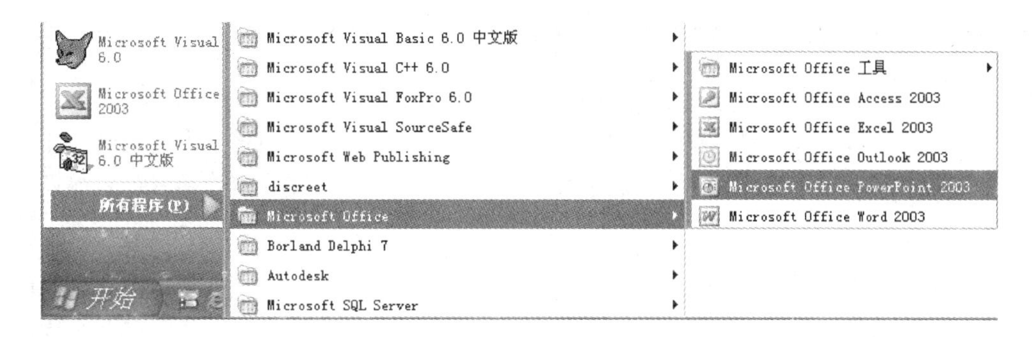

图 6-1　PowerPoint 的启动

(2) 单击标题栏最左端的 PowerPoint 图标，打开如图 6-2 所示的菜单，然后单击“关闭”命令。

图 6-2　应用程序系统菜单

(3) 双击标题栏最左端的 PowerPoint 的图标。

(4) 执行“文件”→“退出”命令。

(5) 在标题栏的任意处右击，从快捷菜单中选择“关闭”命令。

如果退出之前没有保存修改过的文档，此时会打开提示保存的对话框，如图 6-3 所示。单击“是”按钮，PowerPoint 会保存文档，然后退出。单击“否”按钮，不保存文档，直接退出。单击“取消”按钮，PowerPoint 会取消退出操作，回到刚才的编辑窗口。

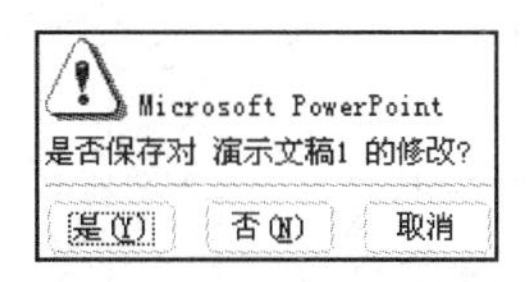

图 6-3　提示保存对话框

6.1.3　PowerPoint 的工作环境

PowerPoint 能在 Windows 98/ME/2000/XP/Vista 等操作系统下运行。

6.1.4　PowerPoint 的工作界面

Powerpoint 的工作界面跟 Word 和 Excel 窗口差不多，包括标题栏、控制菜单图标、菜单栏、常用工具栏、格式工具栏、大纲窗格、视图工具栏、状态栏、幻灯片备注窗格、幻灯片窗格，如图 6-4 所示。

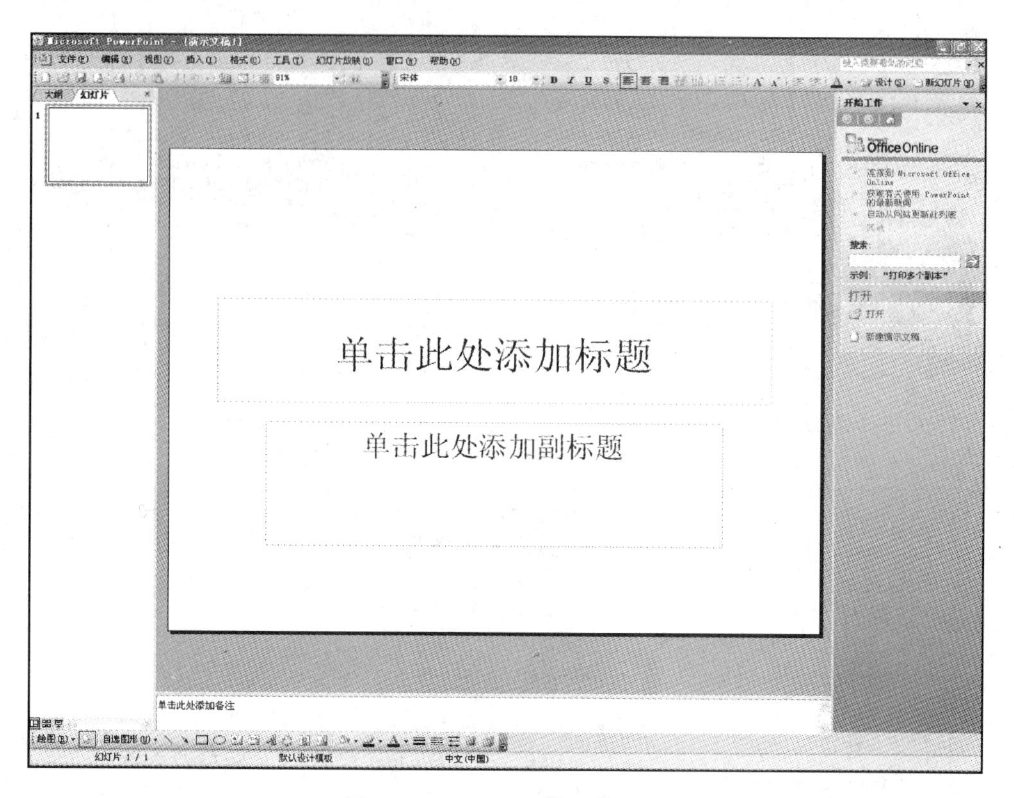

图 6-4 PowerPoint 的工作界面

6.1.5 PowerPoint 的常用视图

视图就是一种呈现方式,为了便于制作者以不同的方式观看自己制作的幻灯片的内容和效果。

PowerPoint 提供了 6 种视图模式:普通视图、大纲视图、幻灯片视图、幻灯片浏览视图、幻灯片放映视图和备注页视图。

最常使用的两种视图是普通视图和幻灯片浏览视图。

位于工作窗口左下角的 3 个视图按钮,提供了对演示文稿不同视图方式的切换操作。

1. 普通视图

PowerPoint 启动后就直接进入普通视图方式,窗口被分成 3 个区域:幻灯片编辑窗格、大纲窗格和备注窗格。拖动窗格分界线,可以调整窗格的尺寸。使用大纲窗格可以查看演示文稿的标题和主要文字,它为制作者组织内容和编写大纲提供了简明的环境。在幻灯片窗格中可以查看每张幻灯片的整体和布局效果,包括版式、设计模板等;还可以对幻灯片内容进行编辑,包括修饰文本格式,插入图形、声音、影片等多媒体对象,创建超级链接以及自定义动画效果。在该窗格中一次只有编辑一张幻灯片。使用备注窗格可以添加或查看当前幻灯片的演讲备注信息。注释信息只出现在这个窗格中,在文稿演示中不会出现。

2. 幻灯片浏览视图

该视图方式将当前演示文稿中所有幻灯片以缩略图的形式排列在屏幕上,如图 6-5 所示。

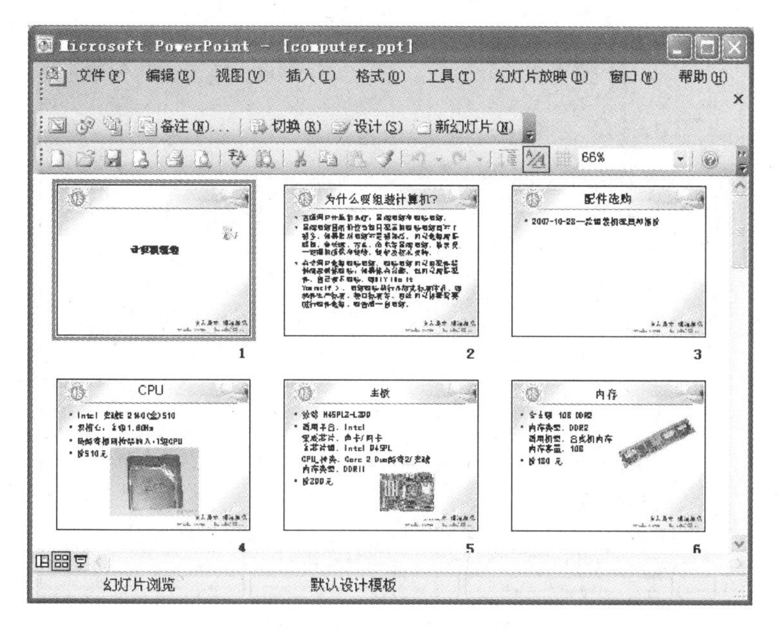

图 6-5　幻灯片浏览视图

通过幻灯片浏览视图，制作者可以直观地查看所有幻灯片的情况，也可以直接进行复制、删除和移动幻灯片的操作。

3. 幻灯片放映视图

在创建演示文稿的过程中，制作者可以随时通过单击“幻灯片放映视图”按钮启动幻灯片放映功能，预览演示文稿的放映效果。需要注意的是，使用“幻灯片放映视图”按钮播放的是当前幻灯片窗格中正在编辑的幻灯片。

6.2　PowerPoint 基本操作

6.2.1　演示文稿创建与保存

利用 PowerPoint 制作的全部内容通常被保存在一个文件中，称为演示文稿，文件的扩展名为 ppt。一个演示文稿是由多张幻灯片组成的。幻灯片中可以放入文本、图表、表格、图片、声音、视频、Flash、按钮等，这些称为幻灯片的组成元素。

1. 创建新的演示文稿

在 PowerPoint 2003 中创建新的演示文稿提供了 3 种创建演示文稿的方法：

(1) 执行“文件”→“新建”命令，打开“新建演示文稿”任务窗格。

① 启动 PowerPoint 后，单击“文件” →“新建”命令，或者单击“常用”工具栏上的“新建”按钮，在窗中右侧的“任务窗格”中选择“空演示文稿”命令，如图 6-6 所示。

② “新建演示文稿”任务窗格变为“幻灯片版式”任务窗格，如图 6-7 所示。

在版式上将鼠标悬停，将会出现提示文字，在窗格中选择要应用于新幻灯片的版式，这些版式包含标题、文本、剪贴画、图表等对象的占位符，用虚线框表示，并且包含有提示文字，但不包含背景图案。

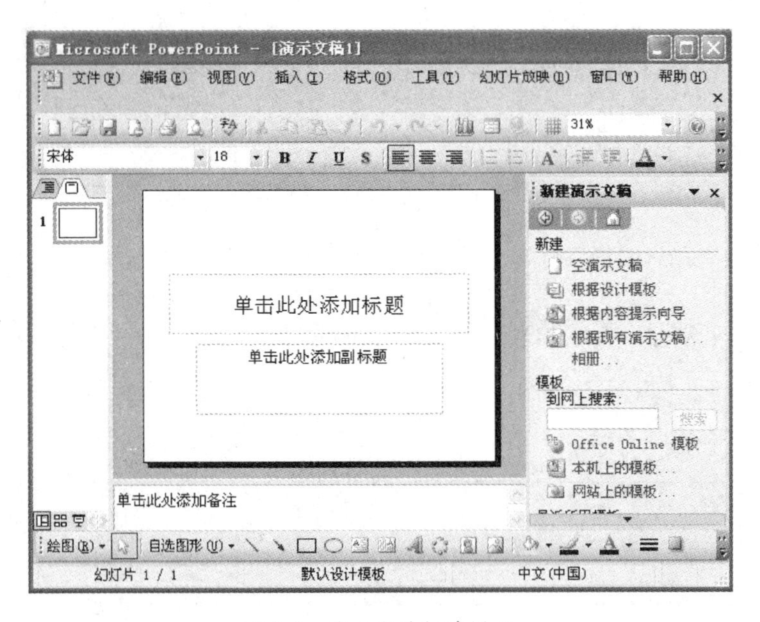

图 6-6 演示文稿新建界面

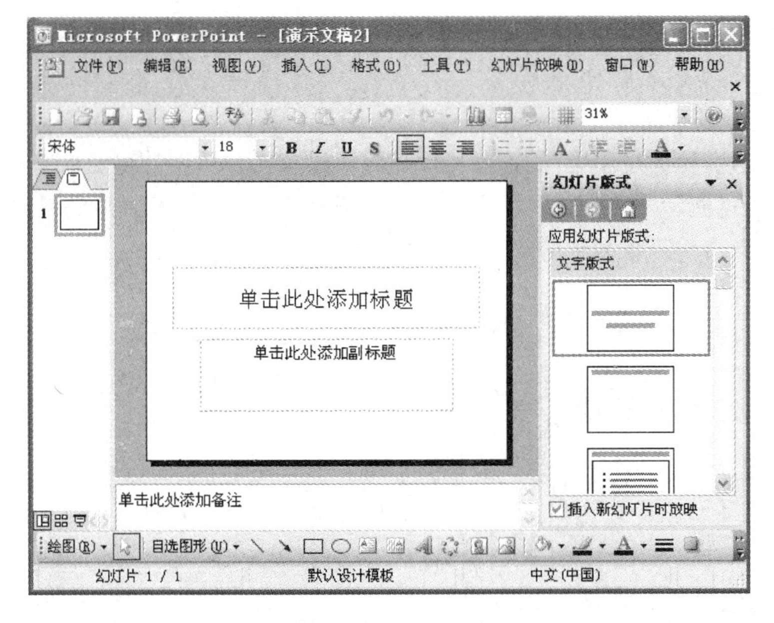

图 6-7 幻灯片版式任务窗口

(2) 利用内容提示向导创建演示文稿。

可直接采用包含建议内容和版式设计的演示文稿,内容提示向导包括不同主题的文稿示例,例如论文、实验报告、培训、贺卡、项目总结等。用户可以根据自己的需要选择一种满意的模板,快速创建一份专业的演示文稿。

例如创建一个关于“市场销售”的演示文稿。

① 在“新建演示文稿”任务窗格中单击“根据内容提示向导”命令,打开“内容提示向导”对话框,如图 6-8 所示。

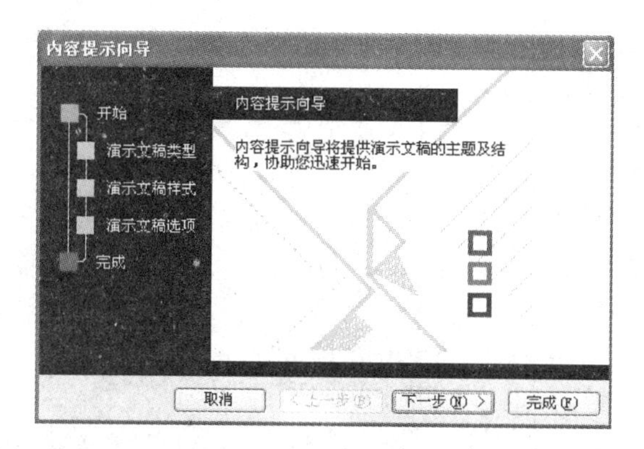

图 6-8 “内容提示向导”对话框(1)

② 单击“下一步”按钮，打开的“内容提示向导-[通用]”对话框，如图 6-9 所示。

③ 单击列表框左侧的“销售/市场”按钮，其他保持默认，然后单击“下一步”按钮，进入下一步，如图 6-10 所示。

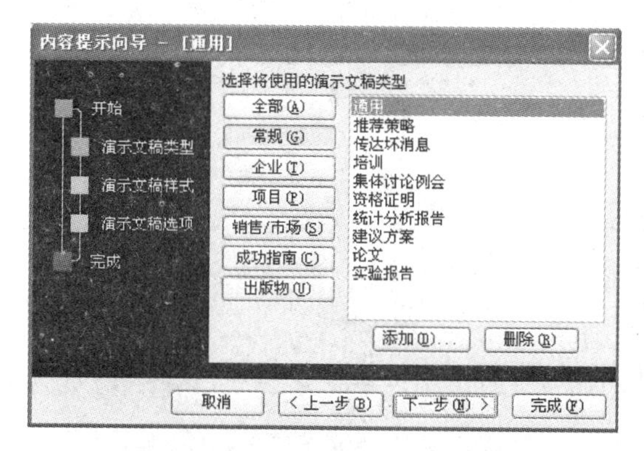

图 6-9 “内容提示向导”对话框(2)

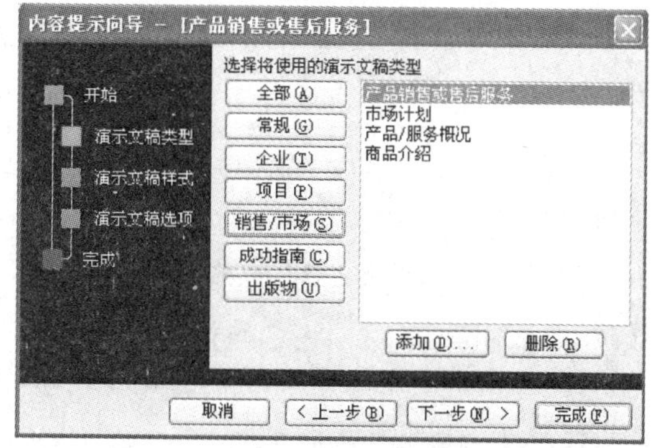

图 6-10 “内容提示向导”对话框(3)

④ 保持“屏幕演示文稿”为默认选项，单击“下一步”按钮，进入下一步，如图 6-11 所示。

⑤ 输入演示文稿的标题为“销售战略”，单击“下一步”按钮，进入下一步，如图 6-12 所示。

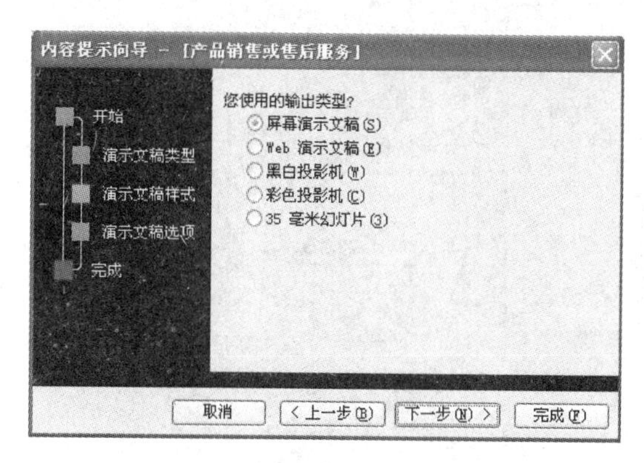

图 6-11 “内容提示向导”对话框(4)

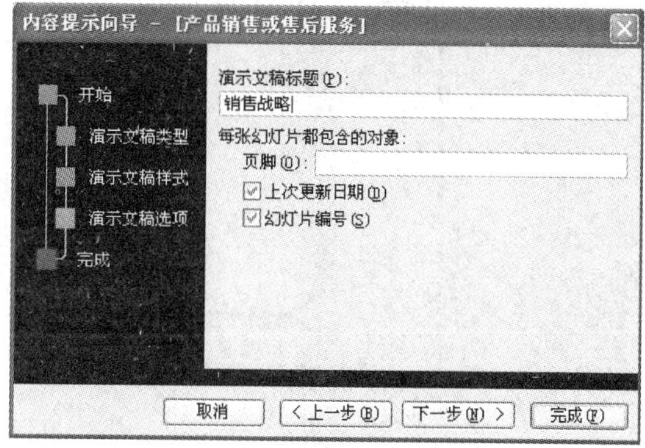

图 6-12 “内容提示向导”对话框(5)

⑥ 单击“完成”按钮，显示的是已创建好的演示文稿的第一张幻灯片，如图 6-13 所示。

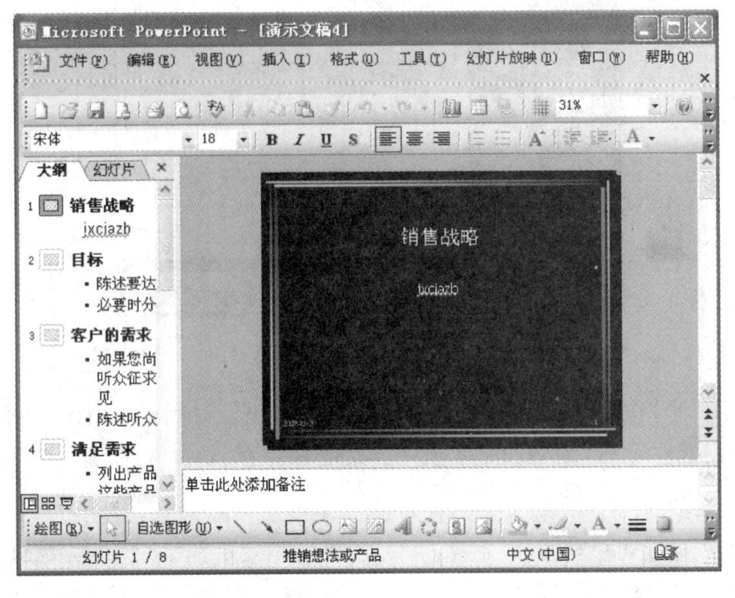

图 6-13　生成幻灯片

(3) 利用设计模板：利用已经设计好页面布局、字体格式和配色方案的 PowerPoint 模板创建演示文稿。

① 在“新建演示文稿”任务窗格中单击“根据设计模板”命令，打开“幻灯片设计”任务窗格。

② 在窗格中用鼠标单击要应用于演示文稿的模板，所选中的设计模板即可应用在当前的幻灯片中，如图 6-14 所示。

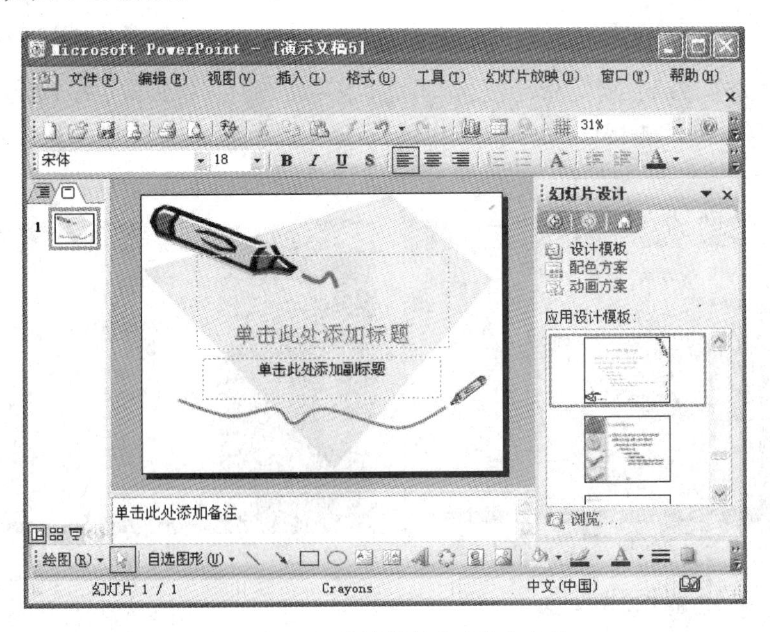

图 6-14　根据设计模板生成的幻灯片

2. 保存演示文稿

编辑完成后，执行“文件”→“保存”命令来保存演示文稿，如图 6-15 所示。在保存演示文稿的时候，可以在“另存为”对话框的“保存类型”下拉列表框中选择以下的类型：

(1) 演示文稿——PPT(PowerPoint)文件，主要的演示文稿格式。

(2) Windows 图元文件—— WMF 文件，将幻灯片保存为图片格式。

(3) 大纲/RTF 文件——RTF 文件，将演示文稿保存为大纲。

(4) 演示文稿模板——POT 文件，将演示文稿保存为模板。

(5) PowerPoint 放映——PPS 文件，以幻灯片放映方式打开的演示文稿。

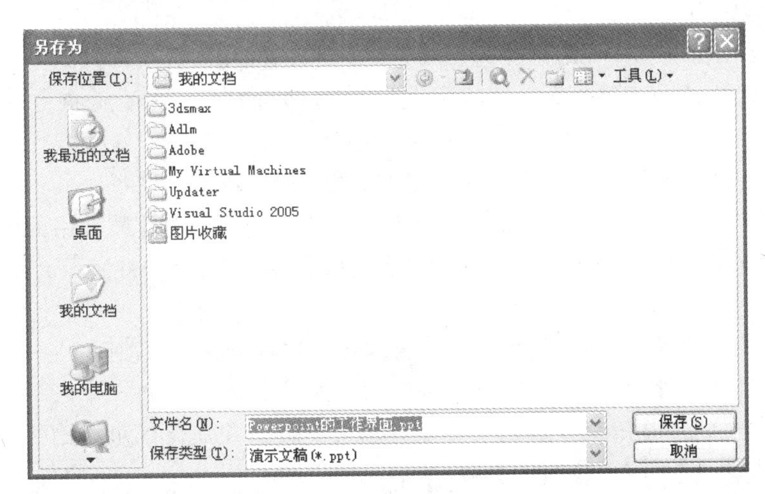

图 6-15 PowerPoint 的保存对话框

6.2.2 演示文稿的制作

1. 导入图片

启动 PowerPoint，执行“插入”→“图片”→“新建相册”命令，打开“相册”对话框。单击“插入图片来自”选项区域的“文件/磁盘”按钮，打开“插入新图片”对话框，从“查找范围”下拉列表框中选择图片所在的文件夹，按住 Shift 键或 Ctrl 键，从文件列表中选择图片文件，单击“插入”按钮。就可以在“相册中的图片”列表框中看到这些图片了。选中其中的一个，可以在右侧的预览框中预览图片。

图片在列表中的顺序就是接下来放映时的顺序，所以，如果有必要，可以对它们的排序进行适当的调整。方法是：选中要调整顺序的图片，单击向下或向上箭头，就可以上调或下调顺序了。还可以利用箭头右侧的图片调整工具对图片进行翻转、亮度调节或明暗度调节等。从“相册版式”下拉列表框选择“适应幻灯片尺寸”，放映效果比较理想。设置完成，单击“创建”按钮。

PowerPoint 会创建包含多页的幻灯片文件，每个图片一张幻灯片，另外自动添加一张封面幻灯片。

2. 编辑封面设置切换效果

默认的情况下，封面上只有名为“相册”的标题和创建者的名字。若想美化封面，右击“封面”幻灯片编辑窗口，在弹出的快捷菜单中选择“幻灯片设计”命令，打开“幻灯片设计”任务窗格。在列出的设计模板中选择一款，然后单击该模板，将其应用于所有幻灯片，再修改标题文字内容及格式。

执行“幻灯片放映”→“幻灯片切换”命令，打开“幻灯片切换”任务窗格。从“应用于所选幻灯片”列表框选择“随机”，然后调整“修改切换效果”选项区域的切换速度、声音效果及换片方式。调整好后，单击“应用于所有幻灯片”按钮。这样就可以很轻松地为所有的幻灯片添加动态的切换效果了。

6.2.3 演示文稿的播放

1. 设置放映方式

PowerPoint 提供了 3 种幻灯片的放映方式：演讲者放映、观众自行浏览、在展台浏览。

单击“幻灯片放映 ”→“设置放映方式”命令，即可打开“设置放映方式”对话框，如图 6-16所示。

在“设置放映方式”对话框中可以选择相应的放映类型。

- “演讲者放映(全屏幕)”可运行全屏显示的演示文稿，这是最常用的幻灯片播放方式，也是系统默认的选项。演讲者具有完整的控制权，可以将演示文稿暂停，添加说明细节，还可以在播放中录制旁白。
- “观众自行浏览(窗口)”适用于小规模演示。这种方式提供演示文稿播放时移动、编辑、复制等命令，便于观众自己浏览演示文稿。
- “在展台浏览(全屏幕)”适用于展览会场或会议。观众可以更换幻灯片或者单击超链接对象，但不能更改演示文稿。

在演示文稿放映过程中右击，将打开演示快捷菜单。例如，可以使用“定位至幻灯片”命令直接跳转到指定的幻灯片；使用“指针选项”中的“绘图笔”命令将鼠标指针变为一支笔，在播放过程中使用这支笔在幻灯片上作适当的批注。

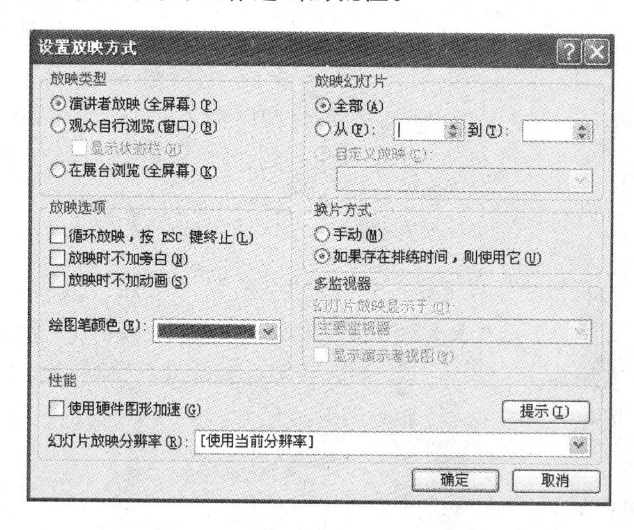

图 6-16 “设置放映方式”对话框

2. 幻灯片的切换

1) 手动切换幻灯片

(1) 打开演示文稿，并切换到幻灯片浏览视图。

(2) 选定要设置切换效果的一张或多张幻灯片。

(3) 执行“幻灯片放映”→“幻灯片切换”命令，或单击“幻灯片浏览”工具栏中的“切换”按钮，打开“幻灯片切换”对话框。

(4) 从“应用于所选幻灯片”列表框中选择一种切换效果，从“速度”下拉列表框选择一种切换速度。

(5) 在“换片方式”选项区域中选中“鼠标单击”复选框；从“声音”下拉列表框选择一种换页的声音效果。

(6) 按 F5 键开始放映，单击鼠标左键切换幻灯片。

2) 定时切换幻灯片

(1) 每隔一定时间播放：选中“幻灯片放映”任务窗格“每隔”复选框，在其后文本框中输入间隔时间数据。

(2) 用试讲的方法来设定时间：单击“幻灯片浏览”工具栏中的“排练计时”按钮，或执行“幻灯片放映”→“排练计时”命令。从第一张幻灯片开始试讲计时，讲完第一张单击切换到一下页，以此类推。全部讲完后，显示总时间并询问是否保留，单击“是”按钮。执行“幻灯片放映”→“设置放映方式”命令，打开“设置放映方式”对话框，选定“换片方式”选项区域中的“如果存在排练时间，则使用它”单选按钮，最后单击“确定”按钮即可。

3. 幻灯片动画效果的设置

1) 预设动画

(1) 幻灯片主体动画效果设置。

① 打开要设置动画效果的演示文稿，切换到幻灯片浏览视图。

② 选定一张或一组要设置动画效果的幻灯片。

③ 执行“幻灯片放映”→“动画方案”命令，打开“幻灯片设计”任务窗格的“动画方案”选项卡。从“应用于所选幻灯片”列表框中选一种效果。

(2) 幻灯片上各对象的动画效果设置。

① 打开演示文稿，切换到普通视图，定位到要设置的幻灯片。

② 执行“幻灯片放映”→“自定义动画”命令，打开“自定义动画”任务窗格。

③ 单击选中幻灯片上的对象。

④ 单击“自定义动画”任务窗格中的“添加效果”按钮，选择一种效果。

⑤ 重复步骤③和④，设置其他对象的动画效果。

⑥ 单击“播放”按钮检查效果，不满意可重新设置。

2) 旁白的录制

(1) 打开演示文稿，选定幻灯片。

(2) 执行“幻灯片放映”→“录制旁白”命令，打开“录制旁白”对话框，设置各参数。

(3) 单击“确定”按钮，开始录制旁白，同时会记录时间。

(4) 录制结束，关闭文稿，系统询问是否保存，单击“是”按钮。

4. 演示文稿的屏幕放映

(1) 打开要放映的演示文稿。

(2) 执行“幻灯片放映”→“观看放映”命令，或单击“视图”工具栏“幻灯片放映”按钮，开始幻灯片放映。

(3) 按 Esc 键或从快捷菜单中选择“结束放映”命令可以终止幻灯片放映。

5. 放映控制菜单

放映时右击,打开放映菜单的主要命令如下:

(1) 上一张——可观看上一张幻灯片。

(2) 下一张——可观看下一张幻灯片。

(3) 定位至幻灯片——可切换到任意一张幻灯片。

(4) 指针选项——使用绘图笔可以在屏幕上画线、写字等。

(5) 屏幕——可以擦除绘图笔描画的内容。

6.3 演示文稿的高级使用

6.3.1 插入影片和声音

1. 插入声音文件

PowerPoint 2003 支持多种格式的声音文件,例如 WAV、MID、WMA 等。WAV 文件播放的是实际的声音;MID 文件是 MIDI 电子音乐;WMA 文件是 Microsoft 公司推出的一种音频格式。

(1) 选中要插入声音和幻灯片。

(2) 执行"插入"→"影片与声音"→ "文件中的声音"命令打开"插入声音"对话框。

(3) 在该对话框中选定一个要插入的声音文件,单击"确定"按钮。

(4) 在将所选声音对象插入到幻灯片过程中,会弹出一个消息框,询问用户播放声音的方式,如图 6-17所示。"自动"选项表示在幻灯片放映时自动播放该声音文件。插入声音文件后,出现小喇叭图标,如图 6-18 所示。单击"在单击时"按钮表示在幻灯片放映时单击小喇叭播放该声音文件。

图 6-17　播放声音的方式对话框

(5) 右击"喇叭"图标,在弹出的快捷菜单中选择"自定义动画"命令,打开"自定义动画"任务窗格,单击声音对象右侧的下拉箭头,在下拉列表中选择"效果选项"命令。

(6) 打开"播放声音"对话框,如图 6-19 所示。

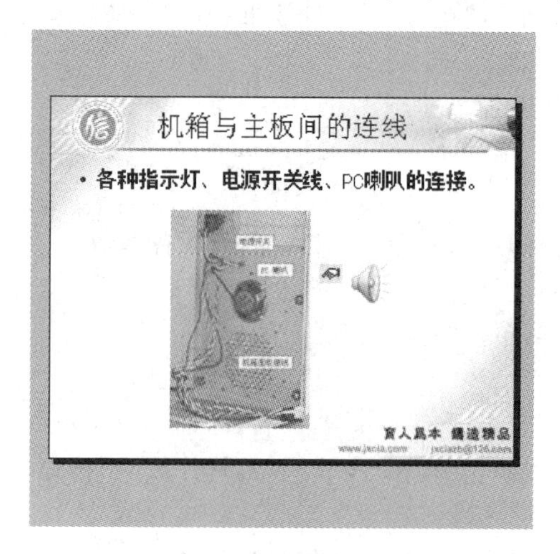

图 6-18　添加了声音的幻灯片

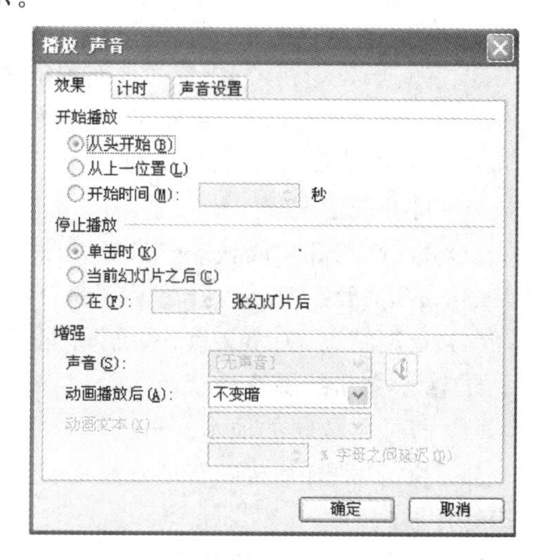

图 6-19　"播放 声音"对话框

- 在“效果”选项卡中可以设置声音文件开始播放与停止播放的方式。例如，在“开始播放”选项组中选择“从头开始”单选按钮，在“停止播放”选项组中选择“在 N 张幻灯片后”单选按钮。
- 在“计时”选项卡中可以对声音延迟和重复播放进行设置。例如，在“重复”列表中选择“直到幻灯片末尾”命令。
- 在“声音设置”选项卡中可以调整音量，以及选择播放时是否显示声音图标。

(7) 设置完成后，单击“确定”按钮即可。

可以用同样的方法，在演示文稿中插入“剪辑库”中的声音、CD 乐曲或者自己录制的声音等。

2. 插入视频文件

PowerPoint 可播放多种格式的视频文件。由于视频文件容量较大，通常以压缩的方式存储，不同的压缩/解压算法生成了不同的视频文件格式。例如 AVI 是采用 Intel 公司的有损压缩技术生成的视频文件；MPEG 是一种全屏幕运动视频标准文件；DAT 是 VCD 专用的视频文件格式。如果想让带有视频文件的演示文稿在其他人的计算机上也可以播放，可选通用的 AVI 格式。在幻灯片中插入影像的方法与插入声音的方法类似。

(1) 在普通视图中，选中要插入视频的幻灯片。

(2) 执行“插入”→“影片和声音”命令，打开级联菜单。

(3) 如果使用“剪辑库”中的影片，选择“剪辑管理器中的影片”命令，打开“剪贴画“任务窗格，从窗格列表中选取所需要的视频文件；如果要插入自己的影片，选择“文件中的影片”命令，在“插入影片”对话框中选择所需要的影片文件。操作完成后，在幻灯片中将出现影片中的第一帧画面。

6.3.2 插入图表、表格、对象、超链接及动作按钮

1. 插入图表

执行“插入”→“图表”命令。

2. 插入表格

(1) 执行“插入”→“表格”命令。

(2) 单击“常用”工具栏上的“插入表格”按钮。

(3) 单击“常用”工具栏上的“表格与表框”按钮，绘制表格操作方法与 Word 中的操作类似，但不能插入 Excel 工作表。

3. 插入对象

执行“插入”→“对象”命令，在“插入对象”对话框内选取对象类型，然后单击“确定”按钮。使用这种方法，可以插入 Excel 工作表、Word 公式等。

4. 插入超链接

演示文稿中可以链接的文件很多，如 Word 文档、工作簿、数据库、HTML 文件及图片等。选中要链接的对象(文字、图片等)，执行“插入”→“超链接”命令，打开“插入超链接”对话框，选择要链接的文件。可以使用超链接在演示文稿内做出方便的导航条。

要删除超链接，可单击“删除链接”按钮。

5. 插入动作按钮

在幻灯片上加入动作按钮，可以使用户在演示过程中方便地跳转到其他幻灯片，也可以

播放影像、声音等,还可以启动应用程序。执行"幻灯片放映"→"动作按钮"命令,选择子菜单上的按钮类型,然后在幻灯片上绘制出按钮,接下来会弹出"动作设置"对话框。设置好按钮要执行的动作,然后单击"确定"按钮。

(1) 更改动作设置:右击按钮,选择"动作设置"命令。

(2) 编辑按钮格式:右击按钮,选择"设置自选图形格式"命令。

6.3.3 动画效果的设置

在制作演示文稿的过程中,除了精心组织内容,合理安排布局,还需要应用动画效果控制幻灯片中的文本、声音、图像以及其他对象的进入方式和顺序,以便突出重点,控制信息的流程。

在 PowerPoint 中动画设计有两种方案:动画方案和自定义动画。

1. 动画方案

动画方案是 PowerPoint 自带的一组动画效果。

(1) 选中要设置动画效果的元素(文本、图表、表格等元素)。

(2) 执行"幻灯片放映"→"动画方案"命令,打开"幻灯片设计"任务窗格。在"应用于所选幻灯片"列表框中选择效果,同时在幻灯片中可以预览其动画效果,如图 6-20 所示。

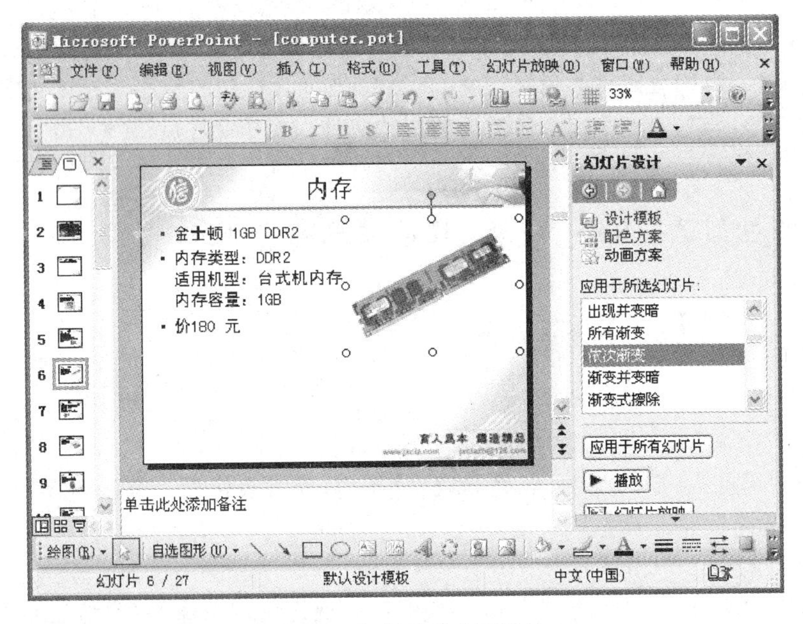

图 6-20 幻灯片的动画设计

2. 自定义动画

当需要控制动画效果的各个方面时,比如,设置动画的声音和定时功能、调整对象的进入和退出效果、设置对象的动画显示路径等,就需要使用自定义动画功能,如图 6-21 所示。

设置自定义动画效果的基本步骤如下:

(1) 选中要设置动画效果的幻灯片。

(2) 执行"幻灯片放映"→"自定义动画"命令打开"自定义动画"任务窗格,在其中定义各个对象的显示顺序。

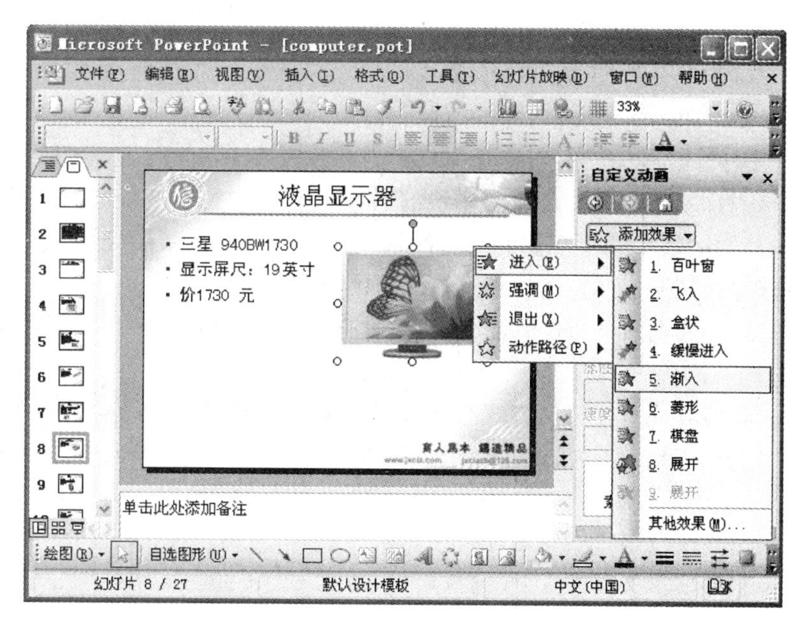

图 6-21　幻灯片自定义动画

(3) 单击“添加效果”按钮，对选中的对象设置某种动画类型(“进入”、“强调”、“退出”、“动作路径”)、动画效果、启动动画的方式(单击时、之前、之后)、动画的方向和播放速度等。

(4) 单击“播放”按钮，可预览幻灯片中设置的动画效果。单击“幻灯片放映”按钮，可看到完成的幻灯片放映效果。

(5) 当“自定义动画”列表框中有多个动画对象时，可通过“重排顺序”上下按钮来调整动画的播放顺序。若想取消动画效果，只需要选择相应的幻灯片，然后在“应用于所有幻灯片”列表框中选择“无动画”命令即可。

6.3.4　演示文稿的打印

如果不在计算机上演示，也可以将演示文稿打印出来。演示文稿的打印包括幻灯片、大纲、备注页和讲义等的打印。打印的步骤如下：

1. 页面设置

幻灯片的页面设置决定了幻灯片、备注页、讲义、大纲在屏幕和打印纸上的尺寸与方向。可以随时改变这些设置，具体操作步骤如下：

(1) 打开要设置页面的演示文稿。

(2) 执行“文件”→“页面设置”命令，打开“页面设置”对话框。

(3) 在“幻灯片大小”下拉列表框中选择幻灯片的打印尺寸，如“屏幕显示”、“A4 纸张”、“35 毫米幻灯片”等；如果选择“自定义”选项，可以在“宽度”文本框中输入数值。

(4) 如果不想用 1 作为幻灯片的起始编号，请在“幻灯片编号起始值”文本框中输入合适的数字。

(5) 在“幻灯片”选项区域中，可以设置幻灯片的页面方向。

(6) 在“备注页、讲义和大纲”选项区域中，可以设置备注、讲义和大纲的页面方向。

(7) 设置完毕后，单击“确定”按钮。

2. 打印

可以按照下述的步骤打印演示文稿：

(1) 打开需要打印的演示文稿，并进行页面设置。

(2) 执行"文件"→"打印"命令，打开"打印"对话框。在"打印机"选项区域的"名称"下拉列表框中显示打印机的名称。如果打印机的名称与实际连接的打印机类型不符，可以单击向下箭头，从下拉列表中选择所需的打印机。

(3) 在"打印内容"下拉列表框中指定打印的内容。

幻灯片：与幻灯片视图下所看到的一样，一页打印一张，可以在打印纸或透明胶片上打印幻灯片。

讲义：以多张幻灯片为一页的方式打印成听众讲义。此时，可以在"讲义"选项区域中指定每页幻灯片数以及幻灯片的排列顺序等，可在同一页上横向或纵向打印2、4、6或9幅幻灯片。

备注页：打印指定范围中的幻灯片备注。

大纲视图：打印演示文稿的大纲。打印出来的大纲与屏幕上大纲视图中所显示的外观完全相同。

(4) 在"打印范围"选项区域中指定演示文稿的打印范围。

- 全部：选择该单选按钮，将打印演示文稿中所有幻灯片。
- 当前幻灯片：选择该单选按钮，将打印插入点所在的幻灯片。如果选择了多张幻灯片，则打印所选幻灯片的第一张。
- 选定幻灯片：选择该单选按钮，将打印当前选择范围内的幻灯片。
- 幻灯片：选择该单选按钮，然后在文本框中指定要打印的幻灯片范围。
- 自定义放映：选择该单选按钮，可以打印自定义放映。

(5) 在"打印份数"文本框中指定打印的份数。如果选中"逐份打印"复选框，将按照正确的顺序打印多份演示文稿，PowerPoint在打印下一份第一页前，会先打印一份完整的内容。

(6) 在"打印"对话框的底部还有3个复选框可供选择。

- 根据纸张调整大小：选择该复选框，缩小或放大幻灯片的图像，使它们适应打印页。此复选框只改变打印结果，不会改变演示文稿中幻灯片的尺寸。
- 幻灯片加框：选择该复选框，可在打印幻灯片、讲义和备注页时，添加一个细的边框。
- 打印隐藏幻灯片：选择该复选框，使隐藏幻灯片和其余内容一起打印出来。只有在演示文稿中含有隐藏幻灯片时才能使用该复选框。

设置完毕后，单击"确定"按钮，即可开始打印演示文稿内容。

6.3.5 演示文稿的打包与发布

1. 打包

将演示文稿打包即压缩，可以方便用户携带并传输演示文稿，是PowerPoint的一项重要功能。

首先打开已经制作好的ppt文件，执行"文件"→"打包成CD"命令，打开打包向导，如图6-22所示。

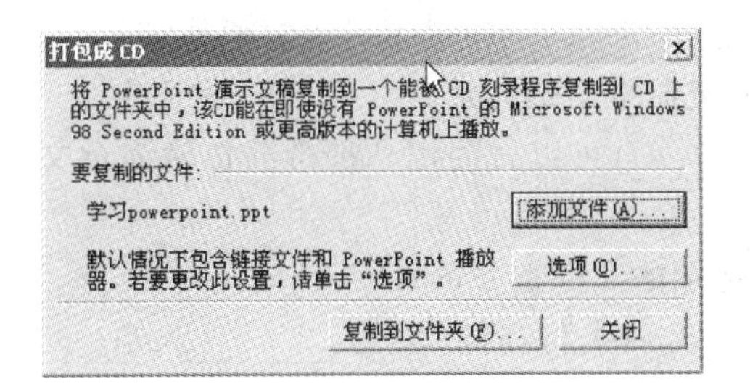

图 6-22　打包向导

采用默认的当前演示文稿。当向导询问文件复制到哪时，将存放位置更改至本地硬盘，如 D:\。接着询问链接情况时，用户需要把包含链接和嵌入字体都选上。这样演示文稿中涉及的图片、动画、声音都进入打包文件。嵌入字体意味着文稿中所使用的字体在其他计算机上也能正确显示。当然，这会占用更多的空间。

最后向导询问是否包含播放器时，如果所要使用该文档的机器上没有安装 PowerPoint，一定要选择“Microsoft Windows 播放器”。如果机器上没有安装该播放器，可以单击“下载播放器”连接到 Microsoft 公司的网站上下载播放器进行安装。

2. 发布

PowerPoint 可方便地将演示文稿转换为网页。将演示文稿发布到 Web 时，会将网页或 Web 档案的备份保存到指定位置，如 Web 服务器或其他可用的计算机。通过发布演示文稿(而不只是将它存为网页或 Web 档案)，可以维持 ppt 文件格式演示文稿的原始版本，同时又能将所有必需的支持文件(包括图形、字体和背景)添加到共享目录中。

打开要发布到 Web 上的演示文稿或网页，执行“文件”→“另存为网页”命令。在“文件名”文本框中输入该 Web 页的文件名称。

在“保存类型”下拉列表框中，选择下列选项之一：如果想要保存为网页并创建包含支持文件(如项目符号、背景纹理和图形)的相关文件夹，选择“网页”；如果希望保存为网页，并将所有支持信息(例如图形和其他文件)包含在单一文件中，则要选择“单个文件网页”。在文件夹列表中，选择演示文稿的目录。单击“发布”按钮，打开“发布为网页”对话框。在“浏览器支持”选项区域选择“Microsoft Internet Explorer 4.0 或更高(高保真)”选项。为确保浏览演示文稿时动画能够播放，单击“Web 选项”按钮，选中“浏览时显示幻灯片动画”复选框，然后单击“确定”按钮。

如果要在发布后立即在浏览器中查看已发布演示文稿的显示效果，可以选中“在浏览器中打开已发布的网页”复选框，单击“发布”按钮，关闭对话框。

现在就可以将发布的链接或网页文件发送给观众了。

习　题　6

1. 填空题

(1) PowerPoint 可以在________、________、________等环境下安装运行。

(2) PowerPoint 可以将________、________、________、________等组合在一起，形成演示文稿。

(3) 在________模式和________模式下可以方便地管理幻灯片的结构,随意调整各个图片的放映顺序,删除和复制电子幻灯片。

(4) 将演示文稿________,可以方便用户携带并传输演示文稿,是PowerPoint的一项重要功能。

(5) 演示文稿可以链接的文件很多,如________、________、________等。

(6) 在PowerPoint 2003中,可在同一页上________或________打印2、4、6或9幅幻灯片。

(7) 执行“文件”→“________”命令,打开“页面设置”对话框。

(8) 在“另存为”对话框中“保存类型”下拉列表框中选择的类型有________、演示文稿、________、________和PowerPoint放映。

(9) 如果不想用1作为幻灯片的起始编号,可以在________数值框中输入合适的数字。

(10) 如果用户希望保存为网页,并将所有支持信息(例如图形和其他文件)包含在单一文件中,则要选择________。

2. 判断题(正确的打√,错误的打×)

(1) 在制作演示文稿时,一旦选定了某种固定版式,就无法改变占位符的位置和大小。(　　)

(2) 在演示文稿中添加的艺术字可以在大纲视图中看到。(　　)

(3) 可以改变PowerPoint提供的设计模板的图案位置。(　　)

(4) PowerPoint不能组合声音文件。(　　)

(5) 在文稿的演示中不能使用超链接。(　　)

(6) PowerPoint具有打包的功能。(　　)

(7) 演示文稿如讲义、大纲等都可以打印出来。(　　)

3. 简答题

(1) PowerPoint的主要功能是什么?

(2) PowerPoint有几种视图方式?各有什么用途?

(3) 演示文稿的高级使用包含哪几个方面?

(4) 简述要是文稿的制作过程。

(5) 列举PowerPoint的退出方法。

4. 操作题

利用PowerPoint制作演示文稿,介绍Microsoft Office的组成和主要功能,每一项组成最少用一张幻灯片介绍。

要求:

(1) 有必要的文字表述。

(2) 幻灯片上配置相应的图片。

(3) 演示文稿中有音频文件。

(4) 演示文稿中有视频文件。

(5) 能自动播放。

(6) 将演示文稿以Yswg.ppt为文件名保存在D盘新建文件夹中。

第7章 计算机网络应用基础

计算机网络是计算机技术和通信技术相互结合而形成的一门交叉学科，它涉及通信与计算机两个领域。计算机与通信日益紧密的结合，已对人类社会的进步做出了极大的贡献。当今世界正经历着一场信息革命，人类社会已进入到信息社会的知识经济时代。信息的流通离不开通信，信息的处理离不开计算机。计算机网络作为信息时代的产物对人类的日常生活、工作甚至思想产生了极大的影响。本章将带领读者初步认识计算机网络，了解一定的网络应用基础知识，从而也为学习后续的计算机网络技术课程奠定良好的基础。

7.1 计算机网络基础知识

7.1.1 计算机网络的概念

一般来说，计算机网络就是利用通信线路和通信设备，将不同地理位置、功能独立的多个计算机连接起来，在协议的控制下进行数据通信，实现资源共享的信息系统。因而最简单的定义是“一些互相连接的、自治的计算机的集合”。需要注意的是，计算机网络是在协议的控制下实现计算机之间的数据通信，所以网络协议时计算机网络工作的基础。计算机网络与计算机通信系统是完全不同的两个概念，它们所构成的是两个系统。计算机网络所构成的系统是能够实现系统中资源共享的系统，而计算机通信系统是一种计算机介入的通信系统，如电话程控交换机系统，这些系统都介入了与计算机之间的通信，它们构成的仅仅是通信系统。

1. 不同地理位置

这是一个相对的概念，可以小到一个房间内，也可以大至全球范围内。

2. 功能独立

接入网络前计算机都是独立的，没有主从关系，一台计算机不能启动、停止或控制另一台计算机的运行。一个计算机网络至少有两台以上功能独立的计算机。

3. 通信线路

通信介质既可以是有线的，也可以是无线的。

4. 通信设备

在计算机和通信线路之间按照通信协议传输数据的设备。

5. 资源共享

在网络中的每一台计算机都可以使用网络系统中的硬件、软件和共享数据。

7.1.2 计算机网络的功能

计算机网络技术被广泛应用于政治、经济、军事、生产及科学技术的各个领域。其主要功能包括以下5个方面。

1. 数据通信功能

数据交换是计算机网络最基本的功能,主要完成网络中各个节点之间的数据通信。现在有越来越多的网络应用都是通过网络的数据传输功能来实现的,如传统的电子邮件、IP电话,以及网络多媒体通信和应用。

2. 资源共享功能

资源共享功能是组建计算机网络的目标之一,它可以避免重复投资和重复劳动,提高资源的利用率。如许多资源(如大型数据库、专用服务器等)是单个用户无法拥有的,所以必须实行资源共享。它包括软件资源共享、硬件资源共享、数据资源共享和通信信道资源共享。

1) 硬件资源共享

硬件资源共享是网络用户对网络系统中的各种硬件资源的共享,如巨型计算机、外部存储设备、输入输出设备等。

2) 软件资源共享

软件资源共享是网络用户对网络系统中的各种软件资源的共享,如各种系统软件、应用软件、工具软件、数据库管理软件和因特网信息服务软件。

3) 数据资源共享

数据资源共享是网络用户对网络系统中的各种数据资源的共享。随着信息时代的到来,数据资源越来越重要。在大型计算机网络中,普遍设置一些专门的数据库,如情报资料数据库、产品信息数据库等。

4) 通信信道资源共享

广义的通信信道可以理解为电信号的传输媒体。通信信道的共享是计算机网络中最重要的共享资源之一。

3. 提高系统的可靠性和可用性

单机工作不但性能有限,可靠性能也很低。当计算机联网以后,各计算机可以通过网络互为后备,协同工作,计算机网络起到了提高可靠性和可用性的作用。可用性是指在当网络中某台计算机负担过重时,网络可将新任务转交给网络中空闲的计算机完成,从而均衡各台计算机的负载,提高每台计算机的工作效率。

4. 分布处理

分布处理是指网络系统中若干台计算机通过适当的算法,将一项复杂的任务分散到不同的计算机上进行处理,由网络内各计算机分别完成自己的任务,然后再集中起来,解决问题。其结果使整个系统的性能加强。

5. 集中管理

计算机网络技术的发展和应用,已使得现代的办公手段、经营管理等发生了变化。目前,已经有了许多MIS系统、OA系统等,通过这些系统可以实现日常工作的集中管理,提高工作效率,增加经济效益。

7.1.3 计算机网络的分类

计算机网络有不同的分类方法,常用的分类方法有按网络覆盖的地理范围分类、按网络的拓扑结构分类、按网络协议分类、按传输介质分类、按所使用的操作系统分类。

1. 按网络覆盖的地理范围分类

按网络覆盖的地理范围分类是最常用的分类方法，也是读者最熟悉的分类方法。按照网络覆盖的地理范围的大小，可以把计算机网络分为局域网、广域网和城域网三种类型。

1) 局域网

局域网(Local Area Network，LAN)是将较小地理区域内的计算机或数据终端设备连接在一起的通信网络。局域网覆盖的地理范围比较小，一般在几十米到几千米之间。它常用于组建一个办公室、一栋楼、一个楼群、一个校园网或一个企业的计算机网络。

局域网的主要特点如下：

(1) 覆盖的地理区域比较小，仅工作在有限的地理区域内(0.1～20km)。

(2) 传输速率高(1～1000Mbps)，误码率低。

(3) 拓扑结构简单，常用的拓扑结构有总线型、星状、环状等。

(4) 局域网通常归属一个单一的组织管理。

2) 广域网

广域网(Wide Area Network，WAN)是在一个广阔的地理区域内进行数据、语音、图像信息的传输和共享的通信网。广域网覆盖广阔的地理区域，通信线路大多借用公用通信网络，传输速率比较低，这类网络的作用是实现远距离计算机之间的数据传输和信息共享。广域网可以覆盖一个城市、一个国家甚至全球。因特网是广域网的一种，但它不是一种具体独立的网络，它将同类或不同类的物理网络(局域网、广域网、城域网)互联，并通过高层协议实现各种不同类网络之间的通信。

广域网的主要特点如下：

(1) 覆盖的地理区域大，网络可跨越市、省、国家甚至全球。

(2) 广域网连接常借用公用网络。

(3) 传输速率比较低，一般在64kbps～2Mbps，最高的可达到45Mbps，但随着广域网技术的发展，广域网的传输速率正在不断地提高，目前通过光纤介质，采用POS(Packet Over SOHET/SDH，通过SDH传输数据包)技术，传输的速率可达到155Mbps～2.5Gbps。

(4) 网络的拓扑结构复杂。

3) 城域网

城域网(Metropolitan Area Network，MAN)是一种大型的LAN，它覆盖范围介于局域网和广域网之间，一般为几千米至几十千米，也就是说，城域网的覆盖范围通常在一个城市内。

2. 按网络的拓扑结构分类

按网络的拓扑结构可将网络分为总线型网络、环状网络、星状网络、树状网络和网状网络。例如，以总线型物理拓扑结构组建的网络为总线型网络，同轴电缆以太系统就是典型的总线型网络；以星状物理拓扑结构组建的网络为星状网络，交换式局域网以及双绞线以太网系统都是星状网络。

以上5种拓扑结构中，总线型、星状和环状是计算机网络常采用的基本拓扑结构，在局域网中应用较多。在实际构造网络时，大多数网络是这3种拓扑结构的结合，如图7-1所示。

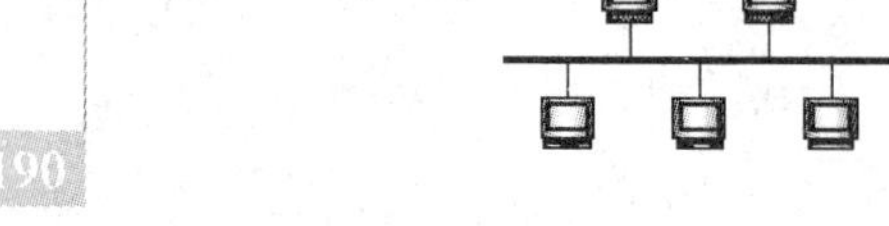
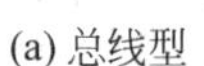
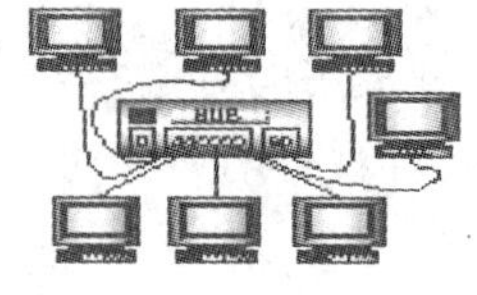
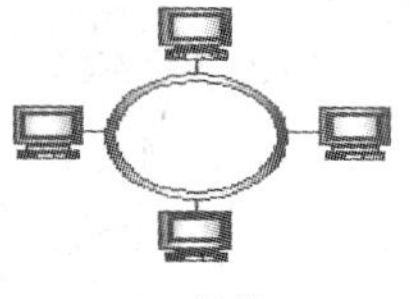

(a) 总线型　　(b) 星状　　(c) 环状

图 7-1　常用拓扑结构

3. 按网络协议分类

根据使用的网络协议,可以将网络分为使用 IEEE 802.3 标准的以太网(Ethernet);使用 IEEE 802.5 标准协议的令牌环网(Token Ring);另外还有 FDDI 网、ATM 网、X.25 网、TCP/IP 网等。

4. 按使用的传输介质分类

根据网络使用的传输介质,可以将网络分为双绞线网络、同轴电缆网络、光纤网络、无线网络(以无线电波为传输介质)和卫星数据通信网(通过卫星链路进行数据通信)等。

5. 按网络交换功能进行分类

网络设计者常从交换功能来将网络分类,常用的交换方法有电路交换、报文交换、分组交换和混合交换。

6. 按网络使用者进行分类

这可以划分为公用网和专用网。公用网是指国家的电信公司出资建立的大型网络,也称为公众网。专用网是某个单位为满足自身的特殊业务工作的需要而建立的网络。这种网络不向本单位以外的个人提供服务。例如,军队、铁路、电力等系统都有本系统的专用网络。

7.1.4　计算机网络的物理组成

计算机网络是一个非常复杂的系统,它通常由计算机软件、硬件以及通信设备组成。下面分别介绍一下构成网络的主要成分。

1. 各种类型的计算机

这些计算机由于所承担的任务不同,因而在网络中分别扮演了不同的角色。网络中的计算机可扮演的角色有 3 种:服务器、客户机和同位体。

- 服务器(Server):为网络上的其他计算机提供服务的功能强大的计算机。
- 客户机(Client):使用服务器所提供服务的计算机。
- 同位体(Peer):可同时作为客户机和服务器的计算机。

在基于 PC 的局域网中,服务器是网络的核心。服务器一般由高档微机、工作站或专门设计的计算机(即专用服务器)充当。根据服务器在网络中所起的作用,又可以将它们进一步划分为文件服务器、打印服务器、数据库服务器、通信服务器等。例如,文件服务器可提供大容器磁盘存储空间为网上各微机用户共享,它接收并执行用户对于文件的存取请求;打印服务器接收来自客户机的打印任务,并负责打印队列的管理和控制打印机的打印输出;而通信服务器负责网络中各客户机对主计算机的联系,以及网与网之间的通信等。

总之,服务器主要提供各种网络上的服务,并实施网络的各种管理。服务器既然是同时为多个用户服务，其基本环境都是支持多任务的多用户系统，如 UNIX、Netware 或 Windows NT/2000 Server。

2. 共享的外部设备

连接在服务器上的硬盘、打印机、绘图仪等都可以作为共享的外部设备。除此之外，一些专门设计的外部设备，如网络共享打印机，可以不经过主机而直接连到网络上。局域网中的工作站都可以使用网络共享打印机，就像使用本地打印机一样。

3. 网卡

网卡即网络接口卡(Network Interface Card，NIC)，又称为网络适配器(network adapter)，如图 7-2 所示。一台计算机，无论它在网络中扮演何种角色，都必须配备一块网卡，插在扩展槽中(现代微型机的网络接口卡一般都集成在主板上)，通过它与通信线路相连。网卡主要是将计算机数据转换为能够通过介质传输的信号。

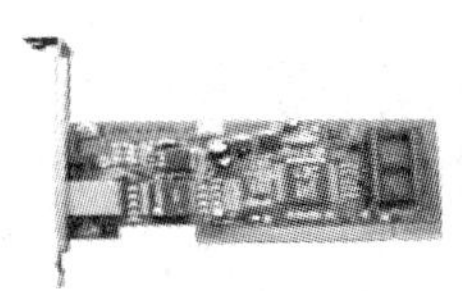

图 7-2　网络接口卡

4. 通信介质

通信介质连接网络中的各种主机与设备，为数据传输提供信道。常用的传输介质有双绞线、同轴电缆和光缆；在局域网中基本上不再使用同轴电缆，主要使用双绞线和光纤，如图 7-3 所示。除此之外，无线传输介质(如微波、红外线和激光等)在计算机网络中的应用非常广泛。

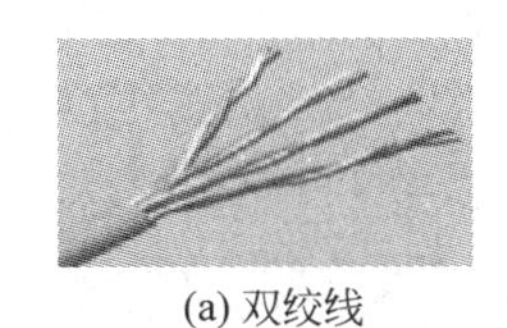

(a) 双绞线

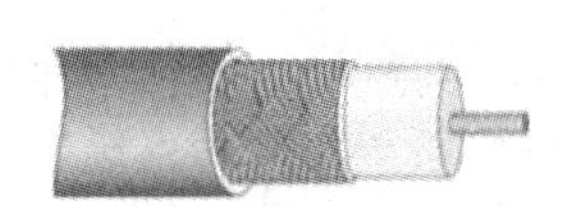

(b) 同轴电缆细节图

(c) 同轴电缆

图 7-3　常用传输介质

5. 局部网络通信设备

这些设备主要用来延伸传输距离和便于网络布线。例如，中继器(repeater)和集线器(hub)用来对数字信号进行再生放大，以扩展网络传输距离。集线器可以提供多个计算机连接端口，在工作站集中的地方使用集线器，便于网络布线，也便于故障的定位与排除。此外集线器还可具有再生放大和管理多路通信的能力。由于集线器自身功能的限制，在目前的网络工程中，基本上不再使用集线器，而是使用交换机取代了集线器。交换机和集线器的外观非常相似，但两者的功能不同。

6. 网络互连设备

局域网与局域网、局域网与主机系统以及局域网与广域网的连接都称为网络互联。而网络互联的接口设备称为网络互连设备。常用的互连设备有交换机(switch)、路由器(router)和网关(gateway)等。

目前，路由器的应用很广泛，已经成为计算机网络的一个重要组成部分，如图 7-4 所示。路由器用于连接多个逻辑上分开的网络(子网)，每个子网代表一个单独的网络。当需要从一个子网传输数据到另一个子网时，可通过路由器来完成。路由器具有判断网络地址和选择路径的功能，它能在复杂的网络互联环境中建立非常灵活的连接。

此外，一台计算机如果要利用电话线联网，就必须配置调制解调器(modem)，如图 7-5

所示。调制解调器的功能是将计算机输出的数据信号转换成模拟信号,以便能在电话线路上传输。当然,它也能够将线路上传来的模拟信号转换成数字信号,以便于计算机接收。

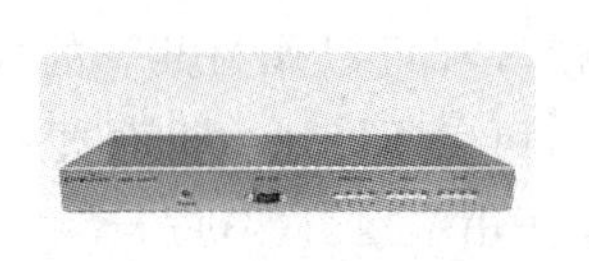

图 7-4　路由器

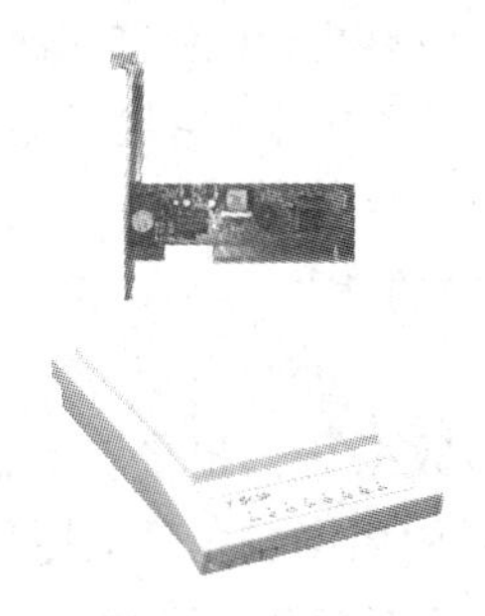

图 7-5　调制解调器

7. 网络软件

就像一台计算机的运行必须有它独立的操作系统支持一样,计算机网络也必须有相应的网络操作系统的支持。网络操作系统由多种系统软件组成,在基本系统之上,有多种配置和选项,用户可以根据需要确定自己的网络功能。

网络操作系统和操作系统的作用类似,但它是在网络的环境下管理更大范围内的资源。

网络操作系统软件可以平等地分布在所有网络节点上,通常称为对等式网络操作系统。此类网络软件通常是在 PC 操作系统(如 DOS、Windows、Mac System)的基础上增加了网络服务功能和通信驱动功能。而在当前最为流行的"客户机/服务器"体系结构中,则是把网络操作系统的主要部分放在服务器上,以行使对主要网络资源的管理,为客户机提供各种网络服务。如服务器上的网络软件要承担以下任务:

(1) 被多个工作站访问的远程文件系统管理。

(2) 共享程序的加载和运行。

(3) 共享网络设备(如打印机)的输入与输出。

(4) 运行网络操作系统的主机与内存的管理。

对于与服务器进行通信的客户机而言,它也必须运行一小部分网络软件。因为客户机一般就是工作站,所以客户机网络软件都要与工作站上原本运行的操作系统(如 DOS、Windows、OS/2、UNIX 等)进行通信和交互。

7.1.5　计算机网络的体系结构及网络协议

1. 网络协议

由于不同厂家生产不同类型的计算机和网络设备,其操作系统、信息表达方式都存在差异,为了使计算机之间能够正常交换数据,就必须事先约定好规则,用来明确如何交换数据。

这些为网络中的数据交换而约定的规则、标准或约定称为网络协议。一个网络协议主要由3个要素组成。

(1) 语法：规定数据与控制信息的结构格式，即“怎么讲”。

(2) 语义：规定通信双方要发出何种控制信息、完成何种动作以及如何响应，即“讲什么”。

(3) 时序：规定事件的执行顺序。

2. 网络体系结构

一个完善的网络需要一系列网络协议构成一套完备的网络协议集。大多数网络在设计时是将网络划分为若干个相互联系而又各自独立的层次，然后针对每个层次及层次间的关系制定相应的协议。这样可以减少协议设计的复杂性。像这样的计算机网络层次结构模型及各层协议的集合称为计算机网络体系结构(network architecture)。

体系结构与层次结构是不可分离的概念，层次结构是描述体系结构的基本方法，而体系结构也总是具有分层特征。层次结构的特点是每一层都建立在前一层的基础上，低层为高层提供服务。其中，最低层是只提供服务而不使用其他服务的基本层；而最高层是系统最终目标的体现。

由于各局域网的不断出现，迫切需要异种网络及不同机种互联，以满足信息交换，资源共享及分步式处理等需要，而这就要求计算机网络体系结构的标准化。典型的包括 OSI 和 TCP/IP 网络体系结构。

1) OSI 参考模型

1984 年，国际标准化组织(International Organization for Standardization，ISO)公布了一个作为未来网络协议指南的模型，该模型被称作开放系统互联参考模型(Open System Interconnect Reference Model，OSI)。这一系统体系标准将所有的互联开放系统划分为功能上相对独立的七层：物理层、数据链路层、网络层、传输层、会话层、表示层和应用层。这一模型描述了信息流自上而下通过源设备的七层模型，再经过中间设备，然后自下而上穿过目标设备的七层模型。OSI 参考模型如图 7-6 所示，各层功能如下：

(1) 物理层——通过物理介质传输和接收原始的二进制位流。

(2) 数据链路层——提供相邻网络节点间的可靠通信。传输以帧为单位的数据包，向网络层提供正确无误的信息包的发送和接收服务。

(3) 网络层——负责提供链接和路由选择，包括处理输出报文分组的地址，解码输入报文组的地址和维护路由信息，以及对网络变化做出适当响应。

(4) 传输层——提供端到端的通信，从会话层接收数据，进行适当处理之后传输到网络层。在网络另一端的传输层从网络层接收对方传来的数据，进行逆向处理后提交会话层。

(5) 会话层——负责建立、管理、拆除进程之间的通信连接，“进程”是指如电子邮件、文件传输等第一次独立的程序执行。

(6) 表示层——负责处理不同的数据表示上的差异及其相互转换，如 ASCII 码与 Unicode 码之间的转换，不同格式文件的转换，不兼容终端的数据格式之间的转换以及数据加密、解密等。

(7) 应用层——是 OSI 的最高层，也是用户访问网络的接口层，是直接面向用户的。在 OSI 环境下，应用层为用户提供各种网络服务，例如电子邮件、文件传输、远程登录等。由于

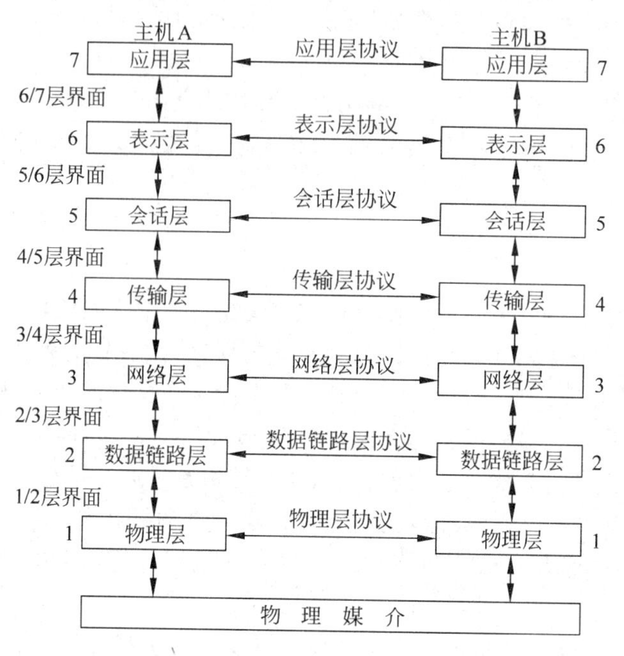

图 7-6 开放系统互连 OSI 参考模型

应用的内容完全取决于用户,因此 OSI 没有规定应用层的协议,由用户自己去开发。

2) TCP/IP 参考模型

OSI 所定义的网络体系结构虽然从理论上比较完整,是国际公认的标准,但是由于它实现起来过分复杂,运行效率很低,而且制定周期太长,导致世界上几乎没有哪个厂家生产者出完全符合 OSI 标准的商用产品。20 世纪 90 年代初期,Internet 已在世界范围得到了迅速的普及,得到了广泛的支持和应用。而 Internet 所采用的体系结构是 TCP/IP(Transmission Control Protocol/Internet Protocol,传输控制协议/网际协议)参考模型,这使得 TCP/IP 成为事实上的工业标准。

如图 7-7 所示,TCP/IP 体系结构将网络划分为 5 个层次,比 OSI 少了表示层和会话层。

OSI	TCP/IP
应用层	应用层
表示层	
会话层	
传输层	传输层
网络层	网络层
数据链路层	网络接口层
物理层	

图 7-7 OSI 参考模型和 TCP/IP 参考模型对比

(1) 应用层是 TCP/IP 的最高层,对应于 OSI 的最高 3 层,包括了很多面向应用的协议,如简单邮件传输协议(Simple Mail Transfer Protocol,SMTP)、超文本传输协议(Hypertext Transfer Protocol,HTTP)、域名系统(Domain Name System,DNS)等。

(2) 传输层对应于 OSI 的传输层,包括面向连接的传输控制协议 TCP 和无连接的用户数据报协议 UDP。TCP 提供了一种可靠的数据传输服务，具有流量控制、拥塞控制、保证按序递交等特征。而 UDP 的服务是不可靠的，它提供的是一种“尽力而为”的服务，但其协议开销小，在一些简单应用和流媒体系统中使用得较多。

(3) 网络层对应 OSI 的网络层，该层最主要的协议就是无连接的互联网协议 IP。

(4) 网络接口层 TCP/IP 没有规定这两层的协议，在实际应用中根据主机与网络拓扑结构的不同而采用不同的协议，局域网主要采用 IEEE 802 系列协议，如 802.3 以太网协议、802.5 令牌环网协议；广域网常采用 HDLC、帧中继、X.25、PPP 等协议。

7.1.6 网络术语

1. 路由器与网关

路由器(router)是一个网络互连设备，有时也被称作网络层网关。它工作在网络层，用于对数据包进行转发，并负担着数据包寻址的功能。在路由器中存储着许多路径选择信息，数据包根据路由表中的路径信息，选择到达目标站点的最佳路径。路由器可以被看作是一个十字路口，路由表也就是路标，数据包根据路由表选择走哪一条路。

路由器事实上是一台计算机，只不过它的程序被固化在硬件中，以提高对数据包的处理速度。当对数据包处理速度要求不高时，可以用一台至少带两个网卡的普通计算机，配上相应的软件来实现路由的功能。

网关(gateway)的职能是完成网络之间的协议转换。它可在 OSI 模型的所有七层上运行，可以做任何事情，从转换协议到转换应用程序数据，如工作在应用层的应用层网关。常见的应用层网关如邮件网关，它可以把一种类型的邮件转换成另一种类型的邮件。

2. 客户机/服务器模型

客户机/服务器模型是在计算机网络和分布式计算的基础上发展起来的。从技术上来说，“客户机”和“服务器”是一个逻辑概念，具体含义是：将应用分成两大部分，并将它分配到整个网络上，其中一部分涉及多个用户共享功能和资源，它由服务器来实现；另一部分是面向每个用户的，由客户机实现。客户机通常执行前台功能，如通过用户界面以实现人机交互功能，或是执行用户特定的应用程序；而服务器通常执行后台功能，如管理用户共享外设，控制对数据库的并发存取，接收并回答客户机的请求等。每当一个用户需要服务时，就由客户机发出请求，然后由服务器执行相应的服务，并将服务结果送回客户机，进而呈现给用户。可以说客户机/服务器模式的实质是“请求驱动”，每次客户机与服务器的相互作用都是从客户机发出请求开始。

客户机和服务器可以同存于一台计算机(即同位体)，也就是说，一台计算机在某一时刻可以充当服务器，而在另一时刻又可成为客户机。而一台计算机通过软硬件配置，可同时扮演文件服务器、打印机服务器和数据库服务器多种角色，从这里可以进一步体会客户机和服务器这一逻辑上的概念。

当然，采用客户机/服务器结构的主要目的是实现网络资源的最佳配置与利用，通常客户机和服务器在不同的机器上。如 PC 很自然地成为客户机的理想机型；而大中小型主机、专门设计的服务器乃至高档计算机都可以承担起服务器的任务。这样不同档次、不同配置的计算机在网络中都得到了恰当的使用。

3. 物理地址

IPv4(网际协议第 4 版)的地址管理主要用于给一个物理设备分配一个逻辑地址。一个以太网上的两个设备之所以能够交换信息就是因为在物理以太网上,每个设备都有一块网卡,并拥有唯一的以太网地址(硬件地址或 MAC 地址)。如果设备 A 向设备 B 传送信息,设备 A 需要知道设备 B 的以太网地址。像 Microsoft 的 NetBIOS 协议,它要求每个设备广播它的地址,这样其他设备才能知道它的存在。IP 协议使用的这个过程叫做地址解析协议 ARP。不论是哪种情况,地址应为硬件地址,并且在本地物理网上。

以太网的物理地址也称 MAC(Media Access Control Address)地址,表示为 6 个字节,即 48 位的二进制地址,是由数据链路层来实现的。该地址通常是固化在网卡上。如 00-60-97-CO-9F-70 就是一个物理地址。

4. IP 地址

IP 地址是 TCP/IP 网络及 Internet 中用于区分不同计算机的数字标识。作为统一的地址格式,由 32 位二进制组成并分成 4 组,每组 8 位,包括网络地址和主机地址两部分,其结构如图 7-8 所示。

网络地址	主机地址

图 7-8 IP 地址格式

其中网络地址表示在互联网中的一个物理网络。主机地址则表示在这个网络中的一台主机。

一个 IP 地址的网络部分被称为网络号(net-id)或者网络地址,主机可以与具有相同的网络号的设备直接通信。在没有连接设备的情况下,即使共享相同的物理网段,网络号不同则无法进行通信 。IP 地址的网络地址使路由器可以将分组置于正确的网段上,IP 地址网络号后的主机号可以使路由器能够将分组传送到该网络上的一台特定的主机。要使主机号与 MAC 地址进行正确的映射,其中的关键问题在于使用子网掩码来确定或者获取远程主机的网络地址信息,网络地址之后的部分为主机地址 。作为同一个网络的网络地址必须是相同的,但是作为同一个网络的主机地址必须是不同的。在同一个网络中的主机才能够直接进行通信,这种情况下的网络称为平面网络,比如 192.168.1.1/24 和 192.168.1.2/24,其网络 ID 一样,主机 ID 不同。如不是同一个网络的主机之间通信必须通过设备对数据进行转发,这种情况下的网络称为层次网络。

在主机或路由器中存放的 IP 地址都是 32bit 的二进制代码。为了提高可读性,在书写给人看的 IP 地址时,往往每 8bit 用等效的十进制数字表示,并且在这些数字之间加上一个点,这就叫做点分十进制记法,如图 7-9 所示。显然,128.15.19.56 比 10000000 00001111 00010011 00110111 读起来要方便得多。

IP 地址的编制方法共经过了 3 个历史阶段:分类的 IP 地址、子网划分和构成超网。分类 IP 地址是最基本的编制方法,在 1981 年就通过了相应的标准协议。分类 IP 地址如图 7-10所示。

A 类地址的 net-id 字段占一个字节,只有 7 个比特可供使用。可通过 32 位地址中的唯一的一位,即最高位来识别 A 类网络地址。

B 类地址的 net-id 字段有 2 个字节,但前面 2 个比特(10)已经固定,只剩下 14 个比特可以变化。B 类地址也是用 32 位地址中的唯一的位模式来识别的。

C 类地址有 3 个字节的 net-id 字段,除最前面的 3 个比特(110)外,还有 21 个比特可以

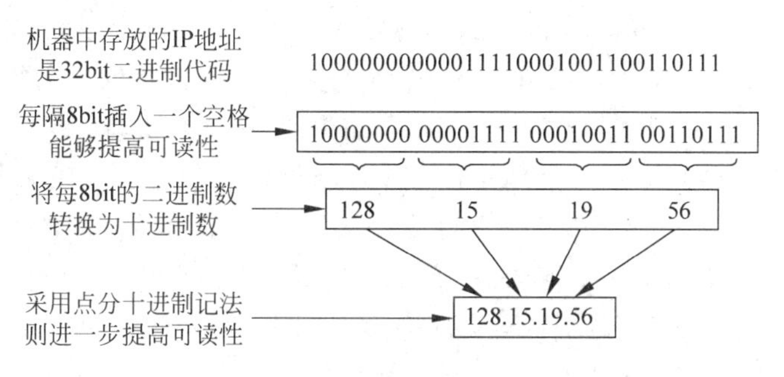

图 7-9　点分十进制记法提高可读性

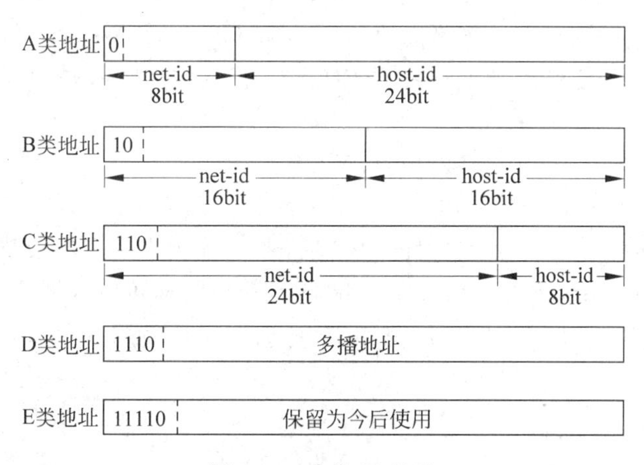

图 7-10　分类 IP 地址

变化，因此 C 类地址的网络总数是 2 097 152（即 2^{21}）。C 类地址也是由 32 位地址中的唯一的位模式来识别的。

3 类 IP 地址的使用范围如表 7-1 所示。一般不使用的 IP 地址如表 7-2 所示，这些地址只是在特定的情况下使用的。

表 7-1　IP 地址的使用范围

网络类别	最大网络数	第一个可用的网络号	最后一个可用的网络号	每个网络中的最大主机数
A	127	1	127	16 777 216
B	16 384	128.0	191.255	65 536
C	2 097 152	192.0.0	223.255.255	256

表 7-2　一般不使用的特殊 IP 地址

网络号	主机号	源地址使用	目的地址使用	代表的意思
0	0	可以	不可	在本网络上的本主机
0	主机号	可以	不可	在本网络上的某个主机
全 1	全 1	不可	可以	只在本网络上进行广播（各路由器均不转发）
网络号	全 1	不可	可以	对网络号上的所有主机进行广播
127	任何数	可以	可以	用作本地软件环回测试用

D类地址用于在IP网络中的组播(multicasting,又叫多目广播),前4bit设置恒为1110。一个组播地址是一个唯一的网络地址。它能指导报文到达预定义的IP地址组,这样一台机器可以把数据同时发送到多个接收端,从而比为每个接收端创建一个不同的流有效的减少了网络流量。因为D类地址用于在一个私有网中传输组播报文至IP地址定义的端系统组中,而不用于互连单独的端系统或网络,所以没有必要把地址中的8位位组或地址位分开来表示网络和主机,相反,整个地址空间用于标识一个IP地址组(可以是A、B或C类地址)。因此D类地址空间的范围从为224.0.0.0~239.255.255.254。

E类地址被IETF保留作研究之用,Internet上没有可用的E类地址。前5bit设置恒为11110。有效地址范围为240.0.0.0到255.255.255.255。

在IP地址范围内,还有一些非路由地址。IANA(Internet Assigned Numbers Authority)将一部分地址保留作为私人IP地址空间,专门用于内部局域网使用,这些地址如下:

A类地址中的10.0.0.0~10.255.255.255

B类地址中的172.16.0.0~172.31.255.255

C类地址中的192.168.0.0~192.168.255.255

这些地址不会被Internet分配,因此它们在Internet上也从来不会被路由,虽然它们不能直接和Internet连接,但仍旧可以被用来和Internet通信,可以根据需要来选用适当的地址类,在内部局域网中将这些地址当作公用IP地址一样地使用。在Internet上,那些不需要与Internet通信的设备,如打印机、可管理集线器等也可以使用这些地址,以节省IP地址资源。

7.2 Internet基础知识

7.2.1 Internet的概念

Internet是全球最大的计算机网络,Internet已将世界170多个国家和地区联系在一起,据不完全统计,全球用户数量截至2012年10月已达到23亿。Internet改变着人类的生活、学习和工作,Internet是向人们提供无穷智慧的宝库。Internet推动着IT行业的迅猛发展,带动了全球网络经济时代的到来。整个地球正处在数字化、信息化的路途中,Internet则是将信息、数据由局域网拓展到广域网,从而发生质变的关键通道。信息与网络无处不在,21世纪将是全球信息数字化的时代。

人们用各种名称来称呼Internet,如互联网、交互网、网际网、全球信息资源网络等。Internet实际上是由世界范围内众多计算机网络连接而成的网络,它并非一个具有独立形态的网络,而是由计算机网络汇成的一个网络集合体。然而,只用"计算机网络的网络"来描述Internet还是远远不够的。因为计算机网络通常是指传输信息的媒体,而Internet的魅力在于它所提供的信息交流和资源共享环境。与Internet相连接,意味着你可以分享其上丰富的信息资源,并可以和其他Internet用户以各种方式进行信息交流。在这一方面,Internet所起的巨大作用是其他任何社会媒体或服务机构都无可比拟的。

7.2.2 Internet 的产生与发展

1. Internet 的起源

1969 年美国国防部高级研究计划局(Advanced Research Projects Agency,ARPA)建成了由 4 个节点组成的 ARPANET,这就是 Internet 的前身。

1990 年,ARPANET 在完成其历史使命以后停止运转,由 IBM、MCI 和 MERIT 三家公司组建的 ANS(Advanced Network and Service)公司建立了 ANSnet。美国其他部门的计算机网络相继进入此网,形成了目前的 Internet 主干网。

随后,全世界越来越多的国家的企业、机构陆续接入 Internet 主干网,形成了目前覆盖全世界的 Internet。

2. Internet 的现状及第二代 Internet 的研制

Internet 经过几十年的发展,取得了巨大的成功。目前,Internet 已经为世界上规模最大、用户最多,资源最丰富的网络互联系统。

由于 Internet 开放性以及它具有的信息资源共享和交流的能力,Internet 上的各种应用也进一步得到开拓。Internet 不再仅仅是一种资源共享、数据通信和信息查询的手段,还逐渐成了人们了解世界、讨论问题、购物休闲乃至从事跨国学术研究、商贸活动、接受教育、结识朋友的重要途径。Internet 已经成为社会信息基础设施的核心,是计算、通信、娱乐、新闻媒体和电子商务等多种应用的共同平台。

随着 Internet 用户数量和网络服务的不断增加,再加上 Internet 自身的问题,如带宽过窄、对信息的管理不足,造成信息传输的严重阻塞。为了解决这一难题,1996 年 10 月,美国 34 所大学提出了建设下一代互联网(Next Generation Internet,NGI)计划,进行第二代 Internet(Internet 2)的研制。

下一代互联网的最大特征就是使用 IPv6 协议,而逐渐放弃现在使用的 IPv4 协议,彻底解决了 IP 地址资源匮乏的问题。

Internet 2 的组建,将使多媒体信息可以实现真正的实时交换,同时还可以实现网上虚拟现实和实时视频会议等服务。例如,大学可以进行远程教学,医生可以进行远程医疗等。

3. Internet 在中国的发展

1987—1993 年,我国与 Internet 的连接仅是电子邮件的转发连接,并只在少数高校和科研机构提供电子邮件服务。

1994 年我国正式接入 Internet,当时通过国内四大骨干网实现与 Internet 的连接,开通了 Internet 的各种服务。这四大骨干网是:

- 中国公用计算机互联网(CHINANET)。
- 中国教育和科研计算机网(CERNET)。
- 中国科技网(CSTNET)。
- 中国金桥网(CHINAGBN)。

随着我国国民经济信息化建设的迅速发展,又增加了六大网络,分别是:

- 中国联合通信网(中国联通,UNINET)。
- 中国网络通信网(中国网通,CNCNET)。
- 中国移动通信网(中国移动,CMNET)。

- 中国长城互联网(GWNET)。
- 中国对外经济贸易网(CIETTNET)。
- 中国卫星集团互联网(CSNET)。

另外,我国积极参与了国际下一代互联网的研究与建设。从1998年开始,CERNET进行下一代互联网研究与试验,建成IPv6试验床CERNET-IPv6;2001年,CERNET提出建设全国性下一代互联网CERNET 2计划;2003年10月,连接北京、上海和广州3个核心节点的CERNET 2试验网率先开通,并投入试运行;2004年3月,CERNET2试验网正式向用户提供IPv6下一代互联网服务。

7.2.3 Internet的作用

Internet实际上是一个应用平台,在它的上面可以开展很多种应用,下面从7个方面来说明Internet的作用。

1. 信息的获取与发布

Internet是一个信息的海洋,通过它可以得到无穷无尽的信息,其中有各种不同类型的书库和图书馆,杂志期刊和报纸。网络还可提供政府、学校和公司企业等机构的详细信息和各种不同的社会信息。这些信息的内容涉及社会的各个方面,包罗万象,几乎无所不有。用户可以坐在家里了解到全世界正在发生的事情,也可以将自己的信息发布到Internet上。

2. 电子邮件(E-mail)

平常的邮件一般是通过邮局传递的,收信人要等几天(甚至更长时间)才能收到那封信。电子邮件和平常的邮件有很大的不同,电子邮件的写信、收信、发信都在计算机上完成,从发信到收信的时间以秒来计算,而且电子邮件几乎是免费的。同时,在世界上只要可以上网的地方,都可以收到别人寄给你的邮件,而不像平常的邮件,必须回到收信的地址才能拿到信件。

3. 网上交际

网络可以看成是一个虚拟的社会空间,每个人都可以在这个网络社会上充当一个角色。Internet已经渗透到大家的日常生活中,可以在网上与别人聊天、交朋友、玩网络游戏,"网友"已经成为一个使用频率越来越高的名词,这个网友可以完全是你不认识的,他(她)可能远在天边,也可能近在眼前。网上交际已经完全突破传统的交朋友方式,不同性别、年龄、身份、职业、国籍、肤色的人,都可以通过Internet而成为好朋友,他们不用见面而可以进行各种各样的交流。

4. 电子商务

在网上进行贸易已经成为现实,而且发展得如火如荼,例如可以开展网上购物、网上商品销售、网上拍卖、网上货币支付等。它已经在海关、外贸、金融、税收、销售、运输等方面得到了应用。电子商务现在正向一个更加纵深的方向发展,随着社会金融基础设施及网络安全设施的进一步健全,电子商务将在世界上引起一轮新的革命。在不久的将来,你将可以坐在计算机前进行各种各样的商业活动。

5. 网络电话

最近,中国电信、中国联通等单位相继推出IP电话服务,IP电话卡成为一种很流行的电信产品而受到人们的普遍欢迎,因为它的长途话费大约只有传统电话的1/3。IP电话凭什么能够做到这一点呢？原因就在于它采用了 Internet 技术，是一种网络电话。现在市场上已经出现了很多种类型的网络电话，还有一种网络电话，它不仅能够听到对方的声音，而且能够看到对方，还可以是几个人同时进行对话，这种模式也称为“视频会议”。Internet 在电信市场上的应用将越来越广泛。

6. 网上事务处理

Internet 的出现将改变传统的办公模式，人们可以在家里上班，然后通过网络将工作的结果传回单位；出差的时候，不用带上很多的资料，因为随时都可以通过网络回到单位提取需要的信息，Internet 使全世界都可以成为办公地点，实际上，网上事务处理的范围还不只包括这些。

7. Internet 的其他应用

Internet 还有很多很多其他的应用，例如远程教育、远程医疗、远程主机登录、远程文件传输等。

7.2.4 Internet 的相关术语

1. 域名系统

域名也是 Internet 上主机的名字。它是一种有意义名词的缩写，是用英文句点分开的一组地址。一般主机域名可以以机构或者地域作区分。

以机构区分的域名有：

- .com(Commercial)商业机构。
- .edu(Education)教育部门。
- .gov(Goverment)政府机关。
- .int(International Organization)国际组织。
- .mil(Military)军事部门。
- .net(Network)网络系统。
- .org(Organization Miscellaneous)非赢利组织 。

以地域区分的域名有：

- .an(Australia)澳大利亚。
- .cn(China)中国。
- .hk(Hong Kong)中国香港。
- .jp(Japan)日本。
- .tw(Taiwan)中国台湾。
- .uk(United Kingdom)英国。

域名采用层次结构，从左到右、从小范围到大范围表示主机所属的层次关系。如 www.buaa.edu.cn 中，www 是一台主机的名字，edu 代表教育机构，cn 是中国的缩写。

2. 电子邮件

电子邮件是最常用的 Internet 功能，也是一种最便捷的利用计算机和通信网络传递信息的现代化手段。电子邮件将计算机的文字处理功能与网络的通信功能结合起来，可以把信件通过网络传输到收件人的系统中。与传统信件相比，电子邮件的内容不仅仅包含文字，还可以包含图像、声音和动画等多媒体信息。要发送电子邮件，发件人的计算机上需安装电子邮件收发软件,现在常用的电子邮件软件有Foxmail、Outlook Express等。除了在安装软件外,还要向ISP申请电子信箱。

3. 万维网

万维网(World Wide Web,WWW)并非某种特殊的计算机网络。万维网是一个大规模的、联机式的信息储藏所,英文简称Web。万维网用联接的方法能非常方便地从Internet上的一个站点访问另一个站点,从而主动地按需获取丰富的信息。

统一资源定位符(Uniform Resouree Loeators,URL)是用来表示从因特网上得到的资源位置和访问这些资源的方法。URL给资源的位置提供一种抽象的识别方法,并用这种方法给资源定位。只要能够对资源定位,系统就可以对资源进行各种操作,如存取、更新、替换和查找其属性。

URL相当于一个文件名在网络范围的扩展。因此,URL是与因特网相连的机器上的任何可访问对象的一个指针。由于访问不同对象所使用的协议不同,所以URL还指出读取某个对象时所使用的协议。URL的一般形式为:＜协议＞://＜主机＞:＜端口＞/＜路径＞。

通过URL在Internet上,几乎可以找到任何类型的计算机软件,如商用程序、个人软件、游戏等。

4. FTP

FTP是文件传输的最主要工具。它可以传输任何格式的数据。用FTP可以访问Internet的各种FTP服务器。访问FTP服务器有两种方式:一种访问是注册用户登录到服务器系统,另一种访问是用“匿名”(anonymous)进入服务器。后者不需要账号和密码就可以登录到远程计算机,从而获取大量免费信息。

5. 远程登录服务Telnet

Telnet是一个简单的远程终端协议,也是因特网的正式标准。用户用Telnet就可在其所在地通过TCP连接注册(即登录)到远地的另一个主机上(使用主机名或IP地址)。Telnet能将用户的击键传到远程主机,同时也能将远程主机的输出通过TCP连接返回到用户屏幕。这种服务是透明的,因为用户感觉到好像键盘和显示器是直接连在远程主机上的。现在由于PC的功能越来越强,用户已较少使用Telnet了。Telnet使用客户服务器方式。在本地系统运行Telnet客户进程,而在远程主机则运行Telnet服务器进程。

7.3 Internet的接入方式

作为一个用户,在与Internet连接时,究竟应采用何种方式,这是用户十分关心的问题,总的说来,在选择连接方式时要考虑以下因素。

1. 单用户还是多用户

所谓单用户是指在某一时刻只有一个用户使用该计算机系统,而多用户是指某一时刻可以有多个用户使用该系统。单用户一般采用仿真终端或主机IP拨号上网方式。

2. 采用拨号还是专线通信方式

国内通信设施有多种,就公用电话网(Public Switched Telephone Network,PSTN)而言,又可以分为拨号连接和专线连接两种,要根据需要选择经济而有效的通信途径。

拨号入网主要是适用于传输量较小的单位和个人。这类用户比较分散，使用的设备仅为一台计算机、一台调制解调器（或一块调制解调器卡）和一条电话线。使用这类连接的用户所花的费用较低。专线入网是指用户的计算机通过专门线路连接到 Internet 上。此方式连接的速率较高，上网的机器可以实现 Internet 主机所有基本的功能。

3. 通信网的选择

我国的 X.25（分组交换网）是按通信数据量收费（流入、流出双向收费）的，而数字数据网（DDN）则是按月租金收费的。当数据通信量大到一定程度时，X.25 网的费用会与 DDN 专线平衡，这一数据通信量称为平衡点。当通信量低于平衡点时选择 X.25 网，高于平衡点时选择 DDN 专线比较好。建议在建网初期用 X.25，稳定后考虑用 DDN。

4. ISP 的选择

因特网服务提供商（Internet service provider, ISP）是 Internet 上的可以为用户接入 Internet 并提供网络服务的主机系统。用户要想获得 Internet 服务，必须首先向 ISP 申请接入，从该 ISP 取得一个账号才能实现。

7.3.1 电话线接入

1. 普通电话线接入

普通电话线拨号接入方式费用便宜、接入方便，适合传输量比较小的个人用户，目前最高速率为 56kbps。拨号上网是最容易实现的方法，费用低廉。拨号上网的用户需要具备：一台 PC、普通的通信软件、一个调制解调器和一条电话线，并到当地电信局申请一个上网账号即可使用。其缺点是传输速率低，线路可靠性差。适合对可靠性要求不高的办公室以及小型企业。

2. ISDN 拨号接入

ISDN 俗称“一线通”。ISDN 使用的传输介质仍是普通电话线，但是 ISDN 的 Modem 和普通电话线接入使用的 Modem 不同，ISDN 接入与普通电话线接入最大的区别就在于它是数字的。由于 ISDN 能够直接传递数字信号，所以它能够提供比普通电话更加丰富、容量更大的服务。

国内常用的 ISDN 提供 2B+D 通道（两个 B 信道和一个 D 信道，其都在一条电话线上传输），其中每个 B 信道都可以提供 64kbps 的带宽来传输数字化语音或数据，D 信道主要用来传输控制信号（带宽 16kbps）。用户可以在一个 B 信道上打电话，同时使用另一个 B 信道上网，ISDN 的宽带可达 128kbps。

3. ADSL 接入

非对称数字用户线路（Asymmetric Digital Subscriber Line，ADSL）。ADSL 接入技术是一种通过普通电话线提供宽带数据业务的技术，已基本取代了 ISDN，是目前非常有发展前景的接入技术。

ADSL 接入 Internet 主要有虚拟拨号和专线接入两种方式。采用虚拟拨号方式的用户采用类似 modem 和 ISDN 的拨号程序，在使用习惯上与原来的方式没什么不同。采用专线接入的用户只要开机即可接入 Internet。ADSL 根据它接入互联网方式的不同，它所使用的协议也略有不同；当然，不管 ADSL 使用怎样的协议，它都是基于 TCP/IP 这个最基本的协议，并且支持所有 TCP/IP 程序应用。

ADSL 连接时使用 ADSL modem,理论上可以提供 1Mbps 的上行速率和 8Mbps 的下行速率。目前中国电信提供给个人用户的 ADSL 传输速率一般为 1～4Mbps。

7.3.2 局域网接入

对具有局域网的单位用户,如广大教育网用户,通过局域网(校园网)接入 Internet 是最方便的一种方法。

通常情况下,校园网的网络中心给用户分配计算机入网的参数,具体包括 IP 地址、子网掩码、默认网关、DNS 等。通过局域网接入 Internet,一般要做以下工作。

1. 安装网卡

(1) 选择网卡:网卡是构成网络的基本部件,主要用途是连接局域网中的计算机与局域网的传输介质。根据所支持的物理层标准与计算机接口,网卡可以分为不同的类型,目前一般选择 10/100Mbps 自适应、PCI 总线的双绞线(RJ-45)网卡。

(2) 安装网卡:将网卡插入计算机主板的相应插槽后启动计算机,然后安装网卡的驱动程序。

2. 配置 TCP/IP 参数

(1) 在“控制面板”中双击“网络连接”图标,或者在桌面上右击“网上邻居”图标,在快捷菜单中选择“属性”命令,打开“网络连接”窗口。

(2) 在“网络连接”窗口右击“本地连接”图标,在快捷菜单中选择“属性”命令,打开“本地连接 属性”对话框,如图 7-11 所示。

(3) 在“此连接使用下列项目”列表框中选择“Internet 协议(TCP/IP)”选项,单击“属性”按钮。

(4) 在“Internet 协议(TCP/IP)属性”对话框中选中“使用下面的 IP 地址”单选按钮。输入网络中心分配的 IP 地址、子网掩码、默认网关、DNS 等参数,单击“确定”按钮,如图 7-12所示。

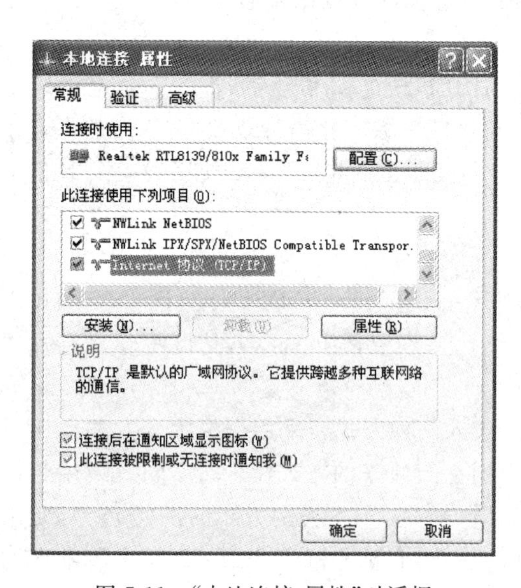

图 7-11 “本地连接 属性”对话框

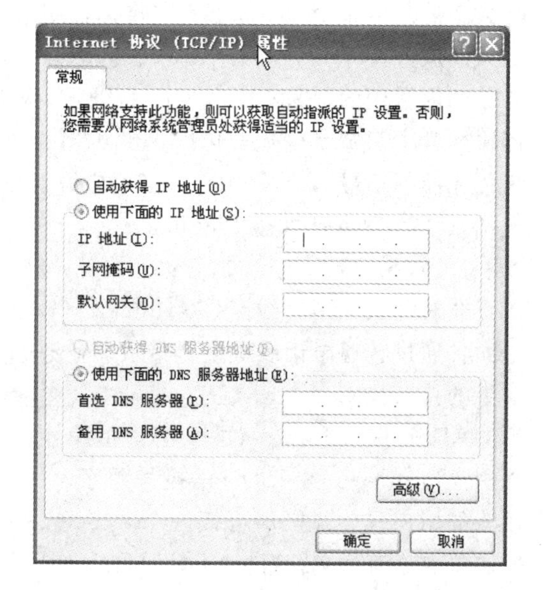

图 7-12 “Internet 协议(TCP/IP)属性”对话框

7.3.3 专线接入

专线接入是指用户使用光纤等高传输速率的专用线路将自己的内部网络相对永久性地接入 Internet。采用这种接入方式的用户需配备有路由器等复杂的网络设备，并从 ISP 租用专线接入 Internet。

7.3.4 其他方式接入

1. 有线电视网接入

(1) Cable Modem 方式：线缆调制解调器。用户的计算机通过 Cable Modem 连接到家中的有线电视线路上即可上网，速率可达 10Mbps 以上。

(2) WebTV 方式：WebTV 是通过电视机来浏览 Web，这需要一个叫机顶盒的设备。用户使用一个类似于遥控器的设备就可以在收看电视节目的同时浏览 Web。

2. 无线网接入

无线上网是近几年出现的一种新兴的接入方式，用户在个人计算机上插入一块无线网卡，然后通过 GPRS 或 CDMA 网络即可接入 Internet。

无线网卡的功能相当于调制解调器，它可以拥有无线电话信号覆盖的任何地方，利用 GPRS 或 CDMA 网络连接到互联网上。利用无线上网，用户可以在机场、火车上、餐桌上收邮件、搜索信息、业务处理。

常见的无线接入技术有 GSM 接入技术、CDMA 接入技术 、GPRS 接入技术、DBS 卫星接入技术、蓝牙技术、3G 通信技术、4G 通信技术。

7.4 Internet 的应用

7.4.1 浏览 WWW

1. WWW 基本概念

WWW 并不是独立于 Internet 的另一个网络，而是基于超文本(hypertext)技术将许多信息资源连接成一个信息网，由节点和超链接组成的、方便用户在 Internet 上搜索和浏览信息的超媒体信息查询服务系统，是互联网的一部分。

WWW 通过超文本传输协议(HTTP)向用户提供多媒体信息，所提供的基本单位是网页，每一个网页可以包含文字、图像、动画、声音、3D(三维)等多种信息。

WWW 是通过 WWW 服务器(也叫做 Web 网站)来提供服务的。网页可存放在全球任何地方的 WWW 服务器上，上网时，就可以使用浏览器访问全球任何地方的 WWW 服务器上的信息。

WWW 是 Internet 上出现最晚却发展最快的一种信息服务方式。以网页提供信息服务的 WWW 网站是目前 Internet 上数量最大且增长速度最快的一类站点。

浏览器为用户提供了一个可以轻松驾驭的图形化界面，它可以方便地获取 WWW 的丰富信息资源。每一个 WWW 站点都提供若干网页给访问者浏览，这些网页按超文本标记语言(Hypertext Markup Language，HTML)确定的规则写成。

网页上的超链接很容易识别和使用。超链接可以是文字，也可以是图片。超链接的文字颜色常与其他文字的颜色不同,可以按用户的喜好来设置,默认的色是蓝色。超链接的一个更重要的特征是,无论是文字链接还是图片链接,也不管文字链接采用什么颜色,当移动鼠标箭头到达任一超链接时,箭头就会变成手形。此时只需要轻轻点击一下,即可链接到它指向的网页。

除包含超文本技术外,WWW 还越来越多地融入了多媒体技术。大多数网页除显示文本信息外,还插入了图片和动画,有些网页甚至还具有声音、视频等多媒体信息,使网页更有动感和更有生气。为便于用户联系,许多网页上还有超链形式的电子邮件地址,轻轻一点就会启动电子邮件编辑窗口。

Web 地址通常以协议名开头,后面是负责管理该站点的组织名称,后缀则标识该组织的类型(协议是专门用于在计算机之间交换信息的规则和标准)及所在的国家或地区。

如地址 http://www.tsinghua.edu.cn/,它提供了如表 7-3 所示的信息。

表 7-3 Web 地址

Web 地址的组成部分	含　义	Web 地址的组成部分	含　义
http	这台服务器使用 http 协议	edu	属于教育机构
www	该站点在 World Wide Web 上	cn	属于中国大陆地区
tsinghua	该 Web 服务器位于清华大学		

如果该地址指向特定的网页,那么,其中也应包括附加信息,如端口名、网页所在的目录以及网页文件名称。使用 HTML 编写的网页通常以 htm 或 html 扩展名结尾。浏览网页时,网页地址显示在浏览器的地址栏中。

2. 使用浏览器浏览信息

目前使用最广泛的浏览器是 Internet Explorer(IE)和 Firefox,下面以 IE 为例进行介绍。

1) 启动 Internet Explorer

启动 Internet Explorer 的方法有以下 3 种:

(1) 直接双击桌面的 Internet Explorer 图标。

(2) 直接单击任务栏快速启动区中的"Internet Explorer 浏览器"按钮。

(3) 执行"开始"→"程序"→Internet Explorer 命令。

2) Internet Explorer 窗口组成(如图 7-13 所示)

浏览器工具栏提供常用菜单命令的功能按钮,这些按钮的具体功能如表 7-4 所示。

表 7-4 工具栏按钮的功能说明

名　称	功　能
后退	查看上一个打开的网页
前进	查看下一个打开的网页
停止	停止访问当前网页
刷新	重新访问当前网页
主页	打开浏览器默认的主页
搜索	打开搜索
收藏	在浏览器窗口的左侧显示收藏夹

续表

名　　称	功　　能
历史	在浏览器窗口的左侧显示最近访问过的网页的历史记录
全屏	全屏幕显示当前网页内容
邮件	打开邮件和新闻菜单
打印	打印当前网页
编辑	打开默认编辑器编辑当前网页

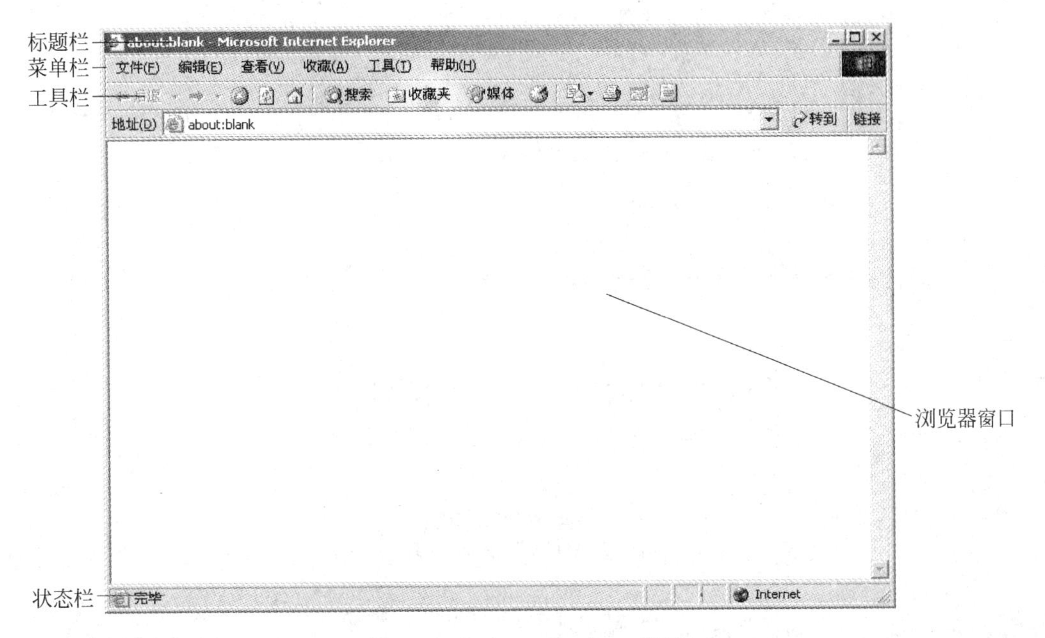

图 7-13　Internet Explorer 窗口

3）使用 Internet Explorer 浏览 Web 页

（1）输入网址或 IP 地址浏览 Web 页。如果已经知道某个网站的网址或 IP 地址，就可以在 IE 在地址中直接输入该网址或 IP 地址，然后按 Enter 键打开该主页。如在 URL 地址栏中输入 http：//www. sohu. com 并按 Enter 键，即可打开搜狐网的主页，如图 7-14 所示。

（2）使用超链接浏览 Web 页。当鼠标移动到某个链接时，如图 7-14 中将鼠标移动到"短信"，鼠标指针变成手形，此时单击鼠标就会自动连接到"短信"的网页，这就是网页中的超链接，它是指向其他网页的"指针"，通常通过特定的文字或图形来表示。

4）Internet Explorer 的常用设置

（1）起始主页的设置。启动 Internet Explorer 时，将自动打开起始主页。如果要改变起始主页，执行"工具"→"Internet 选项"命令，打开"Internet 选项"对话框，在"主页"选项区域的"地址"文本框中输入起始主页网址，如 http://www. sina. com. cn/，单击"确定"按钮，如图 7-15 所示。

（2）设置历史记录。在"Internet 选项"对话框的"历史记录"选项区域中设置历史记录，如图 7-15 所示，将"网页保存在历史记录中的天数"设置为 20 天。单击"清除历史记录"按钮，则删除所有历史记录。

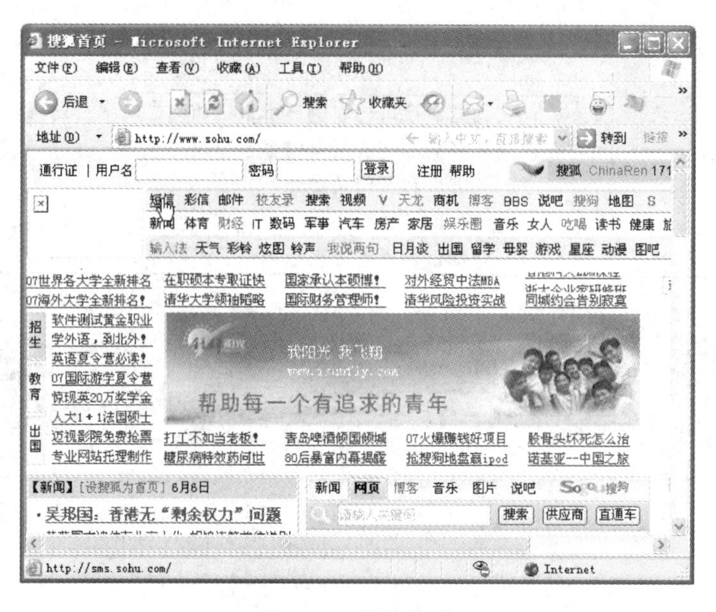

图 7-14 搜狐首页

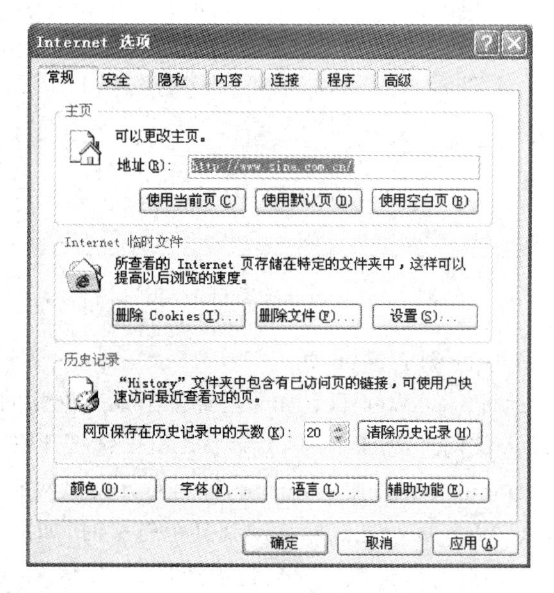

图 7-15 "Internet 选项"对话框

(3) 设置临时文件。临时文件中记录了以前访问过的网页内容,访问临时文件存放的网页,速度会提高许多倍。可以根据实际情况调整存放临时文件的磁盘空间大小。

在"Internet 选项"对话框的"Internet 临时文件"选项区域中,单击"设置"按钮,打开"设置"对话框,在该对话中,可以拖动滑块调整"使用的磁盘空间"。

7.4.2 网络资源检索

1. 搜索引擎的基本概念

搜索引擎是某些站点提供的关于网上查询的程序。它是一类运行特殊程序的、专用于帮助用户查询 Internet 上的 WWW 服务器信息的 Web 站点，有的搜索引擎还可以查询新闻服务器的信息。搜索引擎周期性地在 Internet 上收集新的信息，并将其分类储存，这样在搜索引擎所在的计算机上，就建立了一个不断更新的“数据库”。用户在搜索特定信息时，实际上是借助搜索引擎在这个数据库中进行查找。

如果说 Internet 上的信息浩如烟海，那么搜索引擎就是海洋中的导航台。但它不是用户最终所需要的信息，而只是“到哪些网页去查找所需要的信息”，即相关网页的链接。用户通过搜索引擎的查询结果，知道了信息所处的站点，在通过链接即可从该网站获得详细资料。著名的搜索引擎有 Yahoo!、Google、Sohu 等。

2. 搜索引擎的两种服务方式

搜索引擎向用户提供的信息查询服务方式一般有两种，分别是目录服务和关键字检索服务。

1）目录服务

目录服务是将各种各样的信息按大类、子类、子类的子类、……直到相关信息的网址，即按树形结构组成供用户搜索的类目和子类目直到找到感兴趣的内容，类似于在图书馆按分类目录查找你所需要的书。而从大类直到最终相关信息网址也是依靠树形链接组成的。这种搜索方式适于浏览性的查找，但速度较慢，操作步骤如下：启动 Internet Explorer，在地址栏内输入搜索引擎的网址“http://www.google.cn/”，打开 Google 首页，如图 7-16 所示。

图 7-16　Google 首页

2）关键字检索服务

关键字检索服务是搜索引擎向用户提供一个可以输入的查询的关键字、词组、句子的查询框界面，用户按一定规律输入关键字后，单击“搜索”按钮，即搜索引擎“提交”关键字，搜索引擎即开始在其索引数据库中查找相关信息，然后将结果反馈。操作步骤如下。

(1) 启动 Internet Explorer,打开如图 7-17 所示的 Google 首页。如果要查找一些关于计算机等级考试的网址,则在关键词搜索文本框中输入“计算机等级考试网址”,然后单击“Google 搜索”按钮。

(2) 进入搜索结果页面。如果要访问其中某个页面,则单击该页面的链接即可,如图 7-18所示。

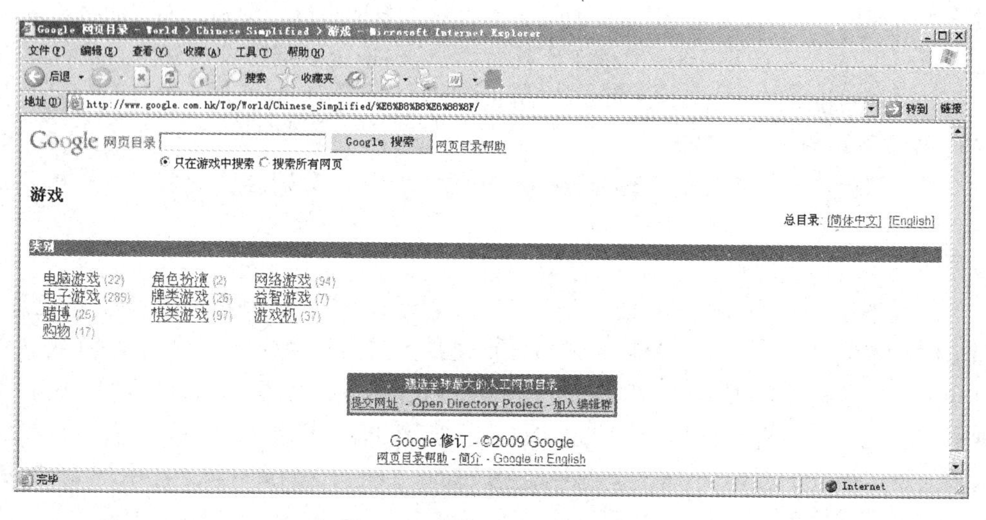

图 7-17 Google 网页目录“游戏”页面

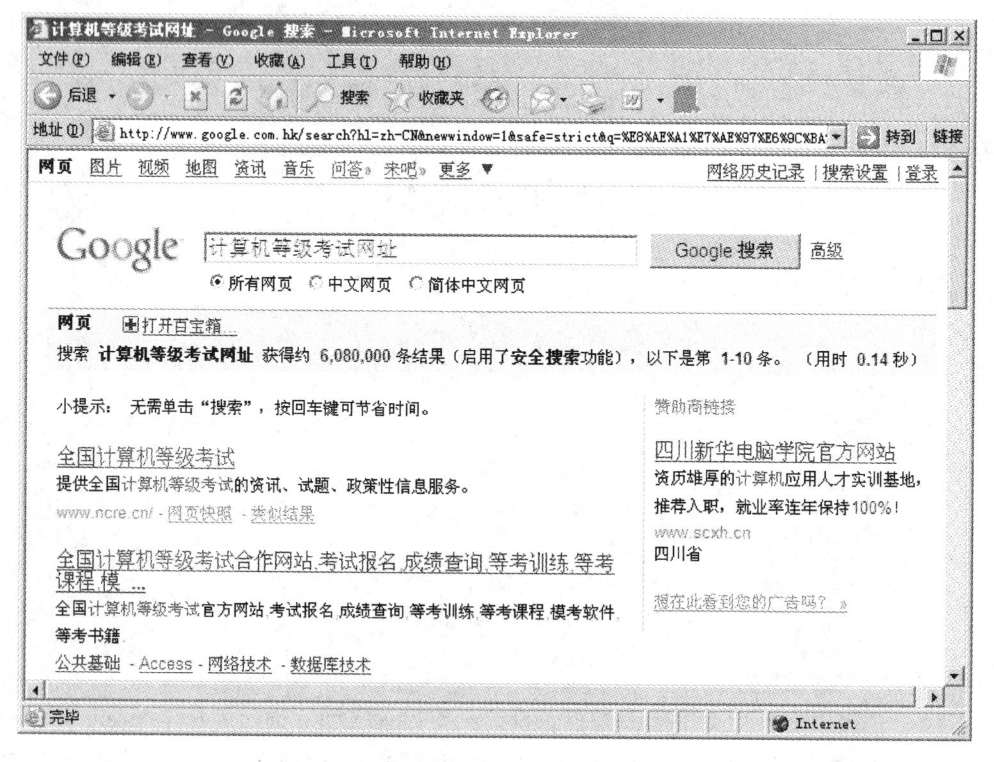

图 7-18 搜索结果页面

3）缩小搜索范围的方法

(1) 多关键词搜索：在搜索文本中输入多个关键词，不同关键词之间用空格分开，可以获得更精确的搜索结果。如想了解计算机等级考试报名的相关信息，在搜索框中输入“计算机等级考试　报名”会比输入“计算机等级考试”效果更好。

(2) 使用引号进行短语搜索：加一对半角的引号的作用是将引号内的多个词作为一个关键短语进行搜索。例如，在文本框中输入“"计算机等级考试网址"”，则搜索效果比输入“计算机等级考试网址”精确了很多，如图 7-19 所示。

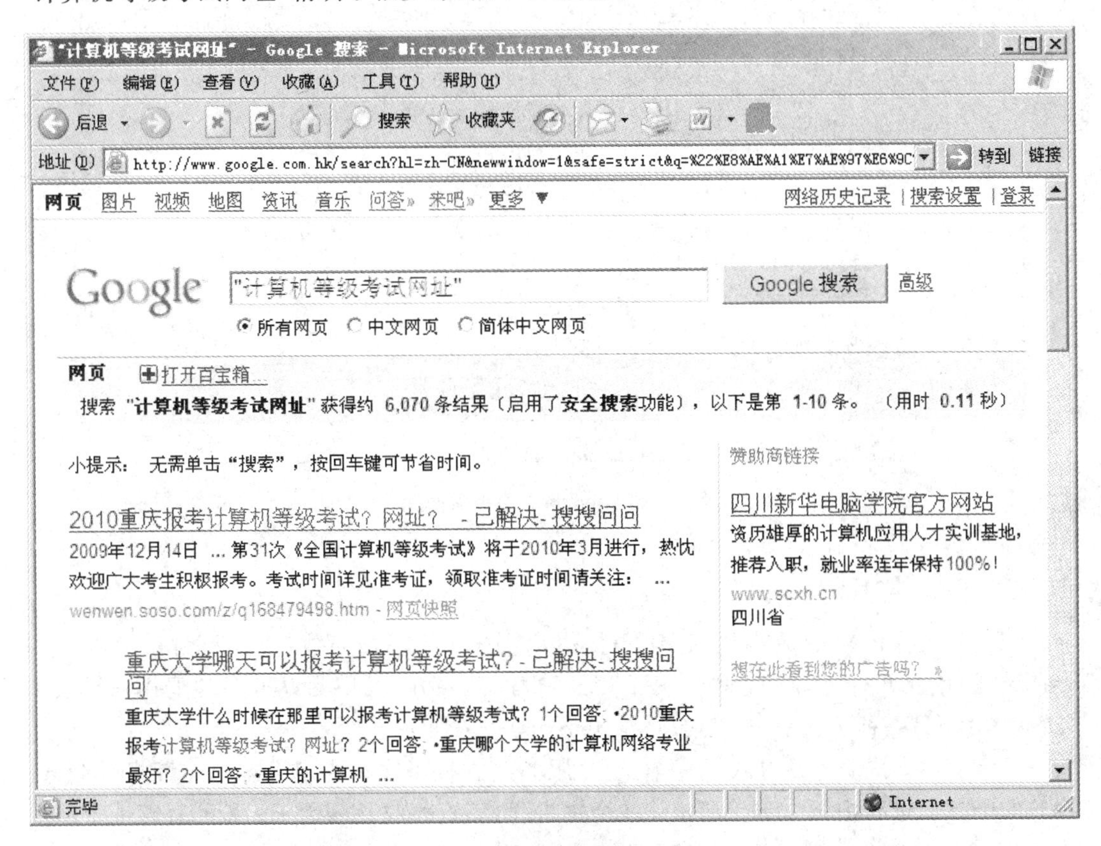

图 7-19　使用引号进行短语搜索结果

(3) 利用 Google 的高级搜索页：在 Google 首页上单击“高级搜索”，打开“Google 高级搜索”页面，如图 7-20 所示。

利用 Google 的高级搜索页面可以做到：

- 将搜索范围限制在某个特定的网站中。
- 排除某个特定网站的网页。
- 将搜索限制在某种制定的语言。
- 查找链接到某个指定网页的所有网页。
- 查找与指定网页相关的网页。

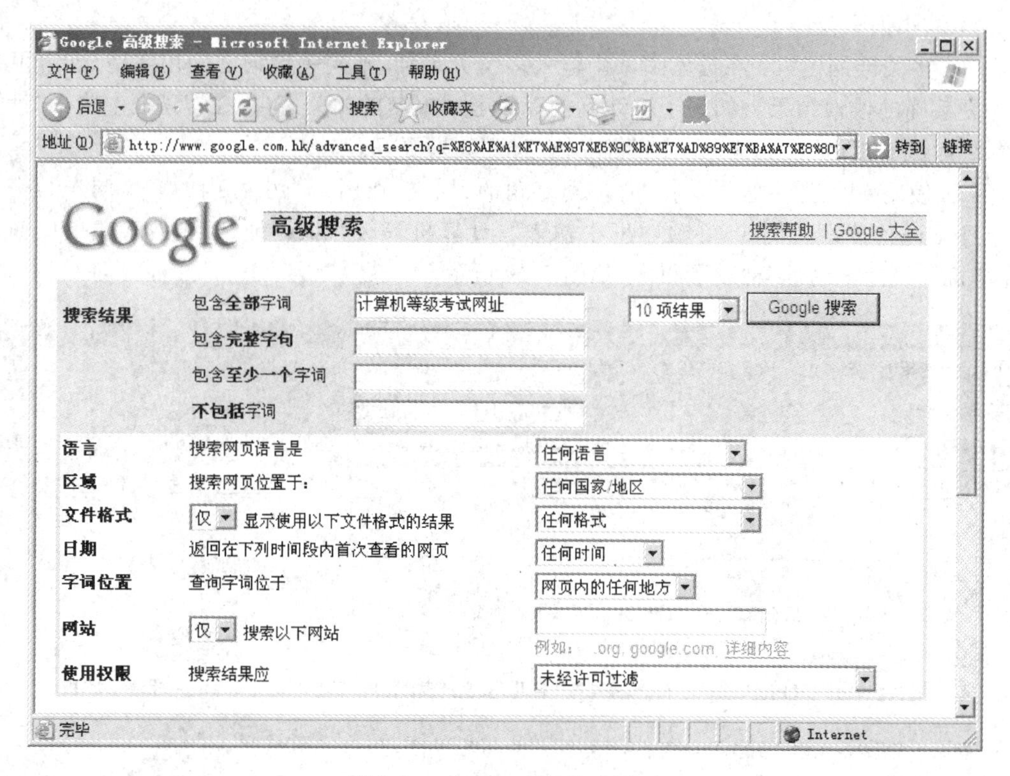

图 7-20　Google 高级搜索页面

7.4.3　文件传输

FTP 是文件传输的最主要工具。它可以传输任何格式的数据。用 FTP 可以访问 Internet 的各种 FTP 服务器。访问 FTP 服务器有两种方式:一种访问是注册用户登录到服务器系统,另一种访问是用"匿名"(anonymous)进入服务器。

FTP 使用客户服务器方式。一个 FTP 服务器进程可同时为多个客户进程提供服务。FTP 的服务器进程由两大部分组成:一个主进程,负责接收新的请求;另外有若干个从属进程,负责处理单个请求。它的工作过程如图 7-21 所示。

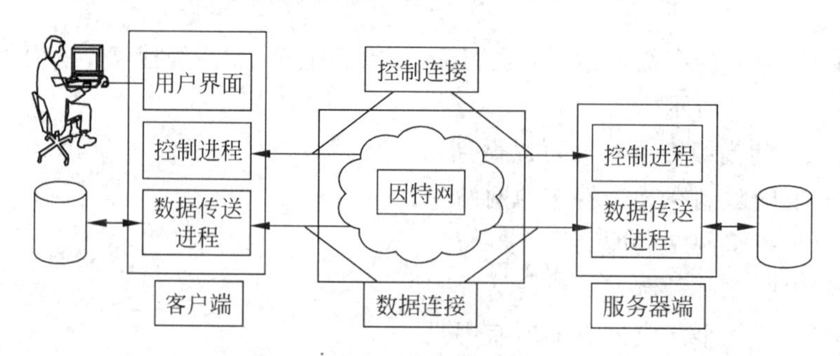

图 7-21　FTP 的工作过程

FTP 采用客户机/服务器工作方式,用户计算机称为 FTP 客户端,远程提供 FTP 服务的计算机称为 FTP 服务器,它通常是信息服务提供者的计算机。FTP 服务是一种实时联机服务，用户在访问 FTP 服务器之前需要进行注册。不过，Internet 上大多数 FTP 服务器都支持匿名服务，即以 Anonymous 作为用户名，以任何符串或电子邮件的地址作为口令登录。当然，匿名 FTP 服务有很大的限制，匿名用户一般只能获取文件，不能在远程计算机上建立文件或修改已存在的文件，对可以复制的文件也有严格的限制。

目前，利用 FTP 传输文件的方式主要有 3 种：FTP 命令行、浏览器和 FTP 工具软件。

1. FTP 命令行

传统的 FTP 命令行是最早的 FTP 客户端程序，它在 Windows 9x、Windows XP 和 UNIX 操作系统中仍然能够使用。FTP 命令行包括了五十多条命令，对初学者来说比较难使用。

2. 浏览器

IE 浏览器中带有 FTP 程序模块，因此可在地址栏中直接输入 FTP 服务器的 IP 地址或域名，浏览器将自动调节用 FTP 程序完成连接。如要访问 Microsoft 公司的 FTP 服务器，可在地址栏输入“ftp：//ftp. microsoft. com/”。对于匿名访问的 FTP 服务器，这样就可以登录到服务器，开始选择文件进行下载。如果用户要访问的 FTP 服务器要输入用户名和密码，则用户输入相应的信息后，单击“登录”按钮，如果无误就可以登录 FTP 服务器了。当连接成功后，浏览器界面显示出该服务器上的文件夹和文件名列表，用户可以单击链接进行文件查找，也可以下载文件到本机磁盘中。

3. FTP 工具软件

FTP 工具软件同时具有远程登录、对本地计算机和远程服务器的文件和目录进行管理，以及相互传输文件等功能。而且 FTP 下载工具还具有断点续传功能，当网络连接意外中断后，还可继续进行剩余部分的传输，提高了文件下载速率。目前常用的 FTP 工具软件有 CuteFTP、LeapFTP 等。

下面以 CuteFTP 为例，详细介绍 FTP 客户端软件的使用方法，其他 FTP 客户端软件的使用方法，有兴趣的读者可以查阅其参考手册。

1) CuteFTP 的启动及界面

CuteFTP 是 GlobalScape 公司开发的一套 FTP 软件，包括服务器和客户端两部分软件，其界面简单易懂，传输文件直接使用鼠标拖曳操作，支持断点续传，并具备强大的站点管理功能，使用户可以完整记录并管理 FTP 数据，受到了用户极大的欢迎。

(1) CuteFTP 软件的安装与启动：CuteFTP 软件可以从网站 http：//www. cuteftp. com 中下载并安装，安装完后，双击桌面上的 CuteFTP 图标或执行“开始”→“程序”→GlobalSCAPE→CuteFTP 命令启动 CuteFTP。

(2) CuteFTP 的界面：启动 CuteFTP 后，会出现其如图 7-22 所示的窗口。它由 4 部分组成。顶部的水平窗口显示出 FTP 命令及所连接的 FTP 站点的链接信息，通过此窗口，用户可以了解当前的链接状态，如该站点给用户的信息是否处于连接状态，正在传输的文件是否支持断点续传等。中间的左窗口显示的是本地硬盘上传及下载所在的目录，中间的右窗口显示连接 FTP 服务器的目录和文件信息，底部的窗口用于临时存储传输文件和显示传输队列的信息。

窗口菜单下面的工具栏可提供各种常用的操作命令。

2）连接站点

与FTP服务器的连接可以分为两种情况：用站点管理器(FTP Site Manager)命令中已有站点和使用“快速连接”(Quick Connect)按钮连接站点。

(1) 使用站点管理器中已有站点。

① 在CuteFTP主工作窗口中，执行“文件”→“站点管理器”命令，或单击按钮，均可弹出“站点管理器”对话框。接下来，应选择打算连接的FTP主机名称，如选择ftp.microsoft.com，然后单击“连接”按钮，返回主工作窗口。

② 这时计算机将进行自动登录连接，如果计算机连接失败，系统会自动反复连接。

③ 单击“确定”按钮，将进入ftp.microsoft.com。

④ 在主工作窗口右边的远程主机窗口中显示出了所连接ftp.microsoft.com服务器上的文件夹和目录，可以把它们下载到本地硬盘上或把本地硬盘上的文件或文件夹上传到这里。

(2) 使用Quick Connect方式连接站点

① 如图7-22所示，CuteFTP主工作窗口中，执行“文件”→“快速连接”命令，或单击按钮，均会打开“快速连接”对话框。

② 在URL文本框中输入欲登录的网站，如果不是第一次进行快速连接，还可根据URL下拉列表中选择以前连接过的站点进行连接；然后按Enter键，就开始进行连接。

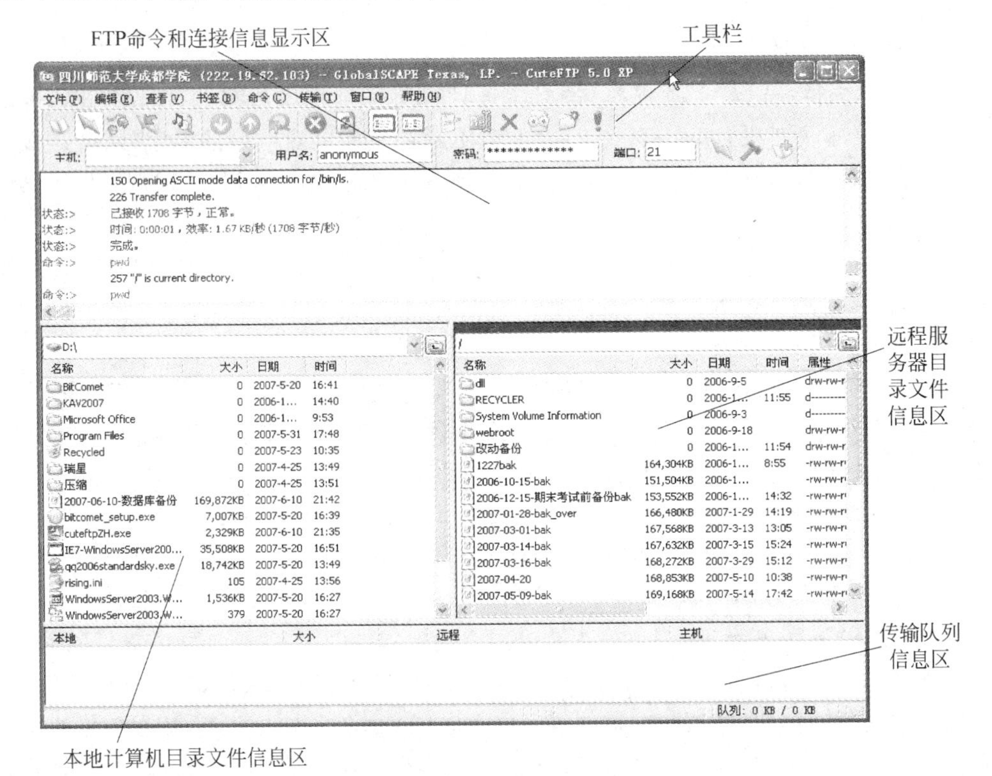

图7-22 CuteFTP窗口

3）下载与上传文件

在文件传输的过程中，主窗口底部会显示传输速率、剩余时间、已用时间和完成传输的百分比等信息。如果在文件传输过程中因为某种原因中断了传输，可以使用CuteFTP的断点续传功能,在文件中断处继续传输。断点续传功能在传输大的文件时特别有用,但要使用CuteFTP的断点续传功能,必须注册成为其合法用户,并且连接的FTP服务器支持断点续传功能,在续传时,本地计算机中的文件名要与远程FTP服务器中的文件名相同。

(1) 下载文件:首先,在如图7-23所示的CuteFTP主窗口右边子窗口中,选择需要下载的目录和文件,然后按住鼠标左键不放,把选定的文件或文件夹拖到左边子窗口相应目录下,释放鼠标左键。此时会弹出一个确认对话框,询问是否下载现在所选取的文件。单击"是"按钮,开始下载。

(2) 上传文件:可以把自己的个人主页上传到某个站点。上传和下载的方法完全一样,但是方向完全相反。这时,应该把文件或文件夹从左往右拖。同样会弹出一个确认对话框,询问是否上传所选取文件,单击"是"按钮,开始上传。

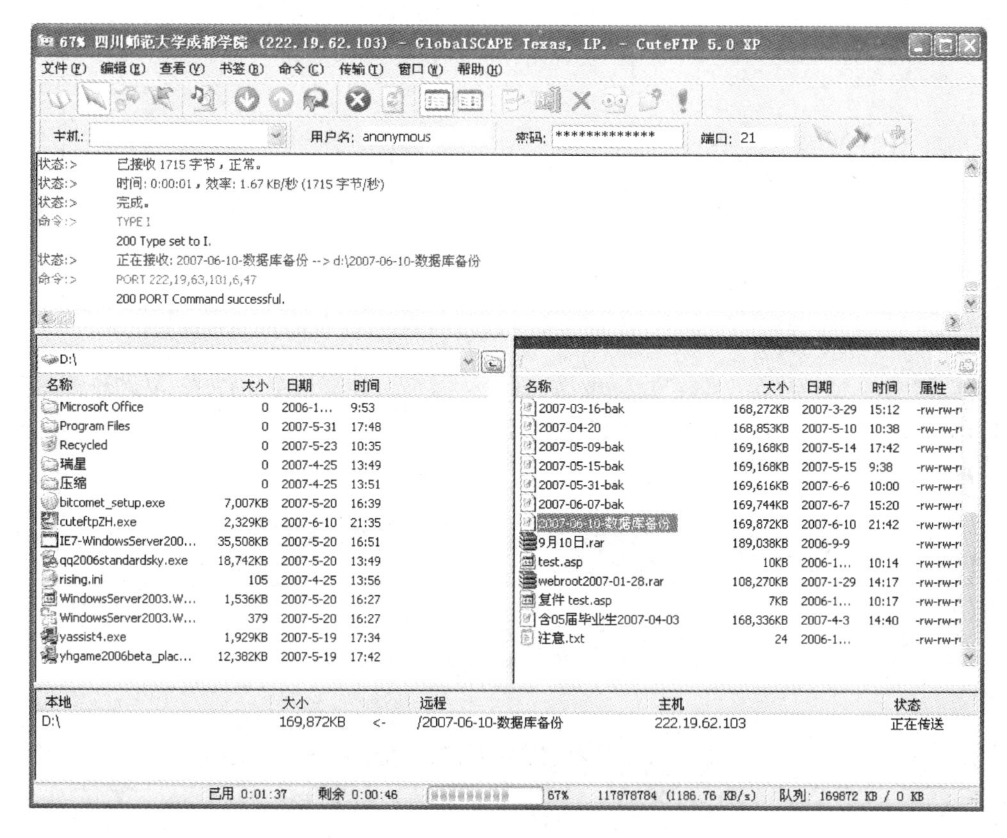

图7-23 下载过程中的主工作窗口

7.4.4 资源共享

计算机网络最主要的目的就是提供不同计算机和用户之间的资源共享。如果从远程位置登录计算机后想使用资源,就必须将资源设为共享。同样,如果想让其他网络用户访问自己计算机上的资源,也必须共享资源。在安装了服务组件以后,用户就可以设定计算机资源为共享资源了。下面介绍文件的共享和打印机共享的设置方法。

1. 共享文件夹

(1) Windows XP中,在准备共享的文件夹图标上右击,在快捷菜单中选择"共享和安全”命令,如图 7-24 所示。

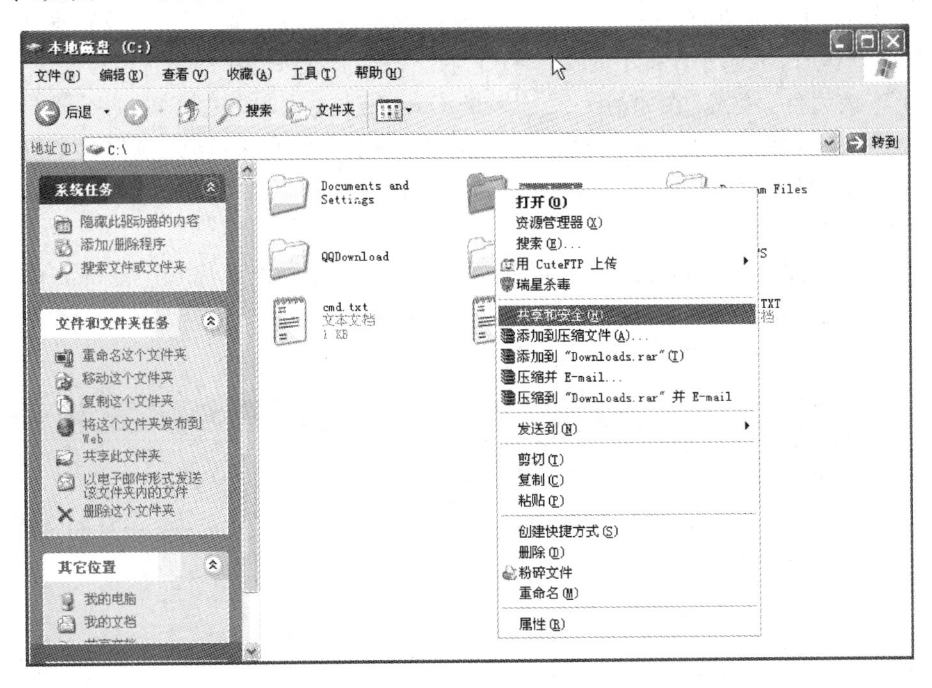

图 7-24 共享文件夹

(2) 在共享文件夹的“属性”对话框中选中“在网络上共享这个文件夹”复选框,并在“共享名”文本框输入共享名,然后单击“确定”按钮,如图 7-25 所示。共享文件夹图标将出现一个上托的手掌。

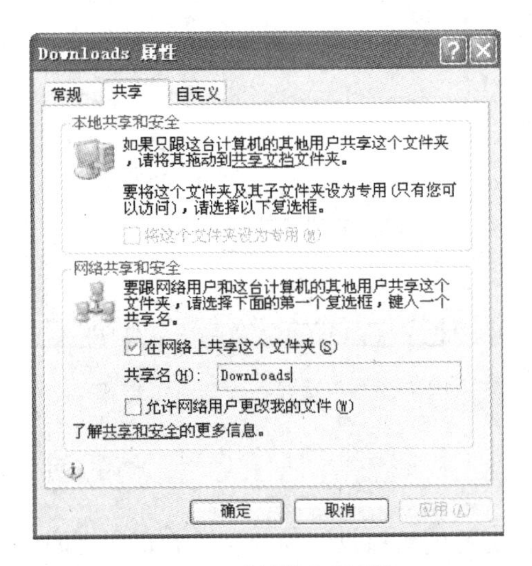

图 7-25 “属性”对话框

2. 共享打印机

(1) 在控制面板中双击“打印机”图标,或者执行“开始”→“设置”→“打印机”命令,打开“打印机”窗口,在要共享的打印机图标上右击,选择“共享”命令,如图 7-26所示。

(2) 在共享打印机的属性对话框选中“共享这台打印机”单选按钮,单击“确定”按钮,如

图 7-27所示。再单击“确定”按钮确认，共享打印机图标将出现一个上托的手掌，如图 7-28 所示。

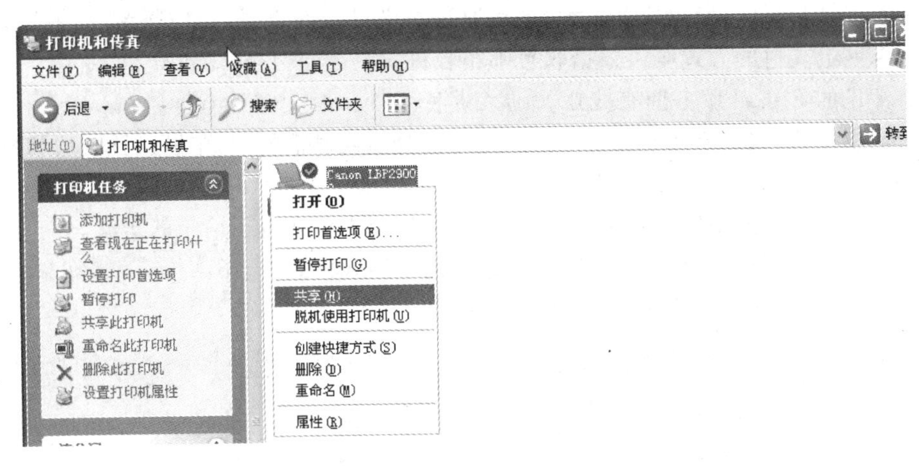

图 7-26　共享打印机

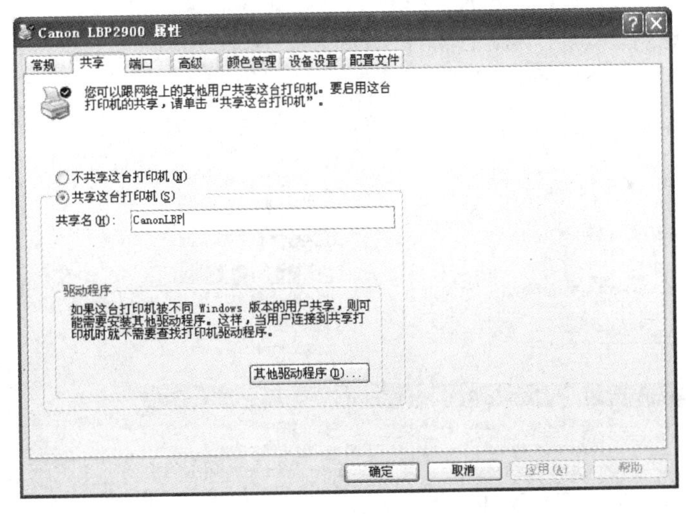

图 7-27　打印机属性对话框

图 7-28　共享打印机图标

7.4.5　电子邮件

电子邮件又称 E-mail，是用户及用户组织间通过计算机网络收发信息的服务。可以使用电子邮件发送或接收文字、图像和语音等多种形式的信息。目前，电子邮件已经成为网络之间快速、简便、可靠且成本低廉的现代通信手段，也是 Internet 上使用最广泛、最受欢迎的服务之一。

1. 注册免费电子邮箱

要想通过 Internet 收发邮件，必须先向 E-mail 服务商申请一个属于自己的个人信箱。只有这样才能电子邮件准确传达给每个 Internet 用户，个人信箱的密码只有自己知道，所以别人是无法读取你的私人信件的。

服务商提供的邮箱有两种：一种是免费邮箱，容量较低，服务也比较少；另一种是收费邮箱，必须向服务商支付一定费用，收费邮箱可以让用户得到更好的服务，无论是安全性、方便性,还是邮箱的容量都有很好的保障。

申请收费邮箱时,付费方式有多种,包括通过手机付费的方式、通过拨号上网的方式和利用银行卡网上支付的方式等。根据收费邮箱容量大小,其支付费用也有所不同。

目前常见的E-mail服务商有搜狐、雅虎、新浪、163、126、263、hotmail等。

申请到邮箱后,如果要使用其他工具进行外部收信或发信的话,可以设置收信和发信服务器,如POP.sina.com.cn和SMTP.sina.com.cn。

下面以126免费邮箱的申请过程为例,介绍申请个人免费电子信箱的步骤。

(1) 启动Internet Explorer浏览器,在地址栏中输入网址"http://www.126.com",单击"注册2280兆免费邮箱"按钮,如图7-29所示。

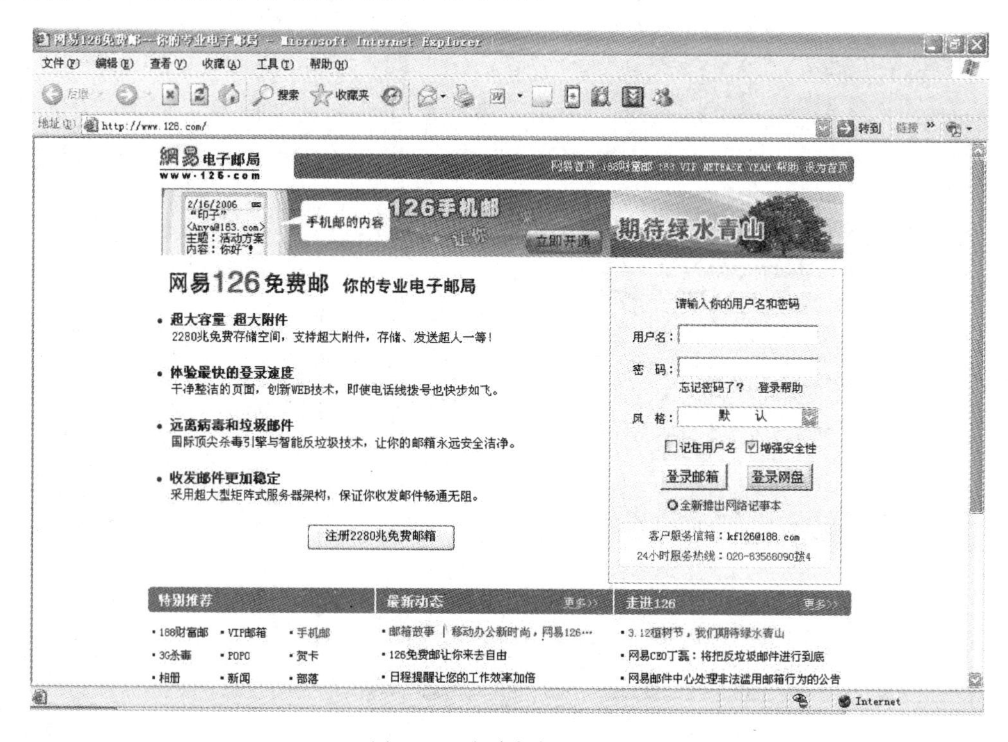

图7-29 申请邮箱步骤(1)

(2) 在"用户注册"页面,根据提示填写相应的信息。在"用户名"文本框输入一个需要的用户名并进行检测。如果检测失败,就说明取的这个名称已经与该网站内其他用户重名,将要求换一个名称,如图7-30所示。

图7-30 申请邮箱步骤(2)

(3) 填写好注册信息后,屏幕上出现如图7-31所示的提示页面,表明注册成功。这时,你就可以用刚才申请的免费邮箱收发电子邮件了。如果期间提示错误,可以根据错误提示修改错误信息,直至注册成功。

(4) 单击"立即登录邮箱"按钮,就可以看到登录成功后邮箱的一个页面,如图7-32所示。这时,就可以根据需要进行收邮件、阅读邮件、写邮件等操作了。

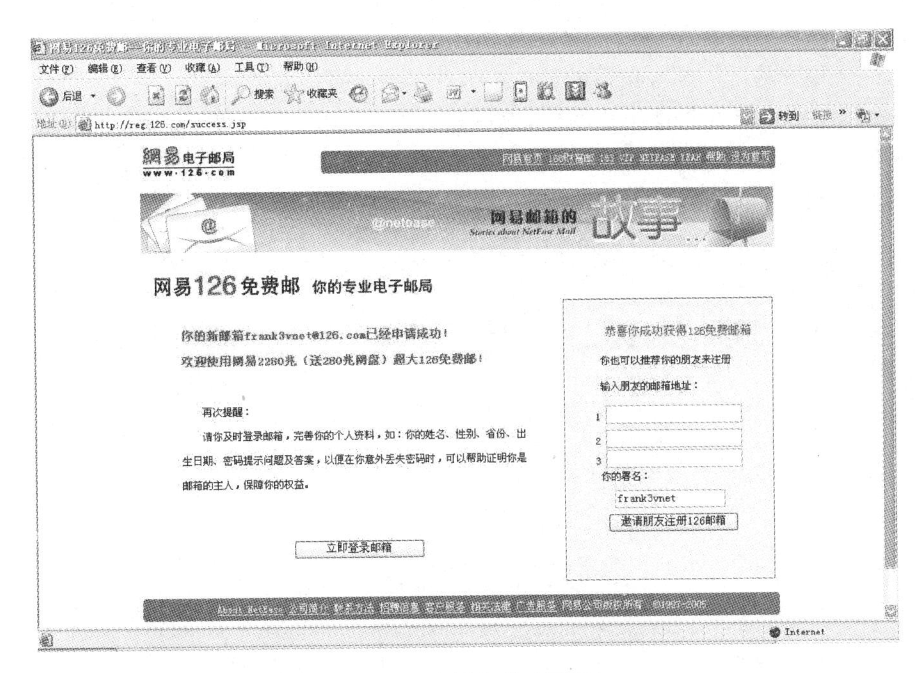

图 7-31　申请邮箱步骤(3)

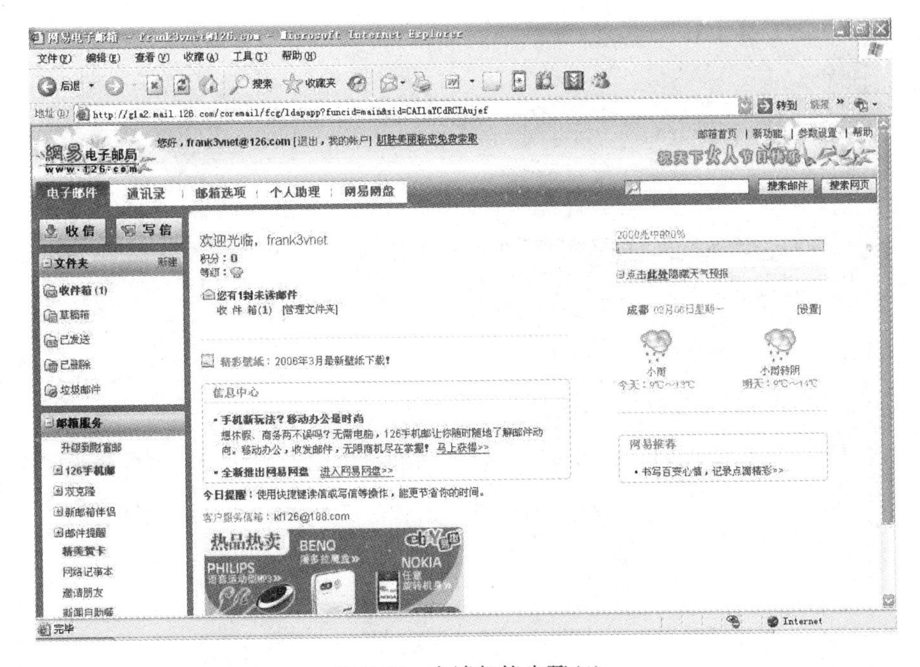

图 7-32　申请邮箱步骤(4)

2. 在网页上收发及管理电子邮件

要收发电子邮件，首先是要申请了电子邮箱，然后使用邮箱的密码可以登录邮箱。在收发电子邮件时，有两种方法，一是使用 Outlook、Foxmail 等专门电子邮件软件，使用这些软件收发电子邮件首先要设置好电子邮件地址（在电子邮件软件里也称“账户”），然后电子邮件软件通过网络连接到电子服务器，替用户接收和发送存放在服务器上的电子邮件。二是使用 Web 页面来收发邮件,这种方法在 Windows 环境中使用浏览器登录邮件系统网站,通过用户名和验证密码后,进入用户的电子邮件信箱处理电子邮件。具体操作如下。

首先在浏览器中打开邮件系统网站,然后输入用户名和密码,单击"登录"按钮,打开电子邮箱窗口,进入用户邮箱,如图 7-33 所示。该窗口左侧列出了所有功能,如读邮件、发邮件等,收发电子邮件和访问网页一样方便。图 7-34 为邮件编辑窗口。

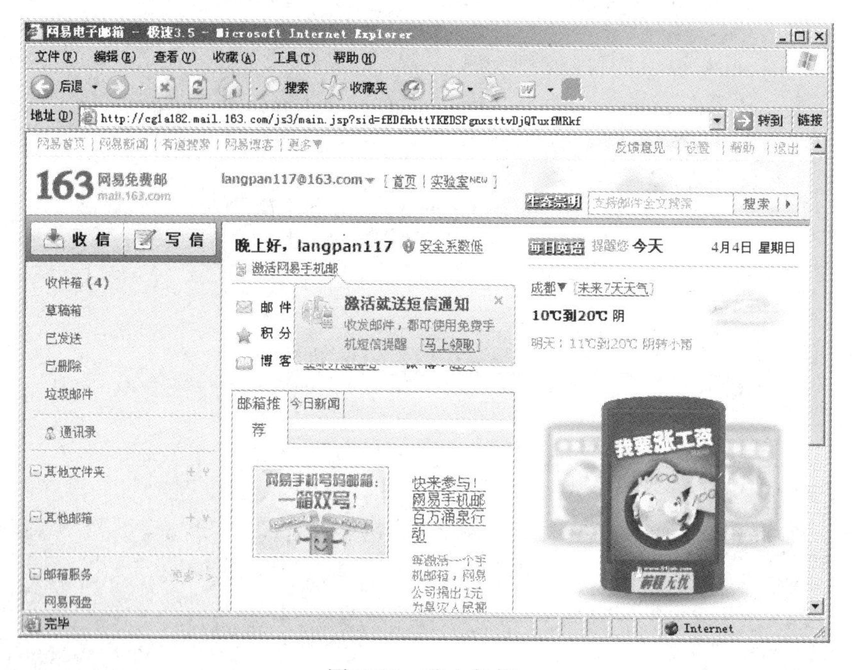

图 7-33　进入邮箱

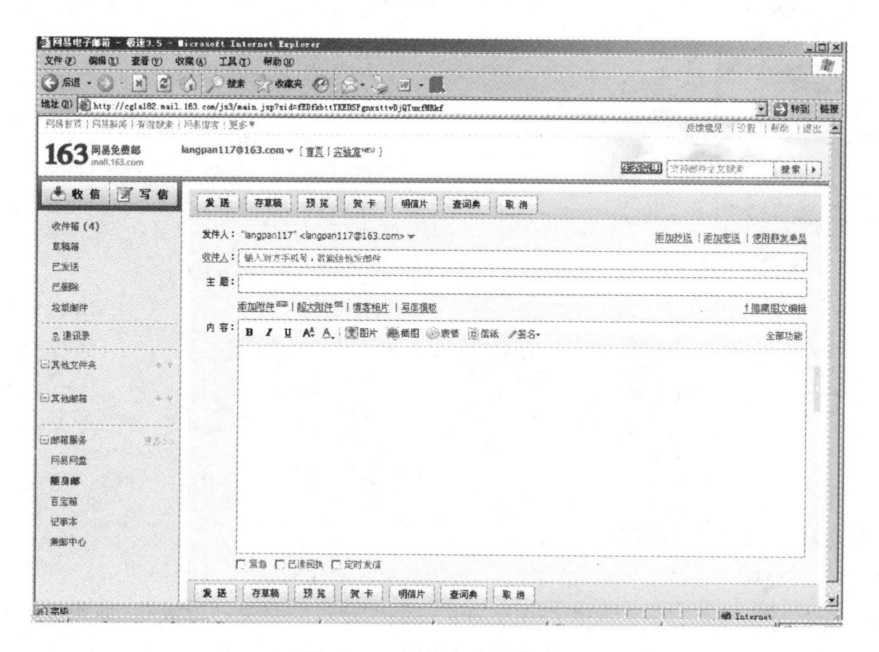

图 7-34　写信与发送邮件

7.4.6 网上交流

1. 电子公告板 BBS

BBS 是 Internet 用户相互之间可进行多对多交流的平台。提供 BBS 服务的站点称为 BBS 站点，不同的 BBS 站点提供不同的服务内容。国内高校知名的 BBS 站点如表 7-5 所示。

表 7-5 国内高校知名的 BBS 站

单　位	BBS 站名	BBS 网址
清华大学	水木清华	bbs. tsinghua. edu. cn
北京大学	北大未名	bbs. pku. edu. cn
中国科学技术大学	瀚海星云	bbs. ustc. edu. cn
南开大学	我爱南开	bbs. nankai. edu. cn
上海交通大学	饮水思源	bbs. sjtu. edu. cn
南京大学	小百合	bbs. nju. edu. cn

访问 BBS 站一般有两种方式：通过 Telnet 方式或 WWW 方式(浏览器方式)。浏览器方式浏览是指通过浏览器直接看 BBS 上的文章或参与讨论，其优点是使用起来比较简单方便，入门很容易。但由于在 WWW 方式其本身的限制，不能自动刷新，而且有些 BBS 的功能难以在 WWW 下实现。而 Telnet 的方式是通过各种终端软件，直接远程登录到 BBS 服务器去浏览、发表文章，还可以进入聊天室和网友聊天，或者发信息给别的 Telnet 在站上的用户。

2. 使用 Telnet 登录 BBS

早期访问 BBS 主要是通过远程登录 Telnet 的方式进入。使用该方式的好处是速度快，并且对计算机的硬件档次要求不高，加之现在仍有些 BBS 站点只能通过 Telnet 的方式访问，因此现在有一些用户仍然使用 Telnet 的方式访问 BBS。

使用 Telnet 方式访问 BBS，如访问“水木清华”站。

(1) 执行“开始”→“运行”命令，在“运行”对话框中的“打开”文本框中输入 Telnet 域名(或 IP 地址)，如图 7-35 所示，如 telent：smth. org 或 telent：202. 112. 58. 200。

图 7-35 “运行”对话框

(2) 单击“确定”按钮，计算机将与 BBS 站点的主机连接并登录到 BBS 主机，进入 Telnet 窗口，如图 7-36 所示。

(3) 按提示输入 guest 或 new 显示登录“BBS 水木清华”窗口。

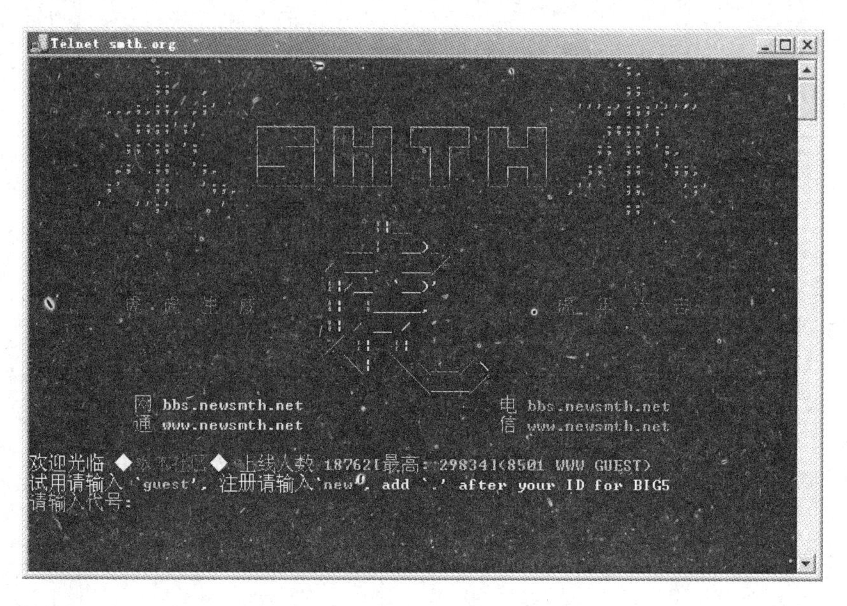

图 7-36 “BBS水木清华”登录窗口

3. 使用浏览器访问BBS

通过浏览器方式比用Telnet方式访问BBS更简单方便,大多数用户采用这种方式。以这种方式访问的BBS站实际就是一个网站。

使用浏览器通过WWW登录BBS,如登录到“上海交大BBS饮水思源站”。

启动浏览器,在地址栏中输入“http://bbs.sjtu.edu.cn/”,然后按Enter键,如图7-37所示。

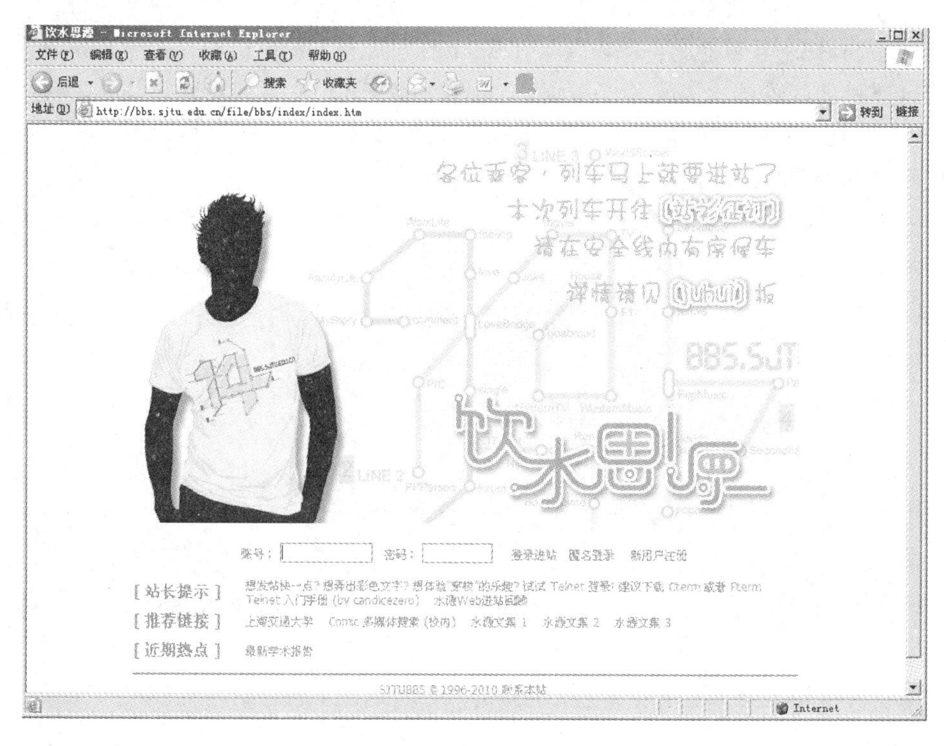

图 7-37 上海交大BBS饮水思源站

4. 即时交流工具

(1) 网络寻呼机ICQ。ICQ是I Seek You的谐音，它是Internet上的即时寻呼软件。用户到www.icq.com网址下载ICQ软件安装后，即可链接到ICQ服务器注册ICQ号码。登录后，它的联系列表为用户找到在线的朋友。

(2) 腾讯QQ。国内开发的中文网络寻呼软件，用户可以使用QQ和其他QQ用户进行交流，QQ具有即时信息收发、网络寻呼、聊天室、传输文字、手机短信服务等功能，对传统的无线寻呼和移动通信进行增值服务。QQ不仅仅是虚拟网络寻呼机，更可与传统的无线寻呼网、GSM移动电话的短消息系统互联。另外，用户还可以使用语音版的QQ互通IP电话。

(3) MSN。MSN是Microsoft公司推出的即时交流软件，凭借该软件自身优秀的性能，目前在国内拥有大量用户群。使用MSN可以与他人进行文字聊天、语音对话、视频会议等及时交流，还可以通过此软件查看联系人是否联机。

习 题 7

1. 选择题

(1) 世界上出现得最早的计算机网络是(　　)。

A. Internet　　B. SNA　　C. APPAnet　　D. LAN

(2) 下面对计算机网络的描述中，错误的是(　　)。

A. 网络是计算机技术与通信技术结合的产物

B. 网络中的计算机按照共同的协议，逻辑地相互联系

C. 计算机必须通过线缆相互物理连接

D. 网络中的计算机是独立的

(3) 网络的硬件构成主要有(　　)。

A. 网络服务器　　B. 网络适配器　　C. 网络连接器　　D. 通信介质

(4) 在Internet中传输文件用(　　)，远程登录用(　　)。

A. Usent　　B. Telnet　　C. Gopher　　D. FTP

(5) 属于计算机拓扑结构的有(　　)。

A. 环状　　B. 星状　　C. 网状　　D. 总线型

(6) 从网络作用的范围来看，计算机网络可分为(　　)。

A. 广域网　　B. 局域网　　C. 城域网　　D. Internet

(7) 网络中各个站点相互连接的方法和形式称为(　　)。

A. 局域网　　B. Internet　　C. 网络拓扑　　D. 网络协议

(8) 在基于PC的局域网中，(　　)是网络的核心。

A. TCP/IP协议　　B. 服务器　　C. 路由器　　D. 通信设备

(9) ISO的OSI参考模型将网络分为(　　)层。

A. 5　　B. 6　　C. 7　　D. 8

(10) 在计算机内部的IP地址由(　　)字节组成。

A. 3个　　B. 4个　　C. 5个　　D. 6个

(11) ARPAnet最初创建的目的是用于(　　)。

A. 政治　　B. 经济　　C. 教育　　D. 军事

(12) 下列选项中,不属于 Internet 基本功能的是(　　)。

A. 电子邮件　　B. 文件传输　　C. 远程登录　　D. 临时监测控制

(13) 下列选项中,非法的 IP 地址是(　　)。

A. 126.96.2.6　　B. 190.256.38.8　　C. 203.113.7.5　　D. 203.226.1.68

(14) 下列 WWW 地址中,合法的是(　　)。

A. www.gogame.net.cn　　B. gogame.www.net.cn

C. net.gogame.www.cn　　D. www.gogame.cn.net

2. 填空题

(1) 计算机网络是一个非常复杂的系统,它通常由________、________及________组成。

(2) URL 是 Uniform Resource Locators 的缩写,称为________。

(3) 电子公告牌的英文缩写是________。

(4) 一家国内企业要建立 WWW 网站,其域名的后缀一般是________。

(5) 在以字符特征名为代表的域名地址中,教育机构一般用________作网页分类名。

(6) 超文本标记语言的英文缩写是________。

(7) 电子邮件的地址格式是＜用户标识＞________＜主机域名＞。

(8) 若想保存某个打开的网页,应选择 IE"文件"菜单中的________。

(9) 通常情况下,个人或企业不直接接入 Internet,而是通过________接入 Internet。

3. 判断题(正确的打√,错误的打×)

(1) 只有 FTP 才能传输文件,E-mail 不能传输文件。(　　)

(2) Internet 是信息高速公路的主干网。(　　)

(3) WWW 是英文全球信息网的缩写。(　　)

(4) IP 地址与域名地址是一回事。(　　)

(5) IP 地址是 Internet 上通信的唯一地址。(　　)

(6) 通过映射网络文件夹,可使浏览网络文件夹操作如同浏览自己硬盘上的文件夹一样便捷。(　　)

(7) 网络中的两台计算机在通信之前,相互必须知道如何与对方联系。每台计算机都有唯一的物理地址用于明确身份。(　　)

(8) Internet 上的大多数 FTP 服务器都不支持匿名服务。(　　)

(9) TCP/IP 体系结构将网络划分为 5 个层次,比 OSI 少了表示层和数据链路层。(　　)

4. 问答题

(1) 什么是计算机网络?计算机网络的拓扑结构有哪几种?简述计算机网络的主要功能。

(2) Internet 能提供哪些服务?

(3) 计算机网络能够共享的资源包括哪几种?

(4) 什么是 FTP?FTP 的服务包括哪几种类型?

(5) 试说明北京大学 Web 地址(http://www.pku.edu.cn)各部分的含义。

(6) 简述用 IE 浏览网页的方法。

(7) 常见的 Internet 接入方式有哪几种?

(8) 什么是 TCP/IP 协议?该协议有什么特点?

第8章 网络的最新发展

以互联网为代表的计算机网络技术是20世纪计算机科学的一项伟大成果，它给人们的生活带来了深刻的变化。

目前在我国，从繁华的城市到偏僻的农村，从海岛到珠穆朗玛峰，到处都有无线网络的覆盖。相信在未来信息无所不在的时代，无线网络将依靠其无法比拟的灵活性、可移动性和极强的可扩容性，使人们真正享受到简单、方便、快捷的网络连接，并且无线网络是实现物联网必不可少的基础设施。物联网的产生是以互联网技术为核心的社会人类信息化进程发展到一定阶段的必然产物，是继计算机、互联网与移动通信网之后的又一次信息产业浪潮。3G是第三代移动通信技术，是下一代移动通信系统的通称。它们的开发应用前景巨大，对整个国家的经济社会发展和信息化水平的提升都有着重大意义。

8.1 无线网络

8.1.1 无线网络概述

随着无线各种技术不断的成熟和应用的普及，无线网络也凭借其为用户提供的灵活性、便利性等优势而被大家追捧。现代企业随着业务规模的不断扩大和对工作效率提高的要求，越来越渴望灵活的无线网络技术能帮人们解决问题，甚至更多人考虑到建设传统网络的烦琐和成本问题，也希望可以通过无线网络技术实现其要求。目前，无线网络已经由时尚转变成为了趋势。

1. 无线网络的发展史

说到无线网络的历史起源，可以追溯到第二次世界大战期间，当时美国陆军采用无线电信号做资料的传输。他们研发出了一套无线电传输科技，并且采用相当高强度的加密技术。当初美军和盟军都广泛使用这项技术。这项技术让许多学者得到了灵感，不过民用无线网络出现的时间则要晚很多，它在1971年时，夏威夷大学的研究员创造了第一个基于封包式技术的无线电通信网络，这被称作ALOHNET的网络可以算是早期的无线局域网络(WLAN)。这最早的WLAN包括了7台计算机，它们采用双向星状拓扑，横跨4座夏威夷的岛屿，中心计算机放置在瓦胡岛上，从这时开始，无线网络可说是正式诞生了。

2. 无线网络的含义

所谓无线网络，就是利用无线电波作为信息传输的媒介，摆脱传统有线的束缚，正因它是无线的，所以无论是在硬件架设或使用的灵活性、便利性等方面均比有线网络有许多优势，如图8-1所示。无线网络目前主要分为CDMA/GPRS无线网上网、蓝牙、无线局域网(WLAN)，后面将重点介绍蓝牙技术和无线局域网技术。

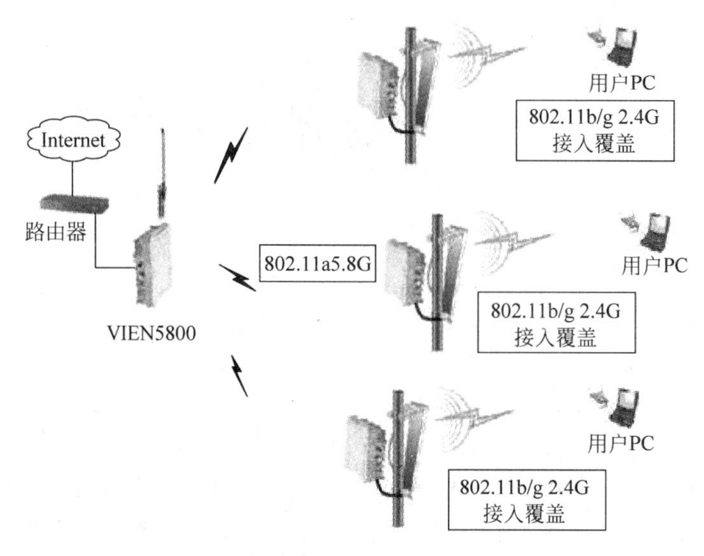

图 8-1　无线网络示意图

3. 无线网络的技术标准

1990 年，IEEE 正式启用了 802.11 项目，无线网络技术逐渐走向成熟，IEEE 802.11（Wi-Fi）标准诞生以来，制定或者酝酿了 802.11a、802.11b、802.11g、802.11e、802.11f、802.11h、802.11i、802.11j 等标准。现在，为实现高宽度、高质量的无线网络服务，802.11n 也即将横空出世。

2003 年以来，无线网络市场热度迅速飙升，已经成为 IT 市场中新的增长亮点。由于人们对网络速度及方便使用性的期望越来越大，于是与计算机以及移动设备结合紧密的 WiFi、CDMA/GPRS、蓝牙等技术越来越受到人们的青睐。与此同时，在相应配套产品大量面世之后，构建无线网络所需要的成本下降了，一时间，无线网络已经成为人们生活的主流。

无线局域网是计算机网络与无线通信技术相结合的产物。它利用射频技术，取代旧式的传输介质构成局域网络，提供传统有线局域网的所有功能，使网络信息方便程度达到“信息随身化、便利走天下”的理想境界。为了让 WLAN 技术能够被更广泛的接受和应用，建立一个统一的业界标准也就成了大势所趋。在统一的业界标准制订过程中，IEEE 扮演了重要角色，下面简单介绍几个影响比较大的业界标准。

IEEE 于 1997 年 6 月公布的 IEEE 802.11 标准，是第一代无线局域网标准。该标准定义了物理层（PHY）和媒体访问控制（MAC）协议的规范，允许无线局域网及无线设备制造商在一定范围内建立互操作网络设备，初步解决了无线网络的兼容性问题。IEEE 802.11 工作在 2.4GHz 开放频段，这一波段被全球无线电法规实体定义为扩频使用波段，使用时无须向政府申请频段资源，支持 1Mbps 和 2Mbps 的数据传输速率。对无线局域网而言，IEEE 802.11 标准具有里程碑式的意义。

1) IEEE 802.11b 标准

1999 年 8 月，IEEE 802.11 标准得到进一步的完善和修订，同年 9 月正式通过的 IEEE 802.11b 标准是 IEEE 802.11 协议标准的扩展。它工作于 2.4GHz 频段，数据传输速率可根据信号噪音状况自动切换，支持最高速率为 11Mbps 的数据，在 11Mbps、5.5Mbps、

2Mbps、1Mbps 或者更低的速率之间进行自动切换。它从根本上改变了无线局域网设计和应用现状，扩大了无线局域网的应用领域。早期，大多数厂商生产的无线局域网产品都基于 IEEE 802.11b 标准。

2) IEEE 802.11a

它扩充了标准的物理层，频带为 5GHz，在传输速率方面比 IEEE 802.11b 大大改进，其最大传输速率为 54Mbps。不过 5GHz 的工作频率为它带来优势的同时，也让它走进了尽头。由于频段较高，使得 IEEE 802.11a 的传输距离仅能达到 30m 左右。此外，设计复杂导致价格居高不下，无法与 IEEE 802.11b 兼容等缺点，也让它难以成为市场的主流。特别是随 Intel 公司推出 Dothan 处理器一起发布的迅驰技术采用 IEEE 802.11b/g 双标准，这也让 IEEE 802.11a 标准逐渐地淡出市场。

3) IEEE 802.11g

为了解决上述问题，为了进一步推动无线局域网的发展，2003 年 7 月 IEEE 802.11 工作组特别批准了 IEEE 802.11g 标准，新的标准终于浮出水面成为人们对无线局域网关注的焦点。它结合了 IEEE 802.11b 标准支持的 2.4GHz 工作频率以及 IEEE 802.11a 标准的 54Mbps 传输速率，在提供高速传输的同时，IEEE 802.11g 标准能够与 IEEE 802.11b 的 Wi-Fi 系统互相连通，共存在同一 AP 的网络中，保障了后向兼容性。这样原有的 WLAN 系统可以平滑地向高速无线局域网过渡，延长了 IEEE 802.11b 产品的使用寿命，降低了用户的投资。此外，也继承了 IEEE 802.11b 覆盖范围广的优点，价格也相对较低。由于其兼容性强，用户只需要更换无线 AP 就可以顺利过渡到"g 网"，而网络中原有的 IEEE 802.11b 无线网卡还可以继续使用，最大程度地保护用户原来的投资。

4) IEEE 802.11n

IEEE 已经成立 IEEE 802.11n 工作小组，以制定一项新的高速无线局域网标准 IEEE 802.11n。该工作小组是由高吞吐量研究小组发展而来。IEEE 802.11n 计划将 WLAN 的传输速率从 IEEE 802.11a 和 IEEE 802.11g 的 54Mbps 增加至 108Mbps 以上，最高速率可达 320Mbps，成为 IEEE 802.11b、IEEE 802.11a、IEEE 802.11g 之后的另一场重头戏。和以往的 IEEE 802.11 标准不同，IEEE 802.11n 协议为双频工作模式(包含 2.4GHz 和 5GHz 两个工作频段)。这样，IEEE 802.11n 就保障了与以往的 IEEE 802.11a/b/g 标准兼容。

IEEE 802.11n 计划采用多输入多输出(MIMO)技术与 OFDM 技术相结合，使传输速率成倍提高。另外，天线技术及传输技术，使得无线局域网的传输距离大大增加，可以达到几千米(并且能够保障 100Mbps 的传输速率)。IEEE 802.11n 标准全面改进了 802.11 标准，不仅涉及物理层标准，同时也采用新的高性能无线传输技术提升 MAC 层的性能，优化数据帧结构，提高网络的吞吐量性能。

WLAN 除了上面提到的一些主要标准外，IEEE 还在不断地完善这些协议，推出或即将推出的新协议有：不使用 2.4GHz 频段的 IEEE 802.11b 版本 IEEE 802.11d，改善 IEEE 802.11 协议 QoS(服务质量)的 IEEE 802.11e，改善切换机制的 IEEE 802.11f，改善安全机制的 IEEE 802.11i 等。

8.1.2 蓝牙技术

蓝牙是一种支持设备短距离通信的无线电技术,能在包括移动电话、PDA、无线耳机、笔记本电脑、相关外设等众多设备之间进行无线信息交换。蓝牙的标准是IEEE 802.15,目前其工作在2.4GHz频带,带宽为1Mbps(有效传输速率为721kbps),最大传输距离为10m的无线通信,并形成世界统一的近距离无线通信标准。蓝牙技术可提供低成本、低功耗的无线接入方式,被认为是近年来无线数据通信领域的重大进展之一。

1. 蓝牙技术的发展史

蓝牙(Bluetooth)原是一位在10世纪统一了丹麦的国王,他将当时的瑞典、芬兰与丹麦统一起来。用他的名字来命名这种新的技术标准,含有将四分五裂的局面统一起来的意思。蓝牙(Bluetooth)技术是一种近距离无线通信标准,由爱立信、英特尔、诺基亚、东芝和IBM五大公司组成的特殊利益集团 (Special Interests Group,SIG)于1998年5月联合制定。

蓝牙的支持者很多,从最初只有五家企业发起的蓝牙特别兴趣小组SIG发展到现在已拥有多个企业成员。根据计划,蓝牙从实验室进入市场需经过三个阶段:

第一阶段是蓝牙产品作为附件应用于移动性较大的高端产品中。如移动电话耳机、笔记本电脑插卡或应用于特殊要求的场合等,这一阶段的时间大约从2001年底到2002年底。

第二阶段是蓝牙产品嵌入中高档产品中。随着蓝牙的价格进一步下降,而有关的测试和认证工作也在逐步完善。这一时间段是2002—2005年。

第三阶段是2005年以后,蓝牙进入家用电器、数码相机及其他各种电子产品中,蓝牙网络随处可见,蓝牙应用开始普及。

2. 蓝牙技术概述

蓝牙是无线数据和语音传输的开放式标准,它将各种通信设备、计算机及其终端设备、各种数字数据系统,甚至家用电器采用无线方式连接起来。它的传输距离为10cm~10m,如果增加功率或是加上某些外设便可达到100m的传输距离。它采用2.4GHz ISM频段和调频、跳频技术,使用权向纠错编码、ARQ、TDD和基带协议。

蓝牙技术实际上是一种短距离无线通信技术,利用它能够有效地简化掌上电脑、笔记本电脑和移动电话手机等移动通信终端设备之间的通信,也能够成功地简化以上这些设备与Internet之间的通信,从而使这些现代通信设备与因特网之间的数据传输变得更加迅速高效,为无线通信拓宽道路。说得通俗一点,就是蓝牙技术使得现代一些轻易携带的移动通信设备和计算机设备,不必借助电缆就能联网,并且能够实现无线接入因特网,其实际应用范围还可以拓展到各种家电产品、消费电子产品和汽车等信息家电,组成一个巨大的无线通信网络。

蓝牙系统一般由4个功能单元组成:天线单元、链路控制单元、链路管理单元和蓝牙软件单元。

3. 蓝牙技术须解决的问题及其应用前景

1) 蓝牙技术须解决的问题

蓝牙技术的主要市场将是低端无线联网领域,提供简单方便的无线联网技术是业内最初研发“蓝牙”标准的初衷。尽管如此,蓝牙技术要真正普及开来还需要解决以下几个问题:

(1) 降低成本。

(2) 要实现方便、实用,并真正给人们带来实惠和好处。

(3) 安全、稳定、可靠地工作。

(4) 尽快出台一个有权威的国际标准。

一旦上述问题被解决,蓝牙将迅速改变人们的生活与工作方式,并大大提高人们的生活质量。

2) 蓝牙技术的应用前景

目前,蓝牙技术的应用范围相当广泛,可以广泛应用于局域网络中各类数据及语音设备,如 PC、拨号网络、笔记本电脑、打印机、传真机、数码相机、移动电话和高品质耳机等,蓝牙的无线通信方式将上述设备连成一个微微网(Piconet),多个微微网之间也可以进行相互连接,从而实现各类设备之间随时随地进行通信。应用蓝牙技术的典型环境有无线办公环境、汽车工业、信息家电、医疗设备以及学校教育和工厂自动控制等。目前,蓝牙的初期产品已经问世,一些芯片厂商已经开始着手改进具有蓝牙功能的芯片。与此同时,一些颇具实力的软件公司或者推出自己的协议栈软件,或者与芯片厂商合作推出蓝牙技术实现的具体方案。

8.1.3 无线局域网技术

随着人们的生产、生活水平的提高,人类对网络的需求也在不断提高。特别是随着计算机技术和网络技术的蓬勃发展,网络在各行各业的应用越来越广泛。今天,人们不仅仅满足在固定环境中进行通信,还希望随时随地地能够进行通信,于是移动通信网络应运而生。无线局域网是实现移动计算机网络的关键技术之一,无线局域网是计算机网络与通信技术相结合的产物。

1. 无线局域网概述

有线网络是目前广泛使用的网络,但有线网络始终存在一些不理想的地方。例如,在一些很难布线的地方或者经常需要变动布线结构的地方等。特别是当要把相离较远的节点连接起来时,敷设专用通信线路的布线施工难度大、费用高、耗时长,对正在迅速扩大的联网需求形成了严重的"瓶颈"问题。无线网络的出现就是为了解决有线网络无法克服的困难,它的出现是对有线网络的有效补充,它使得人们的生活开始摆脱线缆的羁绊,变得更加自由自在。

既然无线局域网拥有有线网络所不具备的特点,那么究竟什么是无线局域网?它有哪些特点?什么情况下应该采用无线局域网?目前它已经有了哪些应用呢?所以,下面首先来了解一下无线局域网的一些基础知识。

2. 无线局域网的含义

无线局域网是计算机网络与无线通信技术相结合的产物。从专业角度讲,无线局域网利用了无线多址信道的一种有效方法来支持计算机之间的通信,并为通信的移动化、个性化和多媒体应用提供了可能。通俗地说,无线局域网(Wireless Local Area Network,WLAN)就是在不采用传统线缆构成的局域网,提供以太网或者令牌网络的功能,它不受节点限制,就可以构建局域网络,网络拓扑结构具有很大的灵活性和弹性,如图 8-2 所示。

3. 无线局域网的特点

无线局域网利用电磁波在空气中发送和接收数据,而无须线缆介质。无线局域网的数据传输速率现在已经能够达到 11Mbps,传输距离可远至 20km 以上。它是对有线联网方式

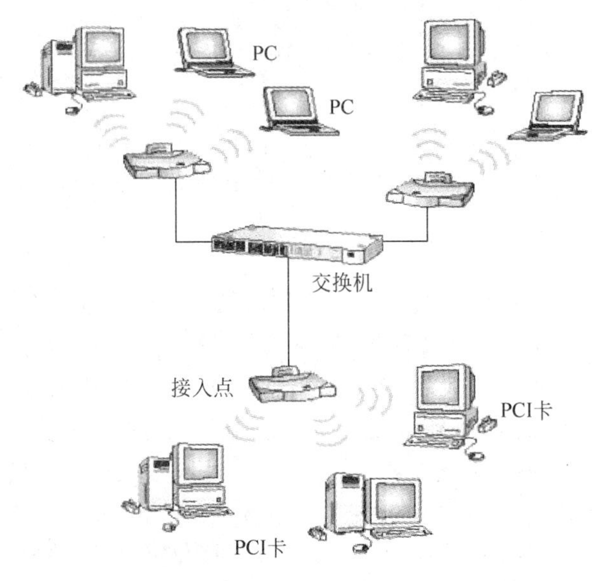

图 8-2　无线局域网

的一种补充和扩展,使网上的计算机具有可移动性,能快速方便地解决使用有线方式不易实现的网络联通问题。与有线网络相比,无线局域网具有以下优点。

1）安装便捷

一般在网络建设中,施工周期最长、对周边环境影响最大的,就是网络布线施工工程。在施工过程中,往往需要破墙掘地、穿线架管。而无线局域网最大的优势就是免去或减少了网络布线的工作量,一般只要安装一个或多个接入点(Access Point,AP)设备,就可建立覆盖整个建筑或地区的局域网络。

2）可移动性

可移动性使用户可以自由地变换位置,极大地方便了用户。相对有线网络将用户工作站和网络数据源限制在一定的物理边线上。当在建筑物中走动或离开建筑时都会失去网络联系,此时需要无线网络大显身手。

3）经济节约

由于有线网络缺少灵活性,这就要求网络规划者尽可能地考虑未来发展的需要,这就往往导致预设大量利用率较低的信息点。而一旦网络的发展超出了设计规划,又要花费较多费用进行网络改造,而无线局域网可以避免或减少以上情况的发生。在布线困难的地方,无线联网是低投入,高效率的网络解决方案。

4）易于扩展

无线局域网有多种配置方式,能够根据需要灵活选择。这样,无线局域网就能胜任从只有几个用户的小型局域网到上千用户的大型网络,并且能够提供像“漫游 (Roaming)”等有线网络无法提供的特性。

5）增加了可靠性

线缆故障导致网络瘫痪是有线网络的一个不可克服的阻碍,尤其在高速发展的今天,可靠性是衡量一个产品好坏的标准。

此外,无线局域网的抗干扰性强、网络保密性好。对于有线局域网中的诸多安全问题,在无线局域网中基本上可以避免。而且相对于有线网络,无线局域网的组建、配置和维护较为容易,一般计算机工作人员都可以胜任网络的管理工作。

4. 无线局域网的应用领域

(1) 接入信息系统。

(2) 难以布线的环境。例如,老建筑、布线困难或昂贵的露天区域、城市建筑群、校园和工厂。

(3) 频繁变化的环境。如频繁更换工作地点和改变位置的零售商、生产商,以及野外勘测、试验、军事、公安和银行等。

(4) 使用便携式机等可移动设备进行快速网络连接。

(5) 用于远距离信息的传输,如在林区进行火灾、病虫害等信息的传输。

(6) 如流动工作者可得到信息的区域,需要在零售商店或办公室区域流动时得到信息的医生、护士、零售商、白领工作者。

(7) 办公室和家庭办公室(SOHO)用户,以及需要方便快捷地安装小型网络的用户。

总之,由于无线局域网具有多方面的优点,所以发展十分迅速。在最近几年里,无线局域网已经在教育、金融、健康、旅馆以及零售业、制造业等各方面有了广泛应用的天地。

5. 无线局域网的结构

无线局域网可采取不同的网络结构来实现互联,在室外主要有以下几种结构:点对点型、点对多点型和混合型;室内的应用则有独立的无线局域网和非独立的无线局域网两类情况。

1) 点对点型

该类型常用于固定的要联网的两个位置之间,是无线联网的常用方式,使用这种联网方式建成的网络,优点是传输距离远,传输速率高,受外界环境影响较小。

2) 点对多点型

该类型常用于有一个中心点、多个远端点的情况。其最大优点是组建网络成本低、维护简单;另外,由于中心使用了全向天线,设备调试相对容易。该种网络的缺点也是因为使用了全向天线,波束的全向扩散使得功率大大衰减,网络传输速率低,对于较远距离的远端点,网络的可靠性不能得到保证。

3) 混合型

这种类型适用于所建网络中有远距离的点、近距离的点,还有建筑物或山脉阻挡的点。在组建这种网络时,综合使用上述几种类型的网络方式,对于远距离的点使用点对点方式,近距离的多个点采用点对多点方式,有阻挡的点采用中继方式。

4) 独立的无线局域网

这是指整个网络都使用无线通信的情形。在这种方式下可以使用 AP,也可以不使用 AP。在不使用 AP 时,各个用户之间通过无线直接互联。但缺点是各用户之间的通信距离较近,且当用户数量较多时,性能较差。

5) 非独立的无线局域网

在大多数情况下,无线通信是作为有线通信的一种补充和扩展。一般把这种情况称为非独立的无线局域网。在这种配置下,多个 AP 通过线缆连接在有线网络上,以使无线用户能够访问网络的各个部分。

无线局域网可以在普通局域网基础上通过无线集线器(Hub)、无线接入站(AP)、无线网桥、无线调制解调器(Modem)及无线网卡等来实现,其中以无线网卡最为普遍,使用最多。无线局域网的关键技术,除了红外传输技术、扩频技术外,还有一些其他技术,如调制技术、加解扰技术、无线分集接收技术、功率控制技术和节能技术等。

6. 无线局域网基础设备

1) 无线网卡

无线网卡也叫WLAN适配器,它也是无线局域网系统中最基本的硬件,如图8-3所示。实际上只要有两台计算机各自拥有无线网卡,那么它就可以实现点对点的通信,从而组成一个最小的无线局域网。一般来说,目前的笔机本电脑都有内置无线网卡,但对大多数台式机来说,无线网卡仍需要另外配置。无线网卡按接口类型可分为以下几种类型:

(1) PCMCIA接口无线网卡。其优点是容易安装,体积小,且兼容性比PCI或USB接口无线网卡要好。它是绝大多数笔机本电脑扩展无线功能的首选。缺点是与台式机不能兼容。

(2) PCI接口无线网卡。其优点是可以在几乎所有的台式PC上安装且价格低廉。缺点是安装稍显复杂,很可能造成驱动程序冲突。

(3) USB接口无线网卡。其优点是与台式机和笔机本都兼容可以灵活放置以增强信号的接收能力。缺点是价格较高。

(4) MiniPCI接口无线网卡。其优点是非常轻便,缺点是信号接收能力较弱。

图8-3　无线网卡

图8-4　无线AP

2) 无线接入点

无线接入点也称无线AP,目前主要技术为IEEE 802.11系列,它是进行数据发送和接收的设备,其作用类似有线局域网中的集线器和交换机,如图8-4所示。一个无线AP可以在几十米到上百米的范围内连接多个无线网络终端或者是其他无线AP,并且还可以让系统中的所有无线网络终端在数个AP中进行无线漫游,而无线网络终端无须进行额外的配置。其可分为室内无线接入点和室外无线接入点两种情况。

图8-5为无线网卡、AP和有线网络组建的一个混合网络结构图。

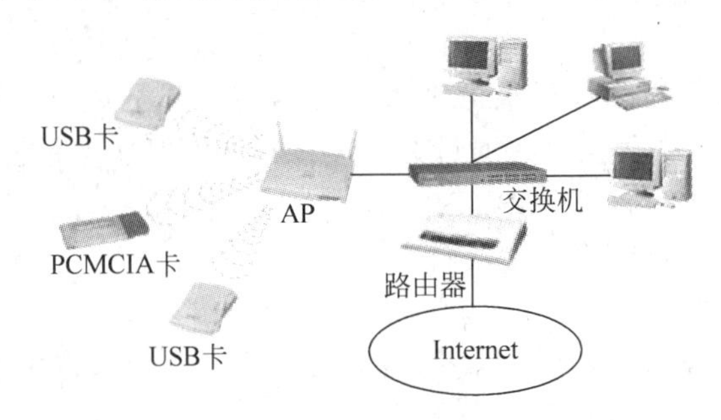

图8-5　混合网络结构图

3）无线网桥

无线网桥的实际运用也就是利用无线方式连接两个有线局域网的设备。无线网桥可以在很多地方发挥作用，可以不受地形的限制，而且一个网桥还可以作为两个无线网桥之间的中继转发器，让无线网络覆盖的范围得到扩大。

4）天线

天线一般可分为两类：一类是全向天线，另一类是定向天线。所谓全向，就是指在所有水平方向上发射和接收都相等，而定向是指在一个方向上发射和接收大部分的信号功率。

7. 无线局域网安全技术

随着无线技术运用的日益广泛，无线网络的安全问题越来越受到人们的关注。因为有线网络在一般情况下，只有在物理链路遭到破坏的情况下，数据才有可能被泄露，而无线网络的数据传输则是利用微波在空气中进行辐射传播，因此只要在AP覆盖的范围内，所有的无线终端都可以接收到无线信号，AP无法将无线信号定向到一个特定的接收设备，因此无线局域网络安全问题就显得尤为重要。

实际上，无线局域网比大多数有线局域网的安全性更高。目前，无线局域网络产品主要采用的是IEEE 802.11b国际标准，大多应用DSSS(Direct Sequence Spread Spectrum，直接序列扩频)通信技术进行数据传输，该技术能有效地防止了数据在无线传输过程中丢失、干扰、信息阻塞及破坏等问题。无线局域网技术早在第二次世界大战期间便出现了，它源自于军方应用。一直以来，安全性问题在无线局域网设备开发及解决方案设计时，都得到了充分的重视。下面从无线局域网安全技术的发展历程来对无线局域网中采用的主要安全技术及发展方向进行介绍。

1）早期基本的无线局域网安全技术

(1) 无线网卡物理地址(MAC)过滤技术。

每个无线工作站网卡都由唯一的物理地址标识，该物理地址编码方式类似于以太网物理地址，是48位。网络管理员可在无线局域网每个访问点AP中手工设置一组允许访问或不允许访问的MAC地址列表，MAC地址不在清单中的用户，接入点(Access Point)将拒绝其接入请求，以实现物理地址的访问过滤。

(2) 服务区标识符(SSID)匹配技术。

无线工作站必须出示正确的SSID，与无线访问点AP的SSID相同，才能访问AP。如果出示的SSID与AP的SSID不同，那么AP将拒绝通过本服务区上网，也就是说该技术可以将一个无线局域网分为几个需要不同身份验证的子网络，每一个子网络都需要独立的身份验证，只有通过身份验证的用户才可以进入相应的子网络，防止未被授权的用户进入本网络。因此可以认为SSID是一个简单的口令，从而提供口令认证机制，实现一定的安全性。

(3) 有线等效保密(WEP)技术。

有线等效保密(WEP)协议是由IEEE 802.11标准定义的，用于在无线局域网中保护链路层数据。WEP使用40位钥匙，采用RSA开发的RC4对称加密算法，在数据链路层加密数据，以满足用户更高层次的网络安全需求。现在的WEP一般也支持128位的钥匙，提供更高等级的安全加密。

2）WPA(Wi-Fi保护访问)技术

在IEEE 802.11i标准最终确定前，WPA(Wi-Fi Protected Access)技术将成为代替

WEP的无线安全标准协议,为IEEE 802.11无线局域网提供更强大的安全性能。WPA是IEEE 802.11i的一个子集,其核心就是IEEE 802.1x和TKIP。新一代的加密技术TKIP与WEP一样基于RC4加密算法,且对现有的WEP进行了改进。

准确地说,Wi-Fi并不是一个标准,它是Wireless Fidelity(无线保真)的简写,是无线局域网标准化组织Wi-Fi联盟(The Wireless Ethernet Compatibility Alliance,WECA)推出的一套无线网络产品通用性认证,最初针对的是IEEE 802.11b标准,如今已经延伸至IEEE 802.11系列标准。它代表的是一种无线传输的规范,我们经常在无线产品上看到的Wi-Fi标志就代表该产品已经通过Wi-Fi认证,可以顺利地组建无线局域网,并与其他同样通过Wi-Fi认证的无线局域网相兼容。

除了IEEE 802.11系列无线标准以外,蓝牙技术也被广泛应用于无线领域,在小型设备(如手机、PDA和笔记本电脑等)上经常会见到它的身影。蓝牙技术可作为IEEE 802.11系列无线标准的补充,暂时两者都不会相互取代。

3) 高级的无线局域网安全标准——IEEE 802.11i

为了进一步加强无线网络的安全性和保证不同厂家之间无线安全技术的兼容,IEEE 802.11工作组目前正在开发作为新的安全标准的IEEE 802.11i,并且致力于从长远角度考虑解决IEEE 802.11无线局域网的安全问题。IEEE 802.11i标准草案中主要包含加密技术:TKIP (Temporal Key Integrity Protocol) 和AES(Advanced Encryption Standard),以及认证协议IEEE 802.1x。预计完整的IEEE 802.11i的标准将在2014年的上半年得到正式批准,IEEE 802.11i将为无线局域网的安全提供可信的标准支持。

4) 无线局域网安全技术的发展方向

随着无线局域网的高速发展,无线局域网的安全技术也得到了快速的发展和应用。无线局域网总的发展方向是速度越来越快,安全性会越来越高。当然,无线局域网的各项技术均处在快速的发展过程当中,但54Mbps的无线局域网规范IEEE 802.11g、IEEE 802.1x和IEEE 802.11i将是今后整个无线局域网业的热点。

8.2 手机网络

8.2.1 3G技术

在1999年11月的ITU-R TG8/1会议上,通过了IMT-2000的无线接口技术规范,包括CDMA和TDMA两大类共5种技术,并在2000年5月的ITU-R全会上正式通过,标志着第三代移动通信技术的格局最终确定。

1. 3G的发展史

1995年问世的第一代模拟制式手机只能进行语音通话;而1996—1997年出现的第二代数字手机增加了接收数据的功能,如接收电子邮件或网页;第三代与前两代的主要区别是在传输声音和数据的速度上的提升,它能够处理图像、音乐、视频流等多种媒体形式,提供包括网页浏览、电话会议、电子商务等多种信息服务。相对第一代模拟制式手机和第二代GSM、TDMA等数字手机,3G通信的名称繁多,国际电联规定为IMT-2000(国际移动电话2000)标准,欧洲的电信业巨头们则称其为UMTS通用移动通信系统。该标准规定,移动终端以车速移动时,其传转数据速率为144kbps,室外静止或步行时速率为384kbps,而室内为

2Mbps。但这些要求并不意味着用户可用速率就可以达到 2Mbps，因为室内速率还将依赖于建筑物内详细的频率规划以及组织与运营商协作的紧密程度。

2. 3G 的含义

所谓 3G，其实是英文 3rd Generation 的缩写，中文含义就是指第三代移动通信技术。一般地讲，3G 是指将无线通信与国际互联网等多媒体通信结合的新一代移动通信系统。它能够处理图像、音乐、视频流等多种媒体形式，提供包括网页浏览、电话会议、电子商务等多种信息服务。为了提供这种服务，无线网络必须能够支持不同的数据传输速度，也就是说在室内外和移动的环境中能够分别支持 2Mbps、384kbps 以及 144kbps 的传输速度。

3. 3G 的技术标准

码分多址（Code Division Multiple Access，CDMA）是第三代移动通信系统的技术基础。第一代移动通信系统采用频分多址（FDMA）的模拟调制方式，这种系统的主要缺点是频谱利用率低，信令干扰话音业务。第二代移动通信系统主要采用时分多址（TDMA）的数字调制方式，提高了系统容量，并采用独立信道传送信令，使系统性能大大改善，但 TDMA 的系统容量仍然有限，越区切换性能仍不完善。CDMA 系统以其频率规划简单、系统容量大、频率复用系数高、抗多径能力强、通信质量好、软容量、软切换等特点显示出巨大的发展潜力。国际电信联盟（ITU）确定 W-CDMA（欧洲版）、CDMA2000（美国版）和 TD-SCDMA（中国版）以及 WiMAX 为四大主流无线接口标准，写入 3G 技术指导性文《2000 年国际移动通信计划》（简称 IMT—2000）。下面分别介绍一下 3G 的几种标准：

1）W-CDMA

W-CDMA（Wideband CDMA）也称为宽频分码多重存取（CDMA Direct Spread），这是基于 GSM 网发展出来的 3G 技术规范，是欧洲提出的宽带 CDMA 技术，它与日本提出的宽带 CDMA 技术基本相同，目前正在进一步融合。该标准的主要支持者有欧洲、日本、韩国、美国的 AT&T 移动业务分公司也宣布选取 W-CDMA 为自己的第三代业务平台。这套系统能够架设在现有的 GSM 网络上，对于系统提供商而言可以轻易地过渡，并为欧洲、亚洲和美洲的 3G 运营商所广泛选用。因此 W-CDMA 具有先天的市场优势。

2）CDMA2000

CDMA2000 也称为多载波分复用扩频调制（CDMA Multi-carrier），由美国高通北美公司为主导提出，摩托罗拉、Lucent 和后来加入的韩国三星都有参与，韩国现在成为该标准的主导者。这套系统是从窄频 CDMA One 数字标准衍生出来的，可以从原有的 CDMA One 结构直接升级到 3G，建设成本低廉。但目前使用 CDMA 的地区只有日本、韩国和北美，所以 CDMA2000 的支持者不如 W-CDMA 多。不过 CDMA2000 的研发技术却是目前各标准中进度最快的，许多 3G 手机已经率先面世。

3）TD-SCDMA

时分同步码分多址接入（Time Division Synchronous CDMA）TD-SCDMA，该标准是中国第一个拥有自主知识产权的国际标准，开创了中国参与国际电信标准化的先河。TD-SCDMA 标准的提出，是我国科技自主创新的重要标志，国家将继续支持研发、产业化和应用推广，也是中国对第三代移动通信发展所做出的重大贡献。在与欧洲、美国各自提出的 3G 标准的竞争中，中国提出的 TD-SCDMA 已正式成为全球 3G 标准之一，这标志着中国在移动通信领域已经进入世界领先之列。

1999年6月29日,TD-SCDMA由中国原邮电部电信科学技术研究院(大唐电信)向ITU提出,但技术发明始祖于西门子公司,具有辐射低的特点,被誉为绿色3G。该标准提出不经过2.5代的中间环节,直接向3G过渡,非常适用于GSM系统向3G升级。该标准将智能无线、同步CDMA和软件无线电等当今国际领先技术融于其中,在频谱利用率、对业务支持具有灵活性、频率灵活性及成本等方面的独特优势。另外,由于国内的庞大的市场,该标准受到各大主要电信设备厂商的重视,全球一半以上的设备厂商都宣布可以支持TD-SCDMA标准。

4) WiMAX

全名是微波存取全球互通(Worldwide Interoperability for Microwave Access WiMAX),又称为IEEE 802.16无线城域网,是又一种为企业和家庭用户提供"最后一英里"的宽带无线连接方案。将此技术与需要授权或免授权的微波设备相结合之后,由于成本较低,将扩大宽带无线市场,改善企业与服务供应商的认知度。2007年10月19日,在国际电信联盟在日内瓦举行的无线通信全体会议上,经过多数国家投票通过,WiMAX正式被批准成为继W-CDMA、CDMA2000和TD-SCDMA之后的第四个全球3G标准。

4. 3G时代展望

3G与前两代系统相比,第三代移动通信系统的主要特征是可提供丰富多彩的移动多媒体业务。其设计目标是为了提供比第二代系统更大的系统容量、更好的通信质量,而且要能在全球范围内更好地实现无缝漫游及为用户提供包括话音、数据及多媒体等在内的多种业务,同时也要考虑与已有第二代系统的良好兼容性。

3G时代的到来,将会给人们生活带来全新感受,3G的核心应用包括如下几个方面。

1) 宽带上网

宽带上网是3G手机的一项很重要的功能,届时人们能在手机上收发语音邮件、写博客、聊天、搜索、下载图铃等现在不少人以为这些在手机上的功能应用要等到3G时代,但其实目前的无线互联网门户也已经可以提供。尽管目前的GPRS网络速度还不能让人非常满意,但3G时代来了,手机变成小计算机就再也不是梦想了。

2) 视频通话

3G时代,传统的语音通话已经是个很弱的功能了,到时候视频通话和语音信箱等新业务才是主流,传统的语音通话资费会降低,而视觉冲击力强,快速直接的视频通话会更加普及和飞速发展。

3G时代被谈论得最多的是手机的视频通话功能,这也是在国外最为流行的3G服务之一。相信不少人都用过QQ、MSN或Skype的视频聊天功能,与远方的亲人、朋友"面对面"地聊天。今后,依靠3G网络的高速数据传输,3G手机用户也可以"面谈"了。当在用3G手机拨打视频电话时,不再是把手机放在耳边,而是面对手机,再戴上有线耳麦或蓝牙耳麦,就会在手机屏幕上看到对方影像。

3) 手机电视

从运营商层面来说,3G牌照的发放解决了一个很大的技术障碍,TD和CMMB等标准的建设也推动了整个行业的发展。手机流媒体软件会成为3G时代使用最广泛的手机电视软件,在视频影像的流畅和画面质量上不断提升,突破了技术瓶颈,真正大规模被应用。

4）无线搜索

对用户来说，这是比较实用型的移动网络服务，也能让人快速接受。随时随地用手机搜索将会变成更多手机用户的一种平常的生活习惯。

5）手机音乐

在无线互联网发展成熟的日本，手机音乐是最为亮丽的一道风景线，通过手机上网下载音乐是计算机的 50 倍。3G 时代，只要在手机上安装一款手机音乐软件，就能通过手机网络，随时随地让手机变身音乐魔盒，轻松收纳无数首歌曲，下载速度更快，耗费流量几乎可以忽略不计。

6）手机购物

不少人都有在淘宝上购物的经历，但手机商城对不少人来说还是个新鲜事。事实上，移动电子商务是 3G 时代手机上网用户的最爱。目前日本和韩国 90％的手机用户都已经习惯在手机上消费，甚至是购买大米、洗衣粉这样的日常生活用品。专家预计，中国未来手机购物会有一个高速增长期，用户只要开通手机上网服务，就可以通过手机查询商品信息，并在线支付购买产品。高速 3G 可以让手机购物变得更实在，高质量的图片与视频会话能使商家与消费者的距离拉近，提高购物体验，让手机购物变为新潮流。

7）手机网游

与计算机的网游相比，手机网游的体验并不好，但方便携带，随时可以玩，这种利用了零碎时间的网游是目前年轻人的新宠，也是 3G 时代的一个重要资本增长点。3G 时代到来之后，游戏平台会更加稳定和快速，兼容性更高，像是升级的版本一样，让用户在游戏的视觉和效果方面感觉更好。

当今，随着 Internet 数据业务不断升温，在固定接入速率不断提升的背景下，3G 移动通信系统也看到了市场的曙光，益发为电信运营商、通信设备制造商和普通用户所关注。日本移动通信巨人 NTT DoCoMo 已开通全球第一个 3G 服务，该服务基于 WCDMA 标准。目前，亚洲成为 3G 发展最快的地区，欧洲紧随其后，美国由于对此不太热心而在技术准备上远远落后。除了动作最快的日本和韩国，泰国、中国香港也已经发出 3G 牌照。中国移动通信集团公司 2008 年 3 月 28 日宣布，4 月 1 日起在北京、上海、天津、沈阳、广州、深圳、厦门和秦皇岛 8 个城市启动第三代移动通信(3G)“中国标准”TD-SCDMA 社会化业务测试和试商用，其号段为 157。2009 年 1 月 7 日，工业和信息化部为中国移动、中国电信和中国联通发放 3 张第三代移动通信(3G)牌照，此举标志着我国正式进入 3G 时代。其中，批准中国移动增加基于 TD-SCDMA 技术制式的 3G 牌照；中国电信增加基于 CDMA2000 技术制式的 3G 牌照；中国联通增加了基于 WCDMA 技术制式的 3G 牌照。

8.2.2 4G 技术

在新兴通信技术的不断推动之下，第一代移动通信系统的任务早已完成，而现阶段是第二代移动通信系统的时代并逐渐过渡到 3G 移动通信系统时期。随着数据通信与多媒体业务需求的发展，为了适应移动数据、移动计算及移动多媒体运作需要的第四代移动通信开始兴起，因此有理由期待第四代移动通信技术给人们带来更加美好的未来。当然，所有技术的发展都不可能在一夜之间实现，从 GSM、GPRS 到第四代，需要不断演进，而且这些技术可以同时存在。

1. 4G的概述

就在3G通信技术正处于酝酿之中时,更高的技术应用已经在实验室进行研发。因此在人们期待第三代移动通信系统所带来的优质服务的同时,第四代移动通信系统的最新技术也在实验室悄然进行当中。那么,到底什么是4G通信呢?

与传统的通信技术相比,4G通信技术最明显的优势在于通话质量及数据通信速度。到目前为止人们还无法对4G通信进行精确地定义,有人描述4G通信的概念来自其他无线服务的技术,从无线应用协定、全球袖珍型无线服务到3G;有人描述4G通信是一个超越2010年以外的研究主题,4G通信可利用各种不同的无线技术;也有人描述为集3G与WLAN于一体并能够传输高质量视频图像等的技术产品。但不管人们对4G通信怎样进行定义,有一点能够肯定的是4G通信可能是一个比3G通信更完美的新无线世界,它可创造出许多消费者难以想象的应用。

4G通信技术并没有脱离以前的通信技术,而是以传统通信技术为基础,并利用了一些新的通信技术,来不断提高无线通信的网络效率和功能。如果说3G能为人们提供一个高速传输的无线通信环境,那么4G通信会是一种超高速无线网络,一种不需要电缆的信息超级高速公路,这种新网络可使电话用户以无线及三维空间虚拟实境连线。

为了充分利用4G通信给人们带来的先进服务,还必须借助各种各样的4G终端,而不少通信营运商正是看到了未来通信市场的巨大潜力,已经开始把眼光瞄准到生产4G通信终端产品上。

2. 4G系统网络结构及其关键技术

4G移动系统网络结构可分为3层:物理网络层、中间环境层、应用网络层。物理网络层提供接入和路由选择功能,它们由无线和核心网的结合格式完成。中间环境层的功能有QoS映射、地址变换和完全性管理等。物理网络层与中间环境层及其应用环境之间的接口是开放的,它使发展和提供新的应用及服务变得更为容易,提供无缝高数据率的无线服务,并运行于多个频带。这一服务能自适应多个无线标准及多模终端能力,跨越多个运营者和服务,提供大范围服务。

第四代移动通信系统的关键技术包括信道传输,抗干扰性强的高速接入技术、调制和信息传输技术,高性能、小型化和低成本的自适应阵列智能天线,大容量、低成本的无线接口和光接口,系统管理资源,软件无线电、网络结构协议等。第四代移动通信系统主要是以正交频分复用(OFDM)为技术核心。OFDM技术的特点是网络结构高度可扩展,具有良好的抗噪声性能和抗多信道干扰能力,可以提供无线数据技术质量更高的服务和更好的性能价格比,能为4G无线网提供更好的方案。移动通信会向数据化、高速化、宽带化、频段更高化方向发展,移动数据、移动IP预计会成为未来移动网的主流业务。

3. 4G的主要优势

如果说2G、3G通信对于人类信息化的发展是微不足道的话,那么未来的4G通信却给了人们真正的沟通自由,并彻底改变人们的生活方式甚至社会形态。目前,在人们构思中的4G通信具有下面的特征:

1) 通信速度更快

由于人们研究4G通信的最初目的就是提高蜂窝电话和其他移动装置无线访问Internet的速率,因此4G通信将给人们印象最深刻的特征莫过于它具有更快的无线通信速度。将移动通信系统数据传输速率作比较，第一代模拟式仅提供语音服务；第二代数位式移动通信系统传输速率也只有 9.6kbps，最高可达 32kbps；而第三代移动通信系统数据传输速率可达到 2Mbps；专家预估，第四代移动通信系统可以达到 10～20Mbps，甚至最高可以达到每秒高达 100Mbps 速度传输无线信息，这种速度会相当于目前最新手机的传输速度的 1 万倍左右。

2）网络频谱更宽

要想使 4G 通信达到 100Mbps 的传输，通信营运商必须在 3G 通信网络的基础上，进行大幅度的改造和研究，以便使 4G 网络在通信带宽上比 3G 网络的蜂窝系统的带宽高出许多。据研究 4G 通信的 AT&T 的执行官们描述，估计每个 4G 信道会占有 100MHz 的频谱，相当于 W-CDMA 3G 网路的 20 倍。

3）通信更加灵活

从严格意义上说，4G 手机的功能，已不能简单划归“电话机”的范畴，毕竟语音资料的传输只是 4G 移动电话的功能之一而已，因此未来 4G 手机更应该算得上是一台小型计算机了，而且 4G 手机从外观和式样上，会有更惊人的突破，人们可以想象的是，眼镜、手表、化妆盒、旅游鞋，以方便和个性为前提，任何一件能看到的物品都有可能成为 4G 终端，只是人们还不知道应该怎么称呼它。未来的 4G 通信使人们不仅可以随时随地通信，更可以双向下载传递资料、图画、影像，当然更可以和从未谋面的陌生人网上连线对打游戏。也许有被网上定位系统永远锁定、无处遁形的苦恼，但是与它据此提供的地图带来的便利和安全相比，这简直可以忽略不计。

4）智能性能更高

第四代移动通信的智能性更高，不仅表现于 4G 通信的终端设备的设计和操作具有智能化，例如对菜单和滚动操作的依赖程度会大大降低，更重要的是，4G 手机可以实现许多难以想象的功能。例如 4G 手机能根据环境、时间以及其他设定的因素来适时提醒手机的主人此时该做什么事，或者不该做什么事，4G 手机可以把电影院票房资料直接下载到 PDA 之上，这些资料能够把售票情况、座位情况显示得清清楚楚，大家可以根据这些信息来进行在线购买自己满意的电影票；4G 手机可以被看作是一台手提电视，用来看体育比赛之类的各种现场直播。

5）兼容性能更平滑

要使 4G 通信尽快地被人们接受，不但考虑到它的功能强大外，还应该考虑到现有通信的基础，以便让更多的现有通信用户在投资最少的情况下就能很轻易地过渡到 4G 通信。因此，从这个角度来看，未来的第四代移动通信系统应当具备全球漫游，接口开放，能跟多种网络互联，终端多样化以及能从第二代平稳过渡等特点。

6）提供各种增值服务

4G 通信并不是从 3G 通信的基础上经过简单的升级而演变过来的，它们的核心建设技术根本就是不同的，3G 移动通信系统主要是以 CDMA 为核心技术，而 4G 移动通信系统技术则以正交多任务分频技术（OFDM）最受瞩目，利用这种技术人们可以实现例如无线区域环路（WLL）、数字音讯广播（DAB）等方面的无线通信增值服务；不过考虑到与 3G 通信的过渡性，第四代移动通信系统不会在未来仅仅只采用 OFDM 一种技术，CDMA 技术会在第四代移动通信系统中与 OFDM 技术相互配合以便发挥出更大的作用，甚至未来的第四代移动通信系统也会有新的整合技术如OFDM/CDMA产生。前文所提到的数字音讯广播,其实它真正运用的技术是OFDM/FDMA的整合技术,同样是利用两种技术的结合。因此未来以OFDM为核心技术的第四代移动通信系统,也会结合两项技术的优点,一部分会是CDMA的延伸技术。

7) 实现更高质量的多媒体通信

尽管第三代移动通信系统也能实现各种多媒体通信,但未来的4G通信能满足第三代移动通信尚不能达到的在覆盖范围、通信质量、造价上支持的高速数据和高分辨率多媒体服务的需要,第四代移动通信系统提供的无线多媒体通信服务包括语音、数据、影像等大量信息透过宽频的信道传送出去,为此未来的第四代移动通信系统也称为"多媒体移动通信"。第四代移动通信不仅仅是为了因应用户数的增加,更重要的是,必须要因应多媒体的传输需求,当然还包括通信品质的要求。总的来说,首先必须可以容纳市场庞大的用户数、改善现有通信品质不良,以及达到高速数据传输的要求。

8) 频率使用效率更高

相比第三代移动通信技术来说,第四代移动通信技术在开发研制过程中使用和引入许多功能强大的突破性技术,例如一些光纤通信产品公司为了进一步提高无线因特网的主干带宽宽度,引入了交换层级技术,这种技术能同时涵盖不同类型的通信接口,也就是说第四代主要是运用路由技术(Routing)为主的网络架构。由于利用了几项不同的技术,所以无线频率的使用比第二代和第三代系统有效得多。按照最乐观的情况估计,这种有效性可以让更多的人使用与以前相同数量的无线频谱做更多的事情,而且做这些事情的时候速度相当快。研究人员说,下载速率有可能达到5~10Mbps。

9) 通信费用更加便宜

由于4G通信不仅解决了与3G通信的兼容性问题,让更多的现有通信用户能轻易地升级到4G通信,而且4G通信引入了许多尖端的通信技术,这些技术保证了4G通信能提供一种灵活性非常高的系统操作方式,因此相对其他技术来说,4G通信部署起来就容易和迅速得多;同时在建设4G通信网络系统时,通信营运商们会考虑直接在3G通信网络的基础设施之上,采用逐步引入的方法,这样就能够有效地降低运行者和用户的费用。据研究人员宣称,4G通信的无线即时连接等某些服务费用会比3G通信更加便宜。

4. 4G存在的缺陷

对于人们来说,未来的4G通信的确显得很神秘,不少人都认为第四代无线通信网络系统是人类有史以来发明的最复杂的技术系统。的确,第四代无线通信网络在具体实施的过程中出现了大量令人头痛的技术问题。第四代无线通信网络存在的技术问题多和互联网有关,并且需要花费好几年的时间才能解决。总的来说,要顺利、全面地实施4G通信,可能会遇到下面的一些困难:

1) 标准难以统一

虽然从理论上讲,3G手机用户在全球范围都可以进行移动通信,但是由于没有统一的国际标准,各种移动通信系统彼此互不兼容,给手机用户带来诸多不便。因此,开发第四代移动通信系统必须首先解决通信制式等需要全球统一的标准化问题,而世界各大通信厂商对此一直在争论不休。

2）技术难以实现

尽管未来的4G通信能够给人带来美好的明天，但是目前还存在一定的技术难题，大约还需要5年左右的时间这项技术才能发布。据研究这项技术的开发人员说，要实现4G通信的下载速度还面临着一系列技术问题。例如，如何保证楼区、山区，以及其他有障碍物等易受影响地区的信号强度等问题。由于第四代无线通信网络的架构相当复杂，这一问题显得格外突出。不过，行业专家们表示：这一问题可以得到解决，但需要一定的时间。

3）容量受到限制

人们对未来的4G通信的印象最深的莫过于它的通信传输速度会得到极大提升，从理论上说其所谓的每秒100MB的宽带速度，比2009年最新手机信息传输速度每秒10KB要快1万多倍，但手机的速度会受到通信系统容量的限制，如系统容量有限，手机用户越多，速度就越慢。据有关行家分析，4G手机会很难达到其理论速度。如果速度上不去，4G手机就要大打折扣。

4）市场难以消化

有专家预测在10年以后，第三代移动通信的多媒体服务会进入第三个发展阶段，此时覆盖全球的3G网络已经基本建成，全球25%以上人口使用第三代移动通信系统，第三代技术仍然在缓慢地进入市场，到那时整个行业正在消化吸收第三代技术，对于第四代移动通信系统的接受还需要一个逐步过渡的过程。另外，在过渡过程中，如果4G通信因为系统或终端的短缺而导致延迟的话，那么号称5G的技术随时都有可能威胁到4G的赢利计划，此时4G漫长的投资回收和赢利计划会变得异常脆弱。

5）设施难以更新

在部署4G通信网络系统之前，覆盖全球的大部分无线基础设施都是基于第三代移动通信系统建立的，如果要向第四代通信技术转移的话，那么全球的许多无线基础设施都需要经历大量的变化和更新，这种变化和更新势必减缓4G通信技术全面进入市场、占领市场的速度。而且到那时，还必须要求3G通信终端升级到能进行更高速数据传输及支持4G通信各项数据业务的4G终端，也就是说，4G通信终端要能在4G通信网络建成后及时提供，不能让通信终端的生产滞后于网络建设。

6）其他相关困难

因为手机的功能越来越强大，而无线通信网络也变得越来越复杂，同样4G通信在功能日益增多的同时，它的建设也会遇到比以前系统建设更多的困难和麻烦。另外，4G通信还只处于研究和开发阶段，具体的设备和用到的技术还没有完全成型，因此对应的软件开发也会遇到很多困难；另外费率和4G规范等对于4G通信的移动数据市场的发展相当重要。

8.3 物 联 网

8.3.1 物联网的形成与应用前景

随着网络覆盖的普及，网络给人类生活带来了巨大的变化。无处不在的网络改变了人们的工作、学习、生活和娱乐的方式，提高了效率，提升了品质。但同时人们提出了一个问题，既然无处不在的网络能够成为人际间沟通的无所不能的工具，为什么不能将网络作为物体与物体沟通的工具，人与物体沟通的工具，甚至人与自然沟通的工具？要回答这些问题，就不得不对物联网做一定的介绍。

那么究竟什么是物联网？物联网能给人类生产、生活带来哪些变化？我国物联网应用的现状如何？前景怎样？物联网推广将对经济发展、就业带来怎样的促进作用？

物联网被称为继计算机、互联网之后，世界信息产业的第三次浪潮，在短短时间内，已经成为全社会和产业界热切关注的宠儿。有关专家指出，物联网已经成为信息网络化发展的重要趋势，是人类社会迈向更加高效、智能的信息社会的一大特征。

1. 物联网的形成

传感网在国际上通称物联网(Internet Of Things，IOT)，即把所有物品通过射频识别等信息传感设备与互联网连接起来，实现智能化识别和管理；是继计算机、互联网与移动通信网之后的又一次信息产业浪潮，是一个全新的技术领域。早在1998年美国国防部立了一个项目叫做传感网技术，就是把传感器和通信组成网络以后，把某个区域和地方组成以后的一个来源；1999年，在美国召开的移动计算和网络国际会议提出，“传感网是下一个世纪人类面临的又一个发展机遇”；2003年，美国《技术评论》提出传感网络技术将是未来改变人们生活的十大技术之首；2005年11月17日，在突尼斯举行的信息社会世界峰会(WSIS)上，国际电信联盟(ITU)发布了《ITU互联网报告2005：物联网》，正式提出了“物联网”的概念。报告指出，无所不在的“物联网”通信时代即将来临，世界上所有的物体从轮胎到牙刷、从房屋到纸巾都可以通过因特网主动进行信息交换。根据ITU的描述，在物联网时代，通过在各种各样的日常用品上嵌入一种短距离的移动收发器，人类在信息与通信世界中将获得一个新的沟通维度，从任何时间任何地点的人与人之间的沟通连接扩展到人与物以及物与物之间的沟通连接。

曾经EPOSS在*Internet of Things in* 2020报告中分析预测：未来物联网的发展将经历4个阶段：2010年之前RFID被广泛应用于物流、零售和制药领域，2010—2015年物体互联，2015—2020年物体互联进入半智能化，2020年之后物体互联进入全智能化。

2. 物联网在世界各国的现状

业内专家认为，物联网一方面可以提高经济效益，大大节约成本；另一方面可以为全球经济的复苏提供技术动力。目前，美国、欧盟、韩国等都在投入巨资深入研究探索物联网。我国也正在高度关注、重视物联网的研究，工业和信息化部会同有关部门，在新一代信息技术方面正在开展研究，以形成支持新一代信息技术发展的政策措施。

1) 物联网在中国的发展及现状

在中国，物联网早期被称为传感网。中科院早在1999年就启动了传感网的研究，并已取得了一些科研成果，建立了一些实用的传感网。2009年8月7日，时任国务院总理温家宝去中科院无锡高新微纳传感网工程技术研发中心视察并发表重要讲话，温总理指出“在传感网发展中，要早一点谋划未来，早一点攻破核心技术”。随后24日，中国移动总裁王建宙在访台的首场公开演讲上也对物联网大加阐释；紧接着26日在中国工业经济运行2009年夏季报告会上，工信部总工程师朱宏任又表示，国家正在高度关注、重视物联网的研究。目前，无锡传感网中心的传感器产品已在上海浦东国际机场和上海世博会被成功应用，首批价值1500万元的传感安全防护设备销售成功。

2009年9月11日，“传感器网络标准工作组成立大会暨‘感知中国’高峰论坛”在北京举行，标志着传感器网络标准工作组正式成立，工作组未来将积极开展传感网标准制订工作，深度参与国际标准化活动，旨在通过标准化为产业发展奠定坚实技术基础。另据媒体报道，工信部相关负责人透露：目前，我国传感网标准体系已形成初步框架，向国际标准化组织提交的多项标准提案被采纳，传感网标准化工作已经取得积极进展。目前，中国与德国、美国、英国、韩国等国一起，成为国际标准制定的主要国家之一。

2009年10月24日，在中国第四届中国民营科技企业博览会上，西安优势微电子公司宣布，中国的第一颗物联网的中国芯——“唐芯一号”芯片研制成功，中国已经攻克了物联网的核心技术。“唐芯一号”是我国第一颗2.4GHz超低功耗射频可编程片上系统，该芯片集射频无线收发、数字基带、数据处理于一体，可以作为包括无线传感网、无线个域网、有源RFID、短距离无线互联系统等在内的物联网产业链上的核心，“唐芯一号”核心芯片填补了国内的空白，整体水平达到国际先进水平，部分关键指标达到国际领先水平，是物联网名副其实的“中国芯”。“唐芯一号”的问世，突破了我国射频电路、模数混合电路、超低功耗等集成电路设计、验证和测试技术，对于我国物联网产业的发展和应用，争取自主知识产权和占领物联网国际制高点，意义重大，为我国的物联网产业的发展奠定了重要基础，预计在不远的将来，物联网将有大规模的应用和普及。

2）物联网在美国的发展

1999年，在美国召开的移动计算和网络国际会议提出了“传感网是下一个世纪人类面临的又一个发展机遇”。2003年，美国《技术评论》提出传感网络技术将是未来改变人们生活的十大技术之首。2009年1月28日，奥巴马就任美国总统后，与美国工商业领袖举行了一次“圆桌会议”，作为仅有的两名代表之一，IBM首席执行官彭明盛首次提出“智慧地球”这一概念，建议新政府投资新一代的智慧型基础设施。此概念一经提出，即得到美国各界的高度关注，甚至有分析认为IBM公司的这一构想极有可能上升至美国的国家战略，并在世界范围内引起轰动。IBM认为，IT产业下一阶段的任务是把新一代IT技术充分运用在各行各业之中，具体地说，就是把感应器嵌入和装备到电网、铁路、桥梁、隧道、公路、建筑、供水系统、大坝、油气管道等各种物体中，并且被普遍连接，形成物联网。

此外，日本、韩国等也分别提出U-Japan、U-Korea战略。

总之，从目前国内的发展水平来看，物联网的发展仍存在瓶颈：一是RFID高端芯片等核心领域无法产业化，国内RFID以低频为主；二是国内传感器产业化水平较低，高端产品国外厂商垄断；三是实现物物互联的数据计算量庞大，更需要算法的革命。

3. 物联网的应用

物联网把新一代IT技术充分运用在各行各业之中，具体地说，就是把感应器嵌入和装备到电网、铁路、桥梁、隧道、公路、建筑、供水系统、大坝、油气管道等各种物体中，然后将“物联网”与现有的互联网整合起来，实现人类社会与物理系统的整合，在这个整合的网络当中，存在能力超级强大的中心计算机群，能够对整合网络内的人员、机器、设备和基础设施实施实时的管理和控制，在此基础上，人类可以以更加精细和动态的方式管理生产和生活，达到“智慧”状态，提高资源利用率和生产力水平，改善人与自然间的关系。下面举一些实际的案例来加以说明。

我们每天都在说要节约能源的消耗，然而由于道路的拥堵，交通高峰期间，大城市的街道成了巨大的“停车场”，而“停车场”里每一辆汽车的发动机一刻都没有停止转动，无休止地消耗着宝贵的汽油。曾有人统计，“100万辆普通汽车发动机停车空转10分钟，就会消耗14

万升汽油”。这是因为车辆与道路之间缺乏沟通,我们需要一个智能化的交通控制系统。

寒冷的冬季,供暖系统使我国北方城市家庭充满温暖,而当白天大部分人离家上班的时候,空空的房间仍温暖如春。而每100平方米的建筑供暖10小时需要耗煤8～10kg。同样,需要一个智能化的供暖控制系统。

将带有“钱包”功能的电子标签与手机的SIM卡合为一体,手机就有钱包的功能,消费者可用手机作为小额支付的工具,用手机乘坐地铁和公交车、去超市购物、去影剧院看影剧。重庆市已有20万人刷手机乘坐城市轻轨。

在电梯上装上传感器,当电梯发生故障时,无须乘客报警,电梯管理部门会借助网络在第一时间得到信息,以最快的速度去现场处理故障。重庆市已有1200部传感器连接到电梯运行智能管理系统,效果很好。

在煤矿等危险作业区,在机械设备和员工服装上配置传感器及电子标签,通过网络系统连接到管理中心,管理中心可以随时掌握煤矿内设备和人员的安全。

存栏动物贴上了二维码,即给羊群中的每一只羊都贴上一个二维码,这个二维码会一直保持到超市出售的每一块羊肉上,消费者可以通过手机阅读二维码,知道羊的成长历史,确保食品安全。这就是“动物溯源系统”,今天,我国已经有10亿存栏动物贴上了这种二维码。

综上所述,物联网用途广泛,涉及食品卫生领域、工程控制领域、生产安全领域、能源、金融和保险系统、智能交通、环境保护、政府工作、公共安全、平安家居、智能消防、花卉栽培、水系监测、食品溯源、敌情侦查、情报搜集、医疗保健系统、气候系统、基础设施多个领域,都需要建立随时能与物体沟通的智能系统。有专家预测10年内物联网就可能大规模普及,这一技术将会发展成为一个上万亿元规模的高科技市场,其产业要比互联网大30倍。在这个物物相连的世界中,物品能够彼此进行“交流”,而无须人的干预。可以说,物联网描绘的是充满智能化的世界。

8.3.2 物联网的含义

物联网实际上是一个信息化的过程,而不是说一个点,或者是具体的东西。物联网实际就是一个信息系统的感知,从信息处理到信息传输,与每个领域都可以有一套信息系统。

1. 物联网的概念

顾名思义,物联网就是“物物相连的互联网”,其中有两层意思:第一,物联网的核心和基础仍然是互联网,是在互联网基础上的延伸和扩展的网络;第二,其用户端延伸和扩展到了任何物品与物品之间,进行信息交换和通信。也就是说,物联网就是将各种信息传感设备,例如射频识别(RFID)装置、红外感应器、全球定位系统、激光扫描器等信息传感设备,按约定的协议,把任何物品与互联网连接起来,进行信息交换和通信,以实现智能化识别、定位、跟踪、监控和管理的一个巨大的网络,其目的是让所有的物品都与网络连接在一起,方便识别和管理。其中非常重要的技术是RFID电子标签技术。物联网的运作流程图如图8-6所示。

2. 物联网的主要技术问题

从物联网的应用角度看,物联网主要包括3个层次,首先是传感器网络,也就是以RFID、二维码、传感器等设备在内的传感网,主要用于信息的识别和采集;其次是信息传输网络,即通过现有的互联网、广电网络、通信网络或未来的NGN网络,实现数据的传输与计算;最后则是信息应用网络,该网络主要通过数据处理及解决方案来提供人们所需要的信

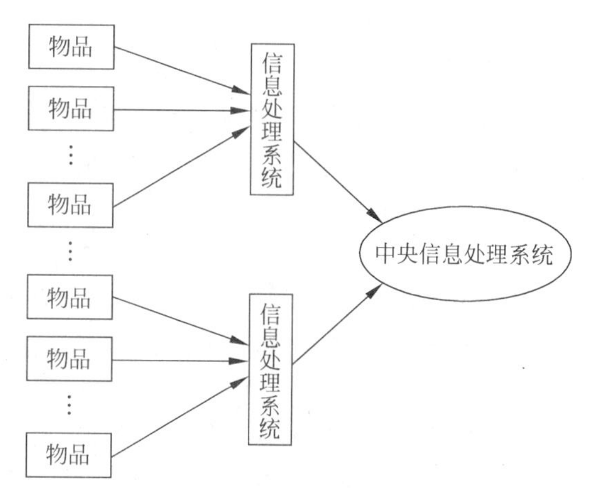

图 8-6　物联网运作流程图

息服务，也就是输入输出控制终端，可基于现有的手机、PC 等终端进行。由此可以看到，“物联网”的关键在于 RFID、传感器、嵌入式软件及传输数据计算等领域。

物联网中非常重要的技术是射频识别技术。射频识别(Radio Frequency Identification，RFID)技术，俗称电子标签，可以快速读写、长期跟踪管理，是 20 世纪 90 年代开始兴起的一种自动识别技术，是目前比较先进的一种非接触识别技术，被认为是 21 世纪最有发展前途的信息技术之一。通过计算机互联网实现物品的自动识别和信息的互联与共享，RFID 正处在物联网的最前端，也是实现物联网的基础技术之一。

以 RFID 系统为基础，结合已有的网络技术、数据库技术、中间件技术等，构筑一个由大量联网的阅读器和无数移动的标签组成的，比 Internet 更为庞大的物联网成为 RFID 技术发展的趋势。比如在公路收费站，如果采用了 RFID 技术，汽车在行驶过程中即可完成鉴别收费，根本不需要每辆车排队交费；再比如在超市购物交费时，如果采用了 RFID 技术，推着满满的购物车，只要从收银台前经过，即可完成所有的结算，完全省却了营业员一件一件物品扫描算账的工作。所以，在物联网的构想中，RFID 标签中存储着规范而具有互用性的信息，通过无线数据通信网络把它们自动采集到中央信息系统，实现物品的识别，进而通过开放性的计算器网络实现信息交换和共享，实现对物品的“透明”管理，如图 8-7 所示。

图 8-7　物联网示例图

8.3.3 物联网存在的问题

物联网的出现是一次很好的发展机遇,是一个非常有广阔前景的行业,但是要发展物联网会面临很多挑战,比如说安全问题、隐私问题、技术标准的统一、物联网的政策和法规等问题。

1. 安全问题

一个国家的企业、政府机构,如何与国外企业、机构进行项目合作?如何确保企业商业机密、国家机密不被泄露?这不仅是一个技术问题,而且还涉及国家安全问题,必须引起高度重视。

物联网目前的传感技术主要是RFID,植入这个芯片的产品,是有可能被任何人进行感知的,它对于产品的主人而言,有这样的一个体系,可以方便地进行管理。但是,它也存在着一个巨大的问题,其他人也能进行感知,比如产品的竞争对手,那么如何做到在感知、传输、应用过程中,这些有价值的信息可以为我所用,却不被别人所用,尤其不被竞争对手所用。这就需要在安全上下功夫,形成一套强大的安全体系。

现在应该说,会有哪些安全问题出现,如何应对这些安全问题,怎么进行屏蔽都是一些非常复杂的问题,甚至是不清晰的。

2. 隐私问题

在物联网中,射频识别技术是一个很重要的技术。在射频识别系统中,标签有可能预先被嵌入任何物品中,比如人们的日常生活物品中,但由于该物品(比如衣物)的拥有者,不一定能够觉察该物品预先已嵌入有电子标签以及自身可能不受控制地被扫描、定位和追踪,这势必会使个人的隐私问题受到侵犯。

因此,如何确保标签物的拥有者个人隐私不受侵犯便成为射频识别技术以至物联网推广的一个关键问题。而且,这也不仅仅是一个技术问题,还涉及政治和法律问题,这就会涉及物联网的政策和法规。

3. 商业模式

华为战略规划部部长朱广平指出:"应用物联网技术让企业面临改造成本问题,新的商业模式将改变改造成本高的现状。"中国移动通信研究所所长于蓉蓉表示:"要发展成熟的商业模式,必须打破行业壁垒、充分完善政策环境,并进行共赢模式的探索。"

4. 技术标准的统一与协调

物联网发展过程中,传感、传输、应用各个层面会有大量的技术出现,可能会采用不同的技术方案。如果各行其是,那结果是灾难的,大量的小而破的专用网,相互无法连通,不能进行联网,不能形成规模经济,不能形成整合的商业模式,也不能降低研发成本。因此,尽快统一技术标准,形成一个管理机制,这是物联网不得不面对问题,开始时,这个问题解决得好,以后就很容易;开始解决得不好,积重难返,那么以后问题就很难解决。

5. 管理平台的形成

物联网的价值在什么地方?在于网,而不在于物。传感是容易的,但是感知的信息如果没有一个庞大的网络体系,不能进行管理和整合,那这个网络就没有意义。因此,建立一个全国性的、庞大的、综合的业务管理平台,把各种传感信息进行收集,进行分门别类的管理,进行有指向性的传输,这就是一个大问题。

8.3.4 发展趋势

物联网一方面可以提高经济效益，大大节约成本；另一方面可以为全球经济的复苏提供技术动力。目前，美国、欧盟等都在投入巨资深入研究探索物联网。我国也正在高度关注、重视物联网的研究，工业和信息化部会同有关部门，在新一代信息技术方面正在开展研究，以形成支持新一代信息技术发展的政策措施。

中国移动总裁王建宙提及，物联网将会成为中国移动未来的发展重点。他表示将会邀请中国台湾地区生产 RFID、传感器和条形码的厂商和中国移动合作。运用物联网技术，上海移动已为多个行业客户量身打造了集数据采集、传输、处理和业务管理于一体的整套无线综合应用解决方案。最新数据显示，目前已将超过 10 万个芯片装载在出租车、公交车上，形式多样的物联网应用在各行各业大显神通，确保城市的有序运作。在世博会期间，"车务通"全面运用于上海公共交通系统，以最先进的技术保障世博园区周边大流量交通的顺畅；面向物流企业运输管理的"e 物流"，将为用户提供实时准确的货况信息、车辆跟踪定位、运输路径选择、物流网络设计与优化等服务，大大提升物流企业综合竞争能力。

此外，普及以后，用于动物、植物和机器、物品的传感器与电子标签及配套的接口装置的数量将大大超过手机的数量。物联网的推广将会成为推进经济发展的又一个驱动器，为产业开拓了又一个潜力无穷的发展机会。按照目前对物联网的需求，在近年内就需要按亿计的传感器和电子标签，这将大大推进信息技术元件的生产，同时增加大量的就业机会。

要真正建立一个有效的物联网，有两个重要因素：一是规模性，只有具备了规模，才能使物品的智能发挥作用；二是流动性，物品通常都不是静止的，而是处于运动的状态，必须保持物品在运动状态，甚至高速运动状态下都能随时实现对话。

我国物联网"十二五"发展规划的目标是到 2015 年，我国要在核心技术研发与产业化、关键标准研究与制定、产业链条建立与完善、重大应用示范与推广等方面取得显著成效，初步形成创新驱动、应用牵引、协同发展、安全可控的物联网发展格局。

技术创新能力显著增强。攻克一批物联网核心关键技术，在感知、传输、处理、应用等技术领域取得 500 项以上重要研究成果；研究制定 200 项以上国家和行业标准；推动建设一批示范企业、重点实验室、工程中心等创新载体，为形成持续创新能力奠定基础。

初步完成产业体系构建。形成较为完善的物联网产业链，培育和发展 10 个产业聚集区，100 家以上骨干企业，一批"专、精、特、新"的中小企业，建设一批覆盖面广、支撑力强的公共服务平台，初步形成门类齐全、布局合理、结构优化的物联网产业体系。

美国权威咨询机构 FORRESTER 预测，到 2020 年，世界上物物互联的业务，跟人与人通信的业务相比，将达到 30∶1，因此，"物联网"被称为下一个万亿级的通信业务。

习 题 8

1. 选择题

(1) WLAN 技术使用了(　　)介质。

A. 无线电波　　B. 双绞线　　C. 光波　　D. 沙浪

(2) 下列(　　)材料对 2.4GHz 的 RF 信号的阻碍作用最小。

A. 混凝土　　B. 金属　　C. 钢　　D. 干墙

(3) 天线主要工作在OSI参考模型的(　　)。

A. 第一层　　B. 第二层　　C. 第三层　　D. 第四层

(4) 3G的含义是指(　　)。

A. 第三代移动通信技术　　B. 第三次通信

C. 第三层次结构　　D. 通信技术

(5) 下面(　　)是继计算机、互联网与移动通信网之后的又一次信息产业浪潮,是一个全新的技术领域。

A. 电子商务　　B. 云计算　　C. 信息流　　D. 物联网

2. 填空题

(1) 常见的3G技术标准有________、________、________和WiMAX。

(2) ________IEEE 802.11b的继任者,在IEEE 802.11b所使用的相同的2.4GHz频段上提供了最高54Mbps的数据传输率。

(3) 天线按________分类,可分为定向天线和全向天线。

(4) ________,用来保护WLAN数据流的一种机制。WEP采用一种对称的方法来保护数据流,这种方法使用同样的密钥与算法来加密和解密数据。

(5) 物联网就是________,其中有两层意思:第一,物联网的核心和基础仍然是互联网,是在互联网基础上的延伸和扩展的网络;第二,其用户端延伸和扩展到了任何物品与物品之间,进行信息交换和通信。

3. 判断题(正确的打√,错误的打×)

(1) 3G的含义是指第三代移动通信技术。(　　)

(2) 常见无线网卡的接口类型有PCI、PCMCIA、USB等。(　　)

(3) 设计无线局域网时,要达到4个主要要求:可用性、可扩展性、可管理性和互操作性。(　　)

(4) 物联网实际就是一个信息系统的感知,从信息处理到信息传输,与每个领域都可以有一套信息系统。(　　)

(5) 4G通信技术并没有脱离以前的通信技术,而是以传统通信技术为基础,并利用了一些新的通信技术来不断提高无线通信的网络效率和功能的。(　　)

4. 问答题

(1) 无线网络的技术标准有哪些?

(2) 简述无线局域网的优缺点。

(3) 目前常见的3G技术标准有哪些?试比较这些标准。

(4) 简述物联网的含义及其应用前景。

(5) 目前我国在物联网发展中有哪些优势和劣势?

5. 案例分析

某单位有两栋楼,A楼是办公楼,有网络机房,并接入互联网;B楼是新建的职工宿舍楼,共4层,楼层结构是中间有楼道,两边分别有6间房间,每层有12间,每间房屋有1个无线网络用户。现要将A楼的网络信号接入到B楼,并对B楼实行无线网络覆盖。A楼与B楼相距2km,中间没有建筑阻隔。因不方便架设光纤等有线网络,现决定用无线网络来解决，具体要求如下：

(1) 架设的无线网络保障 A 楼到 B 楼之间的带宽达到 20Mbps 以上。

(2) 要求 B 楼每个房间都有无线网络信号，且要求有 54Mbps 的网络带宽。

请问：

(1) A 楼与 B 楼要用什么设备来做无线连接？应该采用什么标准的无线网络设备？

(2) 简述如何使用无线网络设备覆盖 B 楼。

(3) 请绘制该无线网络拓扑图。

第9章 计算机维护和安全基础

9.1 计算机维护基础知识

9.1.1 计算机对运行环境的要求

1. 供电电源和静电的要求

计算机使用的电源环境是计算机的第一个重要环境，计算机要求稳定的220V交流电源，电源的频率是50～60Hz。虽然计算机中配置有开关式的稳压电源，但如果电网电源波动太大，仍然是计算机不能承受的，此时应该安装外接的交流稳压器。

计算机采用机箱外壳接地，因为计算机在使用中常有静电出现，严重时会出现静电打伤人的现象。通常，为了避免静电的影响，需要保证较好的接地处理。同时，在触摸电子元器件时，人手上的静电会破坏元器件。

2. 温度、湿度环境的要求

计算机在使用中对温度是有要求的，通常要求工作温度是5℃～45℃。如果工作温度低于5℃，或高于45℃，则对CPU会有较大影响，甚至出现死机现象。所以，在很多情况下，计算机放在有空调的房间里。

计算机在使用中对湿度也是有要求的，计算机中都是电子元器件，而且大都是超大规模的集成电路。如果工作环境湿度太大，会让电子元器件短路，甚至于烧坏电子元器件。所以，计算机的工作湿度通常要求是20%～80%，这也是在空调房间中安放计算机的原因之一。

除了温度和湿度要求之外，计算机在工作中也需要防尘、防干扰等。

3. 外设插、拔及使用要求

计算机有很多外设，所有这些外设都不能在通电的情况下进行插入和拔出的操作。其原因是，通电状况下的插、拔会造成脉冲电流。脉冲电流太大时，也会造成电子元器件的破坏。

到目前为止，计算机能够实现热插拔的只有USB接口连接的设备，而且需要按照正确的操作步骤。

4. 计算机搬运和移动要求

在搬运主机之前，一定要先关闭主机电源，记住计算机上各种插头的位置，然后把插头线拔去。准备工作完成之后，再搬运或移动计算机。移动完成后，再按原样恢复全部插头线的插入位置。计算机许多外设的插头都是专用的，这些插头中包含的是专用接口电路，如果连接错误，则计算机将不能正常使用。

9.1.2 计算机的正确使用

1. 计算机在正常的运行环境下使用

为了延长计算机的使用寿命，为了在使用中能够正确运行，应该按照计算机的使用环境要求来操作，即计算机应该在正常的电压范围内使用，在正确的电源频率下使用。为了保证满足计算机的使用温度和湿度的要求，在夏天较热时和冬天较冷时最好在空调房间中操作计算机。为了控制静电的影响，计算机最好能用专线接地。按照规范的要求来开机和关机，不要采用强行关闭电源的方式关机。

2. 键盘的正确使用

键盘通常都裸露在空气中，而键盘的各种按键之间都有缝隙，这些缝隙中会藏匿灰尘等，应该经常用刷子清洁。不要在键盘旁吃东西，因为食物的残渣会掉到键的缝隙中，可能造成键盘操作失灵。

键盘操作时应该轻按键，Enter 键是使用最频繁的键，因此应该让键盘上的两个 Enter 键交换使用，以延长这些键的使用寿命。敲击键盘应该尽量按照指法训练的要求，既能快速敲击键盘，又能延长键盘寿命。

3. 硬件的正确使用

计算机的各种硬件之间应该按其性能协调配置，各种硬件在关机的状态下很牢固地连接到计算机上。在计算机开机使用的状况下，不能随意插拔任何硬件，否则会造成计算机或硬件的损坏。

硬件在使用之前应该仔细阅读其相关的使用说明书，了解硬件的连接和使用要求。如果有的硬件需要安装相应的驱动程序，则应该按说明书的需要，安装并启动硬件的驱动程序。如果硬件在安装时，按说明书的要求需要进行参数的设置或修改时，应该严格按操作步骤，进行相关的参数的设置或修改操作。

在机箱内部，不要安装太多的硬件，应该保证机箱体内空气流通，具备很好的散热功能。各种硬件应该安装到位，防止开机后出现噪声、振动等现象。

计算机的使用越来越普及，但计算机毕竟是高科技的产品，不要随意摆弄各种硬件，不要随意打开计算机机箱，如果有硬件出现了故障，应该请专业技术人员进行维修。

4. 软件的正确使用

除了硬件的使用要求之外，正确地选择和使用合适的、合法的软件，也是计算机使用的安全保障的重要内容。由于各软件公司对计算机技术采用开放、兼容策略，计算机的软件市场得到飞速发展。为计算机开发的各种软件日新月异、种类数不胜数，使人眼花缭乱，应接不暇。

各种软件甚至于不同版本的同类软件其功能不同，容量不同，对系统的要求各异。因此，用户应该根据自己的实际需要，参照自己计算机的硬件配置和环境来选择最合适的软件。没有最好的，只有最合适的，尤其不要去一味追逐最新版本软件，追逐潮流。

如果软件出现了损坏，应该找到完整的软件重新安装。

5. 知识产权的保护

商品化的软件是受到国际公约和知识产权保护的产品。每个计算机用户必须建立自觉保护知识产权的法制意识。这不仅有利于计算机软件业的发展，也能切实保护合法软件使用者的个人利益。因为，盗版非法软件得不到开发商的应有的技术支持，不能自动升级版本，也不能有效地发挥其正常功能。而且,盗版软件常常残缺不全,给应用带来麻烦。尤其严重的是,盗版软件通常隐藏了许多计算机和网络病毒,直接威胁到计算机系统的正常工作和安全。

用户所需要的大多数软件,在网上都可以免费下载。不需要也不应该去购买和使用盗版软件,网上下载的免费软件通常还附有相关说明,使用时会更方便。

9.1.3 计算机的故障

1. 故障产生的原因

引起计算机故障的原因很多,通常可归结为几种:电源性故障(电压过高、过低、电源脉冲、干扰等)、电磁性故障(电磁场干扰等)、温度过高过低、灰尘过多、日常操作维护不当等。

1) 正常使用故障

由于机械正常磨损,电子元器件老化,导致某些部件不能正常工作。对于这类故障,只要计算机正确使用,定期维护,是可以缓解的。

2) 硬件故障

硬件故障包括电路板故障、集成电路故障、接口电路故障等。造成电路故障的主要原因是硬件购买时质量不高,以次充好,使用一段时间后会出现性能下降,以致造成故障。

3) 电源引起故障

电源电压过高、过低,电源开关频繁开关都会给计算机造成损坏。轻微时会出现故障,严重时会烧坏集成电路。如果配备 UPS(不间断电源)电源,可防止此类故障。

4) 温度引起故障

温度过高对计算机的影响最大,会加快其老化速度。当温度达到一定值时,会导致间断性的数据错误和数据遗失。为防止此类故障,可在使用计算机时加强通风,有条件的应安装空调降温。

5) 灰尘引起故障

灰尘堆积会造成电路和元器件散热不良,降低绝缘性能,从而引起故障。应该经常对计算机内部吸尘,保持计算机周围环境的清洁,以防止此类故障。

6) 静电引起故障

静电对集成电路芯片危害最大。在触摸电路板和各种元器件之前先让手放电,比如先摸金属放电等。

7) 计算机病毒故障

计算机病毒是造成计算机故障的最常见的原因之一,病毒会破坏数据,损坏系统,干扰计算机正常工作。

为了防止此类故障出现,应该杜绝外来磁盘的使用。对外来软件都需要先清病毒,然后才使用。在网络的使用中,更要注意病毒的传播。

8) 人为故障

计算机操作人员不遵守操作规程,不注意操作步骤,也常常会引起计算机故障。解决的方法就是严格规范操作规程,防止对计算机的随意操作。

2. 故障诊断步骤

1) 区分是软件还是硬件故障

当计算机启动时会自动运行自检程序,如果自检程序运行通过时,通常不是硬件的故障,可以立即检查是什么性质的软件故障。

2）软件故障诊断

当确定是软件故障时,应该仔细判断是系统软件故障还是应用软件故障。通常系统启时反复出现的故障就是系统软件故障,可重新安装系统软件来排除。如果确认不是系统软件故障时,就可以使用排除法仔细检查哪一个应用软件故障,从而加以排除。

3）硬件故障诊断

如果是硬件故障,则采用由大到小,由表及里,循序渐进的方式,即称为排查的方式来确认发生故障的位置。这时,应该使用一些专用工具。

3. 故障诊断方法

1）清洁法

灰尘是造成故障的原因之一,也是诊断和排除故障的最简单方法,应该首先进行清洁。可用刷子轻轻刷去主板、外设上的灰尘,然后检查故障是否排除。

2）直接观察法

用“看、听、闻、摸”的方法诊断。

“看”即观察系统板卡的插头、插座是否歪斜,电阻、电容引脚是否相碰,表面是否烧焦,芯片表面是否开裂,主板上的铜泊是否烧断。还要查看是否有异物掉进主板造成短路,是否有烧焦变色的地方等。

“听”即监听电源风扇声音、硬盘工作的声音、显示器变压器工作声音等是否正常。同时,系统发生短路时常常伴随异常声音,这里一种简单而又实用的方法。

“闻”即是否系统中有烧焦的气味,能及时发现故障并确定其部位。

“摸”即用手按压管座的活动芯片,是否有松动或接触不良现象。同时,触摸可以知道各种部件的工作温度,及时发现高温对计算机的影响。

3）插拔法

计算机系统产生故障的原因很多,主板自身故障、I/O总线故障、各种插卡故障等。采用插拔法是发现故障位置的简单而又准确方法。此方法的执行过程是,关机后将插件板卡逐块拔出,每拔出一块后就开机观察运行状态,若拔出某一块之后,计算机仍然能运行则说明故障很可能就在此块板卡上。

同时,拔出后再插入会排除接触不良现象。

4）交换法

把同型号插件板,总线方式一致、功能相同的插件板卡或同型号芯片相互交换,根据故障现象变化情况再判断故障所在。比如内存芯片自检出错,就可用交换法诊断。

如果没有相同型号的部件,在同一个办公室中也可以用同型号的另一台计算机的相同部件,采用交换法来诊断。

5）比较法

比较法和交换法的后一种情况类似,两台或两台以上相同型号的计算机就可以采用比较法来查找故障的位置。

6）振动敲击法

用手指轻轻敲击机箱外壳,有可能解决因接触不良或虚焊造成的故障问题,然后再进一步落实故障的具体位置并加以排除。

7）升温降温法

人为升高计算机工作温度，可以检验各种部件的耐高温情况，从而及早发现故障隐患。同样，人为降低工作温度时，如果计算机故障出现率大大降低，说明故障出现在不能耐高温的部件中，可以大大缩小故障诊断的范围。

8）程序测试法

程序测试法是现时使用最多的诊断故障方法。到目前为止，已经推出了很多的测试软件和诊断软件，这些软件的使用会大大提高诊断的准确性和效率。

4. 自检程序在故障诊断中的应用

在计算机主板的BIOS芯片中配有硬件系统测试的自诊断程序。计算机系统在启动过程中，首先需要经过自诊断程序对硬件系统进行自诊断。如果诊断正确则继续启动过程，同时在显示器上显示硬件系统的配置内容。测试时，硬件被分为中心系统和非中心系统。如果自检程序测试到中心硬件系统的故障时，系统无法显示错误信息，而非中心系统硬件发生故障时，会在显示器上显示故障的错误代码信息，可根据这些代码信息确认故障的位置并加以排除。

9.1.4 计算机软件系统维护

计算机在正常使用的情况下，硬件系统不容易出故障，大量的计算机故障是由软件引起的。如果计算机出现硬盘无法启动、硬盘信息不能读出、运行时间变长等现象时，就需要进行软件维护。软件维护是保证计算机正常工作的一个必不可少的环节。

软件维护通常是利用工具软件来修改和调整计算机系统运行的软件环境，以保证计算机高效运行。软件维护的内容主要是以下几项：

(1) 数据备份。

(2) 整理和删除无用文件。

(3) 对系统进行正确配置。

(4) 合理安排硬盘文件目录。

(5) 整理磁盘上的文件分配。

9.1.5 计算机硬件的日常维护

1. 环境维护

保证计算机正常的工作温度和工作湿度，保证计算机的工作电压和电流的正常工作频率。降低计算机工作中的静电影响，随时对工作环境除尘，对计算机各种部件除尘。

2. 正确的使用习惯

计算机在使用中必须按照规定正常地进行开机和关机，开机时先打开电源，然后打开计算机的机箱开关。

关机动作特别需要注意，首先不能采用关电源来关机，这会破坏启动软件程序。应该执行“开始”→“关闭计算机”命令，即用软件的方式自动关机。

正常和规范的开机和关机对计算机是很好的一种维护。

3. 维护注意事项

首先应该准备完整的维护工具，比如螺丝刀、尖嘴钳、电笔、万用表、棉球等。并且应该注意下列问题。

(1) 品牌机通常不允许用户自行打开机箱。

(2) 打开机箱和触摸机器内部的板、卡芯片前,先释放身上的静电。

(3) 拆卸时记住各种插线的方向,以便正确还原。

(4) 拆卸下的部件应该轻拿轻放,其部件应该放在比较柔软的地方。

4. 计算机的清洁

计算机在使用中常常会沾染许多灰尘,必须定期清洁计算机。如果计算机可能会较长期不使用时,应该每隔一周至少开机一次并加温一个小时以上,作用是去潮并驱赶小动物。

主机应该放置在通风良好、无高温、无灰尘、不潮湿、无电磁干扰并避免阳光直射的位置。

计算机的表面会积满灰尘,可用拧干的湿布经常擦拭。CPU 的风扇应该定期做除尘处理。各种部件和插板卡也应该定期做除尘处理等。

9.2 计算机安全基础知识

9.2.1 计算机信息系统安全

1. 环境安全

环境安全中首先保证电源的安全,电压保证是 220V 并且上下只有很小的波动,电流频率保证是 50Hz 不变。

其次保证使用温度变化的安全,温度保证在 10℃～30℃之间变化,同时保证使用湿度在 40%～70%之间变化。

保证计算机使用的环境中没有静电影响,基本没有灰尘。

2. 数据安全

确保数据安全的措施首先是对重要的数据进行备份,这种备份应该定期进行,备份数据的保存也应该是安全的。

网络系统中的数据应该利用网络中的上网登录、口令、访问权限限制、目录及文件属性设置管理等措施来保证其安全。

数据库的数据既是大量的又是很重要的,应该利用数据库的各种数据管理技术来保证其安全性。

3. 软件安全

首先应该保证操作系统软件的使用安全,随时清除病毒。

用户对经常使用的应用软件系统应该采用保密措施,如通过设置口令、规定使用权限等措施来保证其安全。

9.2.2 计算机犯罪

计算机犯罪是一种新的社会犯罪现象,此种犯罪总是与计算机和信息技术紧密联系在一起,它是指以计算机和信息技术为工具或以计算机、网络为对象实施的犯罪行为。

计算机犯罪通常分为 5 类:向计算机系统装入欺骗数据或记录;非法使用他人的计算机信息系统资源;篡改或盗窃他人的信息或文件;盗窃或诈骗电子信息系统中他人的钱

财；破坏计算机系统资源。

1. 计算机犯罪特点

(1) 作案者多数是掌握计算机技术并从事IT行业的人。

(2) 作案工具是计算机信息系统或网络工具。

(3) 作案范围不受时间和地点的限制。

(4) 作案目标是电子数据或信息。

(5) 作案时间短，甚至一条指令就完成作案。

(6) 作案后不留痕迹，不易发现也不易侦破。

2. 防止犯罪的对策

(1) 数据输入控制：确保输入数据的正确性。

(2) 数据输出控制：对所有能读取的数据严格加以控制。

(3) 数据存储控制：通过加密和完善技术规则保证数据不被篡改和破坏。

(4) 数据通信控制：通过加密、用户标识、用户口令等手段保护数据不受侵害。

(5) 数据处理控制：设置专门的安全控制系统实现处理过程中数据的完整性和一致性。

9.2.3 软件知识产权保护

知识产权是指基于智力的创造性劳动所产生的权利。随着科学技术的不断发展进步，知识产权的外延会不断扩大。知识产权的最主要特点是专有性，即除权利人同意或法律的规定外，权利人以外的任何人不得享用或使用此项权利。

计算机软件产品盗版问题是计算机技术发展中的一大社会问题。由于计算机软件产品容易复制，给一部分不法厂商和个人带来可乘之机。盗版软件给我国软件产业和世界软件产业带来了极大危害。

软件是高科技产品，它需要软件公司做大量的前期投入，软件开发成本是高昂的。可是高投入的产品，会因盗版产品的侵入而得不到应有的效益和回报，从而会大大阻碍软件产业的正常发展。作为一个守法的用户，应该自觉抵制盗版软件，不给不法的厂商和个人可乘之机。

为了鼓励软件的开发和流通，必须用法律的手段来切实保护软件产权拥有者的合法权利，促进IT技术的发展。国务院颁布了《计算机软件保护条例》，并于1991年10月1日起实施。此条例明确规定：未经软件著作权人的同意，复制其软件的行为是侵权行为，侵权者要承担相应的民事责任。《计算机软件保护条例》的实践说明，条例有利于我国计算机软件产业的发展，也推动了我国计算机技术的进步和发展。

9.2.4 计算机病毒的预防和消除

1. 计算机病毒的概念

人为编制的一段对计算机系统有害的，隐藏在其他程序之中，其自身可以无限复制到其他程序或文件之中，并破坏文件系统甚至计算机系统的程序称为病毒。

2. 计算机病毒的特征

1) 隐蔽性

病毒软件程序小巧玲珑，病毒程序的制造者通常都具有较高的编程技巧，这种病毒程序极易隐藏到执行文件或数据文件中，并能直接或间接地被执行。病毒程序不激活时，染有病毒的程序文件和数据文件常常能正常使用，使其不易被发现。

2）潜伏性

系统感染病毒程序后，通常不会立即表现，它会潜伏一段时间。此时，潜伏了病毒软件的文件就变为病毒程序的“携带者”。

3）可激活性

当满足某种或某些条件时，病毒就会被激活，从而破坏潜伏了病毒的文件，还破坏其他文件系统，甚至于破坏计算机系统。

4）破坏性

计算机病毒程序的最终目的是破坏用户程序系统，破坏整个计算机系统。由于病毒程序不易被发现，并有很强的传染性，一旦发作，其通过网络时会有非常巨大的破坏性。

5）传染性

计算机病毒软件具有很强的自我复制能力，可以在运行中不断地自我复制、不断进行扩展。当通过网络运行时，其传染力会波及相当广阔的范围。

3. 计算机病毒攻击目标

1）攻击系统数据区

病毒攻击的部位包括：硬盘主引导扇区、BOOT 扇区、FAT 表、文件目录区等。系统数据区的内容被攻击之后，一般不易恢复。

2）攻击文件

病毒对文件攻击的方式很多，如删除、改名、替换内容、删除部分程序代码、内容颠倒、写入时间空白、变碎片、删除部分文件簇、删除数据文件等。

3）攻击内存

内存是计算机中所有文件执行的位置，是计算机中重要的资源，也是病毒攻击的重要目标。病毒对内存的攻击通常是占用和消耗大量的内存资源，导致程序的运行受阻。其主要方式是占用大量内存、改变内存总量、禁止分配内存等。

4）干扰系统运行

病毒破坏行为的表现之一是干扰系统的正常运行。主要表现为：不执行命令、干扰内部命令的执行、虚假报警、打不开文件、重启动、死机等。

5）速度下降

病毒激活时，其内部的时间会延迟启动，造成计算机空转，计算机速度明显下降。

6）攻击 BIOS

BIOS 是计算机中的一个非常重要的软件系统，保存着系统的重要数据，病毒对 BIOS 的攻击会造成计算机瘫痪。

4. 计算机病毒的预防

为了有效地防止病毒的影响，首先应该杜绝病毒的传播途径，可采用下列措施。

（1）不要使用来历不明的磁盘，应该使用合法的软件。

（2）限制他人随意运行自带软件。

（3）尽量做到专机专用。

（4）避免使用软盘启动计算机避免使用软盘。

(5) 启动成功后,先检测是否有病毒,若有,则立即清除。

(6) 定期进行病毒检测工作。

(7) 定期进行杀病毒软件的升级。

(8) 经常备份重要数据系统,以便相关数据感染病毒后能尽快恢复。

(9) 限制网络上的可执行代码的运行。

(10) 应该随时向相关部门报告新病毒的出现,并防止其扩散。

(11) 安装功能强大的防火墙产品,保证网络的安全。

5. 计算机病毒的检测和消除

由于病毒对计算机的危害性,人们早就开始研制各种杀病毒的软件。到目前为止,已经有一大批有效地清除病毒和检测病毒的软件。计算机用户应该有意识地收集多种有效地检测和杀除病毒的软件,并随时对这些软件进行升级。当出现下列现象时就应该进行病毒的检测和清除操作。

(1) 计算机运行比平时迟缓。

(2) 程序载入时间比平时长。

(3) 不寻常的错误信息出现。

(4) 系统内存突然大量减少。

(5) 磁盘可利用空间突然大量减少。

(6) 可执行程序的长度发生变化。

(7) 内存中突然出现来路不明的常驻程序。

(8) 文件的内容加入了一些奇怪的资料。

(9) 文件名称、扩展名、日期和属性被更改。

(10) 屏幕出现异常。

9.2.5 网络安全和网络病毒的防治

1. 网络安全的概念

网络安全包括计算机科学、网络技术、通信技术、密码技术、信息安全技术、应用数学、数论、信息论等多种学科的综合性内容。

网络安全是指网络系统的硬件、软件及系统中的数据受到保护,不因偶然的或恶意的原因而遭到破坏、更改、泄露,同时系统连续、可靠、正常地运行,网络服务不中断。

网络安全从本质上说就是网络上的信息安全。从广义上说,凡是涉及网络信息的保密性、完整性、可用性、真实性和可控性的相关技术和理论都属于网络安全的领域。

简单地说,网络安全就是防止黑客的非法访问,防止网络内部的非法输出信息和防止网络病毒破坏的工作。

网络安全包含五项原则:私密性、完整性、身份鉴别、授权、不可否认性。

1) 私密性

当信息被发送者和接收者之外的第三者,以恶意或非恶意方式得知时,就丧失了私密性。

2) 完整性

当信息被非预期方式更改时,就丧失了完整性。而完整性的破坏会造成重大损失甚至造成严重的生命财产损失。

3）身份鉴别

身份鉴别能够保证对网络访问的合法性，从而能够较好地保证网络安全。

4）授权

系统必须能够准确判断用户是否具备足够的访问权限，从而进行特定的合法操作，以保证网络安全。通常网络必须具备相应的授权方式给不同用户赋予不同的访问权限。

5）不可否认

用户在对网络进行相关操作时，若事后能够提供足够的访问权限，则其操作不可否认，系统也就具备了不可否认性，此原则是和授权相协调的。

2. 网络防火墙技术

保证网络安全的最重要实施技术就是防火墙技术。防火墙是指设置在不同网络或网络安全域之间的一系列部件或软件的组合。它是不同网络或不同网络安全域之间信息的唯一出入口，通过监测、限制、更改跨越防火墙的数据流，尽可能地对外屏蔽网络内部信息、结构和运行状况，有选择地允许外部访问；对内部强化设备监管，控制对服务器与外部网络的访问；从而在被保护的网络内部和外部网络之间架设起一道屏障，称为“防火墙”。可以划分为硬件防火墙、软件防火墙和硬件软件结合防火墙。

具体的防火墙种类有：包过滤防火墙、应用网关防火墙、状态检测防火墙、复合型防火墙等。其中包过滤防火墙不检查数据区，不建立连接状态表，前后报文无关，应用层控制很弱；应用网关防火墙不检查 IP、TCP 报头，不建立连接状态表，网络层保护较弱；状态检测防火墙不检查数据区，建立连接状态表，前后报文相关，应用层控制较弱；复合型防火墙检查整个数据包内容，可建立连接状态表，网络层保护强，应用层控制细，会话层控制弱。

3. 网络病毒

能够通过网络的渠道(如网络访问、下载软件、电子邮件等)进行传播的计算机病毒称为网络病毒，由于网络连接了成千上万台各种计算机，因而网络病毒的危害性远远大于通常的计算机病毒。网络病毒具备计算机病毒的全部物证和性能。

4. 网络病毒防治

除了使用计算机病毒的防治方法外，网络病毒还有其较特殊的防治方法。

1）用常识判断和清除病毒

不要打开来历不明的邮件和邮件附件，网络病毒传播的重要渠道就是电子邮件。

2）安装防网络病毒的软件并不断升级

网络病毒在不断地更新和演变，因此不仅应该安装检测和清除网络病毒的软件，而且需要不断地更新这些软件，才能较好地防止网络病毒的侵害。

3）不从不可靠的渠道下载软件

下载软件是网络病毒传播的另一种重要渠道，通常应该选择有名的网站来下载软件，并且下载完成之后最好是用杀病毒软件先清理再使用。

4）警惕欺骗性病毒

不要随便相信朋友传来的“新杀毒软件”，并加以在网络上传播，这通常是欺骗性的新病毒程序。最好通过正规渠道，下载知名网站的清杀病毒软件。

5）不用共享磁盘安装软件

盗版软件是网络病毒的藏身之所，共享磁盘安装的软件通常很可能是盗版软件。应该通过正规渠道从知名网站上下载并安装相关软件。

6）使用基于客户端的防火墙

最好在个人计算机上也安装防火墙软件，如让个人计算机先连接带防火墙软件的路由器，然后通过路由器上网，这是一种防止网络病毒的有效措施。

5. 网络加密技术

保证网络安全的一项很重要的技术就是采用某种网络加密的技术，加密可以保证数据的保密性，可以验证和鉴别访问网络用户的合法性。加密主要有对称加密、非对称加密和HASH加密。

1）对称加密

发出信息的一方使用一种密码对传输文件加密，而接收信息的一方也使用相同的密码对加密的文件进行解密。即加密和解密使用相同的密码来实现，这种技术称为对称加密。

这种加密技术比较简单，但是，加密的密码也必须在网络上传输。如果加密的密码被截取，则此种加密形同虚设。现在，采用此种加密技术的网络已经大大减少。国际上都采用标准的DES算法来实现对称加密。

2）非对称加密

发出信息一方使用一种密码对传输文件加密，而接收信息的一方对收到的加密文件采用另外的一种密码来解密的技术，称为非对称加密技术。

在此种加密技术中，可以把加密密码公开，但是解密密码保密。也可以把解密密码公开，但是加密密码保密。所以，称为“公开密码”和“私人密码”。

这种技术在使用中，任何一方都不需要在网络上传输密码，因此能够很好地实现加密目的。

例如，网络银行当中所使用的“数字签名”，就是一种典型的非对称加密技术。国际上都采用标准的RSA算法来实现非对称加密。

3）HASH加密

HASH加密把不同长度的信息转化成杂乱的128位二进制编码，称为HASH值。HASH加密用于不想对信息解密或读取的情况。使用此技术后解密在理论上是不可能的，是一种只通过比较两个实体的值是否一致而不用告知其他信息的加密技术。

6. 其他安全技术

1）身份认证技术

通过合法用户的身份认证，是保证合法用户的正常权益，防止黑客攻击的有效手段。随着高科技的飞速发展，身份认证技术也得到飞速发展，比如密码口令认证、指纹认证、行走姿势认证等各种身份认证技术都开始得到广泛应用。

2）防火墙技术

随着网络应用的快速发展，保证网络安全的防火墙技术也得到飞速发展。防火墙技术的进一步发展既能防止黑客的攻击，又能保证网络内部的使用安全。

3）信息安全技术

近年来，飞速发展的信息安全技术，成为保证网络安全的必不可少的重要技术。它是网络安全技术的重要发展方向。

习 题 9

1. 单选题

(1) 计算机的使用环境要求静电、湿度、电源电压、没有灰尘和(　　)。

A. 空调　　B. 温度　　C. 开机箱　　D. 变压器

(2) 计算机病毒是一种(　　)。

A. 人体病毒　　B. 生物病毒　　C. 软件程序　　D. 系统软件

(3) 计算机关机的正确操作是(　　)。

A. 关闭电源　　B. 拔电源插头　　C. 关机箱电源　　D. 用开始菜单下的命令

(4) 网络病毒不同于计算机病毒的是(　　)。

A. 在网上传播　　B. 磁盘上传播　　C. 没有不同　　D. 不传播

(5) 杀病毒软件在使用中应该(　　)。

A. 不要改变　　B. 不断升级　　C. 任意复制　　D. 随意传播

2. 填空题

(1) 计算机的使用环境要求中湿度的范围是________。

(2) 很多台计算机上都会出现相同的病毒,其原因是病毒有________。

(3) 数字签名使用的加密技术是________。

(4) 病毒对计算机 BIOS 的攻击主要是________。

(5) 路由器的主要作用是________。

3. 判断题(正确的打√,错误的打×)

(1) 病毒也会破坏操作系统软件。(　　)

(2) 计算机对电源电压没有要求。(　　)

(3) 潜伏性是计算机病毒的特征之一。(　　)

(4) 防止病毒的措施之一是清洁计算机。(　　)

(5) 邮件是网络病毒很重要的传播渠道。(　　)

4. 问答题

(1) 计算机故障的诊断方法有哪些?

(2) 计算机病毒有什么特征?

(3) 计算机感染病毒时应该如何判断?

(4) 网络病毒与一般病毒主要有什么区别?

(5) 网络加密的方法主要有哪几种?

*第 10 章　微型计算机的最新发展

10.1　微型计算机硬件系统的当前状况

1997 年开始,微型计算机系统的发展基本是由硬件的发展来引导,而硬件发展同步于 CPU 的发展,主板、内存、显卡、显示器、硬盘等硬件也保持着同样的发展势头。

在硬件发展的基础上,微机软件也在不断更新与完善。

10.1.1　CPU

CPU 性能的描述包括核心数、主频、缓存、蚀刻工艺制程、架构、FSB 等指标。目前 CPU 芯片中可以集成多个内核,主要有单核、双核、四核和多核等,内核数越多则 CPU 的性能越好。CPU 的主频为 CPU 内核工作的时钟频率,主流 CPU 主频为 1～4GHz,相同结构情况下,主频越高则性能越好。CPU 缓存(cache memory)是位于 CPU 与内存之间的临时存储器,它的容量比内存小得多但交换速度却比内存快得多,按照数据读取顺序和与 CPU 结合的紧密程度,CPU 缓存可以分为一级缓存、二级缓存,部分高端 CPU 还具有三级缓存,一级缓存是整个 CPU 缓存架构中最为重要的部分;缓存容量越大,CPU 性能相对越高。

蚀刻工艺制程是制造设备在一个硅晶圆上所能蚀刻的一个最小尺寸,是 CPU 核心制造的关键技术参数。采用较小工艺制程,可以提高芯片的集成度,增加晶体管密度,减小晶体管间电阻,降低 CPU 核心电压,减少发热量,降低功耗,提高性能。目前常见的 CPU 可以按照工艺制程划分为 4 个阶段。

1. 90nm

采用 90nm 工艺制造的 CPU 各项指标和性能基本相当于 Intel 公司生产的 Pentium 4 单核 CPU,其主频为 1～3GHz,缓存通常是两级,一级缓存容量通常是 512KB,二级缓存容量为 512KB～2MB。此种档次的 CPU 已经不再是市场的主流,只是一些笔记本计算机为了降低成本,仍然在使用。

90nm 制造工艺是美国政府允许跨国公司在国外设置新的芯片工厂在国外生产 CPU 芯片的技术底线。Intel 公司计划在我国大连建设的 CPU 芯片制造厂,就采用此种制造工艺。

2. 65nm

采用 65nm 工艺制造的 CPU 属于目前市场主流的 CPU 芯片,代表产品为 Intel 公司的

---

* 本章可选修。

酷睿 2 双核 CPU，其主频为 1.8～4GHz。采用两级缓存，一级缓存的容量为 512KB～1MB，二级缓存容量扩展为 2～4MB，大大提高了计算机运行游戏软件的能力。

3. 45nm

采用 45nm 工艺制造的 CPU 属于比较超前的 CPU 芯片，如 Intel 公司生产的酷睿 2 四核 CPU，是目前高端的 CPU 产品。同时，45nm 制程也是下一个阶段 CPU 制造技术的发展方向。2009 年 4 月 Intel 公司正式推出的 ATOM 芯片是典型的 45nm 产品，在 5mm×5mm 的面积上集成了 4700 万个元器件，性能非常优越，成为移动网络微机的主要支撑。

4. 32nm

采用 32nm 工艺制造的 CPU 属于最超前的 CPU 芯片，Intel 公司最近可能推出的 CPU 产品，是目前最高端的 CPU 产品。由此，可预见 CPU 的最新的发展。

Intel 公司最近宣布，有着万亿级浮点运算能力的 80 核处理器已经在实验室研究成功了。80 核处理器主频高达 5.7GHz，但是其消耗的功率却并不大，对于高度串行的任务可以通过临时提升频率来进一步提高机器性能，从而实现目前还远远不能完成的计算功能。80 核 CPU 目前还不会直接应用到计算机或其他商用设备上，但是在今后数年内，它对 CPU 方面的研究具有重大意义。在对 80 核 CPU 的研究过程中，解决了很多多核 CPU 研究所面临的难题，如能源管理问题、如何使用高速缓存等。

在 80 核 CPU 中，大量模块化内核内建的高速缓存的片内内存电路设计显著提高了使用效率。与当前 CPU 的电路相比，寄存器组的传输速度是现在的高速缓存无法比拟的。在 80 核 CPU 的研究过程中采用了“MESH 网络”技术，MESH 网络的互联方案具有更高的可扩展性，更好的内核间通信能力，并可以提供更高的 CPU 性能。

1）架构

架构是指 CPU 内部晶体管的排列结构，它也是影响 CPU 性能的重要方面。从 2003 年开始 Intel 公司在 CPU 内微架构的进化过程是 Banias→Dothan→Yonah→Meran→Penryn，Intel 公司基本上每两年升级一次架构。在关注的 CPU 性能时也应该注意 CPU 架构的发展趋势。

2）FSB(前端总线频率)

FSB 是 CPU 与主板系统总线信息交换的工作频率，也是 CPU 的性能指标之一，通常要求 CPU 的 FSB 与主板的 FSB 数据应该一致。

10.1.2 主板

主板是计算机中仅次于 CPU 的重要部件。计算机中几乎所有的设备都是连接到主板上的，因此主板的好坏直接影响到微机中各重要部件的使用性能。

1. 芯片组

影响主板性能最重要的是芯片组，芯片组的不同决定了主板性能的不同，也决定了主板的档次和主板的销售价格；而且现在有很多主板就是用芯片组的名字来命名的，如 Intel 965 主板、Intel 945 主板就是典型的采用主板上安装的芯片组来命名的主板。以下介绍几类典型主板。

1）Intel 945 主板

采用 Intel 公司的 945 芯片组安装制造的主板称为 Intel 945 主板，是目前市场上价格比较便宜性能又比较好的主流低价主板。此类主板最高能够支持酷睿2双核CPU,前端总线频率可以支持533～1066MHz。

2) Intel 965主板

采用Intel公司的965芯片组安装制造的主板称为Intel 965主板,是目前市场上性价比较高的中高端主流主板。此类主板最高能够支持酷睿2四核CPU,其性能在Intel 945主板的基础上提高了一个档次。

3) 华硕Striker Extreme主板

采用NVIDIA公司的nForece6801芯片组安装制造的主板是目前市场上最高端的主板。此主板支持LGA775全系列的CPU,所支持的前端总线频率高达1333MHz,主板上提供了4个双列直插内存模块(Dual Inline Memory Module, DIMM)插槽,最大支持8GB的DDR2 1200双通道内存条,性能相当优秀。

2. 前端总线频率(FSB)

主板性能的好坏还体现在主板对前端总线频率的支持上,主板对前端总线频率的支持能力越高,则计算机的性能越好,主板上对前端总线频率的支持能力是主板性能的重要指标。从上述的各型主板例子中可以说明,Intel 945主板能够支持的前端总线频率最多为1066MHz,而Intel 965主板能够支持的前端总线频率最多为1200MHz,最好的华硕Striker Extreme主板能够支持的前端总线频率高达1333MHz。通常要求主板的FSB与配置的CPU的FSB数据应该一致。

3. 支持的内存

常用的内存有SDRAM、DDR、DDR2、DDR3和DDR4等型号,其中DDR4型号是目前为止性能最好的内存型号。主板对内存的支持能力是主板的另一个重要性能。此外,主板对支持的内存最大容量也是一个重要指标。通常Intel 945主板能够支持最多3GB容量的内存; Intel 965主板能够支持最多4GB容量的内存;而华硕Striker Extreme主板能够支持最多8GB容量的内存。

4. 插槽

主板上的插槽型号是主板性能的延伸标志。如原来主板的插槽只有PCI和AGP两种接口标准。而Intel 965主板能够支持PCI-E接口标准,能够插入性能更好的显卡。

10.1.3 内存

1. 型号

内存的型号是内存性能的最重要标志。内存型号分为DDR、DDR2、DDR3、DDR4等,它们都源自同步动态随机存储器(Synchronized DRAM, SDRAM)。SDRAM采用了同步机制,内存和系统总线工作在同样的频率上,有效地消除了需要同步等待的时间问题,工作效率比以前提高了50%。但是SDRAM只能在充电那一刻存取数据,每一次充放电的动作只能读写一次,从而浪费了SDRAM的强大功能。

双倍速率同步动态随机存储器(Double Data Rate SDRAM,DDR)改进了性能,每个充放电周期能够存取两次,工作效率比SDRAM提高一倍。随着DDR技术的引入,影响内存性能最重要的因素就变为内存带宽,内存带宽相当于内存的高速公路,带宽越高则内存中数据的传输速率越快。

DDR2 在技术上继承了 DDR，主要针对 I/O Buffer（输入输出缓冲）部件做出了改进。DDR2 把输入输出缓冲频率提升了一倍，每次预读取数据达到了 4 位，于是每次传输的数据量又比 DDR 多了一倍。这里技术提高的关键是“数据预读取技术”，同样 DDR3 也把此技术作为提升性能的法宝，DDR3 数据预读取的位数从 DDR2 的 4 位提升到 8 位，此时内存颗粒的核心频率只相当于数据频率的 1/8，即使内存颗粒的核心频率只有 100MHz，DDR3 的数据频率也能达到 800MHz。正是 8 位数据的预读取技术把 DDR3 的性能再往上推进了一个台阶。DDR4 是刚刚推出的最新的内存产品，是性能最好的内存产品。

2. 数据频率

数据预读取技术是内存性能的重要指标，其反映的结果是内存的数据频率。目前市场上的 DDR2 主要的数据频率是 800Hz，即内存颗粒的核心频率是 200MHz，但是同样的核心频率在 DDR3 之下，数据频率会轻松达到 1600MHz。虽然 DDR2 数据频率也能达到 1066MHz，但是会让制造成本居高不下。

所以，内存频率虽然是内存性能的一个重要指标，但根本的原因还是预读取数据技术的使用。

3. 连接模式

为了减轻地址、命令、控制和数据总线的负担，DDR3 使用了点对点的连接模式，即一个内存控制器只能与一个内存通道打交道，内存控制器与 DDR3 内存模组之间是点对点或点对双点的关系。对内存控制器减负后，内存性能有望进一步提高。

4. 突发长度

为了顺应 8 位数据预读取技术的需要，DDR3 提供了两种突发传输模式：一种固定为 8 位；另一种通过“合成”的技术来实现 8 位。DDR2 的突发长度通常采用固定为 4 位的方式，为此 DDR3 新增了一个“4 位突发突变模式”，把原来 DDR2 的 4 位变为“读”，再增加 4 位变为“写”，然后把读写合成，也就变为 8，这种模式通过 A12 地址线来控制实现。

为了克服以前突发传输不灵活的缺陷，DDR3 不再支持任何突发中断操作，而改用顺序突发等更灵活的突发传输来进行控制。

5. 寻址时序

DDR2 400（即数据频率是 400MHz）的时序并不尽如人意，直到 DDR2 533 和 DDR2 667 之后，DDR2 的优势才逐渐显现。事实上，DDR3 的预读取位数增加后，其内存速度一定会有所下降。为了解决此问题，一方面提高纵向地址脉冲的反应时间（CAS Latency，CL）周期，另一方面 DDR3 增加了一个时序参数——写入延迟，这一参数会根据具体的工作频率而定。虽然时序有所增加，不过凭借更高的工作频率，DDR3 的内存延迟时间还是获得了明显的改善。DDR3 1066、DDR3 1333、DDR3 1600 的内存延迟时间分别为 13.125ns、12ns、11.25ns，与 DDR2 相比性能提升了 25%。这就如同让一个身强体壮的人去搬运物品，虽然每次给他更多的搬运量，不过由于其力气大，一个人仍然能够顶普通两个人，搬运效率自然就高了。同样，DDR3 性能的优越性实际上是从频率为 1066MHz 开始才显现出来的，也是相同的道理。

6. 内存的更新发展——DDR4

DDR4 的预读取位数和 DDR3 一样仍然是 8 位，但是数据频率会比 1600MHz 还要高，而在能耗控制方面会低于 DDR3。由于数据频率会有更大的提高，因此也会进一步缓解内存和CPU之间的速度差异。

10.1.4 显卡

1. 显卡频率

显卡的优劣主要还是体现在显卡的数据频率上,数据频率越高则性能越好。而显卡的数据频率仍然紧密地与其配置的显存型号相联系,显卡上配置的显存型号越高,则显卡的数据频率越高,自然其性能就越好。目前市场上的显卡其数据频率有800MHz、1400MHz、1600MHz和2000MHz等。

2. 显存

显卡的显存型号主要分为GDDR1、GDDR2、GDDR3和最新的GDDR4,GDDR1的频率可达到700MHz,GDDR2的频率可达到1000MHz,而GDDR3的频率最高可达到2000MHz。显存带宽是影响显卡性能的重要因素,GDDR1的带宽是5.3～11.4GBps,GDDR2的带宽是11.4～16GBps,GDDR3的带宽是16～32GBps。显存带宽越大,则图形处理器与显存之间交换数据的传输速率越高,图形性能会更好。

3. 核心芯片工艺制程

对显卡来说,决定其性能的因素是其核心芯片的工艺制程,如90nm、80nm等,其中核心芯片工艺制程为80nm的显卡其性能远远好于核心芯片工艺制程为90nm的显卡。

4. 像素处理流水线数

像素处理流水线也称为"渲染管线",是显示芯片内部相互独立的、处理图形信号的并行处理单元,是显卡好坏的一个重要指标。渲染管线越多,显示芯片处理出来的图形填充效率就越高,看到的画面就越流畅和精美,因此渲染管线提高显卡的工作能力和效率。

在相同的显卡核心频率下,更多的渲染管线也就意味着更大的像素填充率,也就是性能越高,所以从显卡的渲染管线数量上就可以判断出显卡的性能高低档次。低端的显卡其渲染管线的数量只有8条,中端的显卡其渲染管线的数量则是12条,更好的中端显卡其渲染管线数量达到16条,高端的显卡其渲染管线数量则能达到20条。

5. 图形接口

随着AutoCAD、3DS等软件和图形丰富的游戏软件的发展,显卡对图形软件的支持能力成为衡量显卡好坏的另一个重要标准。显卡的图形功能并不是指显卡上安装了什么样的硬件,而是指显卡对图形接口软件的支持能力,比较主要的软件接口是开放图形程序接口(Open Graphics Library,OpenGL)。OpenGL是3D图形的底层图形库,没有提供几何实体图元,不能直接描述场景。但是通过合适的转换程序,可以很方便地把AutoCAD、3DS等图形软件设计制作的模型文件转换成OpenGL的顶点数组。

OpenGL有很多个版本,分别为1.0、1.1、1.2、1.3、1.4、1.5、2.0和2.1。如果显卡支持的版本越高,则显卡的图形功能就越强。

6. GPU

GPU即图形处理设备,具有微机CPU相似的功能。让显卡具有了更高的工作频率,GPU具有极强的浮点运算能力使显卡能更好实现图形及游戏的处理,比PCI-E总线有更快的速度。

1998年NVIDIA公司最早提出了GPU的概念,并不断推出GPU的产品;而众所周知

Intel公司在20世纪80年代就开发了CPU并不断推出数量众多的CPU产品。GPU具有图形处理能力强，浮点运算速度远高于CPU的优点(CPU有大量缓存)，但是GPU的频率远低于CPU，制造工艺和技术优势也远低于CPU，因此现在是CPU和GPU并行时代。业界产生了是CPU代替GPU还是GPU代替CPU的争论。但是，GPU与CPU的合并有两个技术难题：应用程序如何接口；合并后的架构采用什么思路(把CPU和GPU完全集成于一个芯片；把CPU和GPU分开制造再封装整合构成多芯片模块)。目前CPU与GPU是并行发展阶段，或许会分久必合。

10.1.5 显示器

1. 液晶显示器的发展

随着液晶显示器技术的飞速发展，液晶显示器的价格急剧下降，液晶显示器成为平民产品。液晶显示器因为其环保的特征，被越来越多的人所青睐。现在液晶显示器正得到快速发展，主要体现在屏幕的尺寸越来越大，显示器的分辨率越来越高。

早期的显示器分辨率达到102×768像素就已经是高清显示器了，但是现在液晶显示器的分辨率已经从1440×900像素，提升到1680×1050像素，最新的液晶显示器分辨率已经能够达到1920× 1080像素，可以预见随着制造技术的发展还会有更高分辨率的液晶显示器出现。

2. 大尺寸显示器

液晶显示器除了在分辨率上的发展之外，另一个发展方向就是尺寸。目前市场上的主流是19英寸宽屏液晶显示器，但是22英寸宽屏液晶显示器也已经推出，另外还推出了24英寸宽屏液晶显示器。更大尺寸宽屏显示器的最大优势是显示面积的大幅提升，可以为用户提供更宽广的视觉效果，尤其是播放宽银幕影片时其效果更加出色。而且，越来越多的游戏软件和图形软件开始支持“宽屏”模式，于是大尺寸的液晶显示器会得到更快的发展。

10.1.6 硬盘

1. 转速

影响硬盘性能的重要因素之一是硬盘的转速，即每分钟多少转(revolutions per minute，rpm)。转速越快，则硬盘存取数据和文件的速度就越快，硬盘的性能就越好。市场主流硬盘的转速是7200rpm，随着微机硬件性能的逐步提升，10 000rpm的硬盘开始推向市场。可以预见，会有转速更高的硬盘不断上市。

2. 硬盘的容量

硬盘的容量是硬盘性能中另一个重要的指标，容量越大，硬盘能够存放的文件和数据的数量就越多，硬盘的性能越好。在目前的市场上，80GB容量的硬盘只是硬盘中的“小兄弟”，120GB和160GB容量的硬盘成为主流配置；500GB容量的硬盘已经在市场上出现，而容量为1TB的硬盘也已经问世。到目前为止，由于制造工艺的进步，仍然不能预见硬盘容量的极限。

10.1.7 微型计算机硬件系统发展前景

以上微型计算机各主要硬件系统的最新发展描述可以说明微机的发展，而微机硬件系统的更进一步发展可以分两个方向。

(1) 微型计算机系统会向笔记本型的微型计算机发展。计算机性能按照原来的发展思路不断提高,体积越来越小,价格越来越便宜,很快笔记本型计算机的性能赶上并超过台式计算机,笔记本型计算机的普及率越来越高。

(2) 随着各种芯片的体积越来越小,性能越来越高,价格越来越便宜,手机逐渐集成计算机、手机、摄像机、数码相机、电视等多种设备的功能。目前,手机已经在集成手机和数码相机功能方面取得了成功,正在向集成摄像机功能方向努力。可以预见,在不久的将来上述的集成功能就会变为现实。

10.1.8 手机 CPU

传统厂商是 ARM,但 ARM 公司只推出手机 CPU 架构授权不参与制造,ARM 架构占据 90%市场。2005 年前有 ARM7、ARM9、ARM11,其中 ARM11 主频为 400～500MHz。2005 年推出 Cortex-A8 产品,主频达 1G。2007 年推出 Cortex-A9,采用多核心架构,已有 NEC、NVIDIA、三星、意法半导体公司等多个合作伙伴。ARM 架构 CPU 还嵌入到数码相机、MP3、MP4、车载系统、单片机等设备。

2007 年秋,Intel 公司推出全新 MID(Mobile Internet Device)重返手机市场,ARM 架构 CPU 不能浏览 Internet 功能,却是 MID 的优势。2008 年 4 月 Intel 推出 Silverthorne 和 Diamondville 低功耗移动 Atom CPU:今年 4 月 Intel 隆重推出 Atom 芯片,它保留 Core 2 Duo 指令集、支持多线程、45nm 技术、25mm^2 上集成 4700 万晶体管、主频达 1.8GHz、还适应 MID 平台迅驰 Atom 技术。

2008 年 2 月 AMD 公司宣布新的了 Imageon 手机产品:Imageon D160 是移动电视 CPU、Imageon M210 是音频 CPU、Imageon A250 是多媒体 CPU,AMD 公司也加入到手机 CPU 的竞争行列。

10.2 最新操作系统 Windows 7

10.2.1 Windows 7 名称由来

Blackcomb 是微软公司对 Windows 未来的版本的代号,原本安排于 Windows XP 之后推出。但是在 2001 年 8 月,Blackcomb 突然宣布延后数年才推出,取而代之由 Windows Vista(代号 Longhorn)在 Windows XP 之后及 Blackcomb 之前推出。

为了避免把大众的注意力从 Vista 上转移,微软起初并没有透露太多有关下一代 Windows 的信息;另外,重组不久的 Windows 部门也面临着整顿,直到 2009 年 4 月 21 日发布预览版,微软才开始对这个新系统进行商业宣传,该新系统随之走进大众的视野。

2009 年 7 月 14 日,Windows 7 7600.16385 编译完成,这标志着 Windows 7 历时 3 年的开发正式完成。

10.2.2 Windows 7 版本介绍

Windows 7 简易版:简单易用。Windows 7 简易版保留了 Windows 为大家所熟悉的特点和兼容性,并吸收了在可靠性和响应速度方面的最新技术进步。

Windows 7 家庭普通版：使用用户的日常操作变得更快、更简单。使用 Windows 7 家庭普通版，用户可以更快、更方便地访问使用最频繁的程序和文档。

Windows 7 家庭高级版：在用户的计算机上享有最佳的娱乐体验。使用 Windows 7 家庭高级版，可以轻松地欣赏和共享用户喜爱的电视节目、照片、视频和音乐。

Windows 7 专业版：提供办公和家用所需的一切功能。Windows 7 专业版具备用户需要的各种商务功能，并拥有家庭高级版卓越的媒体和娱乐功能。

Windows 7 旗舰版：集各版本功能之大全。Windows 7 旗舰版具备 Windows 7 家庭高级版的所有娱乐功能和专业版的所有商务功能，同时增加了安全功能以及在多语言环境下工作的灵活性。

1. Windows 7 Starter(简易版)

可以加入家庭组(Home Group)，任务栏有不小的变化，也有 JumpLists 菜单，但没有 Aero。

缺少的功能：航空特效功能，家庭组(HomeGroup)创建，完整的移动功能。

可用范围：仅在新兴市场投放，仅安装在原始设备制造商的特定机器上，并限于某些特殊类型的硬件。

忽略后台应用，比如文件备份实用程序，但是一旦打开该备份程序，后台应用就会被自动触发。

Windows 7 初级版将不允许用户和 OEM 厂商更换桌面壁纸。除了壁纸，主题颜色和声音方案也不得更改，OEM 和其他合作伙伴也不允许对上述内容进行定制。微软称："对于 Windows 7 初级版，OEM 不得修改或更换 Windows 欢迎中心、登录界面和桌面的背景。"

Windows 7 的简易版中已经去除了 3 个程序的限制，预计面向上网本市场。

2. Windows 7 Home Basic(家庭基础版)

主要新特性有无限应用程序、实时缩略图预览、增强视觉体验(仍无 Aero)、高级网络支持(Ad-Hoc 无线网络和互联网连接支持 ICS)、移动中心(Mobility Center)。

缺少的功能：航空特效功能，实时缩略图预览，Internet 连接共享，不支持应用主题。

可用范围：仅在新兴市场投放(不包括美国、西欧、日本和其他发达国家)。

3. Windows 7 Home Premium(家庭高级版)

有 Aero Glass 高级界面、高级窗口导航、改进的媒体格式支持、媒体中心和媒体流增强(包括 Play To)、多点触摸、更好的手写识别功能等。

包含的功能：航空特效功能，多触控功能，多媒体功能(播放电影和刻录 DVD)，组建家庭网络组。

可用范围：全球。

4. Windows 7 Professional(专业版)

替代 Vista 的商业版，支持加入管理网络(Domain Join)、高级网络备份等数据保护功能、位置感知打印技术(可在家庭或办公网络上自动选择合适的打印机)等。

包含的功能：加强网络的功能，比如域加入，高级备份功能，位置感知打印，脱机文件夹，移动中心(Mobility Center)，演示模式(Presentation Mode)。

可用范围：全球。

5. Windows 7 Enterprise(企业版)

提供一系列企业级增强功能：BitLocker，内置和外置驱动器数据保护；AppLocker，锁定非授权软件运行；DirectAccess，无缝连接基于 Windows Server 2008 R2 的企业网络；BranchCache，Windows Server 2008 R2 网络缓存等。

包含的功能：Branch 缓存，DirectAccess，BitLocker，AppLocker，Virtualization Enhancements(增强虚拟化)，Management（管理)，Compatibility and Deployment(兼容性和部署)，VHD 引导支持。

可用范围：仅批量许可。

6. Windows 7 Ultimate(旗舰版)

拥有新操作系统所有的消费级和企业级功能，当然消耗的硬件资源也是最大的。

包含的功能：所有功能。

可用范围：全球。

7. Windows 7 鲍尔默签名版

内容与 Windows 旗舰版一样，就是在 Windows 7 聚会活动上赠送的限量版。

8. 服务器版本——Windows Server 2008 R2

Windows 7 同时也发布了服务器版本——Windows Server 2008 R2。同 2008 年 1 月发布的 Windows Server 2008 相比，Windows Server 2008 R2 继续提升了虚拟化、系统管理弹性、网络存取方式，以及信息安全等领域的应用，其中有不少功能需搭配 Windows 7。Windows Server 2008 R2 的出现，不只是为了再扩充 Server 2008 的适用性，如何以这些机制加速 Windows 7 在企业环境的普及化，更是重头戏。Windows Server 2008 R2 重要新功能包含 Hyper-V 加入动态迁移功能，作为最初发布版中快速迁移功能的一个改进；Hyper-V 将以毫秒计算迁移时间。VMware 公司的 ESX 或者其他管理程序相比，这是 Hyper-V 功能的一个强项。并强化 PowerShell 对各服务器角色的管理指令。其他特色如下：

(1) Hyper-V 2.0——虚拟化的功能与可用性更完备。

Hyper-V 2.0 支持 Live Migration 动态移转，并能支持更多 Linux 操作系统安装在虚拟机上。

在 Windows Server 2008 推出后半年，微软推出内建在 Windows Server 2008 上的虚拟化平台 Hyper-V 1.0，这个版本虽然具有基本虚拟化功能，但相较于其他虚拟化平台功能，相对薄弱许多，例如缺乏动态移转功能，因此无法在不停止 VM 的情况下，将 VM 移转到其他实体服务器上的。而这项功能则在 Windows Server 2008 R2 上的 Hyper-V 2.0 开始支持，让这项虚拟化平台的可用性迈进一大步。

Hyper-V 2.0 新功能如下：

- 支持 Live Migration 动态迁移。
- 可对虚拟磁盘动态调整容量。
- 具备 VM 内存动态配置功能。
- 能以虚拟映像文件于实体主机上开机。

• VM 可支持的操作系统增加 Red Hat Linux。
• 主控端(Host)最高支持 32 个处理器逻辑核心。
• 提升 VM 运算效能。

(2) Active Directory Administrative Center、离线加入网域、AD 资源回收桶——AD 强化管理接口与部署弹性。

Active Directory(AD)在 Windows Server 操作系统中,从来都是举足轻重的服务器角色,而在 Windows Server 2008 R2 中,也强化了它的不少功能。例如具有新的 AD 管理接口,同时能使用 PowerShell 指令操作;也可让计算机离线加入网域,并有 AD 资源回收站,增加 AD 成员增删弹性。

(3) Windows PowerShell 2.0 与 Server Core——Server Core 模式支持.NET。

R2 改善了 Server Core 因不支持.NET Framework 而无法使用 PowerShell 的缺点,现在在指令操作为主要诉求的 Server Core 中,能搭配 PowerShell,使服务器管理的操作更有效率。

(4) Remote Desktop Servic——提升桌面与应用程序虚拟化功能。

在新版的 RDS 中,也增加了新的 Remote Desktop Connection Broker(RDCB)。这项功能可整合所有 RDS 的应用程序服务器,包含实体主机或 VM。

(5) DirectAcess——提供更方便、更安全的远程联机通道。

DirectAccess 让 VPN 通道的建立变得更加简便,可整合多种验证机制及 NAP,有助于提高联机过程中的安全性。

(6) BranchCache——加快分公司之间档案存取的新做法。

利用档案快取的方式,可以就近存取先前已经下载过的档案,除了更快取得分享数据之外,也能减少对外联机频宽的浪费。

(7) URL-based QoS——企业可进一步控管网页存取频宽。

企业可以针对所有个人端计算机连往特定网站的联机定义优先权,加快重要网页的存取。

(8) BitLocker to Go——支持可移除式储存装置加密。

利用 BitLocker to Go 加密随身碟这一步骤的特别之处之一,在于可以整合智能卡验证使用者身份的真实性,使得储存装置的控管变得更加安全。

(9) AppLocker——个人端的应用程序控管度更高。

AppLocker,可以说是软件限制原则的加强版本,除了具备旧有的一切功能,最为重要的是企业可以透过不可随意修改的发行者信息有效禁止或允许应用程序的执行。同时,完善了其自身的安全性能。

微软称,从 Windows Server 2008 R2 开始,Windows Server 将不再推出 32 位系统版本。微软将只发布 64 位系统的 Windows Server 2008 R2。

10.2.3 配置需求

微软对旧机型的支持,使得在 2005 年以后的配置能够较流畅地运行 Windows 7。最低配置如表 10-1 和表 10-2 所示。

1. 真实最低配置

表 10-1 微机最低配置

设备名称	基本要求
CPU	600MHz 及以上
内存	1GB 及以上
硬盘	10GB 以上可用空间
显卡	集成显卡 16MB 以上
其他设备	DVD R/RW 驱动器或者 U 盘等其他储存介质 互联网连接/电话

2. 推荐配置

表 10-2 微机推荐配置

设备名称	基本要求	备注
CPU	2.0GHz 及以上	Windows 7 包括 32 位及 64 位两种版本,如果希望安装 64 位版本,则需要支持 64 位运算的 CPU 的支持
内存	1GB DDR 及以上	最好还是 2GB DDR2 以上
硬盘	20GB 以上可用空间	因为软件等可能还要占用几 GB
显卡	DirectX9 显卡支持 WDDM1.1 或更高版本(显存大于 128MB)	包括集成显卡,只要大于 128MB 就能运行(不确定)
其他设备	DVD R/RW 驱动器或者 U 盘等其他储存介质	安装用
	互联网连接/电话	需要在线激活,如果不激活,最多只能使用 30 天

3. 升级顾问

微软刚刚推出了 Windows 7 升级顾问(Windows 7 Upgrade Advisor),这个软件最大的作用就是可以检测用户的计算机是否能够正常运行 Windows 7,或者需要升级哪些组件,包括软件和硬件两方面,检测后会提供一份报告并给出相应的建议。

10.2.4 授权方式与反盗版

1. 微软为 Windows 7 反盗版所做的努力与现状

微软称,最新的 Windows 7 很难被盗版。微软将对正式发布版系统内置反盗版激活程序。2009 年 8 月 27 日晚,微软中国相关人士称:“Windows 7 的激活技术是被内置在操作系统中,可以像杀毒软件一样不断更新,因此可以根据市场新出现的盗版措施而变化”。“如果使用盗版 Windows 7,前 3 天并无提醒,4～26 天时每天提醒一次,27～29 天时每 4 小时提醒一次,到第 30 天开始每小时提醒一次。30 天期满后之后进入非正版体验,一开机就会弹出激活窗口,然后弹出用户教育界面。运行一段时间后,提示无法获取可选更新,最后弹出激活窗口两分钟以后,它会变成无色背景(黑屏)”。

微软这样做也是被迫无奈。2009 年 7 月底,当正式发售版 Windows 7 还未现身时,网上便已出现 Windows 7 的破解软件,有人利用联想的泄露密钥,制作出了 CMD 脚本,运行后重启便是激活状态。

即使微软下此狠手，但就大多数用户而言，这个反盗版措施还是失败的。因为大多数盗版者是通过硬刷主板 BIOS 和伪造 OEM 证书的方式来进行激活的，而对此，微软却无能为力。微软的技术不能把每块 BIOS 芯片和操作系统都捆绑上，这是个现实的问题。

现在在市场上已现身盗版 Windows 7 的安装光盘，但其大部分都或多或少地含有恶意程序及木马，并且有些版本安装之后无法激活。所以，为了保护微软的知识产权和自己计算机的安全稳定，最好大家还是选择微软的正版系统。

微软于 2010 年 2 月 17 日发布了针对中国以外地区的 Windows 7 操作系统的正版增值通知工具，即常说的反盗版补丁。微软中国表示鉴于中国的盗版状况，将在 4 个月后开始"清理"国内盗版，以便给大家充足的时间去实现正版化。据消息人士称，目前流传的"神Key 激活"也在封杀之列。

2. 免费使用 Windows 7 一年

Windows 7 安装完毕后，如果没有正确序列号激活，则系统为评估副本状态，30 天后会被自动定为盗版。但是通过设置，Windows 7 的免费试用期能够延长至 360 天。具体操作如下：

当第一个 30 天还剩 1 天时，采取以下操作：

(1) 运行 CMD(命令提示符)(注意要使用右键管理员方式运行)。

(2) 在命令行中输入"slmgr. vbs /rearm"命令，延长使用期 30 天，重启系统后，又恢复到 30 天。

(3) 上面的方法 3 次后，共计 120 天，此后将无法再次使用。

当 120 天期满后，进行下面的操作：

(1) 打开注册表，运行 regedit 命令。

(2) 找到 HKEY_LOCAL_MACHINE\\SOFTWARE\\Microsoft\\Windows NT\\CurrentVersion\\SoftwareProtectionPlatform

(3) 将 SkipRearm 的键值改为 dword：00000001。

这样可以再延长 30 天的试用期，这个操作可以最多使用 8 次。

现在网上已现身集成化延长试用期的软件(例如 Windows 7 优化大师)，这些软件能够不用更改注册表即可延长试用期，避免因改动注册表引发的一系列问题。

通过以上设置，Windows 7 的评估副本有效期就可以延长至 360 天了。不过，对于很多计算机爱好者来说，这个方法还是不够理想，因为每次期满之后都要进行延期，并且"黑屏"后再进行此项操作也无济于事。所以这种方法应用并不广泛。

10.2.5 系统特点

Windows 7 的设计主要围绕 5 个重点：针对笔记本电脑的特有设计，基于应用服务的设计，用户使用的个性化，视听娱乐的优化，用户易用性的新引擎。

1. Windows 7 系统的特点

1) 更易用

Windows 7 做了许多方便用户的设计，如快速最大化、窗口半屏显示、跳跃列表、系统故障快速修复等，这些新功能令 Windows 7 成为最易用的 Windows。

2) 更快速

Windows 7 大幅缩减了 Windows 的启动时间，据实测，在 2008 年的中低端配置下运行,系统加载时间一般不超过20秒,这比Windows Vista的40余秒相比,是一个很大的进步。

3) 更简单

Windows 7将会让搜索和使用信息更加简单,包括本地、网络和互联网搜索功能,直观的用户体验将更加高级,还会整合自动化应用程序提交和交叉程序数据透明性。Windows 7包括了改进了的安全和功能合法性,还会把数据保护和管理扩展到外围设备。Windows 7改进了基于角色的计算方案和用户账户管理,在数据保护和坚固协作的固有冲突之间搭建沟通桥梁,同时也会开启企业级的数据保护和权限许可。

4) 更低的成本

Windows 7可以帮助企业优化它们的桌面基础设施,具有无缝的操作系统、应用程序和数据移植功能,并简化了PC供应和升级操作。

5) 更好的连接

Windows 7进一步增强了移动工作能力,无论何时、何地、任何设备都能访问数据和应用程序,开启坚固的特别协作体验,无线连接、管理和安全功能会进一步扩展。令性能和当前功能以及新兴移动硬件得到优化,拓展了多设备同步、管理和数据保护功能。最后,Windows 7会带来灵活计算基础设施,包括胖、瘦、网络中心模型。

2. Windows 7是Windows Vista的"小更新大变革"

微软已经宣称Windows 7将使用与Windows Vista具有相同的驱动模型,即基本不会出现类似Windows XP和Windows Vista间的兼容问题。

1) 能在系统中运行免费合法XP系统

微软新一代的虚拟技术——Windows Virtual PC,程序中自带一份Windows XP的合法授权,只要处理器支持硬件虚拟化,就可以在虚拟机中自由运行只适合于Windows XP的应用程序,并且即使虚拟系统崩溃,处理起来也很方便。

注:现在已有一些虚拟机软件可以突破处理器虚拟化限制,可以利用Windows Virtual PC的系统安装镜像来安装虚拟机,并且没有系统版本限制。

2) 更人性化的UAC(用户账户控制)

Vista的UAC可谓令Vista用户饱受煎熬,但在Windows 7中,UAC控制级增到了4个,通过这样来控制UAC的严格程度,令UAC安全又不烦琐。

3) 能用手亲自摸一摸的Windows

Windows 7包括了触摸功能,但这取决于硬件生产商是否推出触摸产品。系统支持10点触控,Windows不再是只能通过键盘和鼠标才能接触的操作系统了。

4) 只预装基本应用软件,其他的网上下载

Windows 7只预装基本的软件——例如Windows Media Player、写字板、记事本、照片查看器等。而其他的例如Movie Maker、照片库等程序,微软为缩短开发周期,不再包括于内。用户可以上Windows Live的官方网站,自由选择Windows Live的免费软件。

5) 迄今为止最华丽但最节能的Windows

Windows 7的Aero效果更华丽,有碰撞效果,水滴效果。这些都比Vista增色不少。

但是,Windows 7的资源消耗却是最低的。不仅执行效率快人一筹,笔记本的电池续航能力也大幅增加。微软总裁称,Windows 7是最绿色、最节能的系统。

6）更绚丽透明的窗口

说起 Windows Vista，很多普通用户的第一反应大概就是新式的半透明窗口 AeroGlass。虽然人们对这种用户界面褒贬不一，但其能利用 GPU 进行加速的特性确实是一个进步，也继续采用了这种形式的界面，并且全面予以改进，包括支持 DX10.1。

Windows 7 及其桌面窗口管理器(DWM.exe)能充分利用 GPU 的资源进行加速，而且支持 Direct3D 11 API。这样做的好处主要有：

(1) 从低端的整合显卡到高端的旗舰显卡都能得到很好地支持，而且有同样出色的性能。

(2) 流处理器将用来渲染窗口模糊效果，即俗称的毛玻璃。

(3) 每个窗口所占内存(相比 Vista)能降低 50%左右。

(4) 支持更多、更丰富的缩略图动画效果，包括 Color Hot-Track——鼠标滑过任务栏上不同应用程序的图标的时候，高亮显示不同图标的背景颜色也会不同。并且执行复制及下载等程序的状态指示进度也会显示在任务栏上，鼠标滑过同一应用程序图标时，该图标的高亮背景颜色也会随着鼠标的移动而渐变。

7）驱动不用愁，Update 一下就 OK

Windows Vista 第一次安装时仍需安装显卡和声卡驱动，这显然是很麻烦的事情，对于老爷机来说更是如此。但 Windows 7 却不用考虑这个问题，用 Windows Update 在互联网上搜索，就可以找到适合自己的驱动。

3. Windows 7 的数字音频方面的变化

1）支持非微软的音频格式

经过多番辗转，微软这回妥协了，Windows 7 原生支持了 AAC 格式播放，这个在 iTunes 上很流行的音频格式，微软也想咬一口了。之前 Windows Media Player 都只能播放微软自己的音频格式，看来时代变了。

(1) 网络音乐。

微软在 Windows 7 中改进了家庭网络的易用性，当然网络音频也不例外。用户可以在一切联网设备上播放 Windows 7 PC 上的流媒体，只要该设备支持 1.5 版 DLNA 标准。Windows Media Player 还可以将用户的媒体转换成设备所支持的格式。

(2) 蓝牙音频。

Windows 7 包含蓝牙音频驱动，意味着它将原生支持蓝牙耳机或者扬声器，而无须过多地设置和安装(缺乏蓝牙支持的 Windows Vista 引来了用户的不少抱怨)。

(3) 智能型路由库。

音频能自由选择设备，比如，播放音乐时将由扬声器发声，打网络电话时将智能选择用户的耳机。

这是 Windows 7 的新功能，可以对用户 PC 甚至是所有用户联网的 PC 的同类型文件进行分类，将它们分别归在不同文件夹下。所以用户 PC 里的音乐将全部归到 Music Library 下，这样就能更好管理音乐。

这想法显然是好的，对于软件工程师而言，这使得建立数据库等工作变得简单，但对于普通用户而言，要理解如此抽象的概念显然不是那么容易的。

这些虚拟文件夹在 Windows 7 中成为“库”，这会是“简洁 VS 易用”讨论中的重头戏。

这些库将会形成一个系统,而用户几乎无法从其他地方了解到这个系统的任何信息。但这个系统本身确实非常复杂,因为太过于抽象了。同时,用户还需要准备适合该系统的备份工具,不然,一不小心,某些重要文件就这么丢了。

(4) Music Wall。

这个是从 Zune 的软件引入到 Media Center 的,当用户在 Media Center 中播放一张专辑时,后台会自动下载用户所有专辑的封面。

2) 托盘通知区域

托盘通知区域一直为 Windows 用户所诟病,这些年来微软也一直在尝试解决这个问题,从隐藏不活动的图标到 Vista 中让用户选择。但在 Windows 7 中,微软又重新采用了之前的隐藏策略。因此,在 Windows 7 中,所有系统图标在默认状态下都是隐藏的,用户必须手动开启,图标才会显示出来。这样一来,通知区域看起来简洁多了,但是牺牲了用户的易用性。在 Vista 中,至少我们知道这些程序在运行,我们也可以通过 Windows Defender 中的系统资源管理器或者 Windows Live Onecare 来关闭这些程序,不管怎么样,总会有办法。但在 Windows 7 中,默认状态下没有任何图标显示,我们根本不知道这些程序到底在不在运行。而更搞笑的是,在 Windows 7 中,微软移除了 Windows Defender 中的系统资源管理器,这样一来,想取消这些程序的开机启动运行都不是那么容易了。

4. 游戏兼容性

自从 Windows 7 公开测试以来,对其就赞誉声不绝。不过这些媒体一般都是评价 Windows 7 的日常工作性能。那么在借鉴媒体的话进行系统迁移之前,对于游戏爱好者来说是否也要具体了解一下 Windows 7 的游戏兼容性如何呢?

这里 extremetech 就做了一个包含 21 个游戏,从老到新都有代表性的游戏测试。其测试平台如下:

- Core 2 Quad Q9650。
- XFX GeForce 9800 GTX 显卡。
- ASUS Rampage Extreme X48 主板。
- 4GB DDR3 1333 内存。
- 640GB Western Digital WD6400 硬盘。
- LG BD-ROM / HD DVD ROM / DVD burner 光驱。
- Gateway 24-inch LCD 显示器(1920×1200 最佳分辨率)。
- Windows 7 Beta Build 7000(64 位版)。
- Microsoft Sidewinder Pro USB 摇杆。

游戏测试表现如下:

Freelancer 联网有问题。

System Shock 2 不能正常游戏。

Freespace 2 正常。

Falcon 4.0: Allied Force (《战隼 4.0:联合力量》)不能正常游戏。

Mechwarrior: Mercenaries(《机甲战士 4: 雇佣兵》)正常。

Age of Wonders(《奇迹时代》) 正常。

Quake Ⅱ只能工作在软加速模式下。

Titan Quest：Immortal Throne(《泰坦之旅：不朽王座》)正常。

Ghost Recon 2(《幽灵行动：尖锋战士》)正常。

Company of Heroes (《英雄连》)正常。

Civilization Ⅲ(《文明Ⅲ》)正常。

Civilization Ⅳ(《文明Ⅳ》)正常。

Mount and Blade(《骑马与砍杀》)正常。

Left4Dead(《生存之旅》)退出游戏后，桌面破碎。

Fallout 3(《辐射 3》)需要手动安装，不兼容 Games Explorer。

Guild Wars 不能工作在 Games Explorer 中，但进行游戏没有任何问题。

Age of Empires Ⅲ(《帝国时代 3》)需要升级补丁。

Red Alert 3(《红警 3》)正常。

GRID 正常。

Sins of a Solar Empire 正常。

Neverwinter Nights 2 正常。

Quake Wars：Enemy Territory 正常。

MapleStory(《冒险岛 online》)(077 版)正常。

跑跑卡丁车 online 不正常，DX 不能加速。

21 个游戏中仅有 2 个真正不能游戏，而且都是老游戏，这对于测试版来说是很不错的表现了。那么请考虑一下是不是该将 Windows 7 作为日常操作系统呢？

在正式版中，Windows 7 已能兼容绝大多数的网络游戏，并且在游戏中，会自动减少系统的运行功耗，使 Windows 7 即使在玩很消耗内存的大型游戏时，也能保持很流畅的运行。

5. Windows 7 上市刺激平板计算机大复活

据报道，比尔·盖茨曾经极力推广却一度在市场沉寂的平板计算机，随着微软 Windows 7 的上市，而有多个品牌推出，包括华硕、宏碁、惠普、技嘉、神达、富士通等品牌，都推出各自不同尺寸的多点触控平板计算机，让笔记本的操作更为方便、有趣。

惠普营销企划人员表示，平板计算机在教育市场能够帮助小学生提高学习效率，比如上音乐课将音符放到五线谱上；自然课时立即显示植物或动物的影片，认识生态环境。而在携带上也十分方便，现在不仅可以用笔写，也能用手写，用手指直接放大、缩小、拖曳图片，为计算机操作乐趣加分。

华硕 8.9 英寸的触控笔记本 Eee PC 191MT，内置 DTV 数字电视，以及记事方便的电子便签，附有时尚触控笔，也可以直接用手指头操作，重 0.96kg，容易携带，内置 1GB 内存、32GB SSD 硬盘，锂聚合物电池最长待机时间为 5 小时。

宏碁 11.6 英寸的触控笔记本 Aspire one，拥有人性化的触控接口，听音乐、看影片、用手写沟通都十分便利，采用英特尔赛扬处理器 SU2300、2GB DDR3 内存、250GB 硬盘。

惠普 12 英寸平板计算机 TohchSmart TX2-1301AU，可将屏幕 180°旋转盖上，手指触控、用笔写，使用者可以运用两根手指放大、缩小照片，触控画布可随按压力道调整笔触粗细，手指的绘画效果也较前一代真实。

6. Windows 7 上市两天一货难求：或为微软饥饿营销

作为微软 Windows 7 3C 渠道首发合作伙伴，苏宁电器首先在北京联想桥店开始

Windows 7 的销售。"我们把70%的货源都放到了联想桥,当天就卖了100多套。"苏宁电器的相关人员表示:此前的备货已经销售得差不多,由于微软提供的货源有限,目前消费者在大部分苏宁门店还难以买到现货,需要预订。

价格合理为 Windows 7 吸引了不少消费者。据了解,Windows 7 系统分为家庭普通版、家庭高级版、专业版和旗舰版4个版本。

但是,也有销售人员表示,微软采取"饥饿营销"才是货源吃紧最重要的原因。所谓饥饿营销,是指商品提供者有意调低产量,以期达到调控供求关系、制造供不应求"假象"、维持商品较高售价和利润率的目的。而这种营销方式最近在消费电子领域被屡屡使用,并不乏成功先例。此前,诺基亚对N97就采用在电视、网站、户外广告牌进行大量的轮番广告轰炸,却严格控制发货数量,给人造成产品供不应求印象的销售策略,从而让这款产品一度成为顶级手机的销量冠军。

7. 对于没有光驱的上网本用户的好消息——Windows 7 USB DVD Download Tool

微软在其旗下的 Microsoft Store 上发布了一款小工具,用来将 Windows 7 的 ISO 文件快速、简单地制作成 USB 载体方式的安装源,或刻录到 DVD 上。

Windows 7 USB DVD Download Tool 支持 Windows XP SP2、Windows Vista 和 Windows 7(32-bit or 64-bit),这是一个非常好的消息,这将意味着:即使你的周围没有 Windows Vista 或 Windows 7,也没有刻录机或 DVD,而且使用的是 Windows XP 系统,也能轻松快速地制作一个 USB 载体的 Windows 7 安装源。对于那些已经熟练掌握 diskpart 并熟悉 Windows PE 的 Windows Vista 用户,不管你是否具备 DVD 或可刻录 DVD 的光驱,Windows 7 USB DVD Download Tool 也都将是你的一个好帮手!

8. Windows 7 正版序列号验证出错解决方法

随着 Windows 7 的正式发布,越来越多的网民开始升级 Windows 7,不过最近有不少网民反映在使用正版 Windows 7 安装时出现正版验证问题:当输入序列号之后显示"错误代码:0XC004F061",让不少人束手无策。

其原因是该序列号其实是"升级序列号",只能用于"升级安装"而非""净安装",因此这类问题大多数出现在一些从 Windows XP 升级到 Windows 7 的用户上。

下面提供几点解决此问题的方法:

(1) 安装时不输入序列号,直接忽略,系统会提示你有30天激活期。

(2) 进入系统后,不进行任何升级,直接打开 REGEDIT.EXE 修改注册表,将 HKEY_LOCAL_MACHINE/Software/Microsoft/Windows/CurrentVersion/Setup/OOBE/ 地址下的 MediaBootInstall 键值由1改为0,保存。

(3) 在"开始"菜单中搜索 cmd,以管理员身份打开后,输入 slmgr/rearm,回车后等待确认框出现。

(4) 重启。

(5) 重新输入序列号,激活将提示成功。

注意:该方法仅限于拥有的是正版 Windows 7 序列号及安装程序的情况,可能不适用于其他破解方式或修改过的安装程序。

习　题　10

1. 选择题

(1) 酷睿 2 双核 CPU 对应的工艺制程是(　　)。

A. 90nm　　B. 80nm　　C. 65nm　　D. 45nm

(2) Intel 965 计算机主板前端频率最高为(　　)Hz。

A. 1066　　B. 1200　　C. 1333　　D. 800

(3) 计算机内存最好的型号是(　　)。

A. DDR1　　B. DDR2　　C. DDR3　　D. DDR4

(4) 显卡上最好的显存芯片型号是(　　)。

A. GDDR4　　B. GDDR3　　C. GDDR2　　D. GDDR1

(5) 目前最高容量硬盘的容量是(　　)GB。

A. 500　　B. 160　　C. 80　　D. 40

2. 填空题

(1) 显示器有一个指标是 1024×768,其代表的是________。

(2) Windows Vista 操作系统有________版本。

(3) Windows Vista 要求的内存至少是________MB。

(4) 显示器在液晶显示和 CRT 显示中应该选择________。

(5) 台式计算机和笔记本型计算机之间应该选择________。

3. 判断题(正确的打√,错误的打×)

(1) 计算机的发展方向应该是尺寸越来越大。(　　)

(2) 计算机和手机的集成是发展方向。(　　)

(3) 内存的容量是使用计算机的重要指标之一。(　　)

(4) 电视和计算机之间没有关系。(　　)

(5) 45nm 制造工艺是 CPU 制造工艺下一个阶段的发展目标。(　　)

4. 问答题

(1) 计算机的内存主要有什么型号?

(2) Windows 7 操作系统有什么特征?

(3) Windows 7 操作系统主要有什么网络功能?

(4) 显卡的内存与计算机的内存主要有什么区别?

(5) 应该如何选择计算机的硬件系统?

参考文献

1. 刘艳丽. 网页设计与制作实用教程. 北京：高等教育出版社，2003.
2. 杨国良. 网页设计与制作. 北京：北京大学出版社，2006.
3. 林勇，梁玉前. 新编计算机导论. 成都：四川大学出版社，2002.
4. 黄迪明. 计算机应用基础. 成都：四川人民出版社，2003.
5. 赵欣. 计算机基础教程. 成都：电子科技大学出版社，2006.
6. 李秀. 计算机文化基础. 北京：清华大学出版社，2003.
7. 张均良. 大学计算机文化基础. 杭州：浙江大学出版社，2003.
8. 黄迪明. 计算机应用基础. 北京：高等教育出版社，2004.
9. 冯博琴. 计算机文化基础教程. 北京：清华大学出版社，2005.
10. 杨明广. 计算机应用基础. 成都：电子科技大学出版社，2006.
11. 计算机职业教育联盟. 计算机应用基础教程与上机指导. 北京：清华大学出版社，2004.
12. 刘义常，张笑. 计算机网络实用技术教程. 北京：电子工业出版社，2008.